ns in Conducting Polymers

監修：小林征男

シーエムシー出版

導電性高分子の応用展開
Recent Progress in Conducting Polymers

監修：小林征男

推 薦 文

筑波大学名誉教授
白 川 英 樹

　1986年10月号の『化学』の特集"化学の流れをつくった物質たちの物語"のなかで「ポリアセチレンフィルムの発見物語」の記事を書いたが，その最後に"ポリアセチレンそのものがプラスチックバッテリーやその他の実用に供される見込みはあまりなさそうであるが，いずれ他の導電性高分子がこれを実現する可能性は充分にある"と記した．

　この記事を書いてから既に17年が経過した現在，導電性高分子の応用分野は，導電性ポリアセチレンの発見当初には予想もしなかった拡がりをみせている．例えば，導電性高分子を用いたトランジスタは，1980年代の半ばにその基本性能が確認されてはいたものの，実用化には程遠いものであったが，現在では比較的近い将来に実用化されるレベルにまで性能が向上してきている．トランジスタ以外にもアクチュエータ，熱電変換素子，レーザなど導電性高分子の応用に関する話題には事欠かない状況にある．

　このような時期に，導電性高分子の研究・開発の第一線で活躍をされている方々により最新の情報が発信されることは大変意義深いものと考える．

刊行のねらい

　1977年に白川英樹筑波大名誉教授，マックダーミッド教授およびヒーガー教授の三人によって見出された導電性高分子は今や，機能性高分子材料の一角を占めるまでになっております。導電性高分子の発明から四半世紀が経過した現在，発見当時の熱気はないものの，研究および開発の両面で着実な成果を挙げつつあります。

　開発面での成果の代表例である高分子固体電解質コンデンサは，その市場規模が1000億円にまで拡大しており，導電性高分子を用いた高分子型ELの開発も着実に進んでおります。一方，研究面ではインクジェット技術を用いた高分子トランジスタに代表されるように，新しい技術の活用により導電性高分子のフロンティアも一層拡大する傾向にあります。

　本書はこのような背景のもとに出版を企画し，その特徴は，導電性高分子の最新の応用展開に的を絞った内容としたことで，導電性高分子の研究・開発の第一線でご活躍されている先生方に執筆をお願いいたしました。また，海外での開発状況や日本公開特許から見た動向なども加え，類書には見られない，導電性高分子の最新の開発動向を幅広く把握するのに最適な構成となっております。本書は導電性高分子に関心を持たれる方々に必ずお役に立つものと確信しております。

　最後に，お忙しい中をご執筆いただいた執筆者各位に心より感謝を申し上げるとともに，本書の出版にご尽力いただいた㈱シーエムシー出版・編集部の武田邦男氏に厚くお礼を申し上げる次第です。

2004年4月

小林技術士事務所　　小林征男

普及版の刊行にあたって

本書は2004年に『導電性高分子の最新応用技術』として刊行されました。普及版の刊行にあたり、内容は当時のままであり加筆・訂正などの手は加えておりませんので、ご了承ください。

2009年5月

シーエムシー出版　編集部

執筆者一覧(執筆順)

小 林 征 男	小林技術士事務所　所長
中 川 善 嗣	㈱東レリサーチセンター　表面科学研究部　表面解析研究室　室長
大 森 　 裕	(現) 大阪大学　先端科学イノベーションセンター　教授
深 海 　 隆	NECトーキン㈱　エネルギーデバイス事業本部　ソリューション技術部　マネージャー
遠 矢 弘 和	日本電気㈱　中央研究所　生産技術研究所　研究部長
	(現) ㈱アイキャスト　代表取締役社長
武 内 正 隆	(現) 昭和電工㈱　無機事業部門　ファインカーボン部　副部長 (企画管理統括)
倉 本 憲 幸	(現) 山形大学　理工学研究科　生体センシング機能工学　教授
谷 口 彬 雄	(現) 信州大学　繊維学部　機能高分子学課程　教授
大 野 尚 典	山口東京理科大学　基礎工学部　講師
厳 　 　 虎	(現) 山梨大学大学院　医学工学総合研究部　特任准教授
戸 嶋 直 樹	(現) 山口東京理科大学　先進材料研究所　所長
奥 崎 秀 典	(現) 山梨大学大学院　医学工学総合研究部　准教授
金 藤 敬 一	(現) 九州工業大学大学院　生命体工学研究科　教授
前 田 重 義	(現) ㈱日鉄技術情報センター　調査研究事業部　客員研究員
大 西 保 志	愛知県産業技術研究所　技術支援部　機械電子室長
	(現) 大西技術士事務所　所長
久 保 貴 哉	(現) 東京大学　先端科学技術研究センター　准教授；新日本石油㈱　研究開発本部　中央技術研究所　エネルギーデバイスグループ　チーフスタッフ
小 長 谷 重 次	東洋紡績㈱　研究企画部　主幹
	(現) 名古屋大学　工学研究科　教授
川 瀬 健 夫	(現) セイコーエプソン㈱　応用商品開発部　グループリーダー
小 野 田 光 宣	(現) 兵庫県立大学大学院　工学研究科　教授
大 川 祐 司	(現) ㈳物質・材料研究機構　国際ナノアーキテクトニクス研究拠点　MANA研究者
木 下 洋 一	木下技術士事務所　所長

執筆者の所属表記は，注記以外は2004年当時のものを使用しております。

目　　次

第Ⅰ章　導電性高分子の開発

1　導電性高分子の電気伝導 ……小林征男…1
　1.1　はじめに……………………………1
　1.2　導電性高分子の電気伝導パス………1
　1.3　導電性高分子の電気伝導度…………2
　1.4　大きい移動度を持つ導電性高分子…3
　1.5　ドーパントの役割の見直し…………6
　1.6　おわりに……………………………6
2　導電性高分子の合成…………小林征男…8
　2.1　はじめに……………………………8
　2.2　酸化カチオン重合と電解酸化重合の
　　　比較……………………………………8
　2.3　イオン性液体中での導電性高分子の
　　　合成……………………………………9
　2.4　超臨界流体中での導電性高分子の合
　　　成………………………………………13
　2.5　ナノファイバー状ポリアニリンの合
　　　成………………………………………14
　2.6　おわりに……………………………15
3　導電性高分子：各論（Ⅰ）…小林征男…17
　3.1　はじめに……………………………17
　3.2　ポリ（3,4-エチレンジオキシチオフェ
　　　ン）（PEDOT）………………………17
　　3.2.1　開発経過………………………17
　　3.2.2　透明導電体としてのPEDOT…18
　　3.2.3　PEDOTの最近のトピックス…20

　　（1）PEDOTの加工性の改良…………20
　　（2）PEDOTのアルキル置換体の電気伝
　　　　導度…………………………………20
　3.3　ポリアニリン………………………21
　3.4　おわりに……………………………23
4　導電性高分子：各論（Ⅱ）…小林征男…24
　4.1　はじめに……………………………24
　4.2　自己ドープ型導電性高分子………24
　4.3　n-型導電性高分子…………………25
　4.4　狭いバンドギャップの導電性高分子
　　　…………………………………………27
　　4.4.1　ポリイソチアナフテンとポリイ
　　　　ソナフトチオフェン………………27
　　4.4.2　PEDOTの共重合体……………28
　　4.4.3　アルキルジオキシチオフェン誘導
　　　　体ポリマー…………………………29
　4.5　液晶性導電性高分子………………29
　4.6　おわりに……………………………30
5　導電性高分子のパターン形成法
　　　……………………………小林征男…32
　5.1　はじめに……………………………32
　5.2　導電性高分子のパターン形成法…32
　5.3　生産性の高いパターン形成法……32
　　5.3.1　マイクロコンタクトプリント法
　　　　（μCP）……………………………32

I

5.3.2 キャピラリー法……………34
5.3.3 転写法………………………35
5.3.4 インクジェット法…………36
5.3.5 ラインパターニング法 …36
5.4 印刷法による有機トランジスタの製造………………………………37
5.5 おわりに………………………38
6 有機ELデバイスの最新の分析・評価
　　………………………中川善嗣…40

6.1 はじめに………………………40
6.2 有機ELデバイスの分析・評価の実際……………………………………41
6.2.1 非破壊分析…………………41
6.2.2 TEMによる断面観察および元素分析…………………………43
6.2.3 深さ方向分析………………44
6.2.4 有機組成分析………………46
6.3 おわりに………………………49

第Ⅱ章　導電性高分子の応用の可能性

1 高分子系有機EL材料 ………大森　裕…51
1.1 発光原理と素子構造 …………51
1.2 高分子系材料の特徴 …………52
1.3 今後の展開……………………56
2 高分子固体電解コンデンサ
　　………………………深海　隆…58
2.1 コンデンサ……………………58
2.2 コンデンサへの市場要求……58
2.3 導電性高分子とコンデンサ …60
2.4 導電性高分子コンデンサと競合製品との比較 ……………………63
2.5 導電性高分子コンデンサの電子機器への応用 ………………………64
2.6 導電性高分子コンデンサの課題と今後の動向 ………………………66
3 導電性高分子を用いた線路形素子
　　………………………遠矢弘和…68
3.1 はじめに………………………68
3.2 電源分配回路への要求性能…68
3.2.1 デカップリングを強化すべき理由………………………………69
3.2.2 デカップリング強化例……70
3.3 電源分配回路設計上の問題点……73
3.4 コンデンサのインピーダンス特性の再考…………………………………74
3.4.1 インピーダンス特性の測定法………………………………………74
3.4.2 コンデンサの周波数特性がV字形になる理由…………………75
3.5 低インピーダンス線路素子(low impedance line structure component：LILC)の開発………………………………76
3.5.1 コンデンサとLILCの基本機能・性能の比較………………………77
3.5.2 試作したミニバス形LILCの性能………………………………79
3.6 ミニバス形LILCのボード搭載評価例…………………………………81
3.7 LILC技術の開発計画と解決すべき電極の構造,材料に関する技術課題…82

  3.7.1　LILC技術の開発計画…………82
  3.7.2　電極の構造,材料に関する技術
     課題…………………………83
   （1）エッチング処理における技術課題
    ……………………………………84
   （2）電解質材料の改良………………84
   （3）電極間絶縁膜の厚さを薄くするた
    めの技術課題……………………85
   （4）電極間絶縁膜の誘電率を大きくす
    るための技術課題………………85
 3.8　おわりに………………………85
4　二次電池………………**武内正隆**…88
 4.1　導電性高分子の二次電池への適用検
   討経過………………………………88
  4.1.1　電子伝導性導電性高分子………88
  4.1.2　イオン伝導性導電性高分子……89
  4.1.3　導電性高分子二次電池開発経過
    ……………………………………89
 4.2　導電性高分子を用いた電池の今後の
   展開…………………………………91
  4.2.1　Liイオン電池への応用…………91
   （1）有機イオウポリマー正極材料……91
   （2）イオン伝導性高分子（ポリマー電
    解質）……………………………94
  4.2.2　エレクトロケミカルキャパシタ
    への応用………………………100
   （1）エレクトロケミカルキャパシタ…100
   （2）プロトンポリマー電池…………102
 4.3　おわりに……………………………104
5　導電性高分子を対電極に用いた湿式太陽
  電池………………………**倉本憲幸**…107
 5.1　はじめに……………………………107

 5.2　色素増感型湿式太陽電池の誕生…108
 5.3　導電性高分子ポリアニリンを対極に
   した湿式太陽電池…………………109
 5.4　ポリアニリンの応用と二酸化チタン
   の光触媒効果………………………110
 5.5　ポリアニリンを対極にした湿式太陽
   電池の光電変換特性………………111
 5.6　将来の展望…………………………115
6　有機半導体………………**谷口彬雄**…117
 6.1　20世紀の有機半導体概念の芽生え…117
  6.1.1　有機半導体材料をめぐる社会的
    背景……………………………117
  6.1.2　有機半導体概念の芽生え………117
  6.1.3　有機半導体材料の実用化………118
 6.2　21世紀のカーボンテクノロジーへの
   飛躍…………………………………118
 6.3　分子の個性から組み上げる半導体…118
 6.4　有機半導体の多様性を活かそう…119
7　熱電変換機能
  ………**大野尚典，厳　虎，戸嶋直樹**…121
 7.1　はじめに……………………………121
 7.2　導電性ポリアニリン膜の熱電特性…122
  7.2.1　測定装置と熱電変換性能の評価
    ……………………………………122
  7.2.2　ポリアニリン多層膜の熱電特性
    ……………………………………123
  7.2.3　ポリアニリン延伸膜の熱電特性
    ……………………………………125
  7.2.4　ポリアニリン薄膜の熱電特性
    ……………………………………125
  7.2.5　導電性ポリアニリン膜の熱伝導
    率………………………………126

7.3　今後の展望 …………………… 127
8　アクチュエータ …………… **奥崎秀典** … 129
　8.1　はじめに ……………………… 129
　8.2　液中から空気中へ …………… 129
　8.3　空気中で作動する導電性高分子アク
　　　チュエータ …………………… 130
　8.4　空気中で電場駆動する導電性高分子
　　　アクチュエータ ……………… 133
　8.5　おわりに ……………………… 138
9　導電性高分子によるセンサー
　　………………………… **金藤敬一** … 140
　9.1　はじめに ……………………… 140
　9.2　導電性高分子の酸化・還元とセンシ
　　　ング …………………………… 140
　9.3　光センサー …………………… 145
　9.4　バイオセンサー ……………… 145
　9.5　ガスセンサー ………………… 148
　9.6　放射線センサー ……………… 149
　9.7　ウラニルセンサー …………… 151
　9.8　おわりに ……………………… 153
10　導電性高分子のER流体への応用
　　………………………… **倉本憲幸** … 155
　10.1　はじめに …………………… 155
　10.2　高分散性ポリアニリン被覆粒子の合
　　　成とそのER効果 …………… 157
　10.3　実験方法と測定 …………… 157
　　10.3.1　各種ポリアニリン誘導体の作
　　　　製と懸濁液の調整とER効果（エ
　　　　レクトロレオロジー効果）の測
　　　　定 ………………………… 157
　　10.3.2　各種ポリアニリン誘導体粒子の
　　　　ER効果の応答速度の測定 … 158

　　10.3.3　分散安定性の評価 ……… 158
　10.4　結果と考察 ………………… 158
　　10.4.1　分散性 ………………… 158
　　10.4.2　ポリアニリン誘導体粒子のER
　　　　効果の測定 ……………… 159
　10.5　結論 ………………………… 161
　10.6　今後の展望 ………………… 162
11　防食被覆 ………………… **前田重義** … 165
　11.1　はじめに …………………… 165
　11.2　導電性ポリマーの特性とその製造 … 165
　11.3　導電性ポリマーの合成と可溶化 … 166
　11.4　金属防食への応用 ………… 167
　　11.4.1　ポリアニリンの防食機能 … 167
　　11.4.2　塗料とのブレンドおよび塗装下
　　　　地（プライマー）としての応用 … 168
　11.5　電子材料の防食 …………… 172
　11.6　導電性高分子による防食メカニズム … 173
　11.7　おわりに …………………… 177
12　実装技術への応用 ……… **大西保弘** … 179
　12.1　はじめに …………………… 179
　12.2　酸化重合剤の光反応を利用した導電
　　　性高分子のパターン化 …… 180
　　12.2.1　パターン化方法 ……… 180
　　12.2.2　導電性高分子パターンの特徴と
　　　　応用 ……………………… 181
　　12.2.3　神経刺激電極への応用 … 182
　12.3　導電性高分子パターンの性質を利用
　　　した金属との接合方法への展開 … 183
　　12.3.1　電気めっきによる金属との複合
　　　　化 ………………………… 183
　　12.3.2　選択的無電解めっきによる金属
　　　　パターン化 ……………… 184

12.4 おわりに …………………………185
13 調光ガラス ……………**久保貴哉**…187
　13.1 はじめに ………………………187
　13.2 ECWの作動原理 ………………187
　13.3 電子伝導性高分子──共役系導電性高
　　　 分子── ………………………189
　13.4 イオン伝導性高分子 ……………191
　13.5 おわりに ………………………194
14 帯電防止材料…………**小長谷重次**…197
　14.1 はじめに ………………………197
　14.2 導電性高分子の帯電防止剤への応用
　　　 ……………………………………197
　　14.2.1 導電性高分子の種類および合成
　　　　　 法 ………………………197
　　14.2.2 導電性高分子の加工性改良…198
　　　(1) 可溶化 ………………………198
　　　(2) 複合化 ………………………199
　14.3 導電性高分子の帯電防止剤への応用
　　　 例 ……………………………199
　　14.3.1 帯電防止コーティング剤 ……199
　　14.3.2 導電性高分子を用いた帯電防止
　　　　　 フィルム・シート …………200
　　　(1) STポリ ………………………201
　　　(2) SC-NEO ………………………201
　　　(3) PETMAX ………………………201
　14.4 導電性高分子を用いた高制電PETシー
　　　 ト（PETMAX）………………202
　　14.4.1 PETMAXの製法 ……………202
　　14.4.2 PETMAXの基本特性 ………202
　　　(1) 光学特性および表面特性 ……202
　　　(2) 制電特性 ……………………202
　　　(3) 耐延伸性 ……………………203

　　　(4) 耐熱性・熱分解性 ……………203
　　　(5) 耐温水性 ……………………203
　　　(6) 耐環境安定性 …………………203
　　14.4.3 PETMAXの高制電性発現機構
　　　　　 ……………………………………204
　14.5 まとめ …………………………204
15 インクジェット印刷法によるポリマー薄
　 膜トランジスタの作製 ……**川瀬健夫**…206
　15.1 はじめに ………………………206
　15.2 インクジェット技術 ……………207
　15.3 ポリマーTFTのインクジェット印刷
　　　 ……………………………………209
　　15.3.1 デバイス作製方法 …………209
　　15.3.2 デバイスの特性 ……………210
　　15.3.3 半導体のパターニング ……213
　15.4 ポリマーTFTを用いたデバイス…214
　　15.4.1 論理インバータ回路 ………214
　　15.4.2 アクティブマトリックス素子 …215
　15.5 おわりに ………………………216
16 "超"分子エレクトロニクス
　 ……………………………**小野田光宣**…218
　16.1 はじめに ………………………218
　16.2 導電性高分子の基本的性質と有機エ
　　　 レクトロニクス応用 ……………219
　16.3 電解重合法 ……………………222
　16.4 電解重合反応の機構 …………223
　16.5 界面電気化学現象と分子エレクトロ
　　　 ニクス …………………………224
　　16.5.1 人工筋肉，分子機械 ………224
　　16.5.2 分子ワイヤ，超格子構造素子 …227
　　16.5.3 未来エレクトロニクス素子 …228
　16.6 おわりに ………………………231

17	ナノワイヤ細線……………**大川祐司**…235	18.5	おわりに………………………………254
17.1	ナノデバイスとナノワイヤ……235	19	導電性高分子の応用の展望‥**小林征男**…256
17.2	導電性オリゴマーの電気伝導測定…236	19.1	はじめに…………………………256
17.3	連鎖重合反応制御によるナノワイヤ	19.2	導電性高分子の応用分野…………258
	作製……………………………237	19.3	導電性高分子ならではの用途……258
17.4	分子被覆導線……………………240	19.3.1	固体電解コンデンサ………258
17.5	ナノワイヤの展望………………241	19.3.2	タッチパネル………………258
18	超伝導………………**小野田光宣**…243	19.3.3	人工皮膚……………………260
18.1	はじめに…………………………243	19.4	市販の導電性高分子………………261
18.2	Littleの高温超伝導体モデル……244	19.5	導電性高分子の我が国の産業に対す
18.3	フラーレン………………………245		るインパクト……………………261
18.4	導電性高分子―フラーレン複合体の	19.6	おわりに…………………………262
	光誘起電荷移動と超伝導………247	(1)	導電性高分子の精密構造制御……262
18.4.1	光誘起電荷移動……………247	(2)	新技術，新材料の活用……………262
18.4.2	超伝導………………………251		

第Ⅲ章 特許より見た導電性高分子の開発動向　　小林征男

1	はじめに………………………………265	7	用途別にみた導電性高分子の開発動向
2	2000年以前の特許出願動向…………265		……………………………………278
3	2000年以前の導電性高分子の開発動向 266	7.1	高分子コンデンサ………………278
4	特許の検索について…………………267	7.2	EL…………………………………278
5	2000年～2003年の4年間の公開特許件数の	7.3	トランジスタ……………………279
	推移……………………………………268	7.4	二次電池…………………………279
6	大学での導電性高分子の開発動向……271	7.5	キャパシタ………………………279
6.1	山本隆一（東工大）………………271	7.6	センサ……………………………280
6.2	赤木和夫（筑波大・物質工学系）‥271	7.7	アクチュエータ…………………280
6.3	淵上寿雄（東工大）………………273	7.8	太陽電池…………………………281
6.4	小山　昇（東京農工大）…………273	7.9	熱電変換素子……………………281
6.5	戸嶋直樹（山口東京理科大）……273	8	出願人別に見た導電性高分子の開発動向
6.6	柳田祥三（大阪大）………………274		……………………………………281
6.7	その他の大学発明の公開特許……277	8.1	エレクトロニクス3社（Ⅰ）(松下電器，

	三洋電機,日本電気）の開発動向 …281		イコーエプソン）の開発動向……284
8.2	エレクトロニクス3社（Ⅱ）（ソニー，富士通，シャープ）の開発動向………282	8.6	公開特許件数を伸ばしている3社（コニカ，三菱レイヨン，日東電工）の開発動向………………………285
8.3	コンデンサ専業3社（日本ケミコン，ニチコン，マルコン電子）の開発動向…283	8.7	バイエル社の開発動向………………286
8.4	化学会社3社（三菱化学，住友化学，三井化学）の開発動向………………284	8.8	その他の企業の開発動向……………287
8.5	情報関連企業2社（大日本印刷，セ	9	PEDOTの公開特許……………………289
		10	おわりに………………………………290

第Ⅳ章　欧米における導電性高分子の開発動向　　木下洋一

1	白川英樹博士と導電性高分子の開発 …293	4	ELデバイス・スイッチ ……………310
2	導電性高分子の応用開発のハイライト …294	5	ポリフルオレン誘導体を基板としたポリマー薄膜フィルムトランジスタ………310
2.1	有機電子材料 ………………………294	5.1	概要 …………………………………310
2.2	トランジスタと製造技術 …………296	5.2	材料 …………………………………311
2.3	ペーパーライク・ディスプレイ・システム………………………………297	5.3	トランジスタ特性 …………………312
3	導電性高分子の開発 ………………299	5.4	結論 …………………………………314
3.1	リソグラフィ ………………………299	5.5	ポリマー／半導体ライトワンス記録読み取り装置 ………………………315
3.2	電子ビーム・リソグラフィの荷電拡散………………………………………300	6	新世代太陽電池の開発 ……………317
3.3	走査型電子顕微鏡の荷電拡散 ……303	6.1	薄膜太陽電池 ………………………317
3.4	導電レジスト ………………………303	6.2	ハイブリッド・ナノロッドポリマー太陽電池 ……………………………318
3.5	金属被覆 ……………………………305	7	多層高分子電解質のポリマー薄膜フィルムのマイクロパターンニング………319
3.6	電子部品の静電放電保護 …………306	7.1	高分子電解質 ………………………319
3.7	導電性高分子の将来 ………………306	7.2	半導体フィルムへの応用 …………319
3.8	導電性ポリマーを用いたFTE素子の開発 …………………………………307	7.3	ナノカプセルの製造 ………………319
3.8.1	ポリチオフェンによる電界効果型素子技術の背景………………308	8	欧米各社の導電性ポリマーの応用開発…320
		8.1	IBM社（米国）……………………320
3.9	導電性高分子の液晶による規則性フィルム……………………………………309	8.2	ダウ・ケミカル社（米国）………321

8.3 デュポン社（米国）……………324	8.9 3M社（米国）…………………330
8.4 BASF社（ドイツ）………………325	8.10 レイケム社（米国）……………330
8.5 ヘキスト社（ドイツ）……………326	8.11 チバ スペシャリティ ケミカルズ
8.6 フィリップ・エレクトロニクス(オラ	（スイス）……………………………330
ンダ)………………………………327	8.12 GE社（米国）……………………330
8.7 バイエル社（ドイツ）……………328	8.13 モンサント社（米国）……………331
8.8 タイコ エレクトロニクス社（米国）	8.14 イーストマン コダック社（米国）…331
……………………………………329	8.15 その他……………………………331

第Ⅰ章　導電性高分子の開発

1　導電性高分子の電気伝導

小林征男[*]

1.1　はじめに

　電気伝導度（σ）はキャリア数（n），キャリアの電荷（e：電子の電荷），キャリア移動度（μ）の積：$\sigma = n \times e \times \mu$ として表されるが，一般的に高分子のキャリア移動度は小さく，導電性高分子の高い電気伝導度はキャリア数の多いことによっている（表1）。キャリア移動度が小さい理由は，高分子特有の分子末端や分子配列の不規則性が結晶構造を乱し，キャリアの移動を阻害するためである。しかし，現在開発が進んでいるトランジスタやEL素子などのデバイスへの応用を考えると，大きいキャリア移動度を持つ導電性高分子の開発が不可欠で，多くの研究が精力的に行われるようになってきた。その結果，アモルファスSi（$0.5 cm^2/Vs$）に近い移動度を持つ導電性高分子も見出されている[1]。

1.2　導電性高分子の電気伝導パス

　導電性高分子の場合，キャリア数はドーピング濃度によって決定されるので，ドーピング濃度が一定であるとすると，電気伝導度を高めるには，キャリア移動度を向上させる必要がある。

表1　キャリア数とキャリア移動度の比較

物質	キャリア数 （個/cm^3）	キャリア移動度 （cm^2/Vs）
金属	$10^{21} \sim 10^{22}$	$>10^3$
無機半導体	$10^{17} \sim 10^{18}$	10^2
導電性高分子	$>10^{20}$	<1
プラスチック	$<10^{14}$	$<10^{-6}$

---

[*]　Yukio Kobayashi　小林技術士事務所　所長

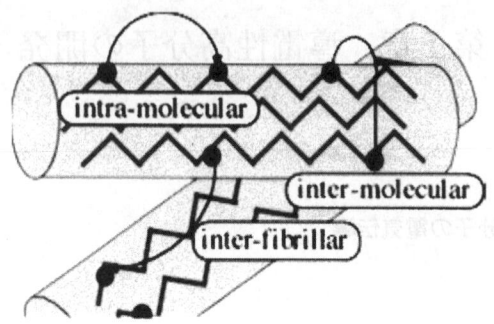

図1　ポリアセチレンの電気伝導パス（文献2より）

導電性高分子の電気伝導パスとしては次の3種類が考えられる[2]（図1）。
(1) 分子鎖内 (intra-molecular) の伝導
(2) 分子鎖間 (inter-molecular) の伝導
(3) フィブリルまたは粒子間 (inter-fibrillar) の伝導

従って，キャリア移動度を向上させる，すなわち電気伝導度を高めるためには，次の方法が有効である。
①アモルファス領域をできるだけ減らして結晶性を高める。そのためには，分子配列の規則性を高め，分子量を大きくし，さらに分子量分布もできるだけ単分散に近づける。
②延伸配向処理などにより，フィブリルの直線性を高める。

1.3　導電性高分子の電気伝導度

分子鎖内の導電機構に関しては，パイオニア的な研究を行ったHeegerらを中心に過去に膨大な研究がなされ，ソリトン，ポーラロンおよびバイポーラロン機構により説明されている。導電機構の詳細については既に多くの文献があるのでそれらを参照していただきたい[3~5]。

導電性高分子の電気伝導度に分子配列の規則性が重要な意味を持っていることを示したのは，Naarman[6]らであった。触媒の熟成条件の検討により，欠陥の少ない分子骨格を有する導電性ポリアセチレン（以後，ポリアセチレンを (CH)xと表記する。）の合成に成功し，電気伝導度は10^5 S/cmオーダーに達した。この値は，それまでに最高値の電気伝導度を示した白川法 (CH)xの10^3 S/cm[7]を2桁も上回っている。現在でもNaarmann法 (CH)xの電気伝導度は導電性高分子のチャンピオンデータである。Naarmann法 (CH)xはSP^{3}炭素が少なく，共役二重結合連鎖が長く，分子骨格の規則性が良好で，結晶性も高い。この結果は，ポリマーの分子配列の制御によ

第Ⅰ章　導電性高分子の開発

り，キャリアの移動度を上げ，さらに高い電気伝導度を持つ導電性高分子の可能性を示すものであった。

　導電性高分子の電気伝導度の値について議論する場合，同一の化学構造を持つ導電性高分子でも，重合方法や測定方法により，その値は大きく異なってくるので注意が必要である。一般的に，"ポリピロールの電気伝導度は200S/cm前後である"というような言い方はなかなかできない。しかし，個々の導電性高分子で，これまでに得られた最も高い電気伝導度の値を比較することは可能である。

　個々の導電性高分子の電気伝導度の最高値の指標となるものは，1980年～1991年の期間に，我が国の国家プロジェクトとして推進された「導電性高分子材料」研究開発プロジェクトの成果にある。このプロジェクトには，大学，国立研究所および民間企業から多くの研究者が参加し，世界のトップレベルの電気伝導度を持った導電性高分子の開発に成功している（表2）。現在でも，これらの導電性高分子の電気伝導度は，それぞれの導電性高分子の最高値に近い値である。なお，このプロジェクトに関して，2000年に経済産業省委託調査として，その成果の追跡調査が三菱総研で行われ，"「導電性高分子材料」研究開発プロジェクトの技術・産業・社会に対するインパクトに関する調査"としてリポートが発表されている[8]。また，この調査リポートはインターネットからも無料でダウンロードできる[9]。

　導電性高分子の電気伝導度について論じる場合，導電性高分子の電気伝導度の上限はどこにあるのかという課題も大変興味が持たれる点である。Heegerら[10]は，理論的に(CH)xの固有の電気伝導度は2×10^6S/cmと見積もっているが，この値は銅を上回っている。この見積もりが正しいとすると，構造制御技術の進展によっては銅を凌ぐ電気伝導度を持った導電性高分子が現れる可能性もある。

1.4　大きい移動度を持つ導電性高分子

　今や有機ELと有機トランジスタの組み合わせからなる，フレキシブルな表示素子の実現も夢ではなくなってきた。動作周波数が数Hzなら静止画を表示する電子ペーパーのTFT（薄膜トラ

表2　国家プロジェクトの成果：導電性高分子の電気伝導度（文献8より）

導電性高分子の種類	形状	電気伝導度(S/cm)
ポリアセチレン	フィルム	4×10^5
ポリ-p-フェニレン	繊維	2.7×10^4
ポリピロール	フィルム	3×10^3
グラファイト	繊維	9×10^5

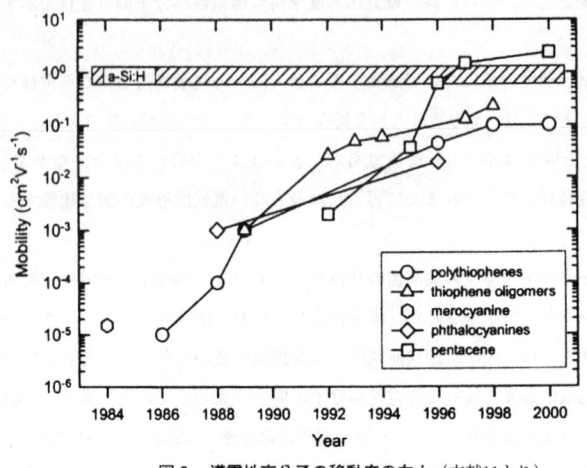

図2　導電性高分子の移動度の向上（文献11より）

ンジスタ）に，1kHz以上であれば動画対応のTFTを作ることができる。動作周波数を高めるにはキャリア移動度の高い材料の開発が必須であるが，低分子系有機材料のペンタセン（単結晶）では約1cm^2/Vsのキャリア移動度が達成されている。

導電性高分子でもポリチオフェン誘導体を中心に研究・開発が進み，移動度は年々大きくなり[11]（図2），a-Siに近い値のものも見出されている。現在，最も大きな移動度を持つ導電性高分子は下に述べるポリ-3-ヘキシルチオフェン（P3HT）である（図3）。

Sirringhausら[1]は，化学重合法で得たP3HTを用い，スピンコート法でSiO$_2$/Si基板に塗布した場合，位置規則性（Regioregularity）および分子量の違いによりP3HTが基板に対して異なる配向をすることを見出した。位置規則性が高く（>91%）分子量の低い（M_w=126kg/cm）P3HTは，基板に対して垂直方向にラメラ構造が発達し，ソース・ドレイン間のキャリアが移動する方向に分子鎖間の$\pi-\pi$電子の重なりが生じる。一方，位置規則性が低く（81%）分子量が高い（M_w=175kg/cm）P3HTの場合には，ラメラ構造は基板に並行に配列し，$\pi-\pi$電子間の相互作用は基板に対して垂直方向になる。その結果，移動度は前者では0.05～0.1cm^2/Vsと大きく，後者では2×10^{-4}cm^2/Vsと大幅に小さくなっている（図4）。

Jiangら[12]も，同じように位置規則性の異なるP3HTを化学重合により合成し，位置規則性と移動度の関連を検討し,位置規則性が70%から96%に向上すると，移動度も2×10^{-5}cm^2/Vsから0.05cm^2/Vsと大きく上昇することを報告している。Klineら[13]は，スピンコート法で成膜したP3HTの分子量と移動度の関係を検討し，95%以上の位置規則性を持つP3HTの分子量を4.6kD～

第Ⅰ章　導電性高分子の開発

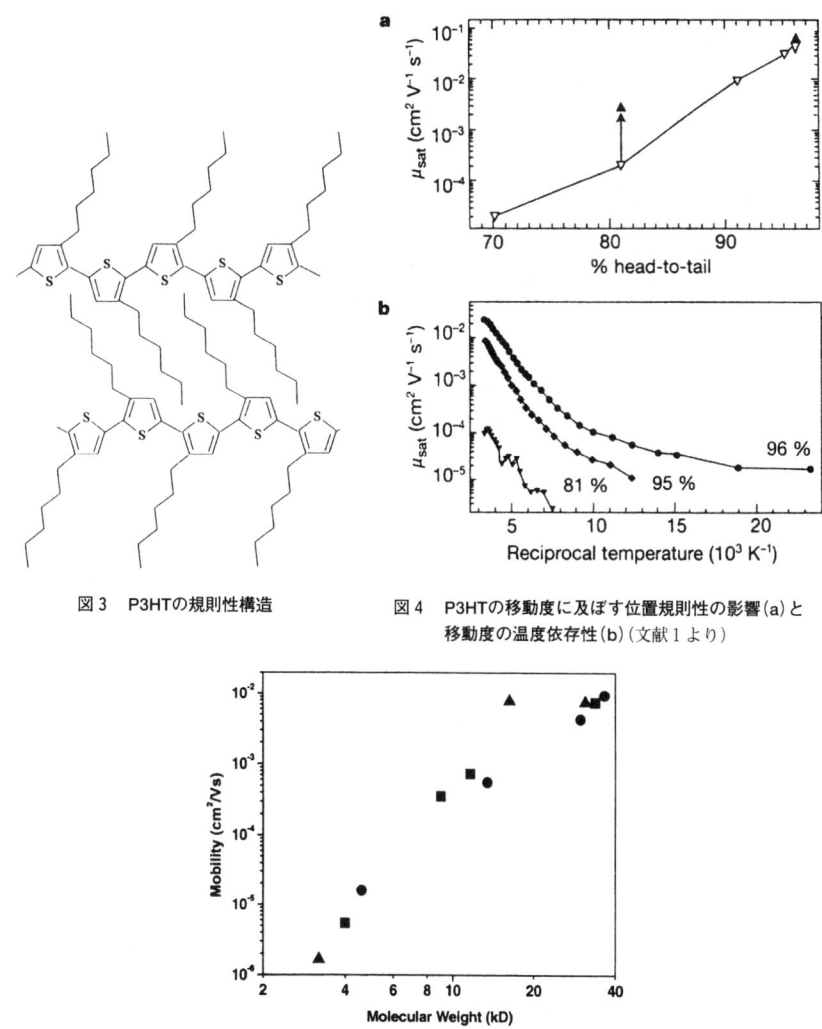

図3　P3HTの規則性構造

図4　P3HTの移動度に及ぼす位置規則性の影響(a)と移動度の温度依存性(b)（文献1より）

図5　P3HTの移動度の数平均分子量依存性　（文献13より）

36.5kDの範囲で変化させると，移動度は分子量とともに増大するが，分子量分布は移動度に影響しないという結果を得ている（図5）。

　これらの結果から，小林は[14]"P3HT薄膜で観測された高い移動度およびその異方性は，高分子薄膜では，キャリア移動度が高度に配向したドメインにより主に支配され，それを取り囲んで

5

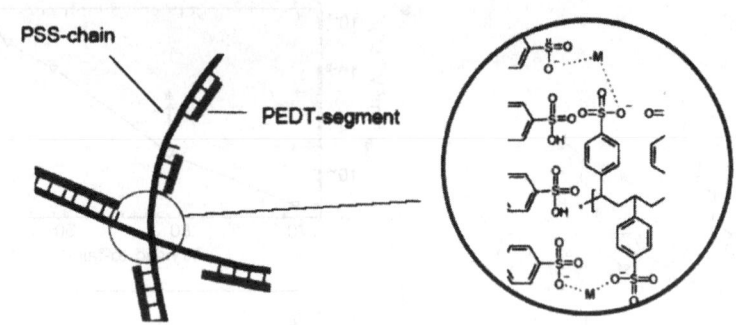

図6　PEDOT/PSS系の構造モデル（文献2より）
（ただし，この図ではPEDOTをPEDTと表示している）

いるアモルファス領域には影響されていないことを示している"と考察している。高分子は必ず分子末端を持ち，それがアモルファス領域を形成するが，小林の考察は，そのような高分子薄膜でも大きいキャリア移動度を持つ可能性を示唆するものである。

1.5　ドーパントの役割の見直し

ドーパントに関しては，導電性高分子の可溶化や安定性の改良などを目的に，多くの検討がされてきたが，系統的な研究例は少ない。また，電気伝導度を高めるといった視点からの検討例は皆無に近く，この観点から改めてドーパントの役割を考えてみる必要がある。

例えば，ポリ-3,4-エチレンジオキシチオフェン（PEDOT）の場合，ドーパントとして，低分子量有機化合物であるp-スチレンスルフォン酸を用いると，電気伝導度は500S/cmと高い値を持つが，ポリマー・ドーパントであるポリスチレンスルフォン酸（PSS）では，20S/cm程度に低下してしまうことが知られている[2]。この原因は詳細に検討されていないが，PEDOTの重合度が高々5程度であることも考慮すると，PSSはドーパントとして有効に働く反面，結晶格子を乱して伝導パスの障害となっている可能性もある（図6）。導電性高分子は分子間凝集力が強く未ドープ状態では結晶構造を持つものが多いが，外部ドーパントの導入によって結晶構造が乱され，移動度が小さくなっている可能性が高い。これを防止するには，結晶格子をできるだけ乱さないドーパントの開発が必要となる[15]。

1.6　おわりに

有機トランジスタの開発などを契機に，電気伝導度よりも移動度の研究に重点が移ってきているが，透明電極や電磁遮蔽材料など実用面での応用を考えると，より高い電気伝導度を持つ導電

第Ⅰ章 導電性高分子の開発

性高分子へのニーズは依然として強い。ポリアニリンのように既に研究し尽くされたと思われる材料でも，さらなる電気伝導度の向上が発表されている[16]ことを考えると，より高い電気伝導度を持つ導電性高分子の実現の可能性はあると考えられる。

文　　献

1) H. Sirringhaus, P. J. Brown, R. H. Friend, M. M. Nielsen, K. Bechaard et al., *Nature*, **401**, 685 (1999)
2) H.C.Starck 社のHPのURL： www.bayer-echemicals.com/
3) 吉野勝美，小野田光宜，高分子エレクトロニクス，コロナ社 (1996)
4) 高分子学会編，高分子機能材料シリーズ—5　電子機能材料，共立出版 (1992)
5) T. Skotheim, R. Elsenbaumer, J. Reynolds , (eds.) , Handbook of Conducting Polymers, Marcel Dekker, Inc., 1998
6) C. H. Naarman, N. Theophilou, *Synth. Met.*, **22**, 403 (1987)
7) 白川英樹，高分子，**37**, 518 (1988)
8) 三菱総研報告書，「導電性高分子材料」研究開発プロジェクトの技術・産業・社会へのインパクトに関する調査，2000年
9) 経済産業省のHPの下記URLからダウンロード可能
URL：www.meti.go.jp/policy/tech_evaluation/pdf/e00/01/h12/h1303i23.pdf
10) S. Kivelson, A. J. Heeger, *Synth. Met.*, **22**, 371 (1988)
11) C. D. Dimitrakopoulos, P. R. L. Malenfant, *Adv. Mater.*, **14**, 99 (2002)
12) X. Jiang, Y.Harima, K. Yamashita, Y. Tada, J. Ohshita, A. Kunai, *Synth. Met.*, **135-136**, 351 (2003)
13) R. J. Kline, M. D. McGehee, E. N. Kadnikova, J. Liu, J. M. Frechet, Adv. Mater., 15, 1519 (2003)
14) 小林俊介，有機半導体の応用展開（監修：谷口彬雄），p.12，シーエムシー出版 (2003)
15) 堀田，柳，市川，谷口，有機半導体の応用展開（監修：谷口彬雄），p.25，シーエムシー出版 (2002)
16) C.K. Subramaniam, A. B. Kaiser, P. W. Gillbert, C.-J. Liu, B. Wessling, *Solid State Commun.*, **97**, 235 (1996)

2 導電性高分子の合成

小林征男*

2.1 はじめに

導電性高分子の合成方法に関しては既に多くの成書[1~4]があり，ここではそれらと重複しない範囲で最近のトピックスを紹介する。

導電性高分子の合成法は大別して化学重合法，電解酸化重合法，可溶性前駆体法，マトリックス（鋳型）重合法およびCVDなどの蒸着法など，多くの方法があるが，目的とする導電性高分子の種類およびその形態によって，適切な方法を選択する必要がある。本稿では，最もポピュラーに用いられる重合法である，電解酸化重合法と化学重合法の一種である酸化カチオン重合法の比較を行った。また，最近話題になっているイオン性液体や超臨界流体といった新しい材料と導電性高分子の係わり合いについて触れ，最後に実用面から興味が持たれる，界面重合法によるナノファイバー状ポリアニリンの合成を取り上げた。

2.2 酸化カチオン重合と電解酸化重合の比較

ピロールを例にとって酸化カチオン重合と電解重合の機構を図1および図2に示すが，電解酸化重合に関しては，電解液の組成や電解条件などの多くの因子が複雑に電極反応に関与しており，重合機構に関しては必ずしも明確になっていない[5]。

酸化カチオン重合と電解酸化重合を重合因子，生成する導電性高分子の形態，規則性，電気伝導度および生産性などの面から比較し，大まかな傾向を表1に示した。一般的には，生成する導電性高分子の物性面からは電解酸化重合が好ましいが，生産性の面からは酸化カチオン重合の方が優れている。必要とする導電性高分子の形態，電気伝導度および生産性などに応じて適切な重

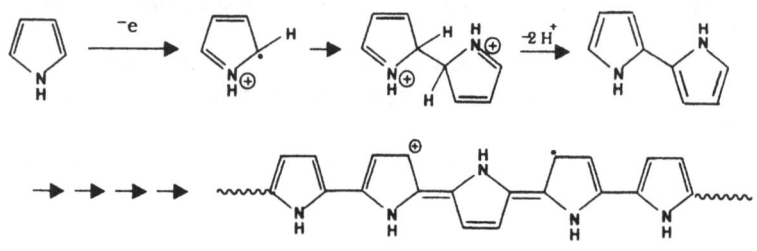

図1　ピロールの酸化カチオン重合

---

*　Yukio Kobayashi　小林技術士事務所　所長

第Ⅰ章　導電性高分子の開発

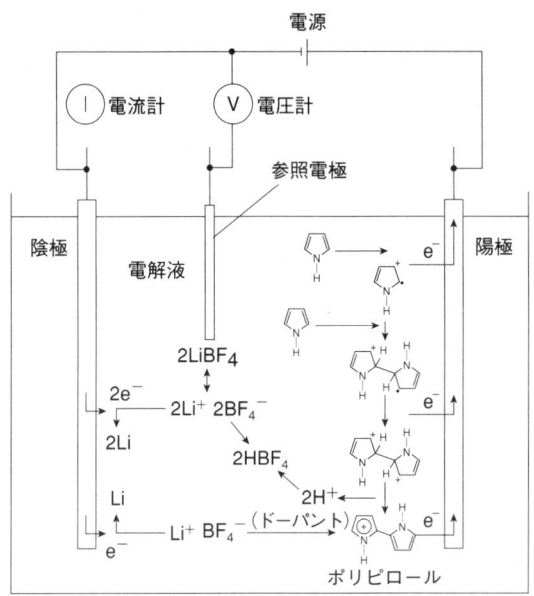

図2　ピロールの電解酸化重合（文献3より）

合法を採用する必要がある。例えば現在，導電性高分子の用途として最も大きな市場を形成している固体電解コンデンサのケースでは，モノマーを多孔質な誘電体皮膜に含浸させ，その後重合析出させて誘電体皮膜を導電性高分子で被覆する方法がとられている。多くは化学重合法である酸化カチオン重合が採用されているが，この場合モノマーの反応性が高いと，生成する導電性高分子が誘電体を被覆する割合が低下してしまうという問題がある。一方，電解酸化重合では，電気量をコントロールすることにより重合速度を制御できるが，重合の際に対電極を立てる必要があり，生産性が大幅に低下してコストアップ要因となる。

2.3　イオン性液体中での導電性高分子の合成

常温溶融塩は，古くから電解質として検討されており，その代表的なものにはEMIC（1-Ethyl-3-methylimidazolium Chloride)-AlCl$_3$系やBPC（1-Buthylpyridinium Chloride)-AlCl$_3$系がある[6]。ただ，これらの化合物はAlCl$_4^-$をアニオンとして用いているため，空気中の酸素や水分と容易に反応してしまうという欠点を持っており，実用化の障害となっていた。しかし，1992年に空気中での安定性が良好な常温溶融塩が開発され[7]，一躍脚光をあびることとなった。この新し

導電性高分子の最新応用技術

表1　酸化カチオン重合法と電解酸化重合法

	酸化カチオン重合法	電解酸化重合法
①重合機構	酸化カップリング反応	親電子置換カップリングまたはラジカルカップリング反応
②重合反応の支配因子	溶媒，酸化剤，温度	溶媒，支持電解質，電圧，温度，pH
③重合反応の制御	モノマーの反応性によって決まり，反応制御は困難	電流を制御することにより可能
④重合体の形態	粉末状	膜状
⑤形態の制御	困難	容易
⑥重合体の分子量	小さい	大きい
⑦構造の規則性	低い	高い
⑧重合体の電気伝導度	低い	高い
⑨生産性	良好	重合には作用極，対向極，参照電極を必要とし生産性は劣る。

い化合物はイオン性液体と呼ばれ，従来の常温溶融塩とは区別されている。

イオン性液体は，

（1）不揮発性，難燃性（耐熱温度：400℃）

（2）高いイオン伝導度

（3）広い電位窓（＞4V）

（4）低い誘電率（$\varepsilon \sim 8$）

といった特長を持っていることから，電気化学デバイスの電解質として期待されている。現在では，二次電池，電気二重層キャパシタ，湿式太陽電池，エレクトロクロミック表示素子など，多くの用途開発が世界的に行われている。我が国おいても活発に研究・開発が行われ，日清紡はイオン性液体を電解質とした電気二重層キャパシタの実用化を発表している[8]。

このように多くの優れた性質を持つイオン性液体であるが，高分子合成の溶媒として用いられ始めたのは，2000年前後からである。溶液重合の溶媒として用いると，既存の溶媒と比較して反応速度が速く，高分子量，狭い分子量分布を示すなど，その特異性を示唆する結果が報告されている[9]。

イオン性液体は有機カチオン（図3）と有機アニオンまたは無機アニオンの組み合わせであり，原理的には無数の種類が考えられるが，表2にその代表的な化合物とその物性を示した[10]。

導電性高分子の電解酸化重合においては，電解質の種類が，生成する導電性高分子のモルフォロジーや電気物性に大きな影響を与えることが知られており，イオン性液体を電解質として用いた場合，どのような物性が発現するか興味が持たれるところである。

1989年，Trivediら[11]は，常温溶融塩を電解質に用いて導電性高分子の合成を検討している。電解質としてCetyl Pyridinium Chloride（CtPyCl）-$AlCl_3$系を用い，室温でベンゼンの電解酸化

第Ⅰ章 導電性高分子の開発

重合を行い,ポリパラフェニレン(PPP)のフィルムを得ている。生成したPPPの化学組成は $(C_6H_4)_3AlCl_4$ で,ドーパントである $AlCl_4^-$ のドーピング率は33mol%であった。また,ベンゼンとピロール,ジフェニルアミン,アントラセンおよびナフタレンとの共重合も可能で,得られた共重合体の電気伝導度は,それぞれ 10^3, 67, 1 および 0.8 S/cmであった。ベンゼンとピロールの共重合体は 10^3 S/cmという高い電気伝導度を示すのが特徴的である。

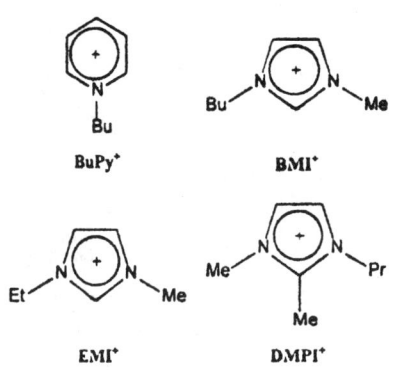

図3 イオン性液体の代表的なカチオン

J. Tang ら[12] は,EMI (1-Ethyl-3-Methyl Imidazolium)-$AlCl_4$ 系を電解質としてアニリンの電解酸化重合を行い,得られたポリアニリンの電気化学的な挙動を検討している。しかし,上記の2例はいずれも $AlCl_4^-$ をアニオンとしているため,重合を不活性ガス中で行うなど,安定性の改良が大きな課題であった。

2002年になって,Luら[13] が初めて空気中で安定なイオン性液体中で,導電性高分子の合成を行っている。イオン性液体のカチオン成分として1-Butyl-3-Methyl Imidazolium (BMI^+) を,またアニオン成分としては BF_4^- または PF_6^- を用いている。これらのイオン性液体は,蒸気圧がほとんどなく,高イオン伝導度(1〜5 mS/cm)でかつ電気化学的な安定範囲が広い(-2.5〜+2.5V vs. Ag/Ag^+)という特徴を持っている。イオン性液体中で合成したポリアニリン,ポリピロールおよびポリチオフェンを用い,重合に用いたのと同じ種類のイオン性液体中でその電気化学的挙動を検討している(図4)。その結果,100万回以上の酸化・還元サイクル寿命と,100msという早いスイッチング速度を得ている。このサイクル寿命は,通常使用される電解液系

表2 イオン性液体の融点とイオン伝導度

塩	融点(℃)	イオン伝導度(mS/cm)
EMI・AlCl₄	8	22.6
EMI・BF₄	11	13
EMI・PF₆	62	5.2
BMI・CF₃SO₂	16	3.7
BMI・(CF₃SO₂)₂N	-4	3.9
DMPI・AlCl₄	-5	7.1
DMPI・(CF₃SO₂)₂N	15	3

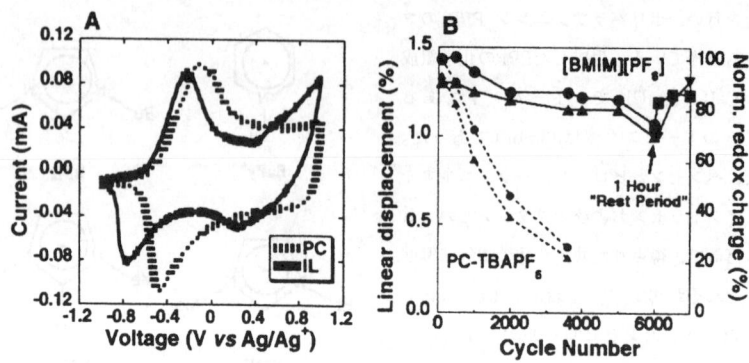

図4 イオン性液体（実線）と従来の有機溶媒系（破線）でのサイクル寿命の比較
(文献13より)

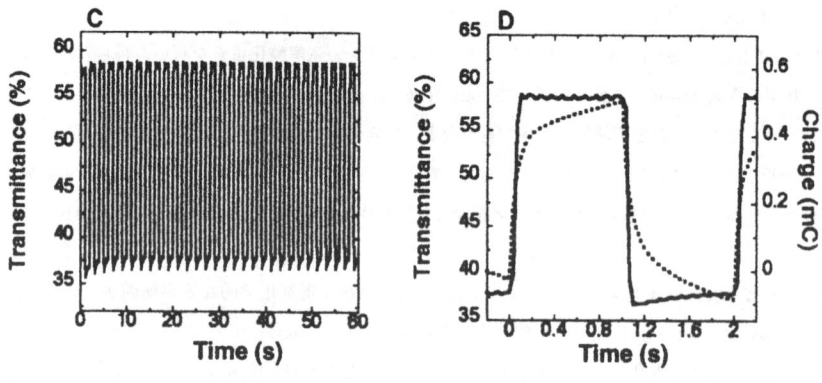

図5 イオン性液体中でのスイッチング（文献14より）

であるプロピレンカーボネート（PC）／テトラブチルアンモニウム（TBA）・PF_6系よりはるかに優れている。エレクトロクロミック表示素子としても早いスイッチングが観測されている[14]（図5）。

前記の系はイオン性液体中で合成した導電性高分子を用いた例であるが，通常の電解液系（PC／TBA／PF_6）で合成したポリピロールを用い，イオン性液体中でサイクル寿命試験を行った例も報告されている[15]。この場合でも，やはりイオン性液体を用いた電解質でのサイクル寿命は，通常の有機溶媒系よりも良好であった。

また，最近ではイオン性液体中で電解酸化して得られたポリピロール膜は，表面が平滑で粒塊が生成せず，電気伝導度も高いというニュースもある[16]。

第Ⅰ章 導電性高分子の開発

2.4 超臨界流体中での導電性高分子の合成

超臨界二酸化炭素（sc-CO_2）に代表される超臨界流体は，反応媒体として，次の特徴を持っている。

(1) 温度・圧力によって調節可能な物性
(2) 固体有機物や気体成分に対する高い溶解性
(3) 高い拡散性や高い熱伝導性
(4) 弱い溶媒和

特に，無害で安価な二酸化炭素は，臨界温度31℃，臨界圧力73気圧と，比較的容易に臨界状態にすることができることから，安全で操作性に優れた媒体として注目されている[17]。

重合溶媒としてのsc-CO_2の特徴は，有機溶媒や水と比較して，脱溶媒，脱モノマーなどの後処理工程が簡略化され，また，圧力を変えることにより，生成ポリマーの分子量分画が可能となることなどが挙げられる[18]。

sc-CO_2を溶媒として用いた導電性高分子の合成例は少ないが，化学重合[19]および電解酸化重合[20]の例がそれぞれ1報ずつある。sc-CO_2溶媒中電解酸化重合により合成したポリピロールの電気伝導度は2～6 S/cmと，通常の電解酸化重合で得られるものと同じレベルであったが，生成したポリピロール膜の表面は平滑で，通常の非水溶媒系で得られる，絡み合った繊維状のモルフォロジーとは大きく異なっていた（図6）。このフィルム表面が平滑であるという特徴は，金属の防食被覆や電子デバイスなどへの用途には好都合である。

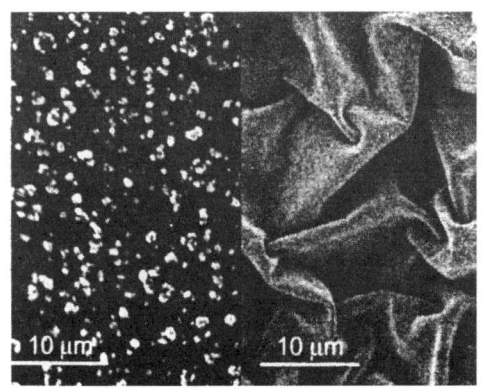

図6　超臨界二酸化炭素中で合成したポリピロール
（文献20より）

2.5 ナノファイバー状ポリアニリンの合成

ナノファイバー状の導電性高分子は基礎物性の解明に有用であるばかりでなく，導線，電極材料やセンサなど，応用面でも多くの可能性を有している。液晶[21]やシクロデキストリン[22]などの鋳型を利用した，いわゆるテンプレート重合による，ファイバー状の導電性高分子の合成の報告は多い。しかし，テンプレート重合の場合，そのまま複合材料として使用するケースを除いては，合成した後に導電性高分子を鋳型から取り出す必要があり，実用的な重合法ではなかった。

Kanerら[23]は，鋳型を用いることはなく，界面重合法により，直径が最小で30〜50nmのナノファイバー状のポリアニリンを合成する方法を開発している（図7）。また，重合条件をかえることにより，500nmから数μmの太い直径のファイバー状ポリアニリンの合成も可能である。

有機溶媒（四塩化炭素，ベンゼン，トルエン，または二硫化炭素）にアニリンを溶解した溶液と，酸化剤である過硫酸アンモニウムとショウノウスルフォン酸（CSA）を溶解した水溶液を用意する。水溶液とアニリン溶液を，注意深く同じビーカーに移し2相を形成させると，3〜5分後にアニリン溶液と水溶液の界面に緑色のポリアニリンが生成し，ゆっくりと水相に移動し始める。24時間後には，水相は生成した深緑色のポリアニリンが均一に溶解した状態になり，有機相はポリアニリンのオリゴマーの生成により赤色を呈してくる。この水相から，透析により分子量が約12,000程度のファイバー状のポリアニリン（CSAがドープした導電性のエメラルディン塩）が得られる。

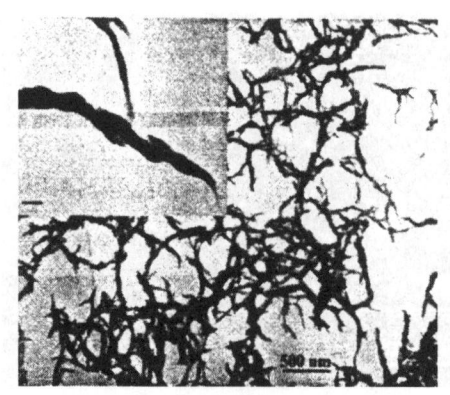

図7　ファイバー状ポリアニリン（文献23より）

第Ⅰ章　導電性高分子の開発

2.6　おわりに

　上記した以外にも，導電性高分子の合成に関しては，興味ある実験結果が多数報告されている。相田ら[24]は，ピロールに界面活性剤を化学結合させ，シリカチャネル内で導電性高分子を合成し，シリカで被覆したナノ導線の新製法を開発している。また，超分子とも称される樹枝状の導電性高分子の合成[25]やコア-シェル構造を持ったコンポジット[26]の合成など，多彩な検討がなされている。

　新規な導電性高分子の開発はピークを過ぎたが，既知の導電性高分子を用いた複合材や新規なモルフォロジーを持った導電性高分子の開発など，重合面での取組は依然として活発である。界面重合法など従来の重合法とは異なったアプローチやイオン性液体，超臨界流体といった新しい材料との組み合わせにより，導電性高分子の高次構造制御技術の開発が進んでいる。一方，トランジスタなどへの応用のニーズに応えて，高い位置規則性を持った導電性高分子の合成法が開発され，さらに自己組織化による高分子主鎖の配向現象の活用などにより，導電性高分子の移動度は年々上昇している。

文　　献

1) 高分子学会編, 高分子機能材料シリーズ-5　電子機能材料, 共立出版 (1992)
2) 吉野勝美, 小野田光宣, 高分子エレクトロニクス, コロナ社 (1996)
3) 赤木和夫, 田中義一編, 白川英樹博士と導電性高分子, 化学同人 (2002)
4) T. Skotheim, R. Elsenbaumer, J. Reynolds, (eds.), Handbook of Conducting Polymers, Marcel Dekker, Inc., 1998
5) 小野田光宣, 静電気学会, **27** (2), 74 (2003)
6) J. S. Wilkes, M. J. Zaworotko, *J. Chem. Soc., Chem. Commun.*, **1992**, 965
7) イオン性液体の最前線と未来, 大野弘幸監修, シーエムシー出版 (2003)
8) 佐藤貴哉, マテリアルステージ, **3** (1), 73 (2003)
9) 野田明宏, 高分子, **52**, 271 (2003)
10) 宇恵誠, 武田政幸, Electrochemistry (電気化学および工業物理化学), **70**, No.3, 194 (2002)
11) D.C.Trivedi, *J. Chem. Soc., Chem. Commun.*, **1989**, 544
12) J.Tang, R. A. Osteryoung, *Synth. Met.*, **45**, 1 (1991)
13) W. Lu, A. G. Fadeev, B. Qi *et al.*, *Science*, 297, 9 August (2002)
14) W. Lu, A. G. Fadeev, B. Qi, B. R. Mattes, *Synth. Met.*, **135-136**, 39 (2003)
15) J. H. Mazurkiewicz, P. C. Innis, G. G. Wallace, D. R. MacFarlane, M. Forsyth, *Synth. Met.*, **135-136**, 31 (2003)
16) 化工日報, 2003年6月30日
17) 日本化学会編, 化学便覧 (第6版) 応用化学編, 193 (2003)

18) 高橋憲司, 覚知豊次, 高分子, **52**, 269 (2002)
19) F. M. Kerton, G. A. Lawless, S. P. Ames, *J. Mater. Chem.*, **7**, 1965 (1997)
20) Paul E. Anderson, Rachna N. Badiani, Jamie Mayer, Patricia A. Mabrouk, *J. Am. Chem. Soc.*, **124**, 10284 (2002)
21) T. Mori, T. Sato, M. Kyotani, K. Akagi, *Synth. Met.*, **135-136**, 83 (2003)
22) Choi, S. J., Park, S. M., *Adv. Mater.*, **12**, 1547 (2000)
23) J. Huang, S. Virji, B. H. Weiller, R. B. Kaner, *J. Am. Chem. Soc.*, **125**, 314 (2003)
24) 池亀緑, 但馬敬介, 相田卓三, *Polymer Preprints, Japan*, **51**, 341 (2002)
25) A. Baba, W. Knoll, *Adv. Mater.*, **15**, 1015 (2003)
26) J. Jang, J. H. Oh, *Adv. Mater.*, **15**, 977 (2003)

3 導電性高分子:各論（Ⅰ）

小林征男*

3.1 はじめに

　導電性高分子を工業材料としてみた場合，電気伝導度，加工性および安定性が一定水準以上であることが要求される。これらの点から，実用的にはポリピロール，ポリアニリンおよびポリ（3,4-エチレンジオキシチオフェン）（PEDOT）が最も精力的に研究されてきた。導電性高分子の用途として，最大の市場を形成している電解コンデンサの陰極材料としては，PEDOTとポリピロールが有力である。一方，エレクトロルミネッセンス素子のホール注入材料としては，PEDOTとポリアニリンが有望視されている。本稿ではPEDOTとポリアニリンの最近のトピックスを紹介する。

　なお，1998年までの導電性高分子の研究・開発に関しては成書[1,2]があるので，それらを参照してほしい。

3.2 ポリ（3,4-エチレンジオキシチオフェン）（PEDOT）（図1）

3.2.1 開発経過

　数ある導電性高分子の中で現在，工業的に最も注目されているポリマーで，電気伝導度，空気中での安定性および耐熱性のバランスが最も優れている。PEDOTを開発したドイツのバイエル社およびアグファ社は，PEDOTおよびモノマー以外にも，PETフィルムにPEDOTを塗布した透明でフレキシブルな導電フィルムも上市している。PEDOTに関しては既に総説[3,4]が発表されているのでそれらを参照して欲しい。また，これらの製品を販売しているバイエルグループ[5]（商品名："Baytron"）やアグファ社[6]（商品名："Orgacon"）から詳細な技術情報が開示されている。

　PEDOTは1980年代後半にドイツのバイエル社によって開発され，高い電気伝導度を示し，透明でかつ空気中での安定性が良好な導電性高分子である。PEDOTは開発当時バイエル社の子会社であったアグファ社の写真用フィルムの帯電防止材料として，開発されたものである。開発に当たって設定された目標は，透明性，安定性および水溶性といった条件を満足する導電性高分子で，開発当初のPEDOTは，水に不溶で加工性に難点があるという点を除いては要求性能を満たすものであった。その後，ポリスチレンスルフォン酸（PSS）という高分子ドーパントを用いることによって，水に分散させてコロイド状にすることにより，加工性も満たす材料となった。

　PEDOTは化学重合法および電解酸重合のいずれの方法でも合成でき，ポリチオフェンと異なり，合成時に$\alpha-\beta$'カップリング反応が起こらないので，位置規則性が100%のポリマーが得られ，

---

　* Yukio Kobayashi　小林技術士事務所　所長

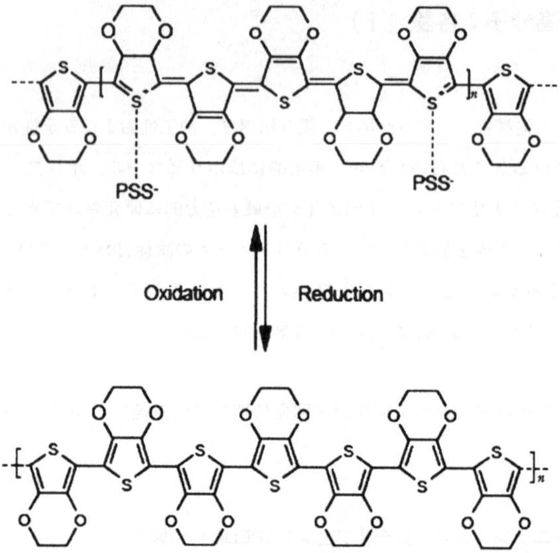

図1　PEDOTの酸化・還元反応（文献5より）

電気伝導度も〜500S/cmと高い値を示す。また，酸化劣化の開始点となるβ,β'位置に水素原子を持たないことから，耐熱性や空気中での安定性がポリピロールなどの他の導電性高分子よりも優れている[5,7]（図2）。

このように優れた物性を持つPEDOTは，写真フィルム用の帯電防止材料として実用化されているばかりでなく，現在では電解コンデンサの陰極材料として，幅広く用いられるようになってきた。電解コンデンサの陰極に用いられた有機材料として，当初は電荷移動錯体であるテトラシアノキノジメタン（TCNQ）塩が，次いで導電性高分子として初めてポリピロールが用いられたが，現在では耐熱性が優れていることから主にPEDOTが使用されている。

なお，導電性高分子の電解コンデンサへの応用に関しては，本書の別の章で取り上げられているので，そちらを参照して頂きたい。

3.2.2　透明導電体としてのPEDOT[8]

PEDOTのバンドギャップは約1.6eVと，ポリチオフェン（2.2eV）やポリピロール（3.2eV）と比較して狭く，ドーピングにより可視光領域の吸収はほとんどなくなることより，実質的に透明な導電体と言える（図3）。なお，このバンドギャップは，導電性高分子の中ではポリイソチアナフテンの1.0eVに次ぐ小さな値である。

第I章 導電性高分子の開発

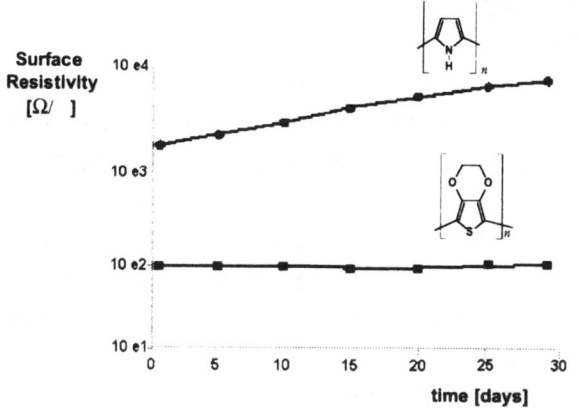

図2　PEDOTとポリピロールの70℃での表面抵抗の経時変化（文献5より）

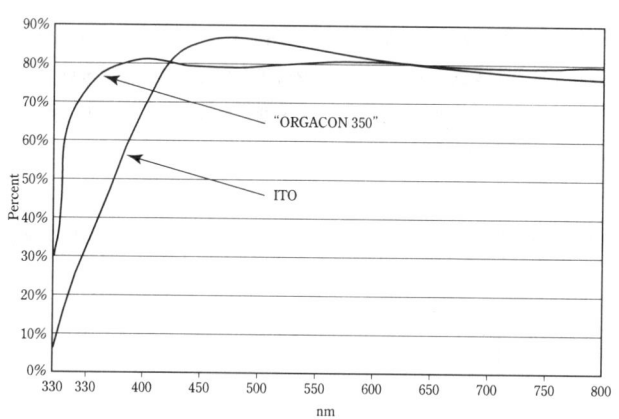

図3　PEDOTとITOの可視光領域の吸収スペクトル（文献5から）

　透明導電体の代表としてはITO（インジウム・スズの酸化物）があり，透明電極などとして工業的に幅広く使用されている。しかし，ITOはセラミックスで柔軟性に欠けるため，フレキシブルな電子デバイスに用いるには不適であった。PEDOTはITOに劣らない導電性と透明性を併せ持つ透明導電体であり，高分子に特有な成膜性や基材のプラスチックフィルムとの良好な密着性などの特徴を生かして，大面積でフレキシブルな透明電極，透明な電磁遮蔽フィルムなどの用途開発が進んでいる。

19

3.2.3 PEDOTの最近のトピックス
(1) PEDOTの加工性の改良

水溶媒で酸化重合して得られるPEDOTは，水に分散したコロイド状態で得られるが，一度乾燥して粉末にすると再分散することができず，他の樹脂とのコンパウンドを製造することが困難であるという加工上の問題点があった。この課題の解決策として，凍結乾燥して得られる多孔質PEDOTを用いる方法などが提案されているが，これらの方法ではコストアップとなり実用的ではない。Wesslingら[9]は重合法の改良によって，特別なバインダーを使用することなく，PEDOTと熱可塑性樹脂とのコンパウンドを製造できる方法を開発している。さらに，この方法を用いれば，PEDOTをキシレンのような非極性溶媒にも分散でき，インク化して印刷法による塗布が可能であるとしている。

(2) PEDOTのアルキル置換体の電気伝導度

PEDOTのアルキル置換体に関しては既に多くの文献があるので，それらを参照して欲しい[1~4]。ここでは，ポリチオフェンのアルキル置換体とは異なった挙動を示す，PEDOTのアルキル置換体のアルキル基の長さと電気伝導度の関係について紹介する。触媒にFeCl$_3$を使用して合成した位置規則性の良好なアルキル置換ポリチオフェンの場合には，電気伝導度はドデシル＞オクチル＞ヘキシル＞ブチルと，アルキル鎖が長くなると共に増加する[10]。一方，PEDOTの場合[11]，炭素数が1～6のアルキル置換体では，炭素数の増加とともに電気伝導度は減少し，逆に炭素数が10以上のアルキル置換体では，逆に炭素数の増加とともに電気伝導度は上昇する（図4）。炭素数が14のテトラデシル置換体では電気伝導度は850S/cmにまで上昇し，化学重合で得られる

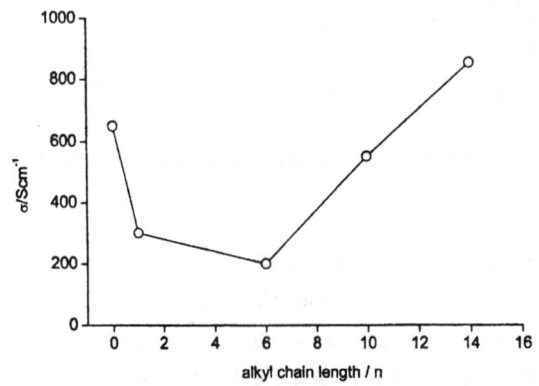

図4　アルキル基の鎖長と電気伝導度（文献11より）

第Ⅰ章 導電性高分子の開発

PEDOTの最高値（～550S/cm）を上回っている。

ポリチオフェンとPEDOTのアルキル置換体において，アルキル基の長さと電気伝導度との関係に相違が見られるのは，次のように説明される。

アルキル置換ポリチオフェンの場合，アルキル基の長さが長くなるほどアルキル基鎖間の相互作用が強まって結晶性が向上し，その結果電気伝導度が高くなると考えられる（Ⅰ章の1の図3を参照のこと）。一方，PEDOTのアルキル置換体では，メチルまたはヘキシル基のように比較的アルキル基の長さが短い場合には，同一分子鎖の隣同士の環の立体障害がアルキル基鎖間の相互作用を上回り，π共役系が切断されるためと考えられる。炭素数が10以上とアルキル鎖長が一定の長さ以上になると，アルキル基鎖間の相互作用の方が立体障害を上回り，規則性が増し電気伝導度が向上するという正の効果が生まれる。PEDOTの場合，環の平面構造がポリチオフェンよりも大きいことが，この効果を加速する要因となっていると考えられる。

なお，PEDOTのアルキル置換体は，ドーピング（酸化）状態ではアルキル基鎖の長さとともに可視光領域での透明性が向上することから，エレクトロクロミック素子などへの応用が期待されている。

3.3 ポリアニリン

アニリンの重合体は，アニリンブラックとして，昔から染料として用いられてきたが，導電性ポリアセチレンの発見後に，改めてその導電性が着目され，MacDiarmidらの先駆的な研究をはじめ多くの研究が活発に行われてきた[1,2]。ポリアニリンは4つの酸化・還元状態を持つが，金属的な電気伝導度を示すものはエメラルディン塩（Emeraldine Salt）である（図5）。開発初期には，4つの酸化・還元状態でそれぞれ色が異なることより，エレクトロクロミック表示素子として検討された。その後，二次電池の電極活物質としての用途が見出され，ブリヂストン社は1989年にポリアニリン二次電池を上市したが，現在この事業は中止になっている。

現在，ポリアニリンの用途開発はOrmecon社（Zipperling Kessler & Co.の100%子会社）のWesslingらのグループにより精力的に行われており，PEDOTに替わる有機EL用のホール注入材料や金属腐食防止塗料として検討されている。なお，Ormecon社はポリアニリンおよびPEDOTを種々の形態で市販している[12]。

Wesslingら[9,13]の開発したポリアニリンは，水分散系で粒径が市販のPEDOTのそれよりも1桁低く，ホール注入層の膜厚をPEDOTを用いた場合より1/3～1/4（約50nm）にまで薄くすることができることを報告している。また，ポリアニリンと各種の熱可塑性樹脂とのコンパウンドの電気伝導度を検討し，ポリアニリンとメチルメタクリレート（PMMA）との40：60（wt%）のコンパウンドでは，電気伝導度がポリアニリンそのものよりも高くなることを見出している[14]

図5 ポリアニリンの酸化・還元状態

（図6）。この結果は，重合時にポリアニリンの粒子表面に付着して電気伝導の障害となっていた不純物（触媒残，界面活性剤などの非電子伝導性物質）が，機械的なブレンド操作により取り除かれたためと説明されている。しかし，複合化により電気伝導度が向上するのは，PMMAとのコンパウンドにのみ特異的で，ポリエステルとのコンパウンドでは観察されていない。

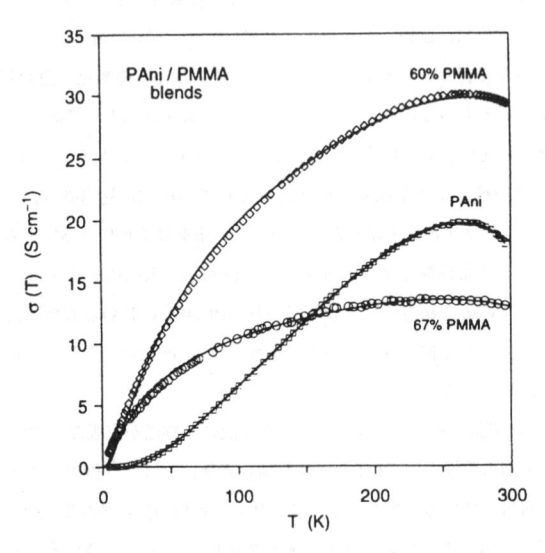

図6 ポリアニリンとPMMAの複合体の電気伝導度（文献14から）

第Ⅰ章　導電性高分子の開発

3.4　おわりに

　バイエル社が開発に成功したPEDOTは，今までに開発された導電性高分子のなかでは最も実用物性バランスに優れており，これ以上の物性バランスを持つ導電性高分子の開発はかなり難しいと思われる。PEDOTを上回る物性バランスのものを目指すなら，ポリアニリンの例にみられるように，熱可塑性樹脂や金属，セラミックスなどの他の材料との複合化を検討するのが近道であると考えられる。本稿でも触れたように，従来加工性に難点があったPEDOTにおいても，再分散化技術が開発され，熱可塑性樹脂との複合化も可能となってきている。本稿では触れることができなかったが，導電性高分子の複合化に関する報告数は急増しており，このことは開発の重点が既知の導電性高分子と他の材料との複合化に移っていることを示している。

文　　献

1) H. S. Nalwa, (ed.), Handbook of organic Conductive Molecules and Polymers, J. Wiley & Sons, 1997
2) T. Skotheim, R. Elsenbaumer, J. Reynolds, (eds.), Handbook of Conducting Polymers, Marcel Dekker, Inc., 1998
3) L. Groenendaal, F. Jonas, D. Freitag, H. Pielartzik, J. R. Reynolds, *Adv. Mater.*, **12**, 481 (2000)
4) L. Groenendaal, G. Zotti, P. Aybert, S. M. Waygright, J. R. Reynolds, *Adv. Mater.*, **15**, 855 (2003)
5) H. C. Hcstark社のHP（URL：http://www.bayer-echemicals.com/）には多くの技術情報が開示されている。
6) Agfa社のHP（URL：www.agfa.com/sfc/polymer/）
7) 工藤康夫, 機能材料, **19**, No.10, 11 (1999)
8) 小林征男, 透明導電膜の新展開（Ⅱ）（監修：澤田豊）, p.51, シーエムシー出版 (2003)
9) B. Wessling, Invited Talk, ICSM 2002, Shanghai, 2002, Ormecon社のHP（URL：http://www.ormecon.de/）からダウンロード可能
10) R. D. McCullough, S. Tristram-Nagle, S. P. Williams, R. D. Lowe, M. Jayaraman, *J. Am. Chem., Soc.*, **115**, 4910 (1993)
11) L. Groenendaal, G. Zotti, F. Joans, *Synth. Met.*, **118**, 105 (2001)
12) Zipperling1社のHP：http://www.zipperling.de/
13) J. R. Posdorfer, B. Werner, B. Wessling, S. Heun, H. Becker, Invited Talk, ICSM 2002, Shanghai, 2002 Ormecon社のHP（URL：http://www.ormecon.de/）からダウンロード可能
14) C. K. Subramaniam, A. B. Kaiser, P. W. Gilberd, C.-J. Liu, B. Wessling, *Solid State Commun.*, **97**, 235 (1996)

4 導電性高分子：各論（Ⅱ）

小林征男*

4.1 はじめに

本稿では，外部ドーパントを必要としない自己ドープ型導電性高分子，空気中での安定性に課題を残すn-型導電性高分子，透明導電体であるバンドギャップが狭い導電性高分子および今後の用途開発が楽しみな液晶性導電性高分子についてそのポイントを紹介する。

4.2 自己ドープ型導電性高分子

自己ドープ型導電性高分子は，π-共役系高分子の側鎖にスルフォン酸基またはカルボキシル基を持ったもので，外部ドーパントを使用しないでも金属的な電気伝導度を示す。外部ドーパントが必要な通常の導電性高分子に比較して次のような特徴を有している。

（1）金属的な電気伝導性を示すが，外部ドーパントを用いたものと比較すると1〜2桁低下する。

（2）ドーパントのマイグレーションが起こらないので，通常の導電性高分子より高い耐熱性を持つ。

（3）スルフォン酸基またはカルボキシル基を持っているので水溶性である。

自己ドープ型導電性高分子の伝導機構については，必ずしも明確になっていないが，図1のような酸化・還元機構が提案されている[1]。山本ら[2]は，スルフォン酸基を持った自己ドープ型導電性高分子であるポリ[3-(3'-スルフォプロピル)チオフェン]のドーピング機構について詳細な検討を行い，酸素やpHの影響について報告している。

自己ドープ型導電性高分子は前記した有用な特性を有することから，水溶性帯電防止剤やエレクトロクロミック表示素子などへの応用が検討されてきた。ポリアニリンやポリイソチアナフテンのスルフォン化物（図2）は，電子線リソグラフィー用の帯電防止剤として実用化されている[3,4]。レジスト表面にこれらの自己ドープ型導電性高分子を塗布することにより，照射時に電子線がレジスト表面の電荷によって曲げられるのを防止できる。水溶性であるので，照射後は水で洗えば簡単に導電性高分子を除去することができる。

ポリ（3,4-エチレンジオキシチオフェン）（PEDOT）もスルフォン化して自己ドープ型とすることが可能で，得られたスルフォン化物は水溶性でエレクトロクロミック素子への応用が有望と考えられている[5]（図3）。

上記の例はいずれもスルフォン酸基を持った自己ドープ型導電性高分子であるが，カルボキシ

---

* Yukio Kobayashi　小林技術士事務所　所長

第Ⅰ章　導電性高分子の開発

図1　自己ドープ型導電性高分子の酸化・還元反応（文献1より）

図2　スルフォン化ポリアニリン（文献3より）

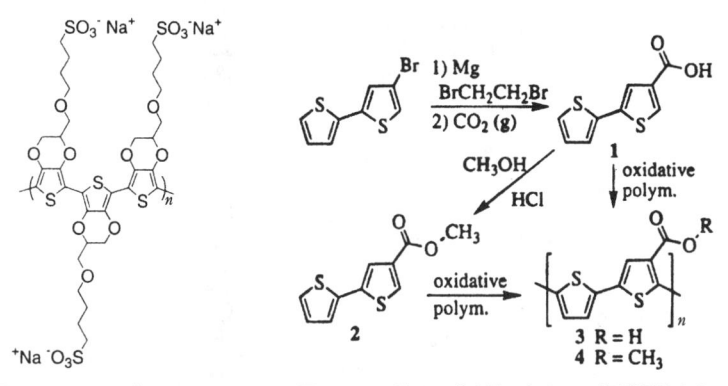

図3　スルフォン化PEDOT
（文献5より）

図4　カルボキシル基を持つ自己ドープ型導電性高分子
（文献6より）

ル基を持った例も報告されている[6]（図4）。

4.3　n-型導電性高分子

　無機半導体ではドーパントの種類を変えることにより，p-型とn-型を容易に作成することができるが，導電性高分子では，p-型に比較して一般的にn-型の空気中での安定性が著しく低いため，実用化するには安定性の改良という大きな課題を抱えている。n-型導電性高分子の安定性が著しく低い理由は，ドーピングによって生成するカルボアニオンが酸素や水分と簡単に反応し

てしまうことに起因しているが，この問題をクリヤーしてp-型とn-型を自由に使いこなせるようになれば，バイポーラトランジスタやp/n接合など導電性高分子の用途が飛躍的に拡大することは間違いない。

n-型導電性高分子は，電子欠乏型化合物であるピリジン，ピラジン，ピリミジン，キノリンおよびキノキサリンなどの複素環化合物を重合して得られる[7〜9]。Leeuwら[10]は，n-型導電性高分子の安定性を電気化学的なものと化学反応を伴う化学的なものとに分け，飽和カロメル電極（SCE）に対して0〜+0.5V前後のレドックス電位を持つものは，電気化学的に安定なn-型導電性高分子となることを報告している（図5）。図5には既知のn-型導電性高分子のレドックス電

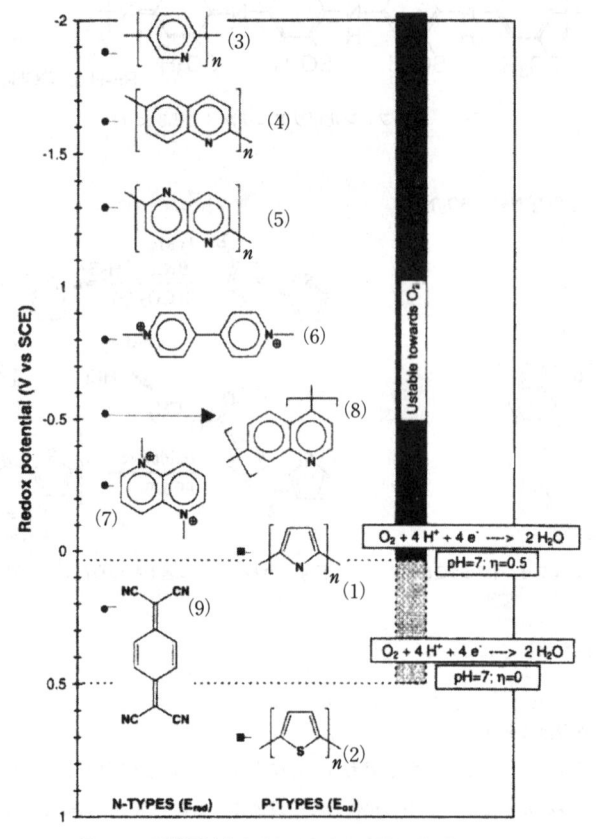

図5　n-型導電性高分子のレドックス電位（文献10から）

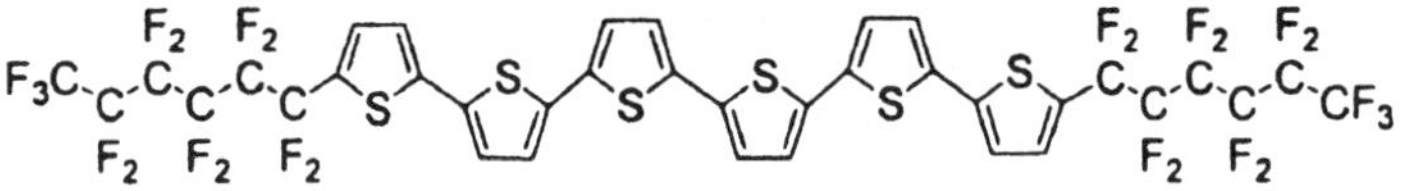

第Ⅰ章 導電性高分子の開発

図6 チオフェン6量体のフッ素化アルキル誘導体（文献11より）

位を表示しているが，酸素に対する反応性はSCEに対するレドックス電位の減少とともに高くなる。
　一方，n-型導電性高分子の化学的な安定性を高めるには，水と酸素との反応を抑制する分子設計が必要となる。例えば，疎水性の置換基を導入して水の侵入を防ぐ方法が考えられるが，疎水性でアクセプター性の強いフッ素原子の導入は特に有効であると考えられる。Facchettiら[11]はチオフェンの6量体の両末端にフッ素置換したアルキル基を導入し（図6），化学的安定性の向上したn-型の有機半導体を得ている。また，この化合物を80〜100℃の温度で蒸着法により作製したフィルムの移動度が$0.02cm^2/Vs$で，n-型有機半導体としては高い値を示した。さらに，同様な化学構造を持つ，両末端がパーフルオロヘキシル基で置換されたチオフェン4量体を用い，n-型薄膜トランジスタを作製してその特性評価を行っている[12]。窒素雰囲気下での実験ではあるが，移動度が$0.048cm^2/Vs$で電流のオン／オフ比は10^5という良好な結果を得ている。

4.4 狭いバンドギャップの導電性高分子

　導電性高分子でもポリピロール，ポリチオフェンおよびポリアニリンのバンドギャップはそれぞれ3.2eV，2.2eVおよび3.3eVと大きいが，PEDOTのそれは約1.5eVと小さく近赤外に近い。しかし，いずれにしてもこれらの導電性高分子は中性状態では半導体であり，金属的な電気伝導度を持たせるにはドーパントが不可欠であるが，ドーパントの導入は結晶構造を乱すなどマイナス因子もある。従って，ドーパントを用いないでも金属的な電気伝導度を持つ導電性高分子の開発は多くの研究者の夢でもある。熱振動エネルギー（約0.026eV）程度の狭いバンドギャップの導電性高分子が合成できれば，ドーパントなしで金属的な電気伝導性を持つことが期待できる。
　熱振動のエネルギーには遠く及ばないが，1.0eV程度の狭いバンドギャップを持つ導電性高分子は既に数多く合成されている。これらは可視光領域で透明で，金属的な電気伝導度を示すことから，透明導電フィルム，エレクトロクロミック表示素子，赤外光変調素子，熱発生検出素子など様々な分野への応用が検討されている。

4.4.1 ポリイソチアナフテンとポリイソナフトチオフェン

　透明な導電性高分子といったときにまず話題に上るのが，未ドープの状態で1.0 eVと非常に小

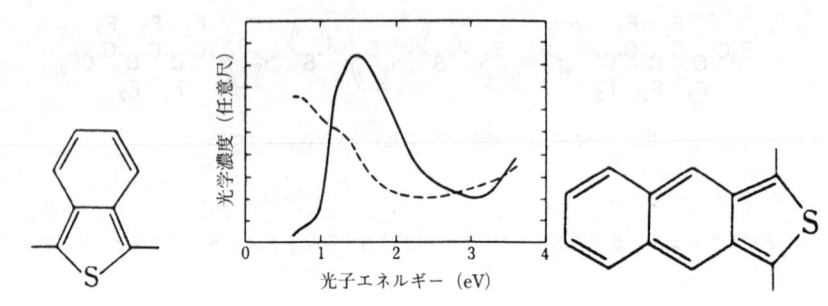

図7　ポリイソチアナフテン　図8　ポリイソチアナフテンの吸収スペクトル　図9　ポリイソナフトチオフェン
(文献13より)
実線：未ドープ　　破線：ドープ後

さいバンドギャップを持つポリイソチアナフテン（PITN：Polyisothianaphthene）である[13]（図7）。電解酸化重合によって作製したPITN薄膜にドナー（Br_2, I_2など）をドープすると，吸収全体（点線）は近赤外領域へシフトする（図8）。ドープ後のフィルムは薄い黄色を呈するものの透明となり，電気伝導度は50S/cmと金属的領域にまで上昇する。なお，PITNと類似の構造を持つポリイソナフトチオフェン（図9）は，そのバンドギャップは約0.01eVと見積もられており，ドーピングなしで金属的な電気伝導度が期待できる化合物である。

4.4.2　PEDOTの共重合体

PEDOTのモノマーであるビス-エチレンジオキシチオフェン（BEDOT）とアリーレン（Arylene）化合物との共重合体（図10）は，1.1eV～2.4eVという狭いバンドギャップを持つことが知られている[14,15]。特に，シアノ基のような強い電子吸引性基を持つアリーレン化合物との共重合体のバンドギャップは1.3eVと小さい値になる。

図10　BEDOTとアリーレン化合物との共重合体

また，Wudlら[16,17]は，図11に示す交互共重合体（PEDOT-EHIITN）を合成し，バンドギャップは約1.1eVとPITN並みに小さく，溶媒に可溶で空気中の安定性も良好なことを報告している。バンドギャップが1.1eVと小さい理由は，EDOTユニットとEHIITNユニットがそれぞれドナーおよびアクセプターとして働く分子内プッシュ・プル効果によっている。この交互共重合体はp-型およびn-型ドーピングのいずれも可能で（図12），赤外領域（1500nm）で早いスイッチング速度を持つエレクトロクロミック現象を示す。

図11 PEDOT-EHIITN (文献18より)

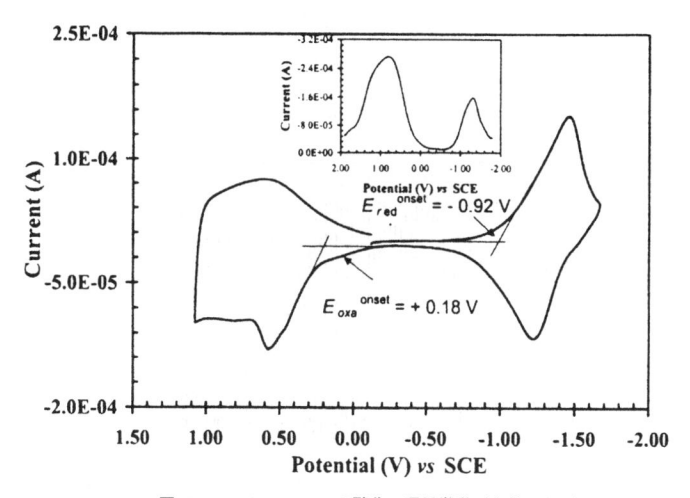

図12 PEDOT-EHIITNの酸化・還元挙動 (文献18より)

4.4.3 アルキルジオキシチオフェン誘導体ポリマー[18]

図13に示すアルキルジオキシチオフェン誘導体のポリマーは，いずれも約1.7eV (730nm) と比較的狭いバンドギャップを持つ導電性高分子である。EDOT-$C_{11}H_{20}$のポリマーを用いたエレクトロクロミック素子は，300nmの膜厚で，スイッチング速度0.8～2.2秒，可視光 (590nm) の透過量変化は44～63%でPEDOTよりも良好な性能を示した。

4.5 液晶性導電性高分子[19～21]

赤木ら[19,20]は，ポリアセチレンの側鎖やチオフェン環，ピロール環に液晶基を導入した液晶性

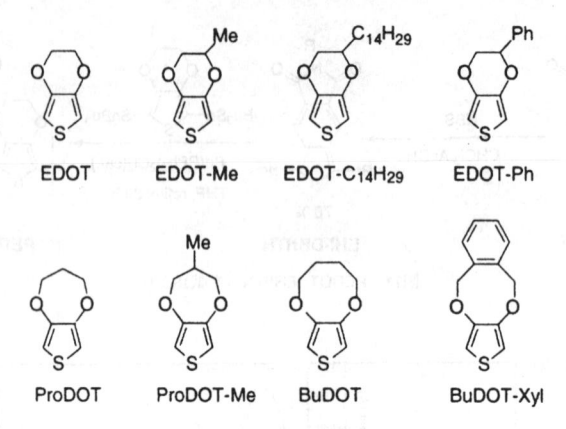

図13 アルキルジオキシチオフェン誘導体（文献18より）

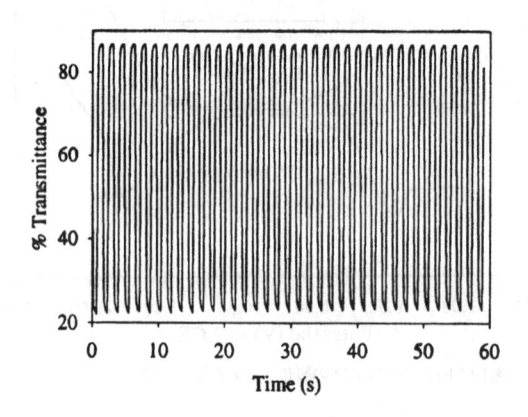

図14 PEDOT-C$_{14}$H$_{29}$の590nmでのエレクトロクロミック性能
（文献16より）

導電性高分子を数多く合成している。これらの側鎖型液晶性導電性高分子は，導電性に加えて，発光直線二色性などの新しい機能を有しており，導電性高分子の新規な用途を生み出すものと期待されている。

4.6 おわりに

自己ドープ型導電性高分子が合成されてから既に15年近くが経過しているが，ドーピング機構そのものもまだ充分に解明されているとは言えない。ドーピング機構の解明により新しい展望が開けてくるものと期待される。また，ELやトランジスタの電子輸送材料として，空気中で安定

第I章 導電性高分子の開発

な移動度の大きいn-型導電性高分子の開発も今後の課題である。さらに，本来絶縁体である液晶と導電性高分子の組み合わせからは，導電性高分子の発見当初に考え付かなかったような応用が期待されている。

文　献

1) Y. Ikenoue, N. Uotani, A. O. Patil, F. Wudl, A. J. Heeger, *Synth. Met.*, **30**, 305 (1989)
2) T. Yamamoto, M. Sakamaki, H. Fukumoto, *Synth. Met.*, **139**, 169 (2003)
3) S. Shimizu, T. Saitoh, M. Yuasa , K. Yano, T. Maruyama, K. Watanabe, *Synth. Met.*, **85**, 1337 (1997)
4) 村井, 友澤, 池ノ上, 電子材料, **29**, 48 (1990)
5) C. A. Culter, M. Bouguettaya, J. R. Reynolds, *Adv. Mater.*, **14**, No. 9, 684 (2002)
6) S. C. Rasmussen, J. C. Pickens, J. E. Hutchison, *Macromolecules*, **31**, 933 (1998)
7) T. Kanbara, T. Kushida, N. Saito, I. Kuwajima, K. Kubota, T. Yamamoto, *Chemistry Letters*, 583 (1992)
8) T. Yamamoto, K. Sugiyama, T. Kushida, T. Inoue, T. Kanbara, *J. Am. Chem. Soc.*, **118**, 3930 (1996)
9) T. Yamamoto, *Macromol. Rapid Commun.*, **23**, 583 (2002)
10) D. M. de Leeuw, M. M. J. Simenon, A. R. Brown, R. E. F. Einerhand, *Synth. Met.*, **87**, 53 (1997)
11) A. Facchetti, Y. Deng, A. Wang, Y. Koide, H. Sirringhaus, T. J. Marks, R. H. Friend, *Angew. Chem. Int. Ed.*, **39**, 4547 (2000)
12) A. Facchetti, M. Mushrush, H. Katz, T. J. Marks, *Adv. Mater.*, **15**, No.1, 33 (2003)
13) M.Kobayashi, N.Colaneri, M.Boysel, F.Wudl, A.J.Heeger, *J.Chem.Phys.*, **82**, 5717 (1985)
14) L. Groenendaal, F. Jonas, D. Freitag, H. Pielartzik, J. R. Reynolds, *Adv. Mater.*, **12**, 481 (2000)
15) L. Groenendaal, G. Zotti, P. Aybert, S. M. Waygright, J. R. Reynolds, *Adv. Mater.*, **15**, 855 (2003)
16) A. Cravno, M. A. Loi, M. C. Scharber, C. Winder, H. Neugebauer, P. Denk, H. Meng, Y. Chen, F. Wudl, N. S. Sariciftci, *Synth. Met.*, **137**, 1435 (2003)
17) H. Meng, D. Tucher, S. Cahffins, Y. Chen, R. Helgeson, B. Dunn, F. Wudl, *Adv. Mater.*, **15**, 146 (2003)
18) D. M. Welsh, A. Kumar, M. C. Morvant, J. R. Reynolds, *Synth. Met.*, **102**, 967 (1999)
19) 赤木和夫, 田中一義 (編著), 別冊化学『白川英樹博士と導電性高分子』, p. 73, 化学同人 (2002)
20) 赤木和夫, 高分子, **52**, 916 (2003)
21) K. Akagi, *Polymer Preprints, Japan*, **52**, No. 1, 97 (2003)

5 導電性高分子のパターン形成法

小林征男*

5.1 はじめに

　導電性高分子は，金属的な電気伝導度以外に，高分子固有の成形性，薄膜性などの利点も兼ね備えていることから，これからの電子デバイス材料として有力な候補となってきている。既に，固体電解コンデンサでは大きな市場を形成しており，また，高分子EL，高分子FET，エレクトロクロミック表示素子，太陽電池など多くの分野で開発が進んでいる。

　従来，導電性高分子はその分子間凝集力が強いために適当な溶媒がなく，高分子が本来有する成形加工が容易という長所を充分に生かし切れなかった。しかし，最近は可溶化技術も開発され，金属的な電気伝導度を維持しながら水または有機溶媒に可溶な導電性高分子も数多く見出されてきている。また，ポリ(3,4-エチレンジオキシチオフェン)（PEDOT）のように，水や有機溶媒にコロイド状に分散させて加工性を付与したものもある。その結果，高価な露光装置や真空蒸着装置を用いずに，高い電気伝導度を持ったパターンを描画することができるようになってきた。

5.2 導電性高分子のパターン形成法

　導電性高分子のパターニングには多くの方法が提案されているが，その代表的なものについて，描画方法と特徴を表1にまとめて示した。なお，導電性高分子のパターニングに関しては，Holdcroftの総説[14]があるので参照されたい。

5.3 生産性の高いパターン形成法

　本稿では，表1に示した方法のなかで，実用的に有用な生産性の高いパターニング法を選んで，最近のトピックスを紹介する。従って，走査型電顕や原子力間顕微鏡等を使用する，いわゆる一筆書きでラインを描画する方法は生産性が低いので省略した。また，光化学反応法も現行のフォトリソグラフ法に比較して特段のメリットが期待できないので，本稿では触れていない。これらの方法に関心のある方は表1に示した文献を参照されたい。

5.3.1 マイクロコンタクトプリント法（μCP）（図1）

　マイクロコンタクトプリント法は次の4工程からなる。

(1) 光リソグラフ法等でポリメチルジシロキサン（PMDS）基材にパターンを描画してマスターを作成する。

(2) パターン形成したマスター表面を適当な表面処理剤（一般的にはアルカンチオールが用

---

* Yukio Kobayashi　小林技術士事務所　所長

第I章　導電性高分子の開発

表1　導電性高分子のパターン形成法

パターン形成法			方　法	特　徴
反応を伴う方法	電気化学重合法	マイクロコンタクトプリント法[1~3]	予め回路を描画した電極上に、電解酸化重合により選択的に導電性高分子を析出させる。	重合析出法で描画するので、溶媒に不溶な導電性高分子でも使用できる利点があるが、反面、電解酸化という湿式法であり、対電極および後処理が必要などの欠点がある。
		走査型電顕法[4]	走査型電気化学電顕（SECM）の超微細電極を導電性基板表面を走査しながら、電極間での電解酸化により、基板上に導電性高分子を析出させる。	電流を制御しながら導電性高分子を析出させることができる利点がある反面、一筆書きであり、生産性には課題が残る。
	光化学反応法[5]		導電性高分子に光反応性基を導入して、通常のリソグラフ法の手法を用いてパターン形成を行う。	現状のフォトリソグラフプロセスをそのまま用いることができる。導電性高分子には光反応性基を導入するためにコストアップになる。化学増幅型のものも報告されている。
反応を伴わない方法	印刷法	スクリーン印刷法[6]	導電性高分子を溶媒に可溶化または分散することにより、メッシュのスクリーンを用いて印刷する方法である。	導電性高分子の溶媒可溶化または溶媒分散技術の開発により、安価で大きな面積のパターンを簡単に作成することができる。ただ、FETなどのデバイスに要求される10μm以下の解像度の回路形成にはさらに工夫が必要である。
		インクジェット法[7,8]	ポピュラーになったインクジェット技術で印刷する方法である。導電性高分子をインク化する必要がある。	オールプラスチックFETの製造などで威力を発揮している方法である。インクジェット技術の開発により、吐出量がフェムトリッターのオーダーにまで減少してきている。その結果、0.3μmの線幅のパターン形成も可能となった。
	キャピラリー法[9,10]		ラインパターンを描画したポリジメチルシロキサン（PDMS）のマスターを基板に押し付け、ポリマー溶液の毛細管現象を利用してパターンを形成する方法である。	線幅は、マスターのパターンの線幅で決定される。導電性高分子にポリアニリンを用いて、350nmの線幅のものが得られている。
	転写法[11]		上記のキャピラリー法と同様に、パターンを形成したマスター（一般的にはPDMS）を用い、このマスターに導電性高分子を塗布し、これを基板に転写してパターンを形成する方法である。	この方法も、マスターに作成されたパターンの線幅が基板のパターンの線幅を決める。
	ディップ・ペン法[12,13]		予め表面処理されてプラスに荷電した基板表面を、導電性高分子の溶液を塗布したカンチレバーでなぞることにより、静電的な力を利用してパターンを形成する。	自己ドープ型の導電性高分子であるスルフォン化ポリアニリンを用いて、130nmの線幅を実現している。

いられる）で処理し，疎水化処理をする。
（3）疎水化処理されたマスターを金属基板に圧着し，マスターの凸部に吸着した表面処理剤を金属基板に転写し，表面処理剤でパターン描画された金属基板ができ上がる。
（4）パターン形成された金属基板を作用電極とし，電解酸化重合によって導電性高分子を合成する。導電性高分子は，金属が剥き出しの，疎水化されていない部分にのみ生成付着し，導電性高分子のパターンが形成される。

マイクロコンタクトプリント法は，溶媒に不溶な導電性高分子を使用できるという長所がある反面，湿式法であるため溶媒の除去など，後処理工程が必要となる欠点がある。

マイクロコンタクトプリント法を用いた例として，オクタデシルトリクロロシラン（OTS）でパターニングされたITOおよび高抵抗（4Ωcmと15Ωcm）のシリコンを作用電極とし，ピロールの電解酸化重合を行った例がある[3]。ITOを作用電極として用いた場合には，ポリピロールはOTSが付着していない部分，即ちITOがむき出しの部分に生成する。一方，高抵抗シリコンの場合には，ITOの場合とは逆にポリピロールはOTSの上に重合析出する。即ち，前者のITOの場合には，ITO表面の高い電子密度が疎水—疎水相互作用に打ち勝って，ポリピロールのポジ型のパターニングが行われ，後者の高抵抗シリコンの場合には，シリコン表面の電子密度が低く，疎水—疎水相互作用がメインとなってネガ型のパターニングが起こっている。なお，高抵抗シリコンを用いたパターニングでは，析出速度は非常に遅いものの，電位走査を数十回繰り返すことにより，10μmと狭い線幅の回路を描画することができる。

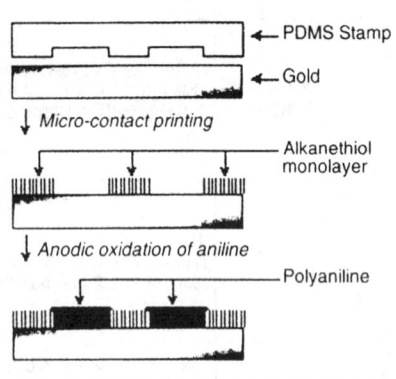

図1　マイクロコンタクトプリント法（文献1より）

5.3.2　キャピラリー法[9,10]（図2）

マスターの作成までは上記のマイクロコンタクトプリント法と同一であるが，導電性高分子は水または有機溶媒に可溶であることが必要である。
（1）光リソグラフ法等により，回路パターンを描画したマスターを作成する。
（2）作成したマスターを基板に圧着する。
（3）毛細管現象により導電性高分子の溶液をパターンの溝に導入する。
（4）溶媒を除去する。

キャピラリー法は，非常に簡単にパターン形成できるが，溶媒の除去は必ずしも容易とは言え

第Ⅰ章　導電性高分子の開発

ない。溶媒除去の際の膜厚の減少や形状の変形などを防止する工夫が必要となる。
　キャピラリー法により，ポリアニリン（エメラルジン塩基：電気伝導度は低い）の1％水溶液を用いて350nmの線幅を実現している[9]。描画後にポリアニリンを酸で処理（ドーピング）して5 S/cmの電気伝導度を得ている。

5.3.3　転写法[11]（図3）

　転写法も，マスターの作成までは，マイクロコンタクトプリント法と同一であり，またキャピラリー法と同じように導電性高分子は溶媒に可溶であることが必要である。
（1）光リソグラフ法等により，回路パターンを描画したマスターを作成する。
（2）マスターに導電性高分子の溶液を塗布する。
（3）導電性高分子が付着したマスターを基板に圧着し，基材の導電性高分子を基板に転写する。
（4）溶媒を除去する。
　上記の方法以外にも，導電性高分子の自己組織化現象を利用し，基板に直接導電性高分子のパターンを形成する方法も提案されている[15]。

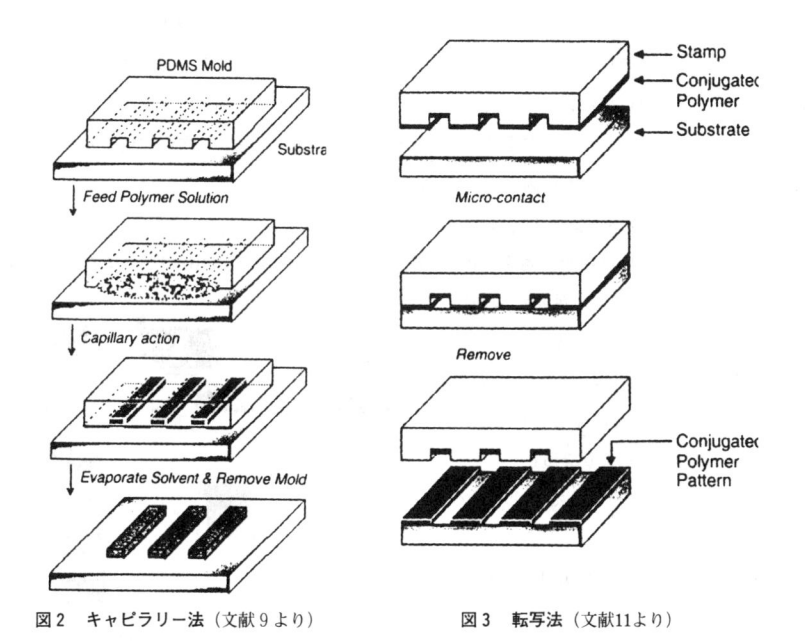

図2　キャピラリー法（文献9より）　　　図3　転写法（文献11より）

5.3.4 インクジェット法（図4）

インクジェット法によるパターン形成では，線幅はインクの吐出量によって決められるが，村田ら[16]，数フェムトリッターという超微量の吐出量のインクジェット技術の開発に成功している。この吐出量は，現在市販されているインクジェットの最小液滴量が2ピコリットル程度であるから，その1000分の1ということになる。このインクジェット技術の詳細は明らかにしていないが，市販のインクジェットに用いられているピエゾ素子方やサーマル（バブルジェット）方式とは異なる方式である。開発したインクジェット技術を用い，可溶性導電性高分子であるポリ［2-メトキシ-5-（2'-エチルヘキシロキシ）-1,4-フェニレンビニレン］を使用して，ピッチが10μm，線幅が約3μmのパターン形成に成功している（図4）。

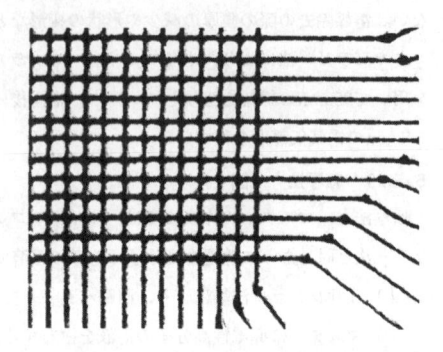

図4 超微細インクジェット法での導電性高分子の回路
（文献16より）

下田ら[8]，インクジェット法でオールプラスチック製トランジスタの開発に成功している。詳細は本書の別の章で取り上げられているので，それを参照して頂くとして，この場合には，導電性高分子溶液の自己組織化による高分子主鎖の配向現象が上手に利用されている。例えば，ソース・ドレイン間のチャネルに導電性高分子を使用しているが，キャリアが移動する方向に導電性高分子を配向させて移動度を向上させている。

5.3.5 ラインパターニング法（図5）

表1には記載していないが，奥崎ら[17]，導電性高分子溶液が紙やOHPフィルムなどの表面に均一に付着するのに対し，疎水性の高いトナー上では不均一になるという，基板表面の親水・疎水性の違いを利用したラインパターニング法を開発している。この方法は，次の3工程よりなる。

（1）コンピュータを用いたデザインの作成と印刷
（2）導電性高分子（PEDOT/PSS）溶液のコーティング
（3）超音波によるプリントトナーの除去

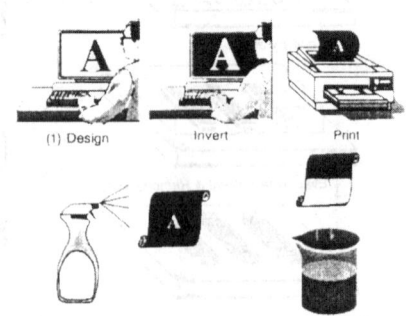

図5 ラインパターニング法（文献17より）

第Ⅰ章　導電性高分子の開発

　この方法の特徴は，特殊な露光装置や真空装置を必要とせず，市販のプリンタを用いて導電性高分子パターンを作成できることにある。解像度はプリンタの性能によって一義的に決まってしまうが，分解能が1200dpiのレーザープリンタを使えば回路の線幅を20μmまで小さくすることができる。ラインパターニング法を用いて，トランジスタ（図6），抵抗，コンデンサ，プッシュスイッチ，液晶ディスプレイなどが試作されている。

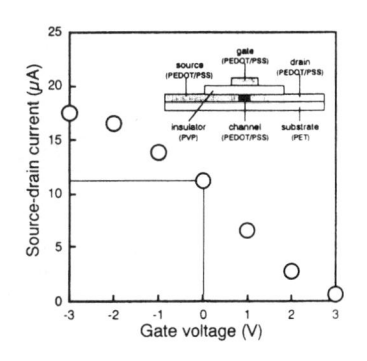

図6　ラインパターニング法で作製したFETの性能
(文献17より)

5.4　印刷法による有機トランジスタの製造

　日立製作所，産業技術総合研究所のグループは[18, 19]，超微粒子や有機物質の自己組織化現象を利用した，印刷法による有機トランジスタの製法を開発している（図7）。従来製法のフォトリソグラフを一切用いずに，最小寸法5μm以下の素子構造を形成することができる。この技術は，ガラス基板やプラスチックの上に微細な有機トランジスタを効率よく生産できることから，ディスプレイとスイッチ回路を一体化したシートディスプレイに適した量産技術の道を拓くものとして期待されている。製造プロセスは下記の3工程よりなる。

（1）下部電極を形成した基板に単分子膜を塗布し，紫外光を照射して，電極以外の部分の単分子膜を除去し，下部電極の上部表面のみに単分子膜を形成する。

（2）次に，銀の微粒子を含んだインク（水性）を印刷すると，インクは疎水性である単分子膜にははじかれ，下部電極以外のところに銀の上部電極が形成される。

（3）真空蒸着によりペンタセンを付着させると，単分子膜上に蒸着したペンタセンは結晶粒が大きく成長し，キャリア移動度も高くなる。従って，単分子膜の上にのみトランジスタ特性を持たせることが可能となる。

　実際に作製したトランジスタには低分子有機化合物であるペンタセンが用いられているが，移動度の大きい導電性高分子が開発されれば，導電性高分子は加工性や密着性に優れていることから，ペンタセンに取って代わる可能性もある。

導電性高分子の最新応用技術

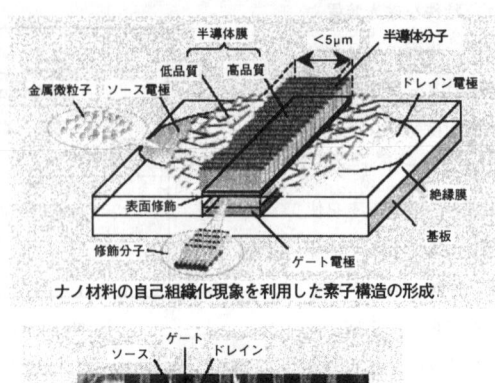

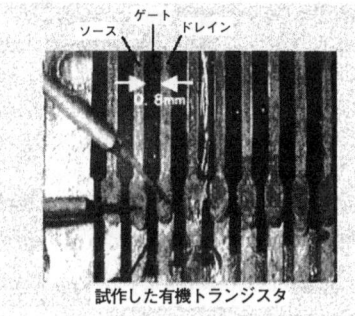

図7 日立製作所・産総研のグループが開発したトランジスタ（文献18より）

5.5 おわりに

　導電性高分子を用いたEL表示素子の実用化が現実味を帯びてくるなかで，パターン形成技術の重要性は益々高まってきている。また，高い電気伝導度を維持したままで，導電性高分子を可溶化する技術も開発され，自己組織化による高分子主鎖の配向現象も活用して，基板に直接導電性高分子のパターン形成することも可能となった。これらの方法では，フォトリソグラフ装置や真空蒸着装置などの大規模設備は不要で，大幅なコストダウンが可能となるうえ，処理温度も低いので，プラスチック製のフレキシルブル基板への回路パターンの形成も可能である。

　EL素子の開発に続いて，トランジスタの開発も視野に入ってきている。導電性高分子を用いたトランジスタ関連の日本公開特許件数は急増しており，企業での開発も本格化してきた。導電性高分子を用いたフレキシブルなオールプラスチック表示素子も夢ではなくなってきている。

第I章　導電性高分子の開発

文　　献

1) C. N. Sayre, D. M. Collard, *J. Mater. Chem.*, **7**, 909 (1997)
2) U. Zschieschang, H. Klauk, M. Halik, G. Schmid, C. Dehm, *Adv. Mater.*, **15**, 1147 (2003)
3) F. Zhou, M. Chen, W. Liu, J. Liu, Z. Liu, Z. Mu, *Adv. Mater.*, **15**, 1367 (2003)
4) C. Kranz, M. Ludwig, H. E. Gaub, W. Schuymann, *Adv. Mater.*, **7**, 38 (1995)
5) J. Yu, Y. Abley, C. Yang, S. Holdcroft, *Chem. Commun.*, **1998**, 1503
6) Z. Bao, J. A. Rogers, H. E. Katz, *J. Mater. Chem.*, **9**, 1895 (1999)
7) 下田達也, 有機半導体の応用展開（谷口彬雄　監修）, p.244, シーエムシー出版 (2003)
8) H. Sirringhaus, T. Kawase, R. H. Friend, T. Shimoda, M. Inbasekaran, W. Wu, E. P. Woo, *Science*, **290**, 2123 (2000)
9) W. S. Beh, I. T. Kim, D. Qin, Y. Xia, G. M. Whitesides, *Adv. Mater.*, **11**, 1038 (1999)
10) K. Y. Su, H. H. Lee, *Adv. Mater.*, **14**, 346 (2002)
11) T. Granlund, T. Nyberg, L. S. Roman, M. Svensson, O. Inganas, *Adv. Mater.*, **12**, 269 (2000)
12) B. W. Maynor, S. F. Filocamo, M. W. Grinstaff, J. Liu, *J. Am. Chem. Soc.*, **124** (4), 522 (2002)
13) J. Lim, C. A. Mirkin, *Adv. Mater.*, **14**, 1474 (2002)
14) S. Holdcroft, *Adv. Mater.*, **13**, 1753 (2001)
15) F. Zhou, M. Chen, W. Liu, J. Liu, Z. Liu, Z. Mu, *Adv. Mater.*, **15**, 1367 (2003)
16) 村田和広, 第129回JOEM講演会・講演要旨集, p.5, 2002年11月25日
17) 奥崎秀典, Polymer Preprints, Japan, **51**, No.1, 11 (2002)
18) 日立製作所のHPのURLから, http://www.hqrd.hitachi.co.jp/rd/news_pdf/arl20030910n.pdf
19) 淺川直輝, 日経エレクトロニクス, 2003年10月13日号, p.31

6 有機ELデバイスの最新の分析・評価

中川善嗣*

6.1 はじめに

有機EL（Electroluminescence）素子は，薄型，高輝度，高コントラスト，広視野角，高速応答性などの優れた特徴を有する表示デバイスとして，様々な用途への応用が期待されており，今後，順次液晶ディスプレイに取って代わることが予想される。しかし，現時点では，長期使用時における信頼性の問題，特に輝度劣化や色劣化が解決されたとは言い難く，これらの問題の影響が比較的少ない分野で実用化が始まったばかりである。表示素子として用途を拡大するためには，大型化，低価格化とともに，さらなる長寿命化のための研究が欠かせない[1〜4]。

このような状況の下で，分析・評価に求められるのは，第一に，長寿命化に向けた劣化メカニズムの解明である。また，有機EL素子は，用いる材料，製法ともまだ確立されてはいないため，材料・プロセスをいろいろと変えて作製した素子が，実際にどのような構造になっているのかを調べることも必要である。さらには，一部量産に入っていることもあり，製造工程におけるさまざまなトラブルも分析ニーズを産みつつある。

しかしながら，有機EL素子は，有機化合物（一例を図1に示す）の極薄膜が積層された構成をとっているため，従来の電子デバイスに比べて分析が非常に困難な対象である。1画素中の有機物量はナノグラムオーダーであり，不純物や劣化生成物はもちろん，主構成物質ですら通常の有機分析の限界レベルにある。また，表面分析に関して言えば，イオンエッチングによる深さ方向分析の適用が大きく制限されてしまう。さらに，水や大気（中の水分）によって変質するため，例えば超薄切片法による透過型電子顕微鏡（Transmission Electron Microscope：TEM）試料の作製ができない。

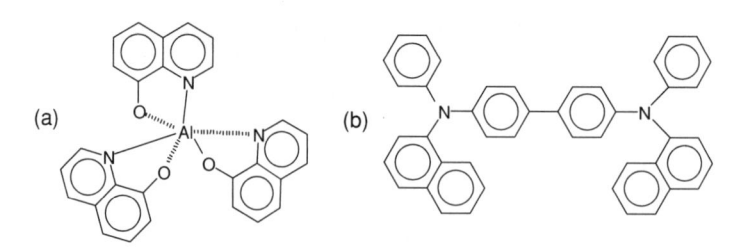

図1 低分子系有機EL素子に用いられる代表的な化合物
(a) 発光層に用いられるAlq3：Tris（8-hydroxyquinolinato）aluminum
(b) 正孔輸送層に用いられるα-NPD：Bis[N-（1-naphthyl）-N-phenyl]benzidine

* Yoshitsugu Nakagawa　㈱東レリサーチセンター　表面科学研究部　表面解析研究室　室長

第Ⅰ章 導電性高分子の開発

表1 有機EL素子の主な分析法一覧

部位・部材	分析項目・目的	適用手法
陰極	深さ方向元素分布	SIMS
	表面組成・化学状態	XPS
有機層 (薄膜)	特定部位の発光（蛍光）特性	PL・EL（スペクトル含む）
	組成・構造解析	有機組成分析（IR, MS, NMR, 熱分解GC/MSなど）
	表面・深さ方向組成分析	XPS・TOF-SIMS（精密斜め切削）
	局所組成分析	μ-IR・μ-MS・ラマン
	結晶性，T_g評価	In-Plane X線回折・μTA・ラマン
	配向状態	偏光IR（二色法）・エリプソ
	不純物，分解生成物	HP/LC-UV, FL・LC/MS・IR・μ-MS・精密斜め切削TOF-SIMS（深さ方向分布）
	陰極材料拡散評価，膜中不純物分析	SIMS・TEM-EDX
	膜密度	X線反射率測定
	膜厚・光学定数測定	エリプソメトリー
	断面観察，局所元素分析	TEM・TEM-EDX・TEM-EELS
	膜の表面微細形状・粗さ評価	AFM
	単膜の仕事関数	UPS
有機層 (バルク)	不純物（金属元素など）	ICP・ICP-MS
	有機不純物・劣化生成物・ドーパント分析	HP/LC-UV, FL・LC/MS LC分取→IR・NMR・MS
	耐熱性	TG・DSC
TFT	p-Siグレインの粒度・配向解析	EBSD
	不純物濃度分析	SIMS
	ドーパント分布観察（LDD長などの測定）	SCM・SSRM
ITO	組成分析	RBS・XPS
	Snの化学状態評価（価数・酸素欠損など）	^{119}Snメスバウアー
	微細形状観察	SEM・AFM

　そこで，筆者らは，上記分析ニーズに応えるべく，微量の有機物に適した分析法，イオンエッチングを用いない深さ方向プロファイル測定，水・大気にさらさないサンプリング方法などを開発し，実際の評価に用いている[5]。表1に，現在，有機ELデバイスについて行っている主な分析の項目・目的と，それぞれに対する適用手法との一覧を示す。このうちのいくつかについて，実デバイス分析を頭に置きながら，順を追って紹介する。

6.2 有機ELデバイスの分析・評価の実際
6.2.1 非破壊分析

　素子を解体せずに分析できる手法として，ELそのものの（分光）強度の測定・マッピングの他，フォトルミネッセンス（Photoluminescence; PL）法やラマン分光法などの分光的手法が挙げられる。ELが発光層に電子と正孔とを注入して光らせるのに対し，PLは光によって有機分子を励起して発光させる（ただし，この場合でも励起子の移動が起こり得るため，励起される分子と発光する分子が同じとは限らない）。両者とも，スペクトルおよび発光強度を1μm程度の面分

41

解能で測定し，マッピングすることが可能である。PLとELを比較することによって，発光材料自体が劣化している（EL，PLともに強度低下）のか，それとも発光材料以外の問題により劣化している（ELのみ強度低下）のかを峻別できる。

また，ラマン分光法によって，有機層の構造に関する情報を得ることができる。図2にAlq3／α-NPDの構成を持つ低分子系有機EL素子の長期大気中保存劣化品のラマンスペクトルを示す。1200cm^{-1}付近および1300cm^{-1}付近のラマンバンドはいずれもα-NPDに帰属される。劣化部では，これらのバンドの半値幅が狭くなり，ピーク位置がそれぞれ高波数側，低波数側へわずかにシフトしている。これらの特徴は結晶化によるものであることが知られており，劣化部においてα-NPDの結晶化が起こっていることがわかる。

有機EL材料は，従来の可視領域のラマン測定では，蛍光が強いために微弱なピークが観測できないと言う問題があった。このような場合，近赤外励起顕微ラマン分光装置が非常に有効である。励起光としてYAGレーザー（1.06μm）を用い，検出器としてInGaAsマルチチャネル検出器を用いた市販装置によって，現在，(1) 空間分解能約1μm，(2) 測定領域200～3500cm^{-1}，(3) 波数分解能1～3cm^{-1}の測定が可能となっている[6]。

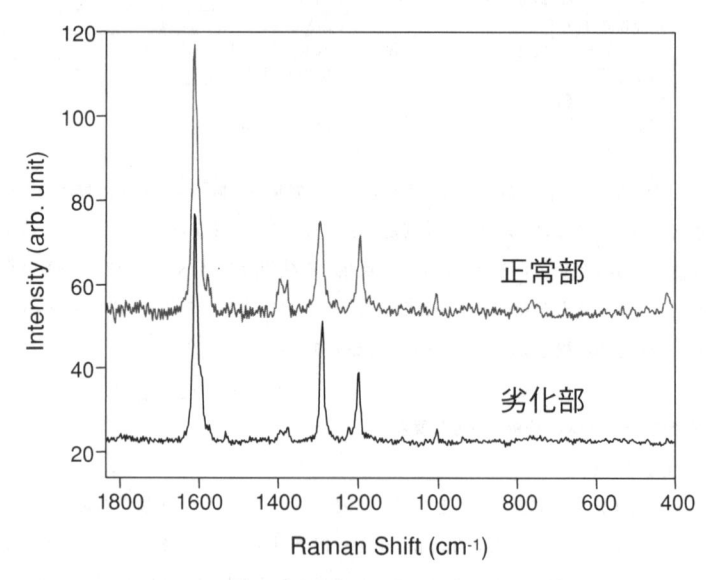

図2 長期大気中保存した低分子系有機EL素子（Alq3／α-NPD）のラマンスペクトル
劣化部では，正常部に比べα-NPDによる1200cm^{-1}付近および1300cm^{-1}付近のラマンバンドがシャープになっており，ピーク位置もわずかにシフトしている。

第Ⅰ章　導電性高分子の開発

6.2.2　TEMによる断面観察および元素分析

試料の層構成や界面の様子を確認するには，TEMによる断面観察が適している。また，エネルギー分散型X線分析（Energy Dispersive X-ray Spectroscopy: EDX）を併用すれば，ナノメートルの分解能で元素分析が可能であり，層間の拡散などが評価できる。

有機EL素子は，水分による有機層の変質が著しいほか，陰極直下に積層されたアルカリ金属などが大気や水分の影響を受けやすい。そこで，切片作製に収束イオンビーム装置（Focused Ion Beam: FIB）を使用し，パネル解体からTEM導入まで一貫して不活性ガス雰囲気中で扱うことによって，サンプリング時の変質を減らす工夫をしている。また，FIBは，高い位置精度で切片が作製できるため，$1\mu m$以下の特定異常部（異物など）を切り出して微細構造評価を行うことも可能である。

図3にTEMによる低分子系有機EL素子の断面観察結果を示す。素子構成は，陰極（Al）／有機層／陽極（ITO）であり，有機層は上からAlq3：約65nm／α-NPD：約45nm／銅フタロシアニン（CuPC）：約30nmとなっている。有機層内の界面に注目すると，α-NPD／CuPC界面には顕著な凹凸が存在しているのに対して，Alq3／α-NPD界面は平坦であることがわかる。

図4には，同じ断面について得た有機層付近のTEM-EDX分析結果（厚み方向のラインプロファイル）を示す。EDXでは，有機層内や各界面付近における元素分布等を評価することができる。図4から，Al／Alq3界面付近において，酸素のピーク強度が高くなっており，界面付近でAl層

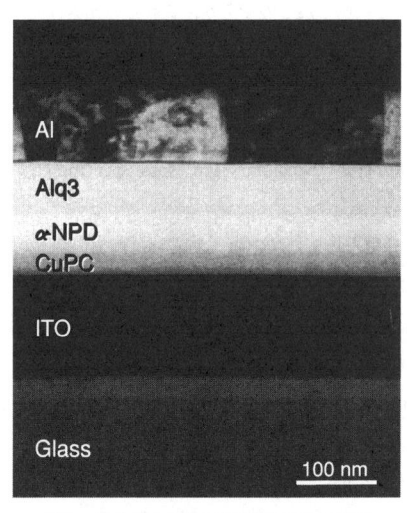

図3　低分子系有機EL素子断面のTEM写真
有機層中の界面まで観察することができる。

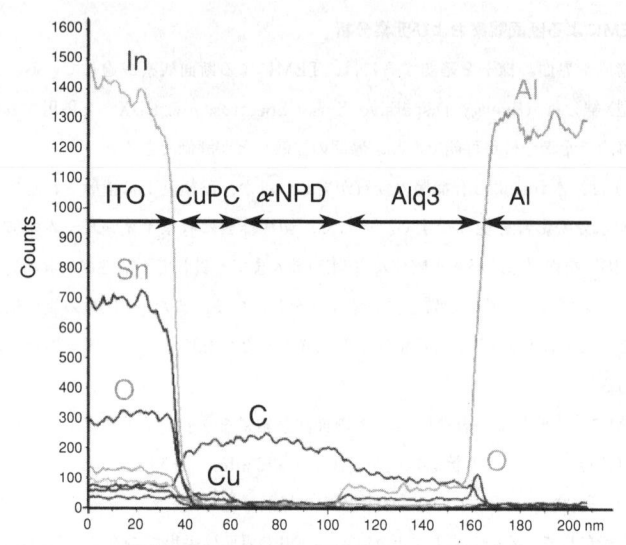

図4 図3の断面のTEM-EDX分析結果(厚み方向のラインプロファイル)
ITO中におけるAl, C, Cu強度は, バックグラウンドレベルの影響によるものであり, 実際にはこれらの元素は存在しないと考えられる。

が酸化していることがわかる。なお, ITO層内においてAl, Cu, Cが見かけ上検出されているのは, バックグランドの影響を反映したものであり, これらの元素は実際には存在していないと考えられる。

6.2.3 深さ方向分析

試料の層構成, 各界面における相互拡散, 試料中に含まれる水分由来の酸素, 水素等の深さ方向分布は, 2次イオン質量分析法(Secondary Ion Mass Spectrometry:SIMS)を用いて調べることができる。

有機EL素子の封止が十分でないと, 特定の点あるいは画素の端から光らなくなる「ダークスポット」が成長する。図5に, 低分子系有機EL素子の正常部およびダークスポット部のSIMS分析結果を示す。素子構成は陰極(Al/Li_2O)/発光層(Alq3)/正孔輸送層(α-NPD)/正孔注入層(CuPC)/陽極(ITO)である。正常部・ダークスポット部ともに, 素子構成に対応した元素分布が得られており, 両者で顕著な分布の違いは観察されていない。しかし, 陰極/有機層界面の酸素の挙動に注目した場合, ダークスポット部は正常部に比べて酸素濃度が高いことがわかる(図中矢印)。このことから, 本試料におけるダークスポットの発生には, 陰極/有機層界面への酸素や水分の浸入が関与しているものと考えられる。

従来のSIMS測定は, 陰極金属の上から, あるいは陰極剥離後の面について行っていたが, 陰

第Ⅰ章 導電性高分子の開発

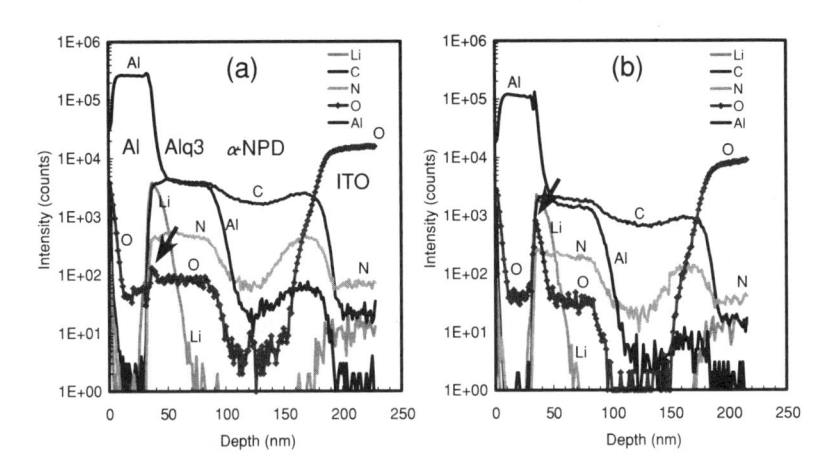

図5 SIMSによる深さ方向分析結果
(a) 正常部。(b) ダークスポット部。ダークスポット部では，Al陰極とAlq3界面で酸素濃度が高くなっていることがわかる（矢印）。

極金属の有機層中への拡散に注目した場合，スパッタ時の陰極金属の押し込み（ノックオン）や剥離時の表面荒れの影響を受けてしまう。そこで，試料を前加工し，ガラス基板側からSIMS測定を行う「Backside SIMS」を適用して，この問題を回避することも試みている。

有機層の分析に関しては，イオンスパッタリングを用いる従来の深さ方向分析法が適用困難であるため，精密斜め切削法[7]によって作製した斜面の線分析を行っている。図6に精密斜め切削法の模式図を示す。鋭利な刃を精密に制御しながら有機層を機械的に切削し，緩傾斜面（傾斜は，通常，1/1000～1/2000程度）を作製する。この斜面を調べる分析手法として，現在，飛行時間型2次イオン質量分析法（Time of Flight SIMS: TOF-SIMS），X線光電子分

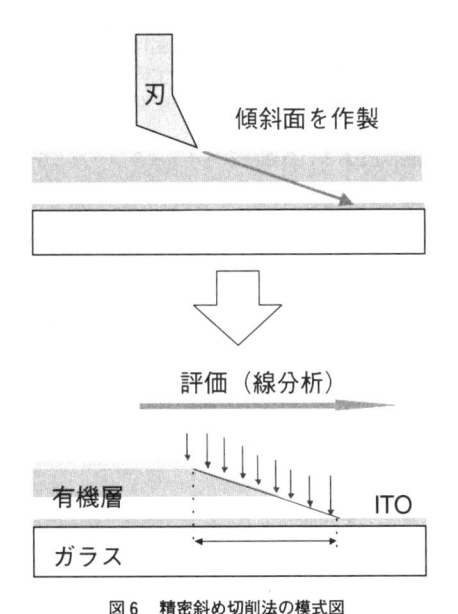

図6 精密斜め切削法の模式図
鋭利な刃を精密に制御しながら有機層を斜めに切削し，1/1000～1/2000程度の傾斜を持つ斜面を作製する。斜面を線分析することで深さ方向プロファイルが得られる。

45

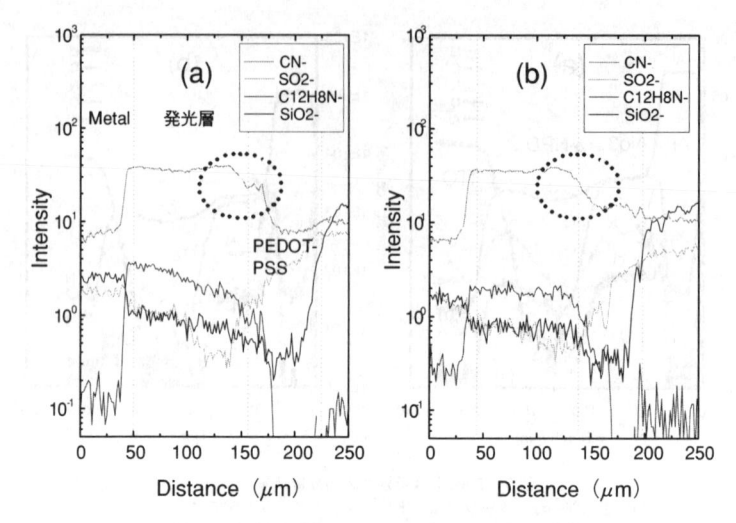

図7 精密斜め切削法とTOF-SIMSの組み合わせによる
高分子系有機EL素子の負2次イオンプロファイル
(a) 駆動前。(b) 駆動劣化後。横軸は切削開始位置からの距離を表し, 深さにほぼ比例する。発光層とPEDOT-PSS界面でCN⁻フラグメントが強くなっており, また通電劣化によってそのプロファイルが変化している (丸で囲んだ部分)。

光法, PLあるいは顕微赤外イメージングなどを用いている。

精密斜め切削法とTOF-SIMSの組み合わせで得られた高分子系有機EL素子の負2次イオンプロファイル (駆動前後) を図7に示す。素子構成は, 表面から, 陰極／発光層 (ポリビニルカルバゾール系) ／陽極バッファ層／陽極 (ITO) であり, 陽極バッファ層にはPEDOT-PSS (Poly (3,4)-ethylenedioxythiophene-polystyrenesulfonate) が用いられている。発光層と陽極バッファ層の界面でCN⁻フラグメントが立ち上がっており, かつ通電によって変化している (点線で囲んだ部分)。このことから, 窒素を含む有機成分がPEDOT-PSSとの界面で変化しており, かつ駆動によっても状態が変わるものと推定される。

6.2.4 有機組成分析

低分子系有機ELの場合, 有機層構成材料は分子量数百から千程度の芳香族化合物であり, 発光層, 正孔輸送層, ドーパントの多くは有機溶媒に可溶である。高速液体クロマトグラフ法 (High Performance Liquid Chromatography : HPLC), 液体クロマトグラフ質量分析法 (Liquid Chromatography Mass Spectrometry : LC/MS) は, これらの溶媒可溶な成分を極微量まで検出し, 定性的な情報を得るのに適した手法である。

代表的な有機EL材料の混合物をモデル的に調製し, HPLC分析したクロマトグラムを図8に示

第 I 章　導電性高分子の開発

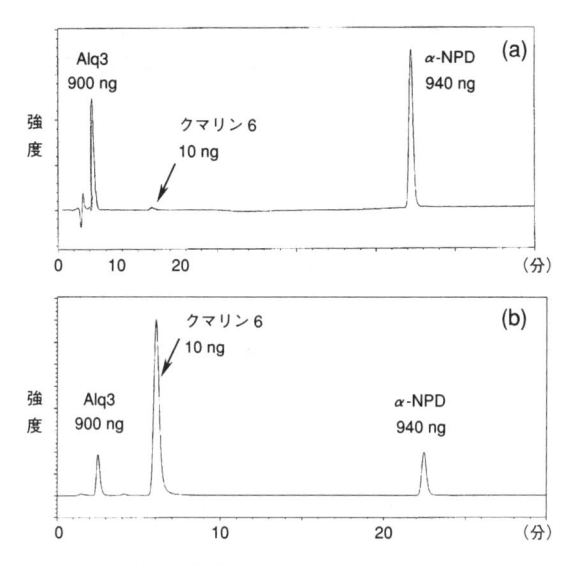

図8　低分子系有機EL成分のHPLCクロマトグラム
(a) UV検出 (340 nm)　(b) 蛍光検出（励起 465 nm, 検出 501 nm）
図中の数値は検出ピークの絶対量を表す。ドーパントのクマリン6は，
蛍光を用いることによって非常に高い感度で検出できる。

す。試料として，クマリン6を添加したAlq3（60nm）を発光層に持ち，正孔輸送層がα-NPD（60nm）であるような素子1cm^{2}を抽出したと想定したものを作製した。UV検出（340nm）のクロマトグラム（図8（a））において，主要成分であるAlq3，α-NPDは十分な感度で検出され，微量成分であるドーパントのクマリン6も小さなピークではあるが検出されていることがわかる。クマリン6が強い蛍光を持つことを利用し，ドーパントの選択的検出を試みたのが図8（b）のクロマトグラムである。465nmで励起，501nmで蛍光検出することにより，Alq3，α-NPDに対し1/100程度しか含有されていないクマリン6が，最も強度の大きいピークとして検出された。

　HPLCで検出された成分について定性的な情報を得るために，次のステップとしてLC/MSによる分子量測定を行うことになる。エレクトロスプレーイオン化（Electrospray Ionization：ESI）によるマススペクトルでは，一般に，[M＋H]$^+$，[M＋Na]$^+$などの分子量関連イオンのみが検出される。このような場合，LCで検出された成分の構造に関してさらに知見を得る手段としては，1）精密質量測定による元素組成演算，2）MS/MSスペクトルからのフラグメント解析，などがある。

　精密質量測定は，LC/MSの質量分離部として分解能の高いTOF型質量分析計を接続した装置を用いて行う。目的ピークの質量数を小数点以下まで正確に測定することにより，そのイオンの

表2 [M+H]$^+$イオンの精密質量演算結果

化合物	測定値	理論値	組成演算結果
Alq3	460.1287	460.1242	C27 H19 N3 O3 Al
クマリン6	351.1149	351.1167	C20 H19 N2 O2 S
α-NPD	589.2691	589.2644	C44 H33 N2

元素組成を推定することが可能となる。表2にAlq3，クマリン6，α-NPDの精密質量測定の結果を示した。各[M+H]$^+$ピークの測定値が，元素組成から算出される精密質量とよく一致していることがわかる。

構造情報を得るためのもうひとつのアプローチとして，LC/MS測定で検出されたイオンを強制的に壊し，検出されたプロダクトイオンのマススペクトルから部分構造についての推定を行うMS/MS測定がある。図9に示したのはクマリン6のMS/MSスペクトルである。比較的開裂しやすい部分構造を持つクマリン6では，ラクトン環の開裂による脱炭酸イオンやジエチルアミノ基の部分での開裂イオンと推定されるフラグメントイオンが検出された。

HPLCは精度の良い定量手法であり，蒸着量のモニタや劣化による減少の追跡などにも用いることができる。前に述べたクマリン6の蛍光検出では，1ng/mL以下の極微量の定量が可能となる。

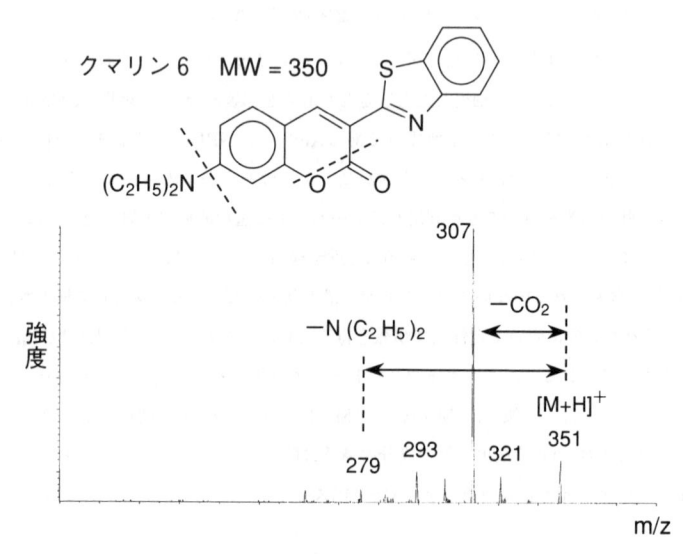

図9 クマリン6のMS/MSスペクトル
ラクトン環の開裂による脱炭酸イオンやジエチルアミノ基の開裂イオンなどが検出された。

第Ⅰ章　導電性高分子の開発

6.3　おわりに

　先端の電子デバイスにおいて，開発と分析とは車の両輪の関係にあるとよく言われる。実際，シリコン系半導体，化合物半導体については，デバイスの進歩にあわせて分析技術も進んでおり，分析の助けなくては開発が滞るほどにまで分析の役割が大きくなっている。しかし，有機EL素子に関して言えば，分析が開発に追いついていないのが現状である。実デバイスにおける有機材料の劣化メカニズムや，製造工程で混入した数百nmサイズの有機系異物の同定など，切実であるにもかかわらず分析面から十分な答えが出せないでいる問題が数多く残されている。

　しかしながら，ここで述べたような新規分析手法の投入や前処理法の開発，測定条件の最適化などによって，少しずつではあるが状況が改善されつつある。有機ELデバイスの本格的な実用化には，効率，信頼性，歩留まりなどの向上が不可欠であり，そのために分析が果たすべき役割はますます大きくなると考えている。分析の現場にいる者として，急ピッチで進む開発とのギャップを少しでも埋めることができれば幸いである。

文　　献

1) 宮田清蔵監修，「有機EL素子とその工業化最前線」，エヌ・ティー・エス（1998）
2) 城戸淳二，電子材料，Vol. 42, No. 12, p.18（2003）
3) キンバリー・アレン，増田淳三，電子材料，Vol. 42, No. 12, p.23（2003）
4) 桜井建弥，工業材料，Vol. 52, No. 4, p.23（2004）
5) 中川善嗣，第21回高分子表面研究会講座「有機分子デバイスの表面・界面課題の現状とソリューション」講演予稿集，p. 13（2003）
6) 吉川正信，日本分光学会「平成15年度赤外ラマン部会シンポジウム」講演要旨集，p.33（2003）
7) N. Nagai, T. Imai, K. Terada, H. Seki, H. Okumura, H. Fujino, T. Yamamoto, I. Nishiyama and A. Hatta, *Surf. Interface Anal.*, **34**, 545（2002）

第Ⅱ章 導電性高分子の応用の可能性

1 高分子系有機EL材料

大森　裕*

1.1　発光原理と素子構造

　有機EL（electroluminescence）に用いられる発光材料は，導電性高分子と呼ばれるπ共役高分子などの高分子系有機EL材料と低分子系有機EL材料に大きく分類される。発光の原理は高分子系も低分子系と基本的には同じであり，高分子系有機EL材料と低分子系有機EL材料を複合させることにより機能を向上させることも可能である。高分子系の有機EL材料について述べる前に，高分子系有機ELの発光原理について簡単に説明する。

　有機ELの発光は，陰極から注入された電子と陽極から注入された正孔が有機発光材料中で出会い励起子すなわちエキシトン（exciton）を形成し，この励起子の発光再結合によりELが得られる。従って，半導体の発光ダイオードと同様の発光原理であり，有機発光ダイオード（Organic Light Emitting Diode）と呼ばれることもある。最も簡単な有機EL素子の構造は，有機発光材料を陽極と陰極の2種の電極で挟んだものであり，陰極から注入された電子と陽極から注入された正孔により，有機物質中で形成されたエキシトンの発光再結合が発光層で生じてELが得られる。高分子系の有機ELの特徴は，スピンコート法などのウエット法により素子作製される場合が多く，このような単純な構造の素子でも低分子系の有機ELに比べて高い発光効率が得られることもある。また，低分子系有機ELの機能を高分子中に集約させて高い発光効率を得ることも可能となる。

　電極から発光層中に注入された電子と正孔はクーロン相互作用により電子-正孔対となり励起子を形成する。一部は一重項励起子となり，他の一部は三重項励起子を形成する。その割合は量子論的に1：3の確率で生成されるとされている。従って，三重項励起子を用いる方が，一重項励起子による発光を用いるよりも高い発光効率を得ることになる。三重項励起子は多くの材料では極低温においてのみ発光し，室温において発光しないが，イリジューム錯体などの低分子系の発光材料[1]で室温において三重項励起子での発光効率が高い材料が見出されており高効率な発光材料として期待されている。

---

*　Yutaka Ohmori　大阪大学　先端科学技術共同研究センター　教授

ここでの発光効率は内部発光効率と呼ばれるもので，有機ELの特徴は視野角依存性が無い特徴があるが，その反面発光体を中心に360度の角度に光は放射されるので，素子の外部に取り出される発光効率はさらに小さくなる。通常の有機EL素子では外部に取り出される光は20%程度とされている。従って，一重項励起子による蛍光を用いる素子では外部量子効率は5％程度が限界であり，三重項励起子による燐光を用いる場合には15%程度の高効率が期待されることになる。

発光色，すなわち発光エネルギーは励起子が再結合する際のエネルギーであり，従って有機物質の禁止帯幅であるHOMO（最高被占準位）-LUMO（最低空準位）間のエネルギー差，エネルギーギャップE_gによって決まることになる。しかし，例外として有機材料中に含まれる遷移金属から発光が生じる場合のように，必ずしも発光がHOMO-LUMO間のエネルギー遷移によって生じない場合もある。

素子構造としては低分子系の素子も高分子で構成されている素子も原理的には同じであり，発光の効率を高くするには高分子系EL素子の場合も，キャリア輸送層と発光層による積層構造により，電極から注入された電子，正孔が効率良く発光層に注入され高密度のエキシトンを形成し，発光層で効率良くエキシトンの再結合が行われるようにする必要がある。

低分子系の素子構成は真空蒸着法により形成するために積層構造により高機能化を得ることも可能であるが，高分子系有機EL材料の場合には予め分子に機能を分担させた高分子を構成することも可能であり，さらにはウエットプロセスで行う場合にも，溶媒の種類を選択して下地の層との積層構造を保つように，いくつかの工夫がなされており，低分子系有機EL素子のように発光層で効率よくキャリアの閉じこめを行うように積層構造を形成することも可能である。高分子系の有機ELの場合はスピンコート法やインクジェット法などのウエットプロセスで素子を作製することが多く，真空プロセスを用いずに素子を形成することが特徴であるが，積層構造を形成するためには，水溶性の材料と有機溶媒に可溶な材料を交互に積層して素子作製することがある。具体例は後で述べる。

一般に陽極は光を取り出すためにITO（indium-tin-oxide）透明電極が用いられ，基板にはポリマー基板が用いられることもある。陰極は発光層に効率よく電子を注入するために低仕事関数の金属が用いられるが，マグネシウムの合金，カルシウム，セシウムなどが用いられる。これらの金属は酸化されやすいために，高分子系の発光素子もこのような素子構成により発光効率の高効率化が行われる。

1.2　高分子系材料の特徴

高分子発光材料の特長は，フォトレジストのプロセスにも用いられるスピンコート法により成膜が行われ一度に大面積の素子が作製できるが，近年インクジェット法と呼ばれるプリンターの

第Ⅱ章 導電性高分子の応用の可能性

原理を有機薄膜の作製に応用した薄膜作製方法や印刷法による素子作製が研究開発されている。高分子系の有機EL材料は大面積で膜厚の均一な薄膜を比較的容易に製膜できることが特徴である。それらの成膜方法は，比較的簡単な装置で可能であり，大面積の基板上に均一な膜を形成できることが特徴で，高分子系の材料を用いた素子作製に適用されている。ポリマー系の材料は，側鎖を選ぶことで発光波長を選択することが可能である。また，側鎖に電気伝導性の異なる基を付与することも可能で，単層で発光効率が高い導電性高分子の開発も期待できる。溶媒による可溶性を付与するためにも側鎖を付与することがある。

有機ELに用いられる高分子系の発光材料を分類すると図1のようになる。高分子系の発光材料の代表的なものを分類すると図1に示すようにポリパラフェニレンビニレン誘導体（poly（p-phenylenevinylene）：PPV），ポリアルキルチオフェン誘導体（poly（3-alkylthiophene）：PAT），ポリパラフェニレン誘導体（poly（1,4-phenylene）：PPP）系，ポリフルオレン誘導体（poly（9,9-dialkylfluorene）：PDAF）系，カルバゾル誘導体（polyvinylcarbazole：PVK），ポリシラン系（polysilene）となる。PPVはオレンジ色の発光を，PATは赤色，PPPは青色の発光を示し，PDAFは青色の発光を示す。PVKは青色の発光を示すが，しばしば正孔輸送材料として低分子系の色素をドープして発光層を形成する際のホスト材料として用いられる。ポリシラン系の材料PMPS（poly（methyl-phenylsilane））は σ 結合のポリマーであるが，近紫外域（λ =351nm）に鋭い発光を示す。

ポリパラフェニレンビニレン（poly（p-phenylenevinylene）：PPV）[2] によりポリマーを用いて，最初に低電圧で黄色のELが報告されたが，その材料は前駆体を基板上に製膜下後熱処理を行い高分子化する必要があった。その後，溶媒に可溶な導電性高分子とするために側鎖を導入したポリパラフェニレン誘導体(poly(2-methoxy, 5- (2'-ethylhexoxy)-1,4-phenylenevinylene)：MEH-PPV[3] が開拓された。ポリアルキルチオフェン（poly（3-alkylthiophene）：PAT）[4]，ポリジアルキルフルオレン（poly（9,9-dialkylfluorene）：PDAF）[5] などのポリマー材料も熱処理による高分子化等を経ずにスピンコート法により簡単に薄膜化でき，素子作製も容易となった。

特に最初に青色ELとして報告された PDAF[5] は，その後，フルオレン誘導体の高い発光効率が再び注目を集めるようになっている。

図1に種々の発光色が異なるフルオレン誘導体の例を示す。青色発光体としてPDAF：Poly (9,9-dialkylfluorene)，緑色発光体としPFVF：Poly〔(9,9-dihexylfluorenyl-2,7-divinylene-fluorenylene)〕，黄色発光体として PFBT：Poly〔(9,9-dioctylfluorenyl-2,7-diyl) -co- (1,4-benzo-|2,1',3|-thiadiazole)〕，赤色発光体として PHCF-PP：Poly〔|9,9-dihexyl-2,7-bis (1-cyanovinylene) fluorenylene|-alt-co-|2,5-bis (N,N'-diphenylamino) -1,4-phenylene|〕が開発されている[6]。

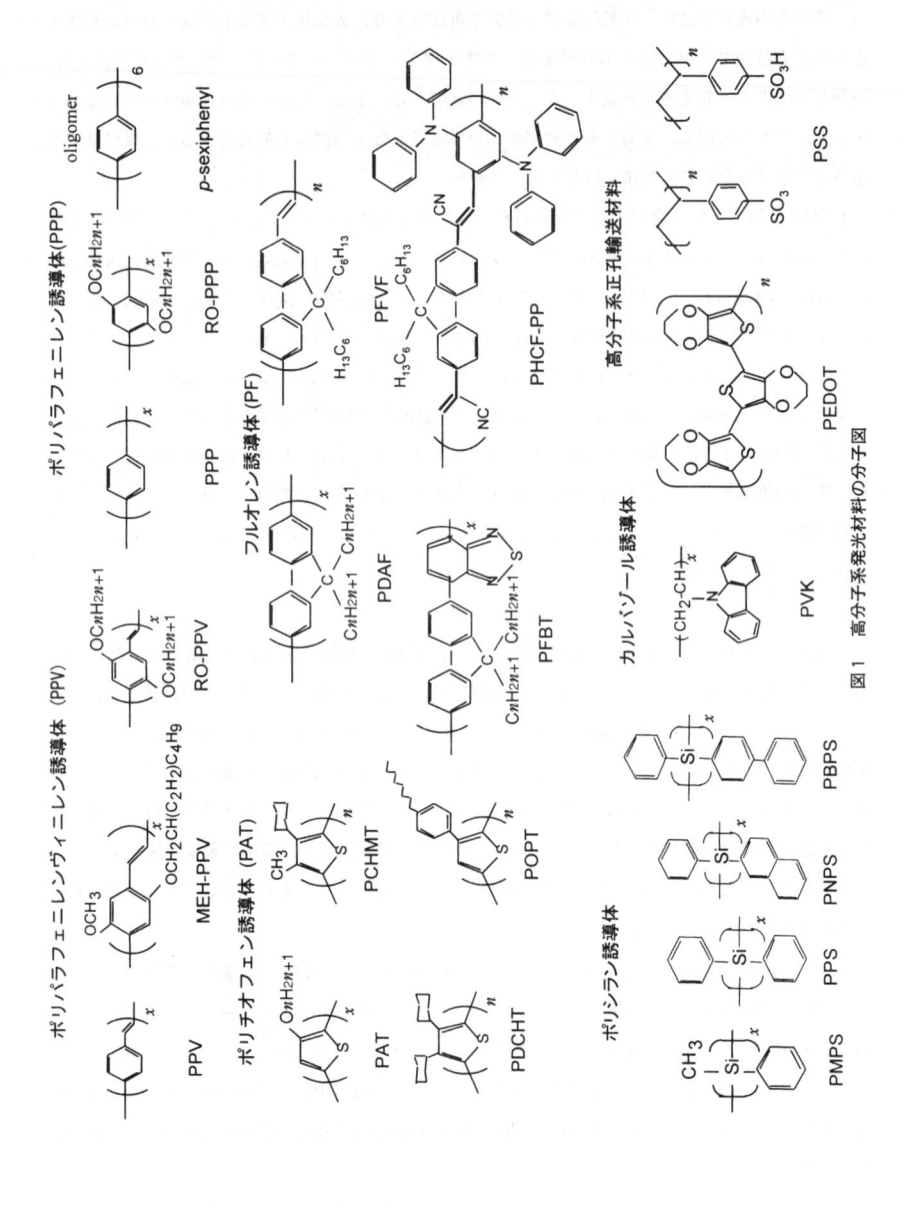

導電性高分子の最新応用技術

図1 高分子系材料の分子図

第Ⅱ章 導電性高分子の応用の可能性

　図1のポリアルキルフルオレンの例に示すように，ポリマー系の発光材料の特徴は，ポリマー骨格は同じでも側鎖の違いや，共重合体を形成することにより発光波長を制御できることにある。フルオレン骨格を有するポリマーで青色から赤色までの発光波長をカバーすることができる。
　ポリマー材料を用いて図2に示すような積層構造による発光効率の向上を期待できる。ここで紹介する積層構造の形成方法として，すべてウエットプロセスで積層構造を形成している。ウエットプロセスで積層構造を作製する方法としては，異なる溶媒を用いて下地のポリマーが溶けないようにして積層する必要がある。図1に高分子正孔輸送材料として示す水溶性のスルフォン酸 poly（ethylenedioxythiophene）/poly（sulfonic acid）：PEDOT/PSSを用いて，熱処理により高分子化することにより正孔輸送層を形成し，その上に他の有機溶媒などで可溶な高分子発光層を積層した積層構造により発光の高効率化が行われている。これらのポリマー中に低分子系の色素，三重項からの燐光発光をする高効率な燐光材料をドープし有機EL素子の高輝度化，高効率化を目指す試みもなされている[7]。
　発光層としてポリビニールカルバゾール（PVCz：Poly（9-vinylcarbazole））に燐光材料のIr錯体（Ir（ppy）$_3$：*fac*-tris（2-phneylpyridyl）Ir（III））と電子輸送材料の2-（4-biphenyl）-5-（4-tert-butylphenyl）-1,3,4-oxadiazole（PBD）をドープして高効率の発光を得る試みが行われている。この場合，ホスト材料のPVCzは正孔輸送材料であり，電子輸送材料のPBDとともに発光層を形成している。素子構造は，図2（a）に示すように陽極を形成するITO（indium-tin-oxide）透明電極上に 正孔輸送層PEDOT（poly（3,4-ethylene dioxythiophene），発光層には，図2(b)に示す3重項からの燐光を発する発光材料Ir誘導体Ir（ppy）$_3$：*fac*-tris（2-phneylpyridyl）Ir（III）を用いている。発光層はPVK：PBD：Ir（ppy）$_3$=26：10：1（wt%）の比率で混合し，

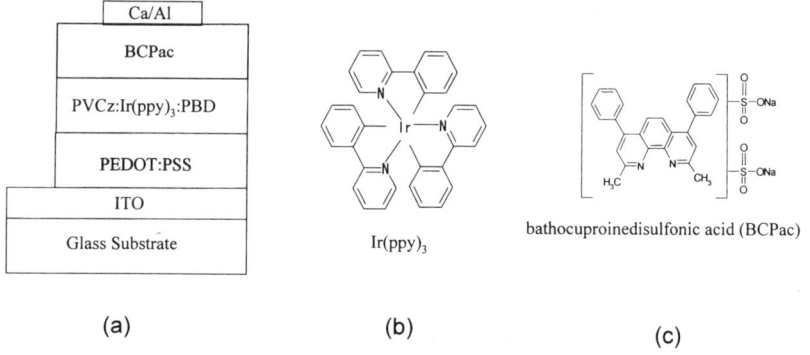

(a)　　　　　　　　　　(b)　　　　　　　　　　(c)

図2　高分子発光素子の素子構造の例と分子構造
(a)高分子系積層構造素子,(b)*fac*-tris(2-phneylpyridyl)Ir(III)(Ir(ppy)^3), (c)bathocuproinedisulfonic acid(BCPac)

クロロフォルムを溶媒としたスピンコート法にて成膜している。発光層での励起子を確実に閉込るためにホールブロック層として図2（c）に示す水溶性のbathocuproinedisulfonic acid（BCPac）をスピンコート法により成膜し積層構造を形成している。このように有機溶媒に可溶な材料と水溶性の材料を組み合わせてウエットプロセスで積層構造を形成することが可能である。陰極にはCaとAgの積層構造を用いている。

Ir（ppy)$_3$の濃度が1wt％の濃度の時に最高の輝度が得られ，発光開始電圧7.5V，印加電圧が20Vで30,000cd/m^{2}が得られている。発光効率は図3に示すように1,300cd/m^{2}の時に最大を示し，28cd/A（8 lm/W），外部量子効率8％が得られており，全ウエットプロセスで作製した燐光材料を用いた素子からも高い発光効率が得られている。同様の積層構造の素子をポリマー基板を用いて作製することもでき，ガラス基板上に作製した素子と同等の特性が得られている。

高分子発光材料も低分子系の発光材料と同様に空気中の酸素や水分により劣化するので図1に示すように，窒素ガスなどの不活性ガスにより封止し，素子の劣化を防ぐために不活性ガス中で封止を行いガスの侵入を阻止することにより，高分子系のポリマー材料で10,000時間程度の寿命が実現されている。

1.3　今後の展開

ディスプレイへの応用開発に関しては，現状では低分子系は高分子系に比べて発光効率，寿命の点で優れており，燐光材料の高効率の発光材料が開発されている。燐光材料をポリマー骨格に

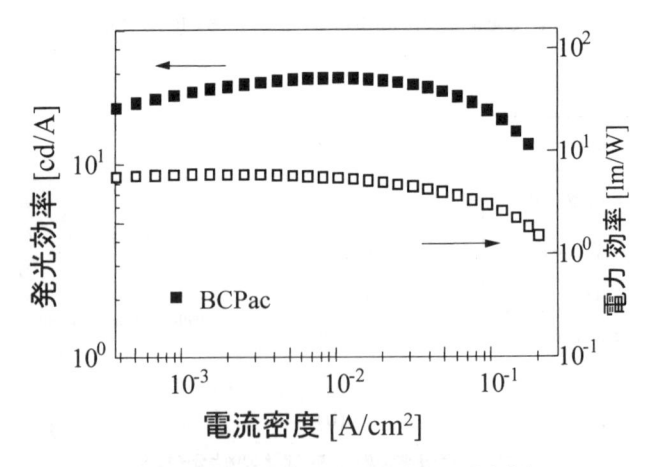

図3　燐光材料をドープした高分子発光素子の発光効率

第Ⅱ章 導電性高分子の応用の可能性

埋め込みポリマー材料の高効率化を目指す試みも行われている。高分子系の材料はインクジェット法により, ディスプレイのフルカラー化を行うために部分的に塗り分けることができるために, 容易な色分け技術が低分子系にない魅力となっており, ディスプレイへの応用としての実用化レベルの材料開発が行われている。素子寿命の点でも実用に耐えうる材料が開発され, 薄膜作製プロセスが容易な利点を生かし, 有機ELディスプレイ材料[8]として今後さらに進展が期待される。

文　　献

1) M. A. Baldo, S. Lamansky, P. E. Burrows, M. E. Thompson and S. R. Forrest, *Appl. Phys. Lett.*, **75**, 4 (1999)
2) J. H. Burroughes, D. D. C. Bradley, A. R. Brown, R. N. Marks, K. Mackay, R. H. Friend, P. L. Burns and A. B. Holmes, *Nature*, **347**, 539 (1990)
3) D. Braun and A. J. Heeger, *Appl. Phys. Lett.*, **58**, 1982 (1991)
4) Y. Ohmori, M. Uchida, K. Muro, K. Yoshino, *Jpn. J. Appl. Phys.*, **30**, L1938 (1991)
5) Y. Ohmori, M. Uchida, K. Muro, K. Yoshino, *Jpn. J. Appl. Phys.*, **30**, L1941 (1991)
6) American Dye Source, Inc. カタログデータ (http://www.adsdyes.com/)
7) Y. Hino, M. Yamazaki, H. Kajii, Y. Ohmori, To be published in *Jpn. J. Appl. Phys.*, **43**, No. 4B (2004)
8) 大森 裕, 応用物理, **70**, 1419-1425 (2001)

2 高分子固体電解コンデンサ

深海　隆*

2.1　コンデンサ

　電子機器に使用される部品は大きく能動部品，受動部品，機構部品に分けられる。コンデンサは抵抗・コイルとともに受動部品に分類され，回路上ではIC，LSIに代表される能動部品のサポートをしている。コンデンサの種類はその誘電体により分類され，ペーパーコンデンサ，マイカコンデンサ，セラミックコンデンサ，アルミ電解コンデンサ，タンタルコンデンサ，フィルムコンデンサなどがあり，各種電子機器に搭載されている。表1に代表的なコンデンサの特徴を示す。なかでも携帯電話，ノートパソコン，デジタルカメラ，データストレージ機器などは小型化・薄型化・高機能化が進んでいるため，チップ型部品の比率が非常に高い。そのため，これらの機器に搭載されているICのノイズフィルターや電圧平滑用途のコンデンサはチップ積層セラミックコンデンサ（以下積層セラミックコンデンサと略す）やチップタンタルコンデンサ（以下タンタルコンデンサと略す），あるいはアルミ電解コンデンサが主流である。

　積層セラミックコンデンサ，タンタルコンデンサ，アルミ電解コンデンサには表1のようにそれぞれ長所・短所がある。積層セラミックコンデンサは小型・低インピーダンスでは優れているが，静電容量の温度依存性が大きく，また大容量域（$10\mu F$以上）では材料コストを反映して価格が急上昇する。また，セラミックシートを積層して大容量化を図るため，薄型化が困難である。タンタルコンデンサは小型，大容量では非常に優れているが，等価直列抵抗（ESR）がセラミックコンデンサの10～100倍高く，またレアメタルであるタンタルを原材料としているので価格が高めである。アルミ電解コンデンサは大容量域では安価で優れたコンデンサであるが，電解液を使用しているため小型化・チップ化が難しく，ESRはタンタルコンデンサに比べ約10倍高くなる。

　このように，静電容量・ESR（あるいはインピーダンス）・価格などの特性のバランスによって，これら3種類のコンデンサは概ね図1に示すような容量帯域ですみわけている。

2.2　コンデンサへの市場要求

　デジタル家電とも言われている携帯電話，ノートパソコン，デジタルカメラ，データストレージなどの民生機器は高性能化・小型化・軽量化・低消費電力化などをキーワードとして日々開発が進んでいる。この市場動向を支えているのが半導体の高性能化・小型化もさることながら，コンデンサ・抵抗などの受動部品の小型化・高機能化である（図2）。タンタルコンデンサ，アル

---

　*　Takashi Fukaumi　NECトーキン（株）エネルギーデバイス事業本部　ソリューション技術部　マネージャー

第Ⅱ章 導電性高分子の応用の可能性

表1 代表的コンデンサの特徴

名称	写真	容量範囲	長所	短所
タンタルコンデンサ		0.1〜1500μF	小型・長寿命・比較的大容量可・温度依存性良	周波数依存性大・逆電圧に弱い・やや高価・電圧軽減必要
アルミ電解コンデンサ		0.47〜10000μF	小型・大容量可・容量あたりの価格安い	温度依存性大・周波数依存性大・有限寿命
チップ積層セラミックコンデンサ		0.5pF〜100μF	周波数特性良・高信頼性・安価・半永久的・無極性	温度依存性大・バイアス依存性大
フィルムコンデンサ		0.1pF〜1μF	高電圧・無極性・高信頼性・交流特性良	熱に弱い・薬品に弱い・サイズ大

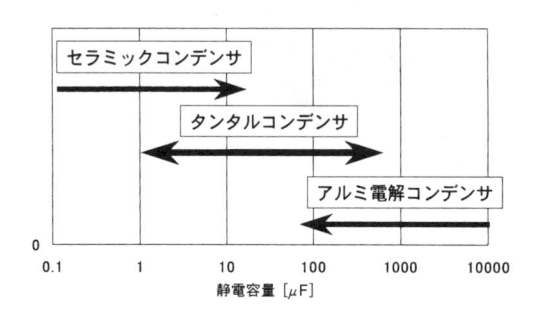

図1 コンデンサの静電容量

ミ電解コンデンサの改善点として「ESR」が挙げられる。タンタルコンデンサ・アルミ電解コンデンサのESRはその電解質、タンタルコンデンサでいえば二酸化マンガン、アルミ電解コンデンサでは電解液の導電率に依存する。

ここで、タンタルコンデンサの構造を簡単に紹介する。タンタルコンデンサの構造は図3のようになっている。これは、タンタル微粉末焼結体に誘電体酸化皮膜を形成し、さらにその酸化皮膜上に二酸化マンガン（または導電性高分子），銀ペーストなどを形成し、陽陰極端子に接続，樹脂外装、リード端子成型することで得られる。タンタルコンデンサの低ESR化は主に二酸化マンガンの形成技術によりその導電率、密度、表面状態を制御によって進めてきたが、数十％程度の改善に止まっていた。一方アルミ電解コンデンサは電解液の代替物として電解液の約10〜100倍の導電率を有するTCNQ錯体と呼ばれる有機半導体を開発、1985年前半に有機半導体アルミコ

導電性高分子の最新応用技術

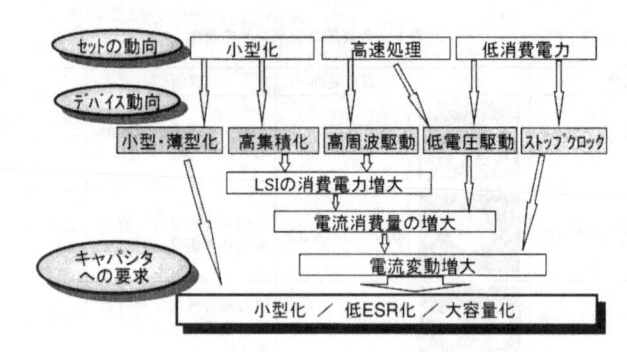

図2 コンデンサへの市場要求

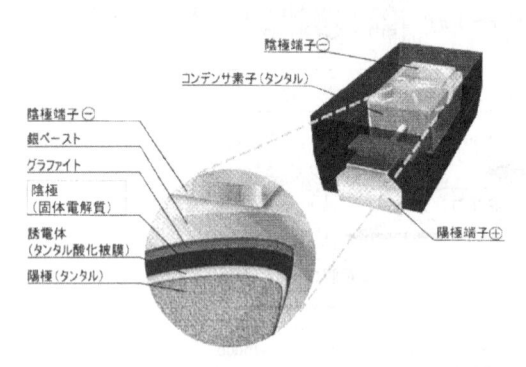

図3 タンタルコンデンサの構造図

ンデンサとして製品化[1]，低ESR化に成功した。これにより有機半導体アルミコンデンサのESRは従来のアルミ電解コンデンサに比べESRを10～100分の1まで低減できた。ところが，TCNQ錯体は約210℃近傍で液体になるため，既に電解質を二酸化マンガンの適用により固体化していたタンタルコンデンサにはデメリットが多く適用されなかった。

2.3 導電性高分子とコンデンサ

タンタルコンデンサの電解質部分となる二酸化マンガンを，より導電率の高い物質に変更するアイディアは1980年代後半からあったが，適当な物質が見つからなかった。

2000年のノーベル化学賞で，"導電性ポリマーの発見と開発"の業績により白川英樹筑波大学名誉教授，Alan J. Heegerカリフォルニア大学サンタバーバラ校教授，Alan G. MacDiarmidペンシルバニア大学教授の3氏に授与されたことは記憶に新しい。導電性高分子の発見は意外と古く，1974年に白川博士により発見されたポリアセチレンが有名である。ところが，ポリアセチレンは空気中でも容易に酸化するため，工業的に利用するのは困難であった。導電性高分子の熱安定性を改善するためにポリピロールに代表される芳香族系の導電性高分子の研究が活発になり，帯電防止用途などの工業製品に応用され始めた。図4に代表的な導電性高分子[2]をまとめた。

第Ⅱ章 導電性高分子の応用の可能性

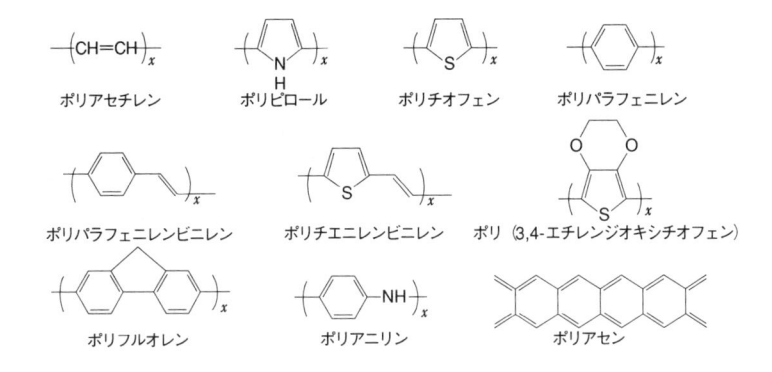

図4 代表的な導電性高分子

コンデンサとしては1993年に平板型アルミ機能性高分子アルミコンデンサとして松下電子部品(株)が1994年に日本電気(株)が導電性高分子タンタルコンデンサを相次いで発売開始した。このように低ESR化は,まずアルミ電解コンデンサから始まった。すなわち巻回型アルミ電解コンデンサではTCNQ錯体を使用することで,チップ型のアルミコンデンサには導電性高分子を用いることで完全固体化により実現された。タンタルコンデンサでは二酸化マンガンで固体化が既に完了していたため,二酸化マンガンを導電性高分子に変更することで実現した。図5に示すようにTCNQ錯体はアルミ電解コンデンサの電解液に比べ約100倍の導電率を,導電性高分子の導電率は二酸化マンガンの約100倍,TCNQ錯体と比較しても約10倍高い導電率を有している。

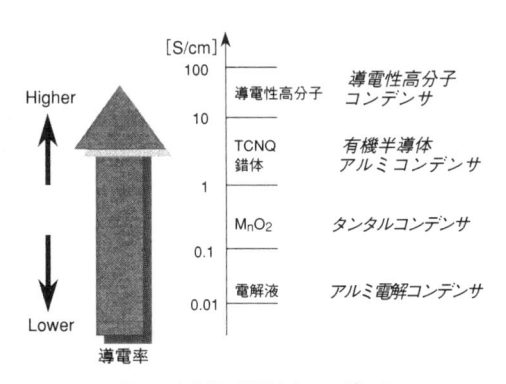

図5 各物質の導電率とコンデンサ

タンタルコンデンサのESRは次式で表される。

$$\mathrm{ESR} = \sqrt{R_0/(2\pi f C_0)(1+\tan\delta_f/2)}$$

ここで,R_0は固体電解質の抵抗値,fは周波数,C_0は公称静電容量,$\tan\delta_f$は酸化皮膜の誘電正接を示す。

R_0は導電率の逆数であるので,導電率が10〜100倍に上昇すると,理論的にはESRは3〜10分

の1に改善される。実際に導電性高分子をタンタルコンデンサに適用した場合のESRの周波数特性を図6に示す。導電性高分子を用いた場合，ESRは従来二酸化マンガン品の約5分の1にまで改善できたことが分かる。このように導電性高分子をタンタルコンデンサに適用することで弱点であったESRを大幅に改善することができた[3]。

また，導電性高分子を使用することで二次的な効果も表れた。ひとつはESRの高低温安定性，さらには安全性である。二酸化マンガンが半導体に近い特性であるのに対して導電性高分子は導体に近い特性を有している。このことから，導電性高分子コンデンサ高低温におけるESRが極めて平坦となった（図7）。タンタルコンデンサは故障した場合，短絡することが多い。このときに電流が流れ続けるとジュール熱が発生することで外装樹脂が，発熱・発煙することがあった。ところが導電性高分子は二酸化マンガンに比べると熱による絶縁化が容易に進行するため（図8），コンデンサの故障時（短絡時）に発煙する割合が激減し，安全性が増した。

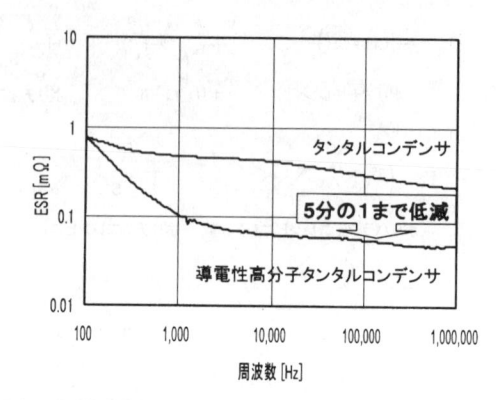

図6　導電性高分子の適用とESR改善（3528型 6.3V/47μF）

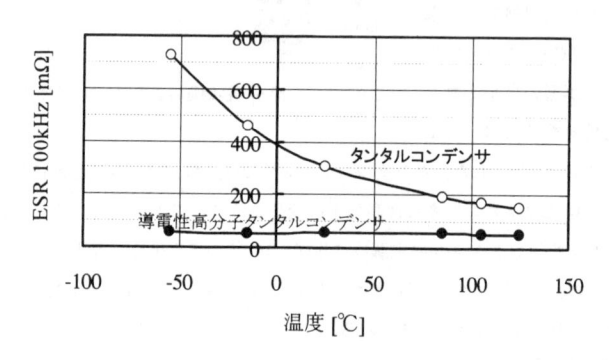

図7　タンタルコンデンサと導電性高分子コンデンサのESR高低温安定性

第Ⅱ章　導電性高分子の応用の可能性

2.4　導電性高分子コンデンサと競合製品との比較

前述のとおり，導電性高分子コンデンサの競合製品は小型では積層セラミックコンデンサ，大型ではアルミ電解コンデンサがある。表2に代表性能の星取表を示す。ここから，導電性高分子コンデンサはかなりバランスの取れたコンデンサであることがわかる。たとえば小型化に強みのある積層セラミックコンデンサは，小型・低インピーダンスという長所がある一方で静電容量の高低温安定性が低く，高温または低温では公称値より30～40％低下する。また，その静電容量の公称値は0バイアスでの値であり，定格電圧を印加するとやはり30～60％の容量減が確認される。さらに，強誘電体薄膜を積層しているため高周波での電圧変動に対して誘電体が伸縮し（ピエゾ効果）筐体等と接触，共鳴してリンギング（音鳴り現象）が発生することがある。

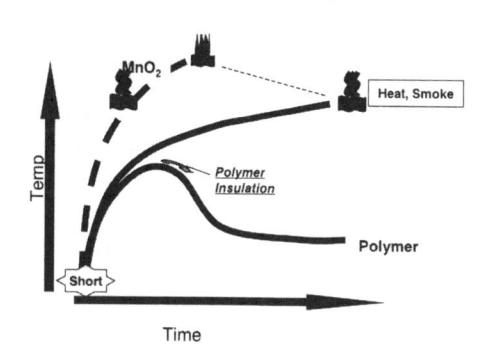

図8　タンタルコンデンサの故障モード

またアルミ電解コンデンサは安価でかつ大容量提供しているが，電解液を使用しているため保証温度範囲が狭いこと，小型化特に薄型化が困難であることから最近の携帯機器への搭載は困難となっている。

表2　各種コンデンサの特性

		タンタル	導電性タンタル	アルミ電解	積層セラミック
表面実装性		○（チップ）	○（チップ）	△	○（チップ）
静電容量—周波数特性		○	◎	△	◎
ESR—周波数特性		○（～4Ω）	◎（～200mΩ）	×	◎（～10mΩ）
高低温安定性					
	静電容量	○	○（-55 to 105C）	△	×（-25 to 85C）（-30%@-25&85C）
	ESR	△	◎	×	◎
DCバイアス特性（静電容量）		○	○	○	×（-30%@0.5V_R）
体積効率		○	○	×	○
製品系列		◎	○	◎	△
安全性		○	◎	○	○
音なり（共鳴）		—	—	—	×

導電性高分子の最新応用技術

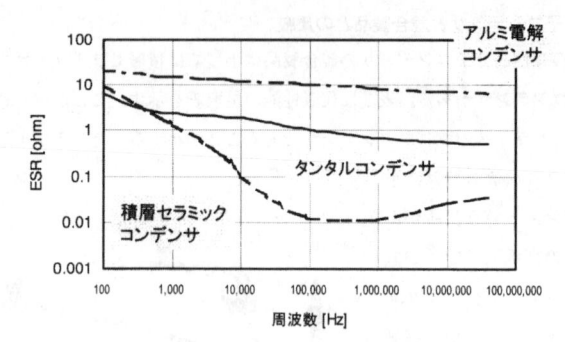

図9 各種コンデンサのESR周波数特性

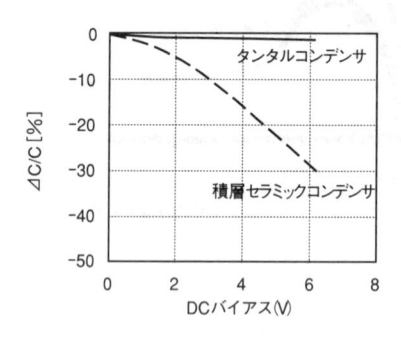

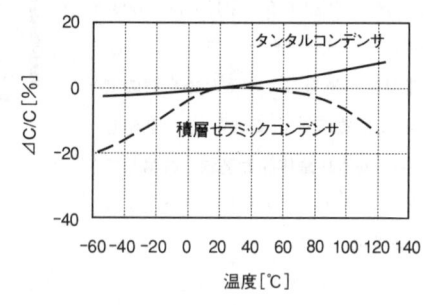

図10 DCバイアス特性（3528型 6.3V/47μF）　　図11 静電容量の温度特性（3528型 6.3V/47μF）

　公称静電容量値を一定にした場合のアルミ電解コンデンサ，タンタルコンデンサ，積層セラミックコンデンサのESRの周波数特性比較を図9，DCバイアス特性を図10，高低温安定性を図11に示す。

2.5　導電性高分子コンデンサの電子機器への応用

　1979年に始まった移動式電話機（自動車電話）は1993年にデジタル方式へ移行した。これを機に携帯電話は若者を中心として急速に普及し，現在では電話機能の他に，メール通信・カメラ・インターネットなどの機能が付加されている。また，パソコン市場はOSがMS-DOSからGUI形式のWindows95に移行したことで一般ユーザーの利用が伸びた。さらに1998年に「ペンティアムⅡ」が搭載され，以降CPUのクロック周波数は年率150%で伸び続け，高機能化している。また，ストレージ機器も音声・データを扱っていたCD-ROMからCD-RWを経て，現在では動画を読み書きできるDVD-RAMまで機能アップしている。導電性高分子タンタルコンデンサはこのよう

第Ⅱ章　導電性高分子の応用の可能性

な電子機器の発展とともにその出荷数量が増えている。特にパソコンのCPU近傍に配置される電圧負荷変動用途のコンデンサとして採用されてから目覚しい発展を遂げている。

さて，タンタルコンデンサは回路の電圧負荷変動対応，ノイズ除去に数多く使われている。パソコン，ノートパソコンのCPU近傍に配置される負荷変動対応には従来タイプのタンタルコンデンサが使用されていた。図12は「ペンティアム」に負荷がかかったときの電圧変動を示している。この当時タンタルコンデンサ6個を使用することが一般的であったが，同容量の導電性高分子タンタルコンデンサでは3個（半分の員数）で同等の性能が得られることが分かった。これは単純に導電性高分子タンタルコンデンサのESRが従来の約2分の1になったため，使用個数が半分で機能しただけである。これ以来，ノートパソコンには導電性高分子コンデンサが不可欠の部品となっている。CPUのクロック周波数の増大，低電圧駆動化が進み，許容電圧変動幅が狭くなっている。それに伴いデカップリング用途である導電性高分子タンタルコンデンサへの低ESR要求は強くなっている。導電性高分子は現在も研究が進んでいるので，コンデンサへの導電性高分子種・導電性高分子の形成方法・接触抵抗の低減などの方策によってESRの低減を図っている。図13に「ペンティアムⅢ」でのコンデンサ搭載例を示す。使用されるコンデンサの構成はその電源システムによって要求されるトータル容量値とESR値が変化するため変動する。CPUの場合，低電圧化・大電流化の傾向がある。低電圧化に伴い電圧変動許容幅（ΔV）は小さくなっている。$\Delta V = \text{ESR} \times 電流 (I)$として表される。前述の通り$\Delta V$は小さく，$I$が大電流化しているので，必然的にESRを小さくすること，あるいは並列に多数のコンデンサを配置することが求められる。CPUデカップリングコンデンサのESRは単体で60mΩから40，25mΩを経て，現在は10〜12mΩ

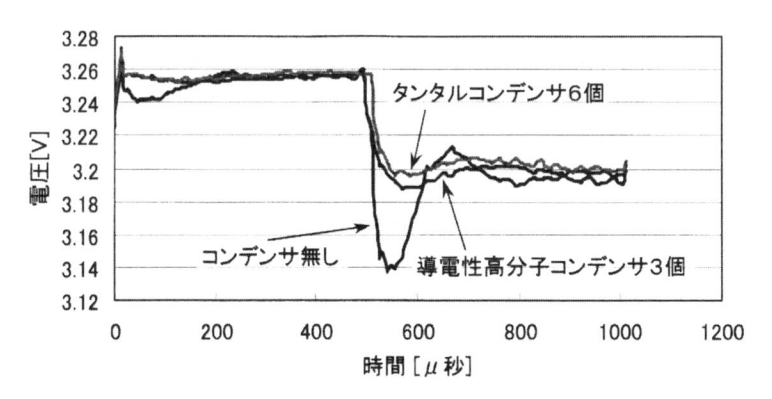

図12　CPU負荷時の電圧変動比較；コンデンサ無し，
　　　タンタルコンデンサ，導電性高分子コンデンサの場合

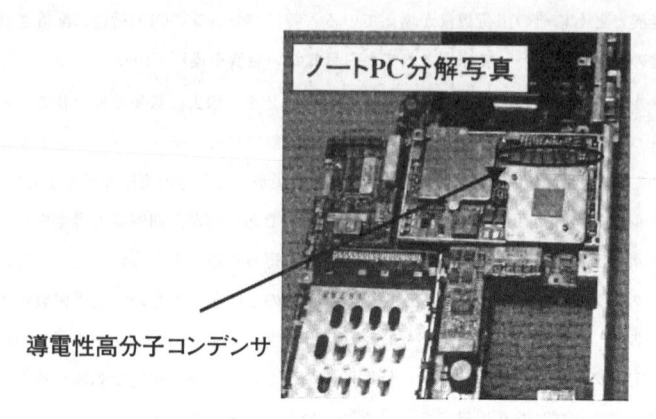

図13 導電性高分子コンデンサの搭載例（ノートPC）

が搭載されている[4]。さらに低消費電力タイプのCentorinoタイプCPUが発売され、キャパシタには一桁台のESRも要求されている。また、CPU近傍以外でもDC—DCコンバータの出力平滑用途には従来アルミ電解コンデンサが多用されていたが、セットの小型化に伴いタンタルコンデンサが使用されはじめた。さらに、低電圧駆動化に進行しているため、よりESRの低いコンデンサである導電性高分子コンデンサへとシフトしている。

ノートパソコンへの導電性高分子コンデンサの搭載が先行しているが、それらは床面積が7.3mm×4.3mmという比較的大きなケースサイズである。その他のデジタル家電でも低電圧駆動、高周波化、高機能化は進んでいる[5]。これらデジタル家電は携帯電話、デジタルカメラ、ストレージ機器に代用される小型、薄型、軽量化の電子機器である。これらの電子機器には床面積1.6mm×0.8mm～3.5mm×2.8mmの導電性高分子コンデンサが採用され始めている。現在世界最小の導電性高分子コンデンサは床面積1.6mm×0.8mmで4V/10μFがNECトーキン（株）より発売されている。デジタルカメラなどのDC／DCコンバーターの出力平滑用途には3.5mm×2.8mmで6.3V/47～100μFなどが数多く使用されている。

2.6 導電性高分子コンデンサの課題と今後の動向

導電性高分子コンデンサは低ESR化という方向で進化をしてきたが、タンタルコンデンサと比較すると高耐圧（20V以上）、高耐熱（125℃対応）に課題が残されている。また、漏れ電流が実力値で2～3倍高く、電池駆動の電子機器の高性能化（大電流化）に伴い問題が表面化しつつある。また、導電性高分子材料を使用するため価格も1.5～2倍程度高く設定されている。これらの

第Ⅱ章　導電性高分子の応用の可能性

課題を解決することで，導電性高分子コンデンサの所要は今後とも伸張していくことが予想される。

文　　献

1) S.Niwa, SANYO TECHNICAL REVIEW, **17**, 90 (1985)
2) 赤木和夫, 工業材料, Vol. 50, No. 6 (2002)
3) 小林 淳, NEC技報, **51**, 10 (1998)
4) 高田大輔他, NEC技報, **53**, 10 (2000)
5) 堀仁 孝, EMC, **10**, 7, 79 (1997)

3 導電性高分子を用いた線路形素子

遠矢弘和*

3.1 はじめに

ディジタル技術を支えている重要な技術の一つが半導体技術である。半導体技術の研究開発には膨大な資金と高度の技術が必要なことから，米国, 日本, 台湾, 欧州, 韓国といった主要国が中心となって世界の各国の産業界が官や学の支援を受けながら研究開発を進めている。前記主要国の半導体工業界で構成されるSIA（semiconductor industry association）が世界半導体技術ロードマップの最新版であるITRS2002 Update をWebで公開している。

ITRS2002 Updateによると，2003年における高性能LSI中のトランジスタのゲートディレイ（立ち上がり時間）が6.9psであって，このときの最高スイッチング周波数は46GHzである。2006年ではゲートディレイが4.9psになるとされており，このときの最高スイッチング周波数は64GHzである。LSI中のデータ処理回路の信号周期は不定であって観測期間中，周期性変動無しということもありうる。従って，高性能ディジタル回路の信号回路や電源分配回路には直流から46GHzまたは64GHまでの電流が含まれていることになる。

図1は，24MHzのクロック周波数で駆動した32ビットマイクロプロセッサの電源電流スペクトラムの例である。IEC 61967 pert 6として標準化されている磁界プローブで測定しているが，電源電圧は直流に近いにもかかわらず，電流には非常に広い帯域に亘るスペクトラムが分布していることがわかる。

一方，ITRS2002 Updateによると，高性能LSIの消費電力は2003年において150Wであってコア部の電源電圧は1Vである。コア部の消費電力がチップ全体の1/2と仮定すると，コア部の電源電流は75Aとなる。この電流は前述のように低周波からマイクロ波帯に亘る。同様にして2006年における高性能LSIの消費電力は180W，コア部の電源電圧は0.9Vとされているので，コア部の電源電流は100Aとなり，さらに年々増加の一途をたどるとされている。

3.2 電源分配回路への要求性能

ディジタル回路の電源分配回路には，広い周波数帯域に亘って，信号配線に比べて充分インピーダンスが低くかつ他の信号回路の電源分配回路間の高周波結合を少なく（デカップリング）することが要求される。

以下，特に重要なデカップリング強化に関してその理由を示した上で，過去に実施した強化例を紹介する。

---

* Hirokazu Tohya　日本電気(株)　中央研究所　生産技術研究所　研究部長

第Ⅱ章　導電性高分子の応用の可能性

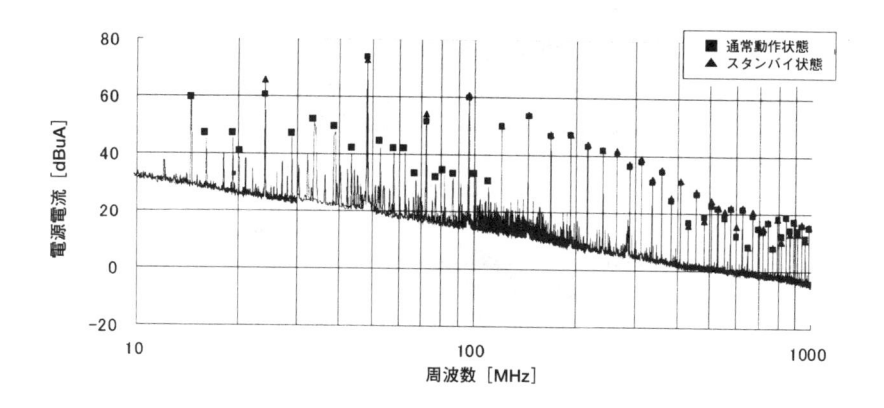

図1　32ビットマイクロプロセッサの電源電流

3.2.1　デカップリングを強化すべき理由
①信号に混入する電源ノイズが増大し，信号回路誤動作の原因となる

　注目している信号回路の電源分配回路と他の信号回路の電源分配回路との間に高周波結合が有ると，LSI中の数百万から数億個のトランジスタの動作に伴う信号とは振幅も周期も異なる電磁波が，電源分配回路を経由して信号線に侵入するため，ディジタル回路の誤動作の原因となる。注目している信号回路がアナログ回路の場合は，正常な回路動作が望めない。

②EMC問題の発生

　図2に，電源分配回路に漏洩する電磁波とEMC問題との関係を示す。

　図2中のMOS FET（以下，トランジスタと呼ぶ。）は信号を発生する機能を有するが，ディジタル回路において，電磁気学的にはその開閉時に電磁波を励起する。励起された電磁波は二方向性を有し[1]，信号線だけでなく電源分配線にも伝搬する。注意深く設計されている信号線を伝搬する電磁波は，一般に他の信号とほとんど混信することもなく円滑に受信トランジスタに到達する。一方，電源分配回路はボードを幹としてトランジスタを枝の先端とするツリー状の配線構造となっている。このため，トランジスタによって励起された電磁波は，ボード上の電源配線に集中するように伝搬し，一部はスイッチング電源を通過して商用交流電源配線に漏洩し，他はボードを経由して多数のトランジスタに向かって伝搬する。このため特にボード，パッケージ及び半導体チップ上の電源分配線には，大きな電力を有する周期の定まらない電磁波が常時存在することになる。

　ところで，ボード設計者は一般に電源線の電圧変動にしか注目しない。電源分配線は信号線よ

69

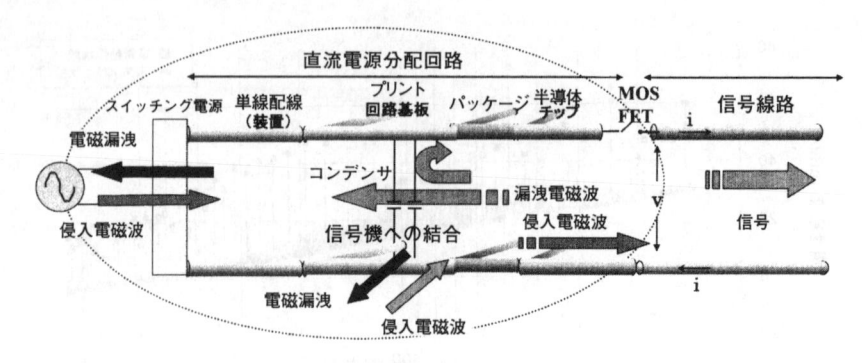

図2 電源分配回路とEMC問題との関係

りも幅広であり，大量のコンデンサが分散配置されて電源・グランド配線間に接続されているため，電源分配回路のインピーダンスはかなり低い。従って電圧変動を観測しただけでは，図1に示した電源分配回路中の電磁波またはノイズ電流の存在に気づかないことになる。このため，ボード設計者は，電源線は正極，負極ともグランド（高周波グランド）線と見なせるほど電磁的に安定であると信じて，電源線の正極線や負極線を利用して例えばストリップ構造やマイクロストリップ構造の多数の信号線路を構成する。また，ボードの厚み方向には，電源分配層や信号配線層を横切る形で多数のビア配線を構成する。この結果，電源分配回路中の電磁波は，容易に信号線に結合し信号中のグランドノイズとなって信号品質を劣化させ，その一部は外部ケーブルをアンテナとして空中に放射する。さらに電源分配回路中の電磁波の一部は商用電源線にも漏洩する。以上がいわゆるEMI問題や信号品質劣化の主要な発生メカニズムである。

電源分配回路と信号線との間の電磁結合や，ケーブルのアンテナ作用は電磁的に対象であるため，同一経路の逆をたどって外部から種々の電磁がLSI内に侵入し信号線に結合して，回路の誤動作を招く。これがいわゆるEMSまたはイミュイニティ問題である。

注目している信号回路の電源分配回路と他の信号回路の電源分配回路との間に高周波結合が有ると，以上のような深刻なEMC問題が発生する。

3.2.2 デカップリング強化例[2~6]

電源分配回路に関する上記の問題を解決するためには，トランジスタが励起する電磁波が電源分配回路に伝搬しないようにすること（電源デカップリング）が効果的である。

図3は，ボード上の電源デカップリング回路の概念図である。図3の低インピーダンス回路には通常，コンデンサが使用され，高インピーダンス回路にはボード配線またはリアクトルが使用される。

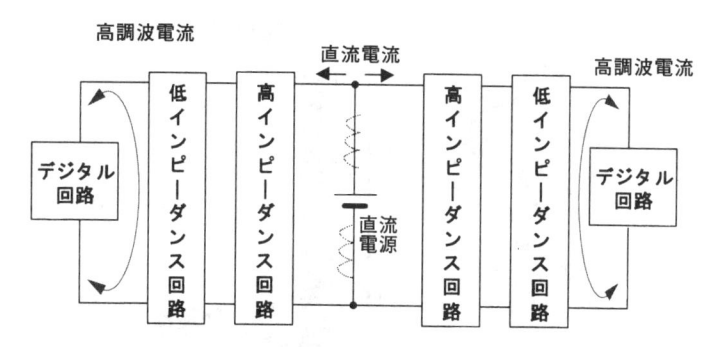

第Ⅱ章 導電性高分子の応用の可能性

図3 ボード上の電源デカップリング回路の概念図

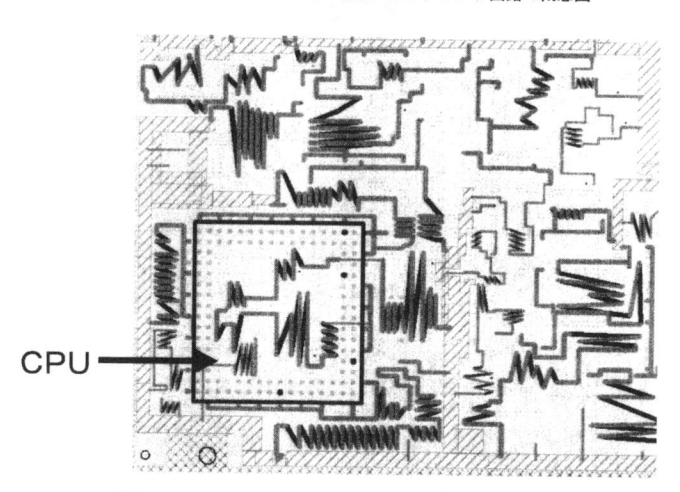

図4 ワークステーションのマザーボードの2層の電源配線層の透過図

　図4は，高性能コンピュータの1種であるワークステーションのマザーボードの2層の電源配線層の透過図である。低インピーダンス回路にはコンデンサを使用しているが，高インピーダンス回路には図5のような構造の立体リアクトルを使用して，電源カップリングの強化を図っている。図4中の鋸歯状に見える部分がリアクトルである。

　図4中の斜線部は直流側であり，直流電圧効果を小さくするために幅広の配線となっている。LSIの電源端子と斜線部の配線との間は広い周波数範囲で高いインピーダンスを確保できるよう，リアクトルを配線で接続している。

　なお，磁性体層には，NiZnフェライト粉末を多く含むペーストを約$100\mu m$の厚さに層状に塗布して形成している。さらに磁性体層と電源層との間には，同じく約$100\mu m$の厚さのプリプレ

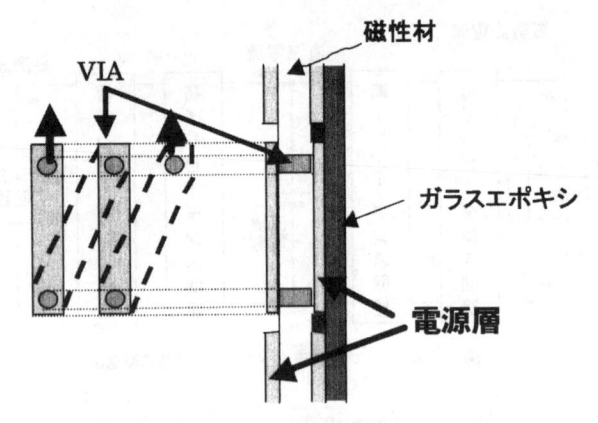

図5 立体リアクトル構造

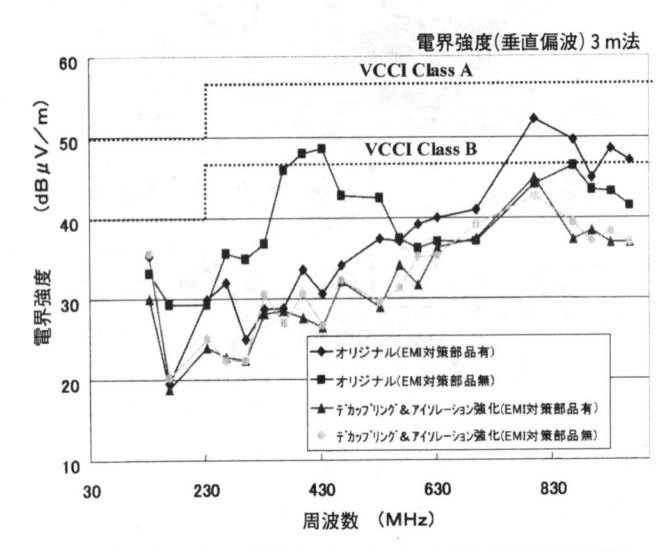

図6 電源デカップリング強化ワークステーションの放射電界強度測定結果

グと呼ばれる誘電体接着層が存在する。目標とした個々のリアクトルのインダクタンスは$1\mu H$であるが、実装上や磁性体の制約から本試作例およびその後の試作例において、残念ながら磁性体使用の効果はほとんど見られておらず、リアクトル値はこの試作機においては平均数百nHの値に止まっている。

第Ⅱ章 導電性高分子の応用の可能性

表1 交流電源線への高速方形波印加試験結果
《条件》立ち上がり1nS以下（20mS周期），5分間

印加電圧	パルス幅	ライン	オリジナル基板	デカップリング強化 ＋信号アイソレーション等(空芯)
±0.6kV	800nS	H,N	正常動作	正常動作
	50nS	H,N	〃	〃
＋0.7kV	800nS	H,N	〃	〃
	50nS	H,N	〃	〃
－0.7kV	800nS	H	〃	〃
		N	KeyBoard ERR	〃
	50nS	H,N		〃
±1.2kV	800nS	H,N	───	〃
	50nS	H,N	───	〃
＋1.3kV	800nS	H,N	───	〃
	50nS	H,N	───	〃
－1.3kV	800nS	H,N	───	〃
	50nS	N	───	〃
		H	───	KeyBoard ERR

　図6は，他の小型コンピュータにリアクトル内蔵型デカップリング強化技術を適用して，装置の放射電界強度を測定した結果である。

　図6において，◆はオリジナル機，■はオリジナル機のEMC対策部品（27個）をすべて削除した場合，▲はデカップリングおよびレイアウトでのアイソレーションをそれぞれ強化した場合，●はデカップリングおよびレイアウトでのアイソレーションをそれぞれ強化し，EMC対策部品（27個）をすべて削除した場合を示している。デカップリング強化およびレイアウトでのアイソレーションをそれぞれ強化すると，電界強度が約10dB抑制される。抑制効果はEMC対策部品によるのと異なり，周波数が高くなるほど高まっているように見える。また，図6から，デカップリング強化およびレイアウトでのアイソレーションをそれぞれ強化した状態では，EMC対策部品による電磁界放射抑制効果はほとんど見られないことがわかる。

　さらにこの適用例においては，イミュニティ（電磁界耐力）試験も実施した。イミュニティ試験法はIEC61000に従う7つの方法と，IBMが開発しコンピュータで広く使用されている交流電源線への高速方形波印加試験とを行い，全ての試験項目で改善されていることを確認した。

　表1は，これらの試験の中で最も厳しい試験と考えられている交流電源線への高速方形波印加試験結果をまとめたものであり，およそ2倍の耐力向上が確認された。

3.3　電源分配回路設計上の問題点[7]

　電気・電子回路には必須の存在である電源分配回路を，広い周波数帯域に亙って，信号配線に比べて充分インピーダンスが低くかつ他の信号回路の電源分配回路との間の高周波結合を少なく（デカップリングを強化）することのできるのは，従来，コンデンサ以外に無いと考えられてき

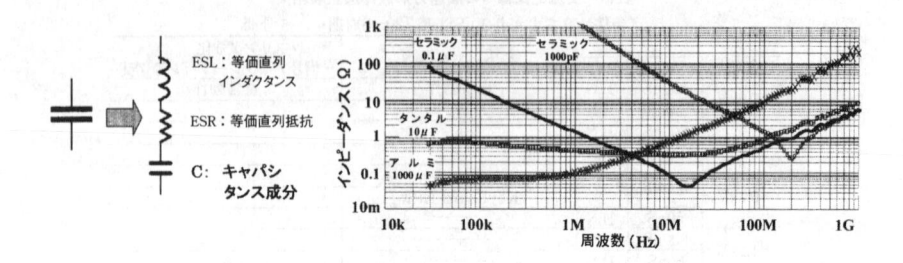

図7 コンデンサの等価回路と各種コンデンサのインピーダンス特性

た。

しかし，コンデンサの特性は，図7のように等価直列インダクタンス（ESL），等価直列抵抗（ESR）およびキャパシタンス（C）の直列回路と考えられていてV字形のインピーダンス特性を有しているため，低インピーダンスと見なせる周波数帯域は狭い。

従って，ディジタル回路のような広帯域信号を扱う回路の電源分配回路では，多種多数のコンデンサ並列に使用して広い周波数帯域に亘ってインピーダンスを低くする工夫が行われている。このためディジタル機器の高性能化に伴い，電源分配回路に使用されるコンデンサの使用数が急増している。例えばサーバやパーソナルコンピュータには1000個前後，携帯電話においても400個前後のコンデンサが電源分配回路に使用されており，今後その数は増加すると予想されている。

このように大量にコンデンサが並列に使用されているため，ボード上でのコンデンサの最適個数や配置を計算で求めることはともかく，実験やシミュレーションで求めることもほとんど不可能な状況であり，個々のコンデンサの寄与度を明確にできないという問題がある。このため，装置設計側からの小型・軽量化，低コスト化，設計期間短縮等の要求と，回路の安定動作やEMC問題対策との板挟みになる形で，ボード設計者の悩みは深まってきている。

3.4 コンデンサのインピーダンス特性の再考
3.4.1 インピーダンス特性の測定法

コンデンサのGHz付近までのインピーダンス特性の測定法については種々検討されているが，図8に示すネットワークアナライザによる測定は，信頼性が高い方法の一つとされている。

図8においてa_2/a_1およびb_2/b_1は反射係数と呼ばれ，散乱行列ではS_{11}およびS_{22}で表される。またb_2/a_1およびa_2/b_1は透過係数と呼ばれ，散乱行列ではS_{21}およびS_{12}で表される。DUT（Device under test）が対象線路構造の場合はb_2/a_1とa_2/b_1，b_2/a_1とa_2/b_1はそれぞれ等しい[8]。

ネットワークアナライザ付属の同軸ケーブルのインピーダンスをZ_0とすると，線路構造のDUT

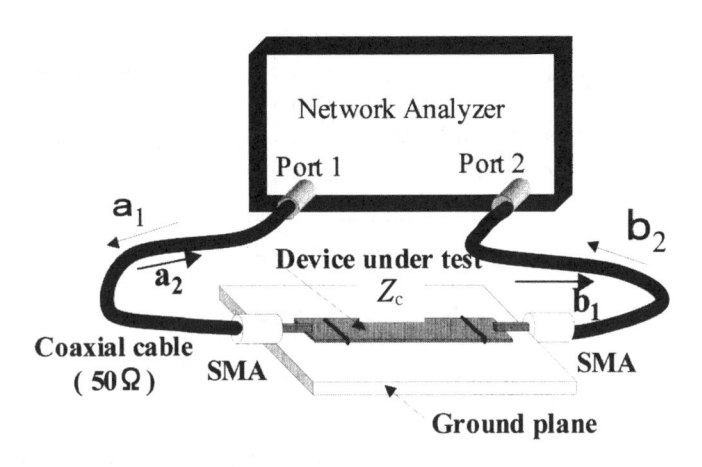

第Ⅱ章 導電性高分子の応用の可能性

図8 ネットワークアナライザによるインピーダンス測定

のインピーダンスZ_Cの特性は，反射係数（S_{11}）の測定値を使用して次式から求められる。

$$Z_C = Z_0 \frac{(1-S_{11})}{(1+S_{11})} \tag{1}$$

一般のネットワークケーブルのインピーダンスは，ネットワークアナライザ付属の同軸ケーブルのインピーダンス特性と桁違いの差は無いため，(1) 式による方法で正確に求めることができる。しかしZ_Cの値がZ_0に比べて非常に小さい場合は全反射に近くなるため，反射係数（S_{11}）の測定誤差が非常に大きくなる。DUTが無損失線路の場合は，反射係数（S_{11}）と等価係数（S_{21}）との間に式 (2) の関係がある。

$$S_{11}^2 + S_{21}^2 = 1 \tag{2}$$

このため，全反射の近い状態でも比較的少ない誤差で測定可能な等価係数（S_{21}）からDUTのインピーダンスを求めることができる。なお，2端子のコンデンサのインピーダンスをネットワークアナライザで測定するには，図9のZ_yの位置にコンデンサを接続して行う。

3.4.2 コンデンサの周波数特性がＶ字形になる理由

2端子のコンデンサを図9のように接続すると，DUTに長さが無いことから，式 (3) のように，測定誤差の少ない透過係数（S_{21}）を使用してコンデンサのインピーダンスZ_yをS_{21}からでも求めることができる[8]。

$$Z_y = \frac{S_{21}}{2(1-S_{21})} Z_0 \tag{3}$$

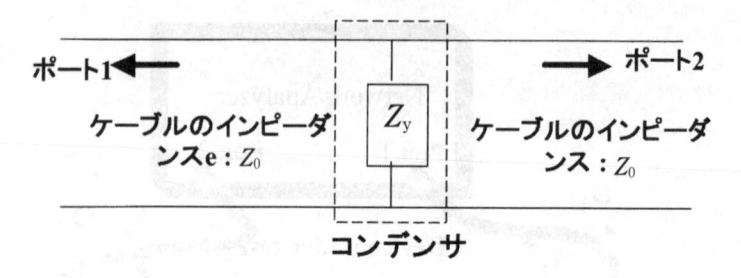

図9 コンデンサの接続法

先に示した図7は，(3)式から求めたインピーダンス特性である。

図9での透過係数（S_{21}）測定の観点から図7の特性曲線を改めて眺めると，高周波帯域でインピーダンス特性が右肩上がりになる理由が，ESLとは別に存在するのではないかと推測できる。DUTが十分長い線路の場合は線路の特性インピーダンスが求められるため，図7の右肩上がりの曲線が水平に近い曲線になるはずである。DUTの長さが短くなるに従い左右端子間の電磁結合が増加し，図9のようにDUTの線長がゼロ（点）になると左右端子間の電磁結合が最大となる。その結果が図7のようなV字型のインピーダンス特性であると考えられる。すなわち，コンデンサが2端子構造である限り，透過係数（S_{21}）の高周波帯域での劣化傾向がそのままインピーダンス特性を規定してしまうため，高周波帯域でインピーダンス特性を改善することができないという結論に達する。従って，コンデンサの直列等価回路に従ってESLを小さくするか，キャパシタンスを小さくしてコンデンサの高周波帯域でのインピーダンス特性を改善するという，一般に信じられている高周波帯域でのインピーダンス特性改善手法は的外れであることが分かる。

ところで，広帯域で挿入損を大きくする方法として，分布定数形フィルタを構成する考え方がある。これは，定数が同じか異なる，コンデンサとリアクトルで構成されるΓ形回路を，カスケード接続するものであるが，これを電源デカップリング回路として使用すると，フィルタの端子間インピーダンスはコンデンサの特性に依存し，広帯域で低インピーダンスを実現できない。しかし，連続導体と連続誘電体で構成される線路で電源デカップリング回路を構成すれば，リアクトル（L），キャパシタンス（C），配線レジスタンス（R），および誘電体コンダクタンス（G）が不可分な形で融合しているため，このような問題が生じないと考えられる[9]。

3.5 低インピーダンス線路素子(low impedance line structure component: LILC)の開発[10,11]

線路のサージインピーダンス（Z_S）は，無損失の場合，周波数に関係なく線路の単位長当たりの誘導（C/m）と容量（L/m）の比で決まり，次式で表される。

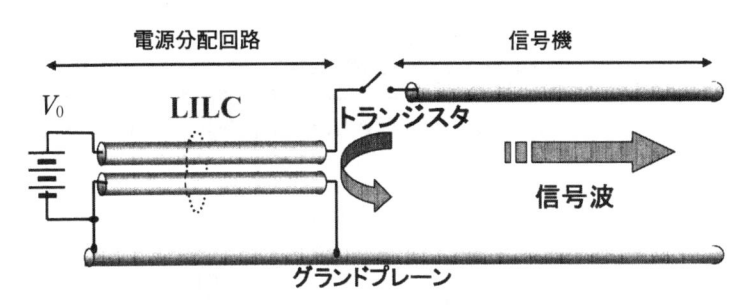

第Ⅱ章　導電性高分子の応用の可能性

図10　LILCを応用した電源分配回路例

$$Z_S = \sqrt{\frac{L}{C}} \tag{4}$$

電源線を線路構造にした上で，C/mをL/mに比べて非常に大きくするような構造にすれば，原理的にはサージインピーダンスZ_Sをいくらでも小さい値にすることができるはずである。このような考え方に基づき，線路を切り出して部品化したものを低インピーダンス線路素子（low impedance line structure component: LILC）と呼ぶことにした。部品化したのは標準化が容易であること，標準化により大量生産を行えば価格を安くできること，ボードへの適用が容易であること等である。ただし，部品化のため，線路を切り出して両端に端子を付加すると，端子間での電磁結合のため高周波での特性は劣化することが，これをフィルタの一種と考えれば予想される。

図10に，LILCを応用した電源分配回路例を示す。

線路のC/mを大きくする技術はタンタルコンデンサやアルミ電解コンデンサに適用されているが，図7に示したように，共振周波数が低くなるため高周波用途には適さないと考えられてきた。従って，高周波用途に関する研究成果は皆無の状況であったが，LILC用として，比較的安価な固定アルミ電解コンデンサの電極材料を利用することにした。

固体アルミ電解コンデンサの電極は，陽極となるアルミ箔の両面をエッチングして微細な凹凸を形成した上で，表面を酸化して尖頭耐電圧1V当たり1nm（10オングストローム）程度の厚さのAl_2O_3皮膜を形成し，Al_2O_3皮膜の上部にポリピロール等の導電性ポリマーを重合化成してエッチングでできた凹凸を埋める。この上にカーボングラファイトを塗布し，銀ペーストで銅箔等の電極箔を陰極として貼り付けた構造である。

3.5.1　コンデンサとLILCの基本機能・性能の比較[12]

図11に，コンデンサとLILCの構造比較を示す。

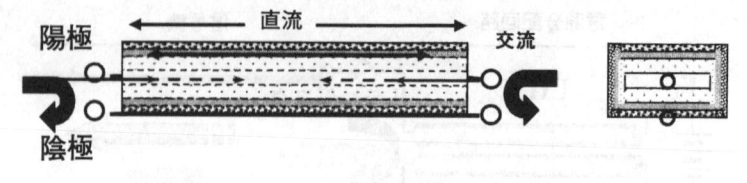

(1) LILC

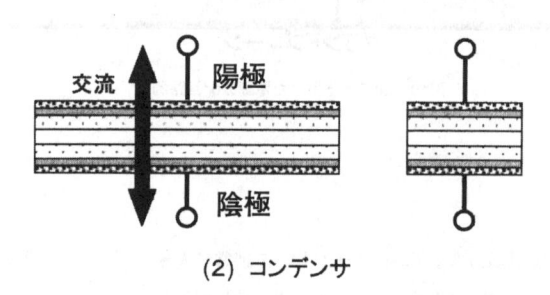

(2) コンデンサ

図11 LILCとコンデンサの構造比較

LILCは四端子構造であり，ストリップ線路構造となっている。電極の平面は端子対間の電磁結合を小さくするため短冊型となっていて，電極の端部に端子対が設けられている。LILCに向かう高周波電流のほとんどは端子部で反射されるが，LILC中に入り込んだ高周波電流は，そのほとんどがLILC内の誘電体損失によって熱消費されて外に出ない。LILCを線路の途中に挿入したときの透過係数 (S_{21})，すなわち挿入損またはデカップリング性能の逆数は次式で求められる。

$$S_{21} = \sqrt{1-S_{11}^2} \cdot e^{-ax} \tag{5}$$

式 (5) 中のxは線路長である。aは伝搬定数を構成する減衰定数であり，次式で表される。

$$a = \sqrt{\frac{\sqrt{(R^2+\omega^2L^2)(G^2+\omega^2C^2)}+(RG-\omega^2LC)}{2}} \tag{6}$$

さらに式 (6) 中のコンダクタンスGは，コンデンサで使用される$\tan\delta$を使用すると次式で表される。

$$G = \omega \varepsilon_0 \varepsilon_r \frac{S}{t} \cdot \tan\delta \tag{7}$$

ただし，S：誘電体の面積，t：誘電体の厚さ

以上から，LILCのフィルタとしての挿入損は，インピーダンス不整合分と，素子の長さ，周

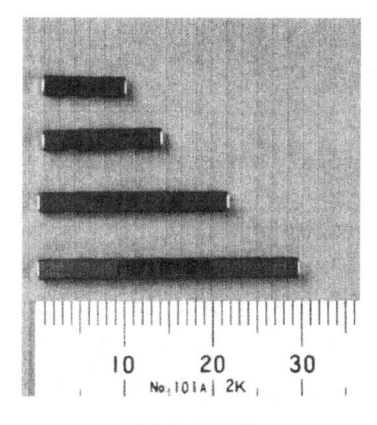

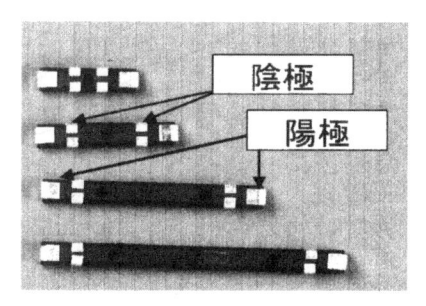

第Ⅱ章 導電性高分子の応用の可能性

図12 ミニバス形LILCの試作品
(1)捺印面形状　(2)端子面形状

波数, $\tan\delta$ の指数倍との積となることが分かる。一方, LILCの端子間インピーダンスは, 図8のようにして測定で求められる反射係数 (S_{11}) から計算で求めることができる。しかし, LILCの端子間インピーダンスがコンデンサより低い場合は, 測定誤差が大きくなるため, 信頼できる測定値を得ることが現状では不可能に近い。

これに対してコンデンサは, 二端子構造であって静電容量を高めるため積層平板構造となっている。電極の平面はESL,ESRを小さくするためほぼ正方形となっていて, 端子は電極の中央部または全面に取り付けられている。コンデンサの電極間には, 変位電流または充放電電流 (交流) を流すことが想定されており, 誘電体損失はできるだけ少なくしている。コンデンサを線路に並列に接続したときの透過係数 (S_{21}) すなわち挿入損の逆数は式 (1) から求められ, 反射係数すなわちインピーダンス不整合のみに依存する。すなわち, 式 (5) 中の指数項中のxがゼロとなるため, コンデンサのデカップリング性能は, インピーダンスだけでなく, 高周波帯域においてLILCに比べて大きく劣ることが推定できる。

3.5.2 試作したミニバス形LILCの性能

図12は幅1.5mmで長さが4, 8, 16および24mmのアルミ電解チップを内蔵するミニバス形LILCの試作品の写真と外形である。モールド仕上げで表面実装用の端子構造を有している。

図13に, ミニバス形LILCに使用しているベアチップの透過係数 (S_{21}) 特性を示す。

図13からベアチップの場合のデカップリング性能は, 1GHz以上でコンデンサに対して3桁以上優れていることが分かる。これは式 (5) における$e^{-\alpha x}$の項の効果であって, 2端子のコンデンサには存在しないものである。なお, -110dB以下は図に示すように測定不可能である。

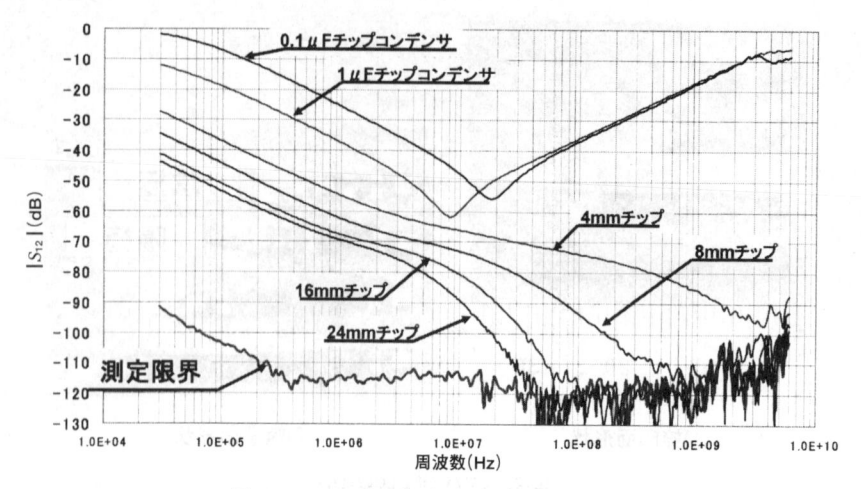

図13 LILCベアチップおよびコンデンサのS_{21}特性

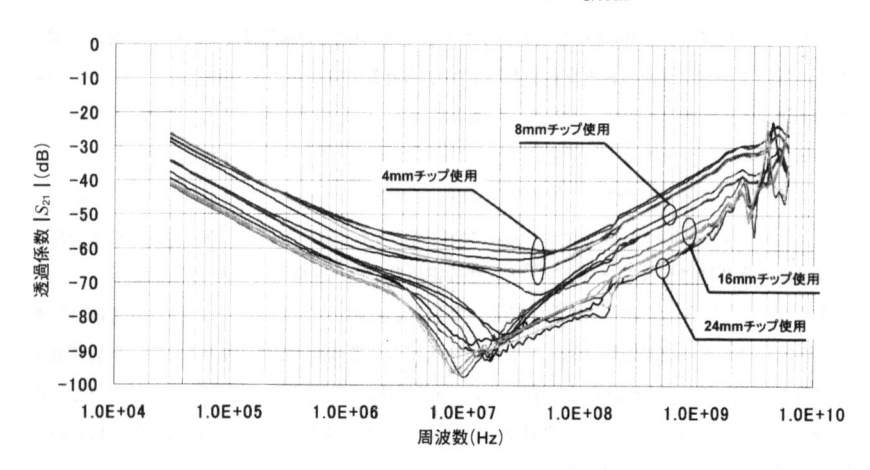

図14 各種ミニバス形LILCのS_{21}特性

　図14に，端子構造は同じでベアチップの長さが異なるミニバス形LILCの透過係数（S_{21}）特性を示す。
　図14において，チップが長くなるに従って右肩上がりの曲線全体が下方に移動している。LILCをフィルタの1種と見なすとこの原因は容易に推定できる。すなわち，この原因は端子対間の電磁結合によるものであって，コンデンサのいわゆるESLによるものではないことが分かる。
　一方，ミニバス形LILCのインピーダンスについては，前述のように，現存の高性能ネットワ

第Ⅱ章　導電性高分子の応用の可能性

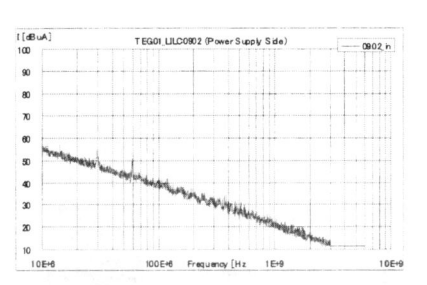

LICLの電源供給側電流スペクトラム

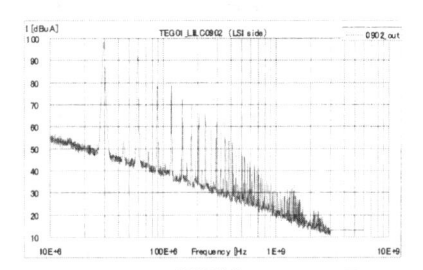

（1）試作ボード

LICLのFPGA側電流スペクトラム
（2）電源電流スペクトラム

図15　FPGAによるデカップリング効果の評価例

ークアナライザを使用しても反射係数（S_{11}）特性を低誤差で測定することは現状では不可能であることが分かっている。このため各種モデル化によるシミュレーションでのインピーダンス推定を実施している。この結果は近い将来発表できると考えているが、現状ではベアチップの場合、1GHzで数十ミリΩから数百ミリΩの範囲にあると推定できる。これは、0.1μFチップセラミックコンデンサの1～2桁低い値である。端子が付加されたミニバス形LILCの場合は、ベアチップに比べてインピーダンスはかなり高い値になるが、0.1μFチップセラミックコンデンサよりはIGHzで少なくとも数十％低い値であることが、反射係数（S_{11}）特性の比較測定結果から得られている。

3.6　ミニバス形LILCのボード搭載評価例

図15に、FPGA（EP20K400EFC672）によるデカップリング特性評価結果を示す。

図15（1）は評価に使用したボードであって、35MHzリングオッシレータをFPGA内に設計して内部クロックとして使用し、12KビットのレジスタをFPGA内に多数設け、全てをクロックに

81

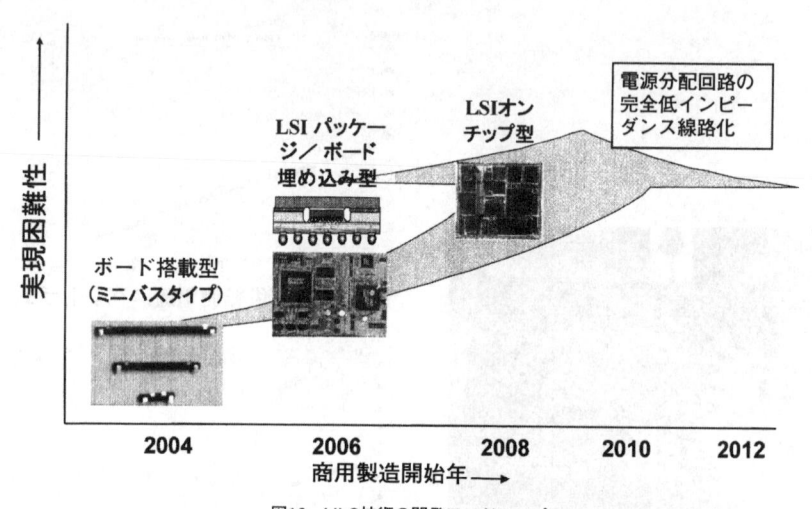

図16 LILC技術の開発ロードマップ

同期して作動させている。このような構成の試作ボードの電源電流を磁界プローブによって測定した。図15（2）はFPGA側および電源供給側の電源分配配線の電源電流スペクトラムデータである。FPGA側には高周波電流が存在するが，電源供給側にはほとんど高周波電流が漏れ出していないことが分かる。

なお，ミニバス形構造の特徴は，ボード表面層の信号配線やビアホールをまたいでLSIの電源端子間近に直流電源を供給するとともに，電源端子付近のインピーダンスを低くできるということである。ミニバス形LILCをコンデンサに代えて採用することにより，高いデカップリング性能と相まってボード設計時間の大幅な短縮化やLSI動作の安定化が計れるのではないかという期待が，多くのボード設計者から寄せられている。

3.7 LILC技術の開発計画と解決すべき電極の構造，材料に関する技術課題
3.7.1 LILC技術の開発計画

パーソナルコンピュータやサーバの電源分配回路に使用されているコンデンサをミニバス形LILCに置き換えて，電磁波漏洩抑制や信号波形改善等の効果を確認する計画を実施中である。

図16は，LILC技術の開発ロードマップである。

前述のようにミニバス形よりもベアチップの方が格段に高い性能を有することが分かっている。ミニバス形を広く使用してLILC技術の優れた性能を理解して貰えれば，さらなる高性能化への期待が高まると考える。

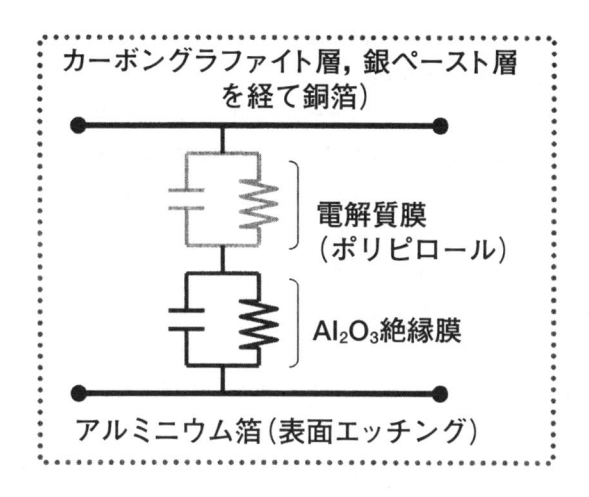

第Ⅱ章　導電性高分子の応用の可能性

図17　固体アルミ電解形LILCのキャパシタ部の等価回路

今後，LSIパッケージやボード内にLILCチップを埋め込む技術，LSIオンチップ技術に取り組む予定である。最終的には，電源分配回路をシームレスな低インピーダンス線路で構成することにより，完成度の高いLILC技術の実現を計りたいと考えている。

3.7.2　電極の構造，材料に関する技術課題

図17は，固体アルミ電解形LILCのキャパシタ部の等価回路である。

LILCの基本性能は低インピーダンスと高デカップリングである。ベアチップの端子間インピーダンスを低くするためには，（4）式に示したように，単位長さ当たりのキャパシタンスを，単位長さ当たりのインダクタンスに比べて非常に大きくする必要がある。単位長さ当たりの静電容量を大きくする技術は，コンデンサで行われている単位面積当たりの静電容量を大きくする技術と基本的に同じであり，①電極の対向面積を大きくすること，②電極間の距離を小さくすること，および③電極間絶縁膜の誘電率を大きくすること，が有効である。このうち，①に関しては，LILCとしては均一線路構造とすることが必要であるため，積層板構造は適さない。従って，アルミニウムの場合のようなエッチング処理によって表面積を増加させることが有効であると考えられる。次に②に関しては，弁作用金属を使用して電極間絶縁を酸化膜として形成し，膜厚の均一性を保ちつつナノまたはそれ以下の厚さとすることが有効的である。③に関してはLILCの上限周波数である数十から数百GHzに達するトランジスタの最高動作周波数以下，オーディオ周波数である数百Hz程度までの広い周波数帯域に亘ってできるだけ高い誘電率を確保することが必要である。現実的には1種類の技術での実現は難しいので，図16に示したロードマップに従い，

83

それぞれのテクノロジノードに適する技術を選択して開発し適用することが効果的である。
(1) エッチング処理における技術課題
プロセス条件を制御することにより，エッチング処理をマクロ的に安定に行うことは可能であるが，エッチング部の細部構造は，多分に偶然性に支配されるため非常に不規則である。このため，エッチング構造の細部に亘る電磁界解析は不可能である。規則性のあるエッチング構造を仮定した場合でも，解析精度をある程度確保するためにはエッチングのピッチは実際に近い数十nm以下としなければならない。エッチング構造を想定してcmの単位を有する線路全てに亘る3次元電磁解析を行うためには，10^7の3乗のメッシュが必要であり，最新のスーパーコンピュータを持ってしても不可能に近い。このため，簡略化のための技法を駆使して解析を行う必要があり，現在そのための研究を進めている。この場合，実験結果との比較が重要であるが，残念ながら，3.5の終わりに述べたように，LILCのように高周波帯域でかなり小さいインピーダンスを有する素子または回路のインピーダンスをある程度の精度で計測可能な計測器が今のところ存在しない。前記大量のメッシュの電磁界解析技術の開発よりも，測定器の開発が比較的容易であると考えられるため，今後，高周波低インピーダンス計測器の開発を優先して進めなければならない。

実用化開発中のミニバス形LILCはボード搭載形であるため比較的大きさに対する要求は強くないし，端子による特性劣化のため使用上限は数GHz程度である。従って，固体アルミニウムコンデンサに採用されているエッチング構造は，この用途には充分効果的である。すなわち，ここで使用されているアルミニウム箔は，箔全体の厚さが数百μmで，エッチング深さは両面併せて100μm程度である。

しかし，印刷配線板（ボード）やLSIパッケージに埋め込むにはこのような箔は厚すぎる。LILCの場合は電極に直流回路電流を流すため，エッチングされない金属泊部分の厚さはあまり薄くできない。従って，埋め込み形の場合はエッチング無しとするか，エッチング深さを数ミクロン程度にしなければならないが，この程度のエッチングを行おうとすると電極金属の素材の表面荒さを数十nm程度に抑えなければならない。一方，エッチング無しの場合，電解質膜を重合化成処理によって電極の酸化皮膜上に安定に付着させることが非常に難しくなる。

今後以上の問題を解決していく必要がある。
(2) 電解質材料の改良
アルミ電解形LILCに使用している電解質膜にはポリピロールを使用しているが，その導電率は約10^4S/mであって，アルミニウムの3.72×10^7S/mに比べると3桁ほど小さい[13]。ポリピロールの高周波帯域での電磁気的作用は現在解明中であり，線路損失作用により透過係数（S_{21}）を周波数の増加に対して指数的に減少させる効果として作用していると考えられるが，電解質膜の厚

第Ⅱ章　導電性高分子の応用の可能性

さは数μmと薄いにもかかわらず，図17から分かるように，LILCの端子間インピーダンス低減の阻害要因の一つになっていることも考えられるので，ポリピロールの現状値に対して一桁程度導電率の高い電解質材料が望まれる。

(3) 電極間絶縁膜の厚さを薄くするための技術課題

　電極間絶縁膜は，高性能半導体技術において盛んに研究が進んでおり，最先端のLSIにおいては，1nm以下の各種絶縁膜が使用されている。しかし，この場合は絶縁膜を使用する電極の面積は数μm以下と微少である。例えばボード埋め込み形LILCチップの場合は，長さ数cm，幅数mmという半導体に比べると非常に大きな面積の上に絶縁膜を形成する必要があり，もし1ヵ所でも絶縁破壊を引き起こせば，そのチップは使用できないことになる。現在の固体アルミ電解コンデンサや固体アルミ電解形LILCでは，耐電圧当たり1nmの厚さでポリピロール等の絶縁膜を形成している。電解質膜は内部に酸素を含んでいるため，ある程度までの酸化膜破壊を修復する機能を有しているが，電解質膜の厚さを非常に薄くする場合や，電解質膜を使用しない場合はこの効果が期待できない。最新の半導体製造プロセス技術を導入する場合には，膨大な設備費用をどのようにして確保するかの問題も発生する。

(4) 電極間絶縁膜の誘電率を大きくするための技術課題

　誘電体では，一般に知られているように高周波帯域で誘電分散現象が生じ，赤外領域，紫外領域で大きなピークが存在するものの，印加周波数が高くなるに従って誘電率は低下する[14]。特にコンデンサやアクチュエータ用の既存高誘電体の高周波帯域での比誘電率低下は著しい。現在，高性能LSIにおいてはMOSトランジスタの高速化のための研究開発が盛んに行われている。MOSトランジスタの高速化には，電極の微細化とともに，ゲート絶縁材料の薄型化と高誘電率化が有効である。従って先端トランジスタ用として研究開発が進められている酸化ハフニウム（HfO_2）や酸化ジルコニウム（ZrO_2）などのHighκ材を活用することも選択肢の一つである。しかし，前記（2）の場合と同様，スケールの問題と製造プロセスの問題，さらには膨大な設備費用調達の問題も解決する必要がある。

　なお，LILCにとって透過係数（S_{21}）を高周波帯域で非常に小さくするために適度の線路損失が必要である。固体アルミ電解形では，前述のように導電性ポリマーがその作用をしていると考えられるが，電解物質を使用せず，（メタル）—（誘電体）—（メタル）の構造で線路を構成する場合は，誘電体に適度（0.1程度）の$\tan\delta$を持たせることが必要である。

3.8　おわりに

　導電性高分子を用いた線路形素子であるLILC技術について述べた。
　LILC技術の有する2つの大きな特徴は，コンデンサを凌ぐ高度のデカップリング特性と低イ

ンピーダンス特性である。LILC技術をディジタルボードに適用することにより，設計期間短縮と設計問題の低減，信号品質の向上，アナログ・ディジタル混在回路設計の容易化，EMC問題の効果的な解決，電源分配回路中のコンデンサを少ないLILCで置き換え，EMIフィルタやシールド材料を不要とすることによる小型軽量，低コスト化が計れる等多くの効果が期待できる。LILC技術は，情報技術装置，モバイル機器，情報家庭電気製品をはじめ，ほぼ全ての電気電子機器に適用可能である。今後ミニバス形LILCの早期商用化を目指すとともに，ロードマップに沿ったLILC技術の研究開発，実用化に取り組み，通信情報産業と情報化社会の発展に貢献して行きたい。

　3.7項で，電極の構造や材料に関するLILCの今後の性能向上のための技術課題について述べたが，この領域だけでも非常に高度でかつ多くの分野の研究要素を含んでいる。関係する分野の研究者技術が協力してこれらの課題に取り組める環境が，早期に構築されることを期待したい。

　なお，本研究の一部は，独立行政法人　新エネルギー・産業技術開発機構（NEDO）からの助成により実施した。

文　　献

1) 鈴木　皇, 「電気磁気学」, サイエンス社, pp140-145, 1987.1
2) 吉田史郎, 遠矢弘和, 「電源層配線化による電磁放射抑制プリント配線板」, 1997年度情報通信学会総合全国大会シンポジウム, 1997.3
3) 遠矢弘和, 吉田史郎, 「磁性体内蔵デカップリング強化多層プリント基板」, 電気学会マグネティクス研究会, 1997.12
4) S. Yoshida, H. Tohya, "Novel decoupling circuit combining notable electromagnetic noise suppression and high-density packaging in a digital PCB", IEEE International Symposium on Electromagnetic Compatibility Record, pp641-646, August 1998.8
5) H. Tohya, "New Technologies Doing Much For Solving the EMC Problem in the High Performance Digital PCBs and Equipment", IEICE Transactions on Fundamentals of Electronics, Communications and Computer Sciences, Vol.E82-A, No.3, March 1999
6) S. Yoshida, H. Tohya, "Novel Decoupling Circuit Comprising Magnetic Materials and Build-in Choking Coils", IEICE / IEEJ / IEEE International Symposium on Electromagnetic Compatibility (EMC'99 TOKYO) Record, pp616-619, May. 1999
7) 遠矢弘和, "新しい素子：低インピーダンス線路素子（LILC）の開発", 環境電磁工学情報, No.175, pp.21-35, 2002
8) 中島将光, 「マイクロ波工学」, 森北出版, pp96-100, pp102, 1989.3

第Ⅱ章　導電性高分子の応用の可能性

9) 木下 靖，岩波瑞樹，和深 裕，吉田史郎，遠矢弘和,「高速高密度プリント回路基板における電源供給回路」，電気学会電子回路研究会ECT-99-130, 1999.11
10) 遠矢弘和，増田幸一郎,"ディジタル回路の高速化に対応する電源デカップリング技術",電気学会，MAG-00-169, 2000.9
11) 遠矢弘和，増田幸一郎,"ディジタル回路の高速化に対応する電源デカップリング技術",電気学会, MAG-00-169, 2000.9
12) 遠矢弘和,増田幸一郎,若林良昌,森下 健,楠本 学,"高性能ディジタルボードに適する新しい電源分配回路技術",電子情報通信学会, EE-15, 2004.2
13) 赤木和夫・田中一義 編,"白川英樹博士と導電性高分子",化学同人, pp109-114, 2002.1
14) 中野研二 編集訳,"セラミストのための電気物性入門",内田老鶴圃, pp63-70, 2000.5

4 二次電池

武内正隆*

4.1 導電性高分子の二次電池への適用検討経過
4.1.1 電子伝導性導電性高分子

　導電性高分子の二次電池への応用検討は，2000年にノーベル化学賞を受賞された，白川教授，マクダミッド教授らが1981年に発表された「ポリアセチレンを用いた軽くて柔軟な夢のポリマー電池[1]」で本格的に始まったことは周知の通りである。このポリアセチレン電池はポリアセチレンが水や空気によって不安定であるため実用化には至らなかったが，その原理は，1994年に発表されたLiイオン電池の炭素負極[2]や黒鉛負極[3]やポリアセン電池[4]，Liポリアニリン電池[5]に反映されており，いわば現在なくてはならないエネルギーデバイス（本稿では電池，キャパシタ等の電気を蓄えることのできる素子の総称として使用する）の原点と言われている。図1に最近の世界の二次電池の市場推移を示すが，導電性高分子から発展したLiイオン電池やLiポリマー電池が順調に伸びており，パソコン，携帯電話等のモバイル機器の発展には，今後もこれらが重要なキーエネルギーデバイスであることは間違いない。

　ポリアセチレンの充放電反応は

正極　－(CH＝CH－CH＝CH－CH＝CH)$_n$－ ＋PF$_6^-$　　（放電状態）
　　　P型ドーピング ⇕
　　　－(CH＝CH－CH＝CH－CH＝CH)$_n$－ ＋e$^-$　　（充電状態）
　　　　＋　　PF$_6^-$

負極　－(CH＝CH－CH＝CH－CH＝CH)$_n$－ ＋Li$^+$＋e$^-$　（放電状態）
　　　N型ドーピング ⇕
　　　－(CH＝CH－CH＝CH－CH＝CH)$_n$－　　（充電状態）
　　　　－　　Li$^+$

で表される。π電子が非局在化したC＝C二重結合が，ドーピングという反応により，容易に酸化還元反応を繰り返すことにより充放電反応を行っている。このような充放電反応機構が，さらに，C＝C二重結合が二次元的に発達したポリアセンや三次元的に発達した炭素，黒鉛に展開さ

---

　*　Masataka Takeuchi　昭和電工(株)　無機材料部門　ファインカーボン部　兼　技術本部
　　　研究開発センター　グループリーダー

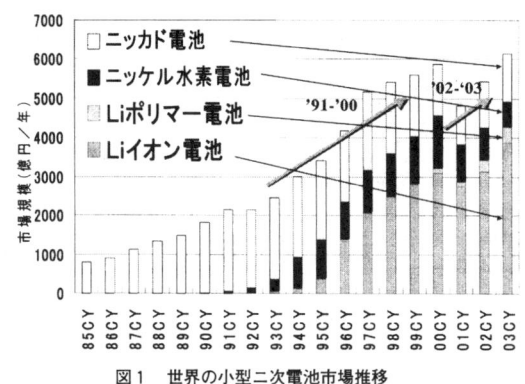

第Ⅱ章 導電性高分子の応用の可能性

図1 世界の小型二次電池市場推移
(2004 IT総合研究所,二次電池市場動向より)

れた。

4.1.2 イオン伝導性導電性高分子

導電性高分子と二次電池に関するもうひとつの流れは,1975年,Wright,1979年,Armandらによって見出された,「ポリエチレンオキサイド(PEO)を用いた高分子固体電解質[6]及びその電池への応用[7]」である。ポリアセチレンが,電子伝導性であり,正負極活物質材料に検討されたことに対して,ポリエチレンオキサイドは電解質塩を溶解してイオン伝導性となり,電解液代

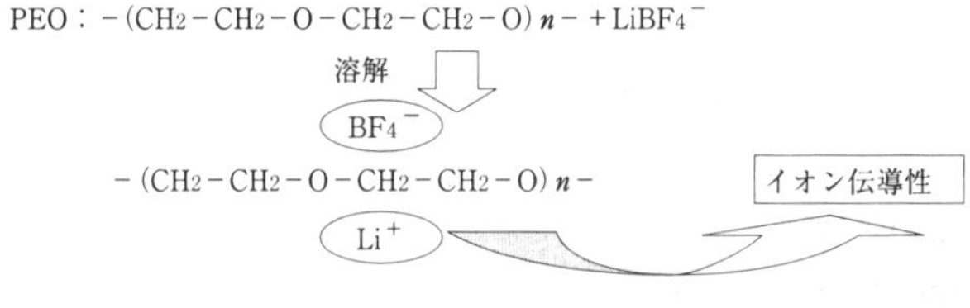

$$PEO : -(CH_2-CH_2-O-CH_2-CH_2-O)_n- + LiBF_4^-$$

溶解 → BF_4^-

$$-(CH_2-CH_2-O-CH_2-CH_2-O)_n-$$

Li^+ → イオン伝導性

替として検討された。この高分子固体電解質から発展して,金属缶より封止が簡便で薄いアルミラミネート外装体を用いた薄型Liポリマー電池[8]が実用化された(写真1)。

4.1.3 導電性高分子二次電池開発経過

導電性高分子を用いた電池の発展を図2にまとめた。

ポリアセチレンの化学的不安定性をポリアニリン(PAn)等のヘテロ原子混入導電性高分子で改良し,1987年,コイン型LiPAn電池が導電性高分子電池としては世界で初めて実用化された[5]。その後,1991年に実用

写真1 携帯電話用ラミネート型Liポリマー電池

89

導電性高分子の最新応用技術

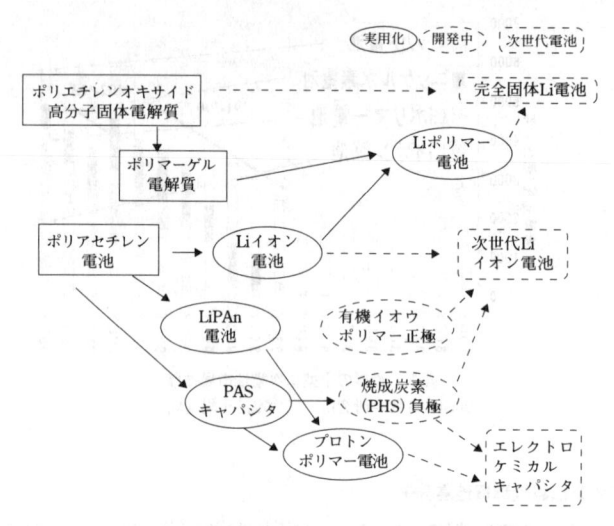

図2　導電性高分子を用いた電池の発展

化された正負極両方に使用可能なポリアセン（PAS）を用いたPASキャパシタにシフトしていった[4]。最近、このPASをさらに高容量化した焼成炭素（PHS）がLiイオン電池の次世代負極材料やエレクトロケミカルキャパシタに展開されつつある[9]。またPAnのプロトンによる酸化還元反応から発展した、高パワー／長寿命水系エレクトロケミカルキャパシタであるプロトンポリマー電池[10]が2002年に開発された。

　Liイオン電池の充放電はLiイオン移動のみであるのに対して、LiPAn電池やPASキャパシタは、充電時に正極は電解液中のアニオンを、負極はカチオンをそれぞれ吸収する電解質消費型であり、一定の電解液が必要である（図3）。PAn、PASの重量容量密度は100～150mAh／g程度で、Liイオン電池のLiCoO$_2$正極と同程度であるが、電解液が多く必要なことや高分子自身の密度が酸化

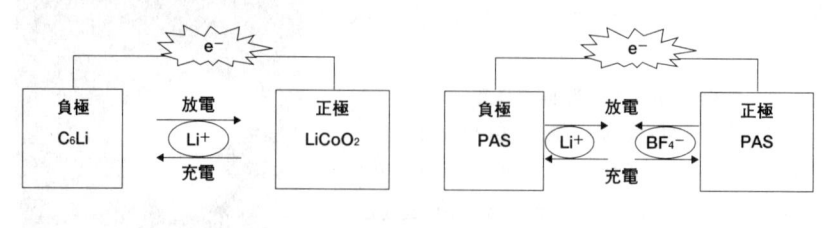

図3　Liイオン電池とPAS電池の充放電反応比較

第Ⅱ章　導電性高分子の応用の可能性

物正極の1/3以下であることから，軽いが嵩張るという欠点がある。従って，モバイル用主電源にはLiイオン電池が普及し，導電性高分子を用いた電池は，PASキャパシタのようにボタン型，コイン型のバックアップ用小形電池にのみ使用されている。

これまでの導電性高分子電極の電解質消費型という欠点をなくして，さらに次世代Li（イオン）電池用として，高エネルギー密度が期待できるのが，有機イオウポリマー正極である[11]。

一方，イオン伝導性導電性高分子の分野においても，ポリエチレンオキシド（PEO）に架橋構造を導入し，電解液を含浸させることにより，擬固体化させた液滲みだしのないポリマーゲル電解質が提案された[12]。このようなポリマーゲル電解質は高分子固体電解質の短所であったイオン伝導性を液体電解液に近づけ，室温作動を可能とし，Liポリマー電池の1998年実用化につながった。

4.2　導電性高分子を用いた電池の今後の展開
4.2.1　Liイオン電池への応用
（1）有機イオウポリマー正極材料

モバイル機器用二次電池の主流となったLiイオン電池[13]の構成を図4に示す。現在の正極活物質はLiCoO$_2$に代表されるLi含有酸化物正極，負極活物質は黒鉛に代表される炭素材料である。現在，使用または検討されている代表的な正極材料，負極材料を表1に比較した。

黒鉛やハードカーボン等の現負極材料の重量容量密度が350〜450mAh/gであるのに対して，現Li含有金属酸化物系正極の重量容量密度は150〜200mAh/gと半分以下である。今後，1000mAh/g以上の容量密度を有するLi-Si合金[14]等の次世代負極材料が実用化されていけば，正極との容量バランスがさらに悪くなり，高容量の正極が切望されている。

一方，1991年にViscoらによって提案[11]された，有機イオウポリマー正極材料（表1　DMCT等）では，従来のPAnやポリピロール（PPy）等の導電性高分子の容量密度が100〜150mAh/gであるのに対し，250mAh/g以上，高いもので，500mAh/g近くの容量密度を発現するものもある。この有機イオウポリマーはこれまでの導電性高分子がπ電子共役系であるのに対し，必ずしも共役系が発達しているとは言えない。しかしながら，正極活物質として使用するためにはある程度の半導体的性質が必要で，現在，検討されている有機イオウポリマーも複素環等のπ電子を有する構造を含んでおり，広義での導電性高分子と考えられる。

有機イオウポリマー正極としては，1980年代後半からDMCT（2,4-ジメルカプト-1,3,4-チアジアゾール）に代表されるジスルフィド重合／解重合型ポリマー[11]が検討されてきた。これら，ジスルフィドポリマーの充放電での酸化還元反応機構を式（1）に示す。

91

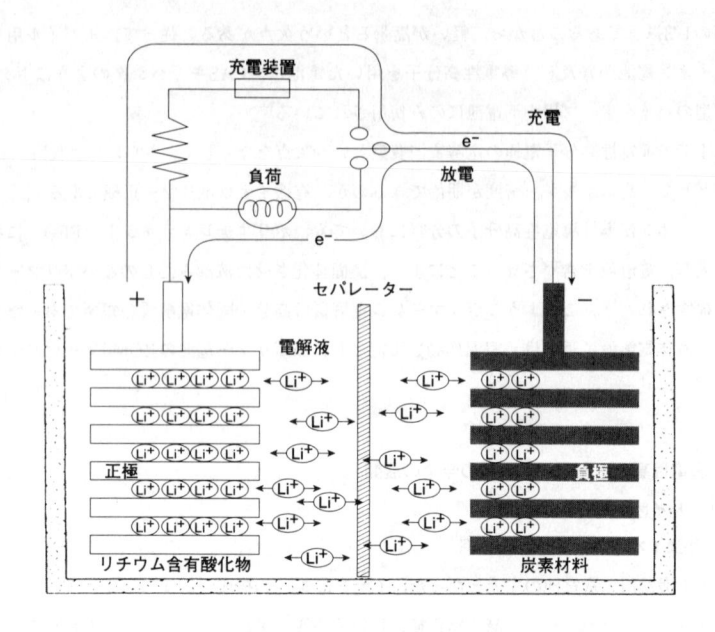

図4　Liイオン電池の構成

表1　Li二次電池電極材料容量比較

	活物質（Ah/kg）	M_w	電子	理論容量（Ah/kg）500↓
正極	LiCoO$_2$（137）	98	0.5	
	LiMn$_2$O$_4$（148）	181	1	
	PAn（151）	178	1	
	DMCT（362）	148	2	
	PPT（259）	207	2	
	PPDTA（451）	178	3	
負極	黒鉛（372）	72	1	
	カーボン（〜450）	>72	$1+\alpha$	
	Li4.4Si-X（>1000）	>59	4.4	

第Ⅱ章 導電性高分子の応用の可能性

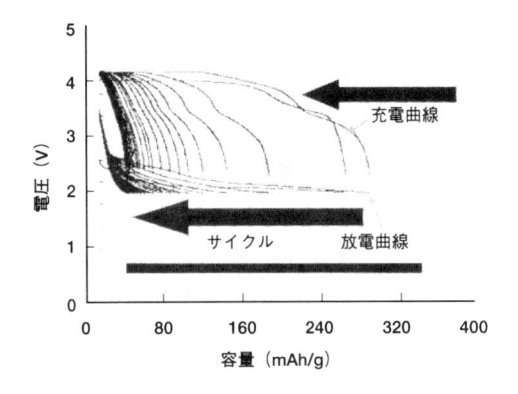

図5 DMCT/Li試作電池の充放電サイクル時の充放電カーブの変化

$$-(S\text{-}R\text{-}S)_n- \underset{(酸化\leftarrow)\ -2ne^- -2nLi^+\ \ 解重合}{\overset{2ne^-+2nLi^+\ \ (\rightarrow還元)}{\rightleftharpoons}} {}_n(Li^{+-}S\text{-}R\text{-}S^-Li^+) \qquad 式(1)$$

還元反応ではジスルフィド結合の分解が起こり，チオラートアニオン（R-S⁻）を形成する。酸化反応では，チイルラジカル（R-S・）が形成され，その後，化学的なカップリング反応によりジスルフィド結合（R-S-S-R）に戻る。従って，ジスルフィドあたり2電子の酸化還元反応が起こる。これまでの導電性高分子電極の酸化還元反応がドーピング／アンドーピング反応に帰因し，モノマーユニットあたりせいぜい0.5電子の反応であったので，約4倍の電気容量を有することになる。また，図3に示した従来の導電性高分子電極の欠点であった電解質消費型の酸化還元反応ではなく，$LiCoO_2$と同じLiイオン移動のみの酸化還元反応である点も魅力ある特性である。図5に我々が検討したDMCT正極／Li試作電池の充放電サイクル時の充放電カーブの変化を示した。充電／放電時の電圧差が大きく（分極が大きく），充放電を繰り返すごとの容量変化が著しい。これは，式(1)で示したように，DMCTの酸化還元反応が重合／解重合型であるため，酸化還元反応過電圧が高く，またDMCTが解重合した際に，電極の導電性パスが無くなることにも帰因しているものと考えられる。

そこで，図6に示すようなπ電子共役系導電性高分子側鎖にジスルフィド結合を有する有機イオウポリマーが設計され，開発されている。酸化還元容量の大きいジスルフィド反応は側鎖で行い，主鎖を導電性の優れたπ電子共役系導電性高分子骨格とし，酸化還元反応での電子移動速度を大きくする狙いである。このような考えで，上町らにより，表1のスルフィド側鎖型フェニレンチアゾール系ポリマーであるPPT[15]やPPDTA[16]が開発された。

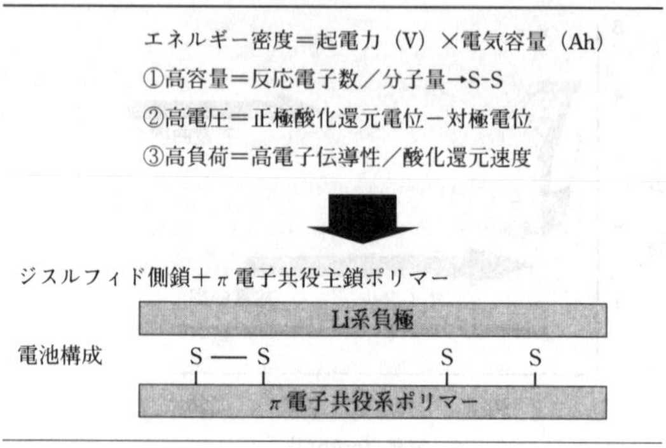
エネルギー密度＝起電力（V）×電気容量（Ah）
①高容量＝反応電子数／分子量→S-S
②高電圧＝正極酸化還元電位－対極電位
③高負荷＝高電子伝導性／酸化還元速度
ジスルフィド側鎖＋π電子共役主鎖ポリマー
Li系負極
電池構成
S — S
S
S
π電子共役系ポリマー

図6　高エネルギー密度有機イオウ系ポリマー正極の設計

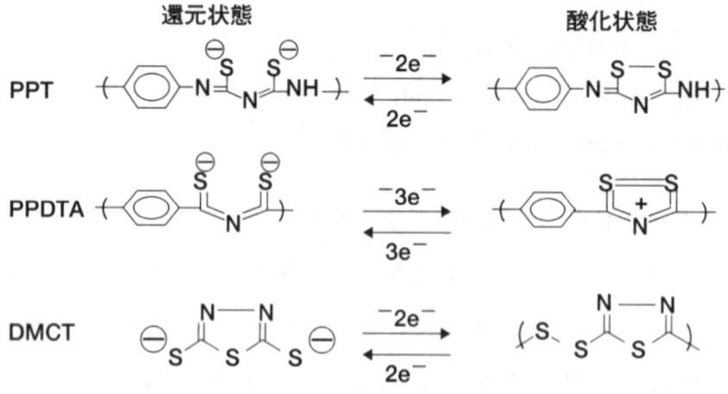
還元状態
酸化状態
PPT
PPDTA
DMCT
−2e−
2e−
−3e−
3e−
−2e−
2e−

図7　有機イオウポリマー正極充放電反応

図7にPTTとPPDTAの酸化還元反応を，DMCTと比較した。PPT（2電子反応），PPDTA（3電子反応）の理論エネルギー密度は各260mAh/g，450mAh/gと大きく，スルフィド反応は設計通り側鎖で反応しており，従来のDMCTのような重合／解重合型の課題であったサイクル寿命の改善が期待される。

このような取り組みはスルフィド側鎖PAn[17]や，最近は平田らによって，ポリピロール側鎖へスルフィド結合を導入したMPY（4,6−ジヒドロ−1H−［1,2］ジチイノ［4,5−C］ピロール）ポリマーも提案されており[18]，高容量／フレクシブルでサイクル性の優れた有機イオウポリマー正極の早期の実現を期待したい。

（2）イオン伝導性高分子（ポリマー電解質）

リチウムイオン電池の電解質にイオン伝導性高分子（以下，用途側からの名称であるポリマー電解質と表現する）を適用しようとする狙いを以下にまとめた。

第Ⅱ章　導電性高分子の応用の可能性

1) 漏液が少なくアルミラミネート外装体等，電池封止が簡易化でき，エネルギー密度も向上する。
2) 電極／電解質層との接着性が改善され，電池の高寿命化，信頼性の向上，また，高容量金属Li（合金）負極の使用が期待できる。
3) 揮発成分がなく，安全性が改良され，大型電池や高温使用等，電池適用範囲が広がる。

などである。

ポリマー電解質を図8に分類した。ポリマー電解質は，溶媒等の低分子成分を含まないドライポリマー電解質と，架橋構造材としてのポリマーを電解液で膨潤させたポリマーゲル電解質とに分類される。

ドライポリマー電解質は，安全性，安定性の面で非常に魅力ある材料であり，PEO／電解質塩に代表されるダブルイオン伝導体[6-19]（塩のカチオン，アニオンの両方がイオン伝導に関与する。）を中心に開発されてきたが，最近ではLiイオン輸率が1.0のLiイオンのみがイオン伝導に寄与するシングルイオン伝導ポリマー電解質が開発され[20]，電池の高性能化だけでなく，様々な用途が期待されている。近年，ナノレベルの酸化物粒子等とイオン伝導性高分子を複合させた無機フィラー複合電解質も盛んに研究され[21]，膜としての強度向上，Liイオン輸率の向上が図られている。しかしながら，これらドライポリマー電解質のイオン伝導度は室温で10^{-4}S/cm以下と，mAレベル以上の電流で各種電池を作動させる為に少なくとも必要な10^{-3}S/cmには達しておらず，実用化が遅れている。

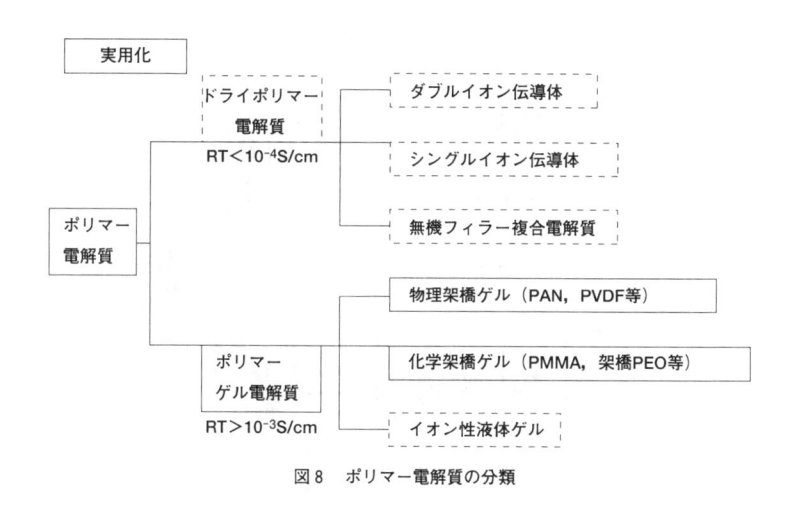

図8　ポリマー電解質の分類

一方、ポリマーゲル電解質は25℃，-20℃でのイオン伝導度が10^{-3}S/cm以上と電解液とほぼ同等になり、室温、低温での大電流駆動が達成された。このポリマーゲル電解質の出現により、前述したLiポリマー電池が実現した。ドライポリマー電解質の展開については、各報告に委ねることとし、本項では、ポリマーゲル電解質の現状と今後の展開について考察する。

ポリマーゲル電解質としては、ポリエチレンオキサイド（PEO）等の高誘電率ポリマー骨格をアクリレート基等で化学的に架橋した化学架橋ゲル[12]と、ポリフッ化ビニリデン（PVDF）[22]，ポリアクリロニトリル（PAN）[23]等の物理架橋ゲルに大別できる。

PVDF
$-(CH_2-CF_2)_n-$ $\xrightarrow{電解液}$ 物理架橋PVDFゲル

PEGアクリレート
$[CH_2=CR^1-CO-O-R^2-(CH_2-CR^3H-O-)_n]-_m$ $\xrightarrow{電解液}$ 化学架橋PEOゲル
（→還元）

化学架橋PEOゲル及び物理架橋PVDF系ゲルを用いたLiポリマー電池はともにすでに製品化されている[8]。化学架橋ゲル（熱硬化）と物理架橋ゲル（熱可塑）の各報告を参考に、我々が推定した電池作成方法を図9にスキーム化した。化学架橋ゲル（cured gel）の場合は、低粘性の熱硬化性オリゴマー／電解液組成物（prepolymer solution）をLiイオン電池の電解液と同様の方法で注入する方法をとることができ、製造コストアップにつながる雰囲気制御もLiイオン電池と同工程ですむ。但し、架橋前の熱硬化組成物の保存、経時変化対策はLiイオン電池よりもコストアップにつながる。一方、物理架橋ゲルの場合は、ポリマーの複合、電解液導入等、全く新しいプロセスを導入する必要がある。比較的工程初期から高吸湿性の電解液を取り扱う必要があり、雰

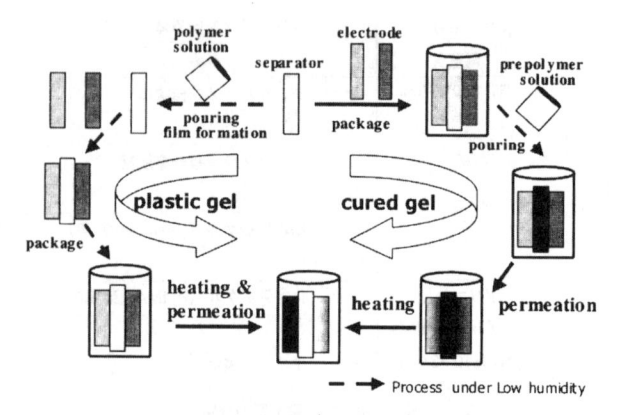

図9 物理架橋ゲル（plastic gel）と化学架橋ゲル（cured gel）を用いたLiポリマー電池の製造法の比較

第Ⅱ章 導電性高分子の応用の可能性

表2 物理架橋ゲルと化学架橋ゲルの特性比較

分類	Plastic gel (Physical gel)	Cured gel (Chemical gel)
Polymer	Polymer PVDF-HFP	PEO Acrylate oligomer
electrochemical/ thermal stability	◎>4.5V/Li	△~4.3V/Li
Viscosity	High ×	Low ○
Ionic conductivity	Low △	High ○
Solvent retention	Low △	High ○
Cell construction Process	Complicated △ (under low humidity)	same as LIB ○

LIB : Lithium ion battery

囲気制御の工程(低湿度工程)が長い点がコストアップにつながると考えられる。

表2では物理架橋ゲルと化学架橋ゲルの特徴を総合的に評価した。化学架橋ゲルは,低粘度等プロセス的に優れ,また,高イオン伝導度で,ゲルとしての液保持性にも優れるが,架橋PEO系ゲルでは,一般的にエーテル構造の耐熱性,耐電圧性に帰因した電気化学的安定性,熱安定性が,物理架橋ゲルに比べやや劣っている(ポリエーテルの酸化側安定電位は4.3V vs. Li/Li$^+$付近,フッ素系電解質塩存在下での耐熱温度は160℃程度)。中根らは架橋ポリアルキレンオキサイドの分子構造,ゲル電解質の組成比を適正化することにより,0~4.8V vs. Li/Li+で安定で,耐熱性の優れた化学架橋ゲルを開発し,Liポリマー電池の開発に成功している[12]。

現在,Liポリマー電池を高電圧化しエネルギー密度を向上させる取り組みや,HEV向け大型電池への展開が盛んになされているが,その上で,ポリマーゲル電解質の高負荷電流特性,電気化学安定性,高温耐久性の向上が必要になってくる。

ポリマーゲル電解質の各種特性をさらに向上する取り組みとして,我々はプロセスメリットの大きい化学架橋ゲルで,主構造をPEO骨格から他の安定な骨格へ変更する検討を行ってきた。その結果,ポリカーボネート(PC)構造を主骨格とする架橋ポリマーを用いて,高イオン伝導度で,電流負荷特性,電気化学安定性,耐熱性に優れた,熱硬化型化学架橋ゲル電解質を開発した[24]。プロピレンカーボネート,エチレンカーボネート等カーボネート溶媒は,現電解液の主溶媒であり,その高誘電率,電気化学的安定性には実績がある。

図10に,一例として2官能鎖状カーボネートオリゴマーの合成例を示す。現電解液溶媒のジメチルカーボネートやジエチルカーボネート構造が繰り返された構造となっている。我々はこのようなカーボネート溶媒と同様の構造を有する多官能カーボネートオリゴマーと電解液とを混合後,熱硬化させることにより,架橋PCをホストポリマーとした化学架橋PC系ゲル電解質を得た。

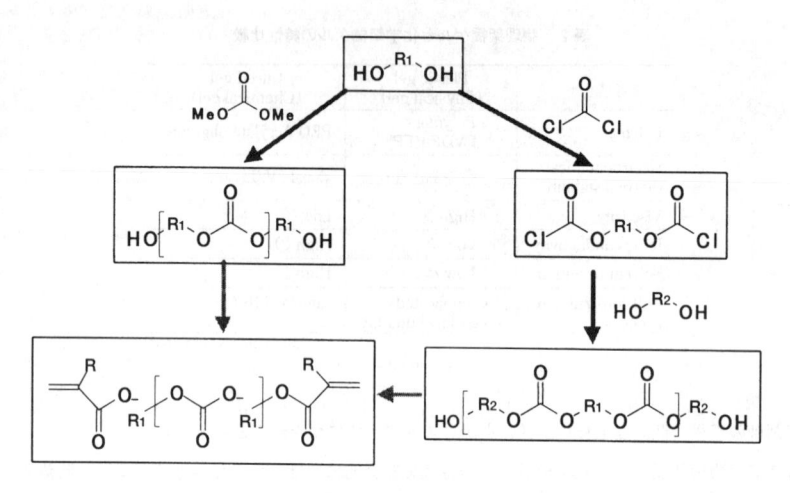

図10　2官能架橋カーボネートオリゴマーの合成例

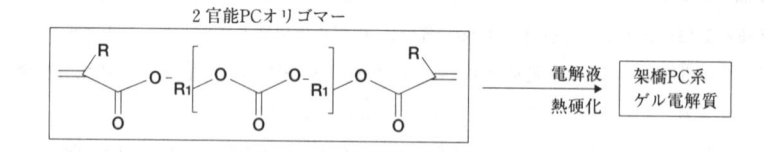

架橋PEO系ゲル電解質と比較した場合の架橋PC系ゲル電解質の特徴を以下に示す。
1）電気化学的耐酸化性に優れる（>4.5V vs. Li/Li+）
2）耐熱性，耐HF性に優れる（LiPF$_6$電解液混合系で安定，>170℃）
3）高誘電率で高イオン伝導度。
4）エーテル構造に比較し，Li$^+$カチオンとの相互作用が小さく，Li輸率が増加する。

　図11には，架橋PEO系ゲル電解質と架橋PC系ゲル電解質のイオン伝導度温度依存性を電解液と比較した。ポリマーと電解液の重量比は1：10，電解液は現在Liイオン電池で一般的に使われている1mol/LのLiPF$_6$を溶解したエチレンカーボネート（EC）とジエチルカーボネート（DEC）の重量比3：7の混合溶媒である。電解液が室温で7ms/cm以上のイオン伝導度を有するのに対して架橋PEOゲル電解質系は約1/2に低下するが，架橋PC系ゲル電解質は室温で約5ms/cmと2/3の低下にとどまっている。これは電解液溶媒と同じカーボネート構造で，電解液に対する相溶性が増したこと，エーテル構造よりもカーボネート構造が高誘電率である等の効果が現れていると推定される。

第Ⅱ章 導電性高分子の応用の可能性

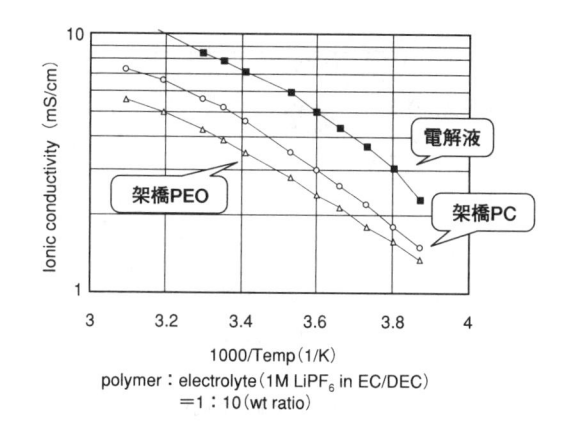

図11 各種化学架橋ゲル電解質と電解液のイオン伝導度温度依存性の比較

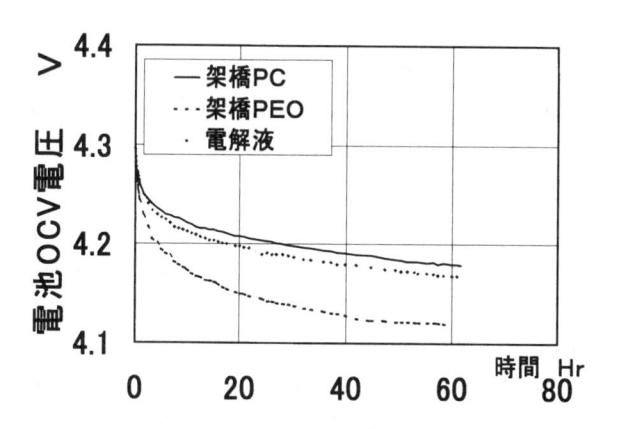

図12 各種電解質を用いたコイン型Liイオン電池の過充電試験後の60℃放置によるOCV電圧変化

　図12には，各種電解質を用いた2032コイン型Liイオン電池を4.3Vで過充電させた後の60℃でのOCV電圧の時間変化を示した。架橋PEO系の電圧低下が著しいのに対して架橋PC系は電解液よりも電圧低下率が小さい。これは，エーテル構造の耐酸化電位が4.3V vs. Li/Li^+付近であるのに対して，カーボネート構造は4.5V vs. Li/Li^+以上で安定であり，耐熱性も高いためである。さらに，架橋PCが電解液よりも安定である理由は液よりもゲル状の方が反応性が低いためと考えられる。
　化学架橋ゲル，物理架橋ゲルに限らず，イオン性液体ゲル[25]等，新しい系も勢力的に検討され

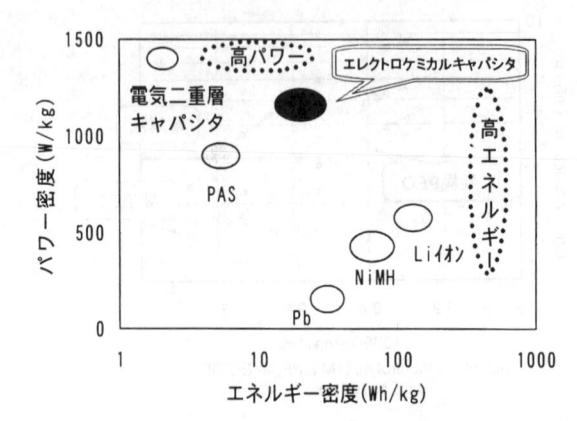

図13 各種エネルギーデバイスのエネルギー密度とパワー密度の関係

ており，ポリマーゲル電解質もまだ発展途上にある。今後さらなるポリマーゲル電解質の性能改善が行われることにより，Liポリマー電池がさらに発展していくことを期待している。

4.2.2 エレクトロケミカルキャパシタへの応用
(1) エレクトロケミカルキャパシタ

現在のエネルギーデバイスのニーズとしては高エネルギー（できるだけ長く使用可能）と高パワー（瞬時に大電流の出し入れが可能）及び安全／環境性である。図13に，現在実用化及び開発されている各種エネルギーデバイスのエネルギー密度（Wh/kg）とパワー密度（W/kg）の関係を示した。現在の高エネルギー密度化の主流は前述したように，Liイオン電池やLiポリマー電池である。各種モバイル機器の主電源として，小さく軽い形状で，できるだけ長く使用できる電池が求められており，次世代Liイオン電池のようなさらなる高エネルギー密度二次電池が精力的に開発されている。

一方，高パワー密度デバイスのこれまでの主流は電気二重層コンデンサ（EDLC）[26]やPASキャパシタであった。これらは，数秒単位の瞬時充放電や高耐久性でメンテナンスフリーのバックアップ電源等，主電源の電池では対応できない場合の対策として，補助的に用いられている。EDLCの構造を図14に示す。高比表面積の活性炭の表面に形成する電気二重層を利用したエネルギーデバイスであり，表面反応であるため高パワーで繰り返し寿命が基本的に無限で高耐久性という特徴を有している反面，図13に示すように，エネルギー密度はLiイオン電池の1/100程度とかなり小さく，使える用途は限られていた。

このEDLCのエネルギー密度を改善したものがPAS電池である。PASはベンゼン環が二次元的

第Ⅱ章 導電性高分子の応用の可能性

EDLC
(Electric
Double
Layer
Capacitor)

電極-電解液界面に生成する電気二重層を利用したエネルギー貯蔵デバイス

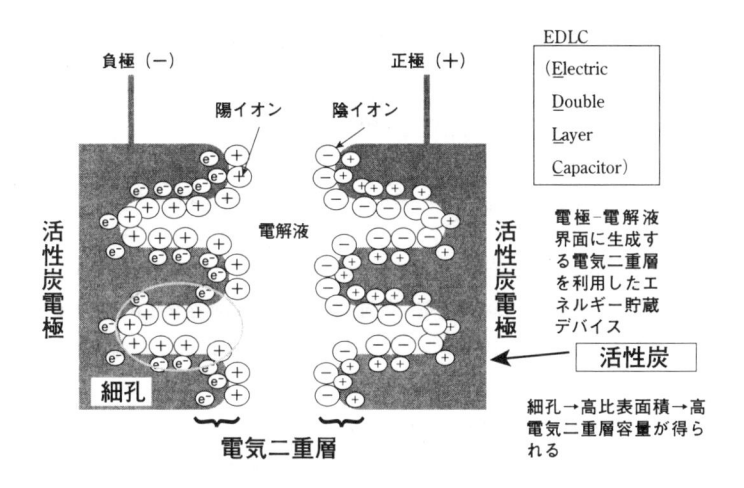

活性炭

細孔→高比表面積→高電気二重層容量が得られる

図14 電気二重層キャパシタ(EDLC)の構造

表3 高パワー密度／高エネルギー密度エレクトロケミカルキャパシタへの期待

用途	性能要求
(1) RFモジュール用オンボード電池 →電力供給分散化による省電力化(ブルーツース)	・低インピーダンス／長サイクル寿命 ・回収不要(環境性) ・適度なエネルギー密度
(2) モバイル機器二次電池との併用 →負荷変動吸収による二次電池駆動時間延長	・常温低温時高パルスでの低インピーダンス／低電圧降下 ・適度なエネルギー密度
(3) 太陽電池との組合せ →商用電源ライン敷設不能個所への対応(道路標識,道路鋲,PHS基地)	・大きな出力電圧電流変動への対応 ・メンテナンスフリー
(4) HEV用補助電源 →回生エネルギーの高効率化(ガソリン車,燃料電池車)	・低インピーダンス／高パワー ・長サイクル寿命(>10年) ・高エネルギー密度(>10Wh/kg) ・安全性／環境性
(5) 無停電電源(UPS) →PC,サーバーの瞬時停電時のバックアップ電源(Pb電池代替)	・メンテナンスフリー／高パワー ・安全性／環境性
(6) 1Wh/kg(EDLC)~100Wh/kg(二次電池)間の高パワー用途(潜在市場)	・高パワー／メンテナンスフリー…他

に発達した導電性高分子の一種であり，PAS電池の充放電反応はポリアセチレン電池と同様に，導電性高分子のP型ドーピング(正極へのアニオン挿入)，N型ドーピング(負極へのカチオン挿入)を利用している。高分子内部の電気化学的反応を伴うため，表面の電気二重層を利用したEDLCの数倍のエネルギー密度を達成できた。また，導電性高分子が多孔質であり，ドーピング

導電性高分子の最新応用技術

表4 エレクトロケミカルキャパシタの開発例

開発アイテム	材料
無機酸化物	RuO_2, IrO_2, $NixO$：水系電解液[27] MnO_2：有機系電解液[29]
導電性高分子	PAn[30], PPQ/PII[10]：水系電解液 PAS, ポリチオフェン[31]：非水系電解液
カーボン	活性炭／グラファイト[28]：非水系電解液

反応は電気化学反応としては高速で利用できる為、比較的高いパワーも実現できている。しかしながら、PAS電池は電解液がLiイオン電池と同様の低イオン伝導性有機系電解液であったり、ドーピングイオンが溶媒和したLiカチオン、フッ化物アニオンのように比較的大きいため、図13に示すように、パワー密度としてはまだ不十分である。

一方、キャパシタの高エネルギー密度化への要求は表3に示すようにさらに高まっている。このような要求を達成する手段として、PAS電池を発端に、電気化学反応を利用した高エネルギー密度で高パワー、高耐久性が達成できるエネルギーデバイスとして、図13の領域をカバーできるエレクトロケミカルキャパシタという新しいデバイスの開発が始まっている。

このようなエレクトロケミカルキャパシタへの取り組みは導電性高分子だけでなく、表4に示すように、古くからはRuO_2等の無機酸化物[27]の検討、最近では活性炭とグラファイトを組み合わせたキャパシタ／Liイオンハイブリッド[28]等、多岐に亘っている。

本項では、導電性高分子のエレクトロケミカルキャパシタの代表的な開発例として、プロトンポリマー電池について紹介する。

（2）プロトンポリマー電池

西山らは前項で述べたエネルギーデバイスの要求にそった高パワー二次電池として、プロトンを充放電のキャリアとし、プロトンドーピング可能な導電性高分子を電極材料としたプロトンポリマー電池[10]を開発した。プロトンポリマー電池の構成を図15に示す。電解液に硫酸を用い、正極にはプロトンP型ドーピング可能なポリイソインドール（PII）、負極にはプロトンN型ドーピング可能なポリフェニルキノキサリン（PPQ）を用いている。プロトンはイオン半径が小さい為、移動速度が速く、充放電時に電極の体積膨張等の形状変化が小さい。従って、プロトンをキャリアーとすることにより、前述したエレクトロケミカルキャパシタの要求に適した表5のような特性が実現されている。

ここで、プロトンP型ドーピング可能な導電性高分子としては、ポリアニリン、ポリピロール等のアミン系導電性高分子が知られており、その誘導体として、PIIが選択されたと考えられる。一方、N型ドーピングできる導電性高分子はポリピリジン[32]等限られており、PPQはプロトンで安定にN型ドーピングできる数少ない導電性高分子と思われ、PPQ負極を見出したことがプロト

第Ⅱ章　導電性高分子の応用の可能性

・プロトンがキャリアとして移動し，両極の酸化還元反応を利用

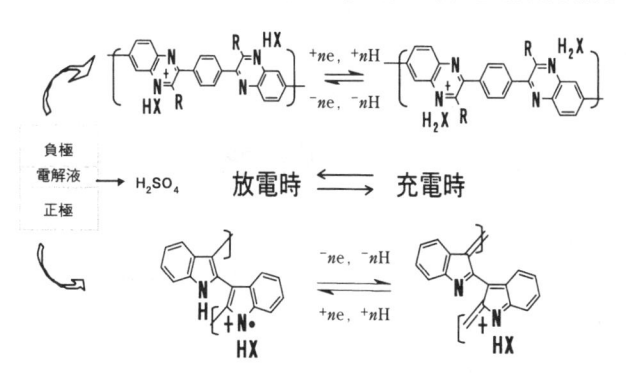

図15　プロトンポリマー電池の充放電反応

表5　プロトンポリマー電池の特徴

① Pb蓄電池並のエネルギー密度：20〜30Wh/kg
② 電気二重層キャパシタ並のパワー密度：10C〜100Cの大電流充放電
③ 事実上交換不要な約10万回のサイクル寿命：メンテナンスフリー
④ 安全性に優れ，充電回路不要。
⑤ 重金属を含まず，環境に優しい：回収不要。

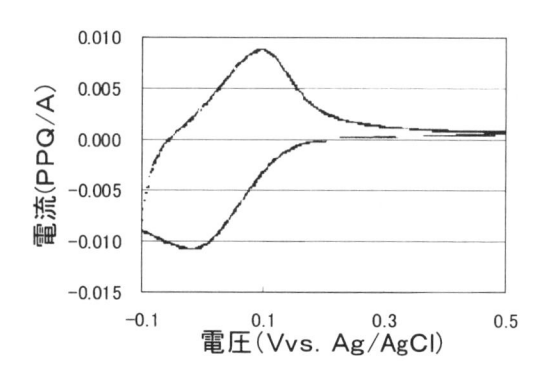

図16　PPQの硫酸中でのサイクリックボルタモグラム

ンポリマー電池実現のひとつのブレークスルーと言える。PPQの硫酸水溶液中でのサイクリックボルタモグラムを図16に示す。PPQは，0〜0.1V vs. Ag/AgClに可逆的なN型ドーピング反応

103

導電性高分子の最新応用技術

表6　PPQの導電性CBとの混合比較

	後混合法		重合被覆
	WET（ペースト）	DRY	
結着剤	PVDF	PTFE	無し
成型	塗工，乾燥，プレス	混合，プレス	プレス
複合化イメージ			
結果	成型困難	低導電性，低容量	高導電性，高容量

○ PPQ　● CB　― 結着剤

に伴う酸化還元反応を示し，数万サイクル後もほとんど劣化を示さない。重量容量密度は110mAh/gと現在Liイオン電池の正極に用いられているLiCoO$_2$正極の150mAh/gに匹敵する容量を有する。このPPQ負極と約1Vの起電力を有するPII正極とを組み合わせることにより，水系で約1Vの起電力を有するプロトンポリマー電池が実現できた。

プロトンポリマー電池のもうひとつの技術的ブレークスルーとして挙げられるのが，導電性カーボン表面へのPPQの重合被覆である。PPQ等導電性高分子は導電性といってもドーピング前はまだ半導体で，電池の電極として使用するには，カーボンブラック（CB）等の他の導電助剤との混合が必要である。そこで，表面積の大きいCB表面にPPQを重合被覆することにより，効率的な導電性付与が可能となり，充放電には不要なCB量を減らした。表6に通常の湿式，乾式成型法でのCBとの混合法と重合被覆品とを比較した。PPQを予め重合時に被覆することにより，成形工程の簡易化が図れると同時に，PPQの場合はバインダーも不要となり，結果として，高容量，高導電性の電極作製が可能となっている。このアプローチはプロトンポリマー電池だけでなく，他の電池系，材料にも有用な方法であると考えられる。

エレクトロケミカルキャパシタの代表例として，プロトンポリマー電池を紹介した。導電性高分子の持つP型，N型ドーピングのような多様な性質，多彩な材料設計／合成方法が結集した成果であるが，導電性高分子の可能性はさらに大きく，今後，さらなる性能向上，新材料の出現を期待したい。

4.3　おわりに

Liイオン電池や電気二重層キャパシタ，さらには燃料電池等のエネルギーデバイス分野の現在の主役は，金属酸化物，グラファイト，活性炭等の無機材料であり，導電性高分子のような有機材料はどちらかというと脇役に甘んじている。しかし，これまで述べてきたように，現材料系で

第Ⅱ章　導電性高分子の応用の可能性

のポテンシャルは限界にきており，それぞれのデバイスがさらに発展していくためには，新しい材料の出現が不可欠である。それらニーズに応えていく為に，今後注目されるべき代表的な導電性高分子材料をいくつか紹介した。高分子をはじめとする有機物は多様性という特徴に反して，実用化の際には，信頼性，安定性に劣るという課題がいつも出てくる。今後，導電性高分子という材料の発展だけでなく，我々の社会を豊かで便利にしてくれるエネルギーデバイスをさらに高性能化していくために，高機能で信頼性，安定性の優れた高分子材料の開発が必要と思われる。

文　献

1) a) H.Shirakawa, E. J. Louis, A. G. MacDiarmid, C. K. Chang, A. J. Heeger, *J. Chem. Soc.Chemm. Commun.*, 578 (1977)
   b) D. MacInnes, M. A. Druy, P. J. Nigrey, Jr., D. P. Nairns, A. G. MacDiarmid, A. J. Heeger, *J. Chem. Soc. Chemm. Commun.*, 317 (1981)
2) T. Nagaura, 4th Int. Rechargeable Battery Semminar, Deerfield Beach, Florida (1990)
3) R. Fong, U. V. Sacken and J. R. Dahn, *J. Electrochem. Soc.*, **137**, 2009 (1990)
4) a) K. Tanaka, T. Ohzeki, T. Yamabe, S. Yata, *Synth. Metals*, **11**, 61 (1985)
   b) S. Yata, Y. Hato, K. Sakurai, H. Satake and K. Mukai, *Synth. Metals*, **38**, 169 (1990)
5) H. Daifuku, T. Kawagoe and T. Matsunaga, *Denki Kagaku*, **57**, 557 (1989)
6) P. V. Wright, *Br. Polym. J.*, **7**, 319 (1975)
7) M. B. Armand, J. M. Chabano and M. J. Duclot, "Fast Ion Transport in Solids", p.131, North Holland, New York (1979)
8) a) 中溝, 山崎, 神野, 渡辺, 中根, 生川, SANYO TECHNICAL REVIEW, Vol.31, No. 2 (1999)
   b) S. Narukawa, I. Nakane, Abstract of 10th International Meeting on Lithium Batteries, No. 38 (2000)
   c) 明石, 他, 「ポリマーバッテリーの最新技術」, 小山　昇監修, シーエムシー, p114 (1998)
9) S. Wang, S. Yata, J. Nagano, Y. Okano, H. Kinoshita, H. Kikuta, Y. Yamabe, *J. Electrochem. Soc.*, **147** (7), 2498 (2000)
10) a) 西山, 原田, 金子, 紙透, 黒崎, 中川, NEC Technical Review, Vol.53, 10 (2000)
    b) 金子, 西山, 紙透, 信田, 三谷, NEC TOKIN Technical Review, Vol.29, 12 (2002)
11) a) M. Liu, S. J. Visco, L. C. De Jonghe, *J. Electrochem. Soc.*, **138**, 1891 (1991)
    b) M. Liu, S. J. Visco, L. C. De Jonghe, *J. Electrochem. Soc.*, **138**, 1896 (1991)
12) a) M. Kono, E. Hayashi, M. Watanabe, *J. Electrochem. Soc.*, **146**, 1626 (1999)
    b) M. Kono, E. Hayashi, M. Nishiura, M. Watanabe, *J. Electrochem. Soc.*, **147**, 2517 (2000)
13) Y. Nishi, *The Chemical Record*, **1**, 406 (2001)
14) W. Xing, A. M. Wilson, K. Eguchi, G. Zank and J. R. Dahn, *J. Electrochem. Soc.* **144**, 2410 (1997)

15) H. Uemachi, Y. Iwasa, T. Mitani, *Chem. Letters*, **946** (2000)
16) H. Uemachi, Y. Iwasa, T. Mitani, *Electrochimica. Acta*, **46**, 2305 (2001)
17) a) K. Naoi, K. Kawase, M. Mori, M. Komiyama, *J. Electrochem. Soc.*, **144**, L173 (1997)
    b) J. S. Cho, S. Sato, S. Takeoka, E. Tsuchida, *Macromolecules*, **34**, 2751 (2001)
18) 平田ら, 電気化学会第69回大会講演要旨集, p99 (2002)
19) a) P. M. Blonsky, D. F. Shriver, P. Austin and R. Allcock, *Solid State Ionics*, **18 & 19**, 258 (1986)
    b) R. Allcock, P. Austin, T. X. Neeman, J. T. Sisko, P. M. Blonsky, and D. F. Shriver, *Macromolecules*, **19**, 1508 (1986)
    c) A. Nishimoto, M. Watanabe, Y. Ikeda and S. Kojiya, *Electrochimica. Acta*, **43**, 1177 (1998)
20) G. C. Rawsky, T. Fujinami and D. F. Shriver, *Chem. Mater*, **6**, 2208 (1994)
21) F. Cupuano, F. Croce and B. Scrosati, *J. Electrochem. Soc.*, **138**, 1918 (1991)
22) a) G. Feuillade, Ph. Perche, *J. Appl. Electrochem.*, **5**, 63 (1975)
    b) J. M. Tarascon, A. S. Gozdz, C. Scmutz, F. Shokoohi and P. C. Warren, *Solid State Ionics*, **86-88**, 49 (1996)
23) a) M. Watanabe, M. Kanba, K. Nagaoka, I. Shinohara, *J. Apple. Polym.Sci.*, **27**, 4191 (1982)
    b) H. S. Choe, B. G. Carroll, D. M. Pasquariello, K.M.Abraham, *Chem.Mater.*, **9**, 369 (1997)
24) a) 武内, 内條ら, USP656251
    b) 内條, 時田, 大久保, 田中, 電気化学会第71回大会講演要旨集, 1I13, p99 (2004)
25) a) A. Noda, M. Watanabe, *Electrochimica. Acta*, **45**, 1265 (2000)
    b) T. Kaneko, A. Noda and M. Watanabe, *Polym. Prepr., Jpn.*, **49**, 754 (2000)
26) T. Morimoto, K. Hiratuka, K. Sanada, K. Kurihara, Y. Kimura, *Denki Kagaku*, **63**, 587 (1995)
27) B. E. Conway, V. Birss, J. Wojkowicz, *J. Power Source*, **66**, 1 (1997)
28) T. Morimoto, M. Tsushima and Y. Che, *Proc. Electrochem. Soc.*, **2202**-7, 146 (2002)
29) M. Hibino, H. Kawaoka, H. S. Zhou, I. Honma, *J. Power Source*, **124**, 143 (2003)
30) D. Belanger, X. Ren, J. Davey, F. Uribe, S. Gottesfeld, *J. Electrochem. Soc.*, **147**, 2923 (2000)
31) A. Rudge, J. Davey, I. Raistrick, S. Gottesfeld, *J. Power Source*, **47**, 89 (1994)
32) T. Yamamoto, T. Maruyama, Z. -h. Zhou, T. Ito, T. Fukuda, F. Begum, T. Ikeda, S. Sasaki, H. Takezoe, A. Fukuda and K. Kubota, *J. Am. Chem. Soc.*, **116**, 4832 (1994)

5 導電性高分子を対電極に用いた湿式太陽電池

倉本憲幸*

5.1 はじめに

　石油石炭などの燃料資源を持たない日本にとってエネルギー問題は重大な国策である。特に有限な石油石炭などの化石資源は再生できない資源であって，いずれは枯渇する運命にある再生不能なエネルギーである。現在太陽電池としては単結晶シリコンもしくはアモルファスシリコンによるpn固体接合による太陽電池が製作されている。しかしながらこれらのシリコン系の太陽電池は製作コストが高いため，得られる電力コストが高くなり結果的に発電コストが高いのが欠点である。ここで取り上げる湿式タイプの色素増感型太陽電池はシリコン系太陽電池に比べて安価に製作できるため，電力コストを大幅にコストを下げて低廉価とすることができることから広く一般に普及させることが可能である。太陽光による発電は自然エネルギーによるため，無公害でかつクリーンな自然に優しいエネルギーとして多くの利点を有している[1~3]。

　現在，光を電気に変換できる太陽電池として一般に普及して広く知られているのは，p型半導体とn型半導体を接触させてなる半導体接合型の太陽電池である。半導体原料となるシリコンは地表に多く存在しており，真性半導体シリコンを原料にして単結晶・多結晶の結晶系シリコン太陽電池や，1976年に開発され急速に研究が進められているアモルファスシリコン太陽電池は広く一般に使用されている。さらに中でも結晶系シリコン太陽電池は最初に発見された太陽電池で現在最も普及している。しかし，製造の際に必要とするエネルギーが多く，製造工程が複雑なため，そのコストが高くなってしまうという欠点がある。この欠点を補うものとして開発されたのが，アモルファスシリコン太陽電池である。製造エネルギーが少なくてすみ，製造工程が簡単で大量生産に向いている。また，結晶系に比べ使用する原料が圧倒的に少ないなど多くの利点を持ち，低コスト太陽電池として研究開発が盛んに行われている。しかしこのアモルファスシリコン太陽電池にも，製造コストの問題，素子の劣化等の不安定性，大電力発電には向かないといった問題点がある。この変換効率という点で期待されるのが，化合物半導体太陽電池である。ガリウム，インジウム，カドミウム，ヒ素，セレンなどを組み合わせた二元系，あるいは三元系の半導体を利用したもので，ガリウム—ヒ素系のようにその変換効率が24％にも達するものもある。しかし，その資源量が少なく，さらにそれらの原料自体が猛毒であるなどの問題点を抱えるため，未だ広く普及するには至っていない。その一方で，資源量が無限大に豊富で最も低コスト化が期待されるのが有機半導体系太陽電池である。しかし，まだ基礎研究の段階であり，現状では数％の変換効率しか得られていない。

---

*　Noriyuki Kuramoto　山形大学大学院　理工学研究科　生体センシング機能工学専攻　教授

太陽電池の発電の機構であるが，シリコンや化合物半導体の物理的な性質を利用した光物理反応と，光により生じる化学反応を利用した光化学反応に分けられる。光物理反応はおもに，半導体同士，半導体と金属などを接触させることにより生じたバンド構造の傾きを利用して電荷分離を行っており，p-n接合型，ショットキー接合，液接合などの種類がある。p-n接合型は一般的なシリコン太陽電池に使用されている。これに対して光化学反応は，金属錯体の電荷移動や光合成反応のような光励起における電子移動反応によるもので，有機系の太陽電池に利用されている。

5.2 色素増感型湿式太陽電池の誕生

ローザンヌにあるフランス語圏のスイス連邦工科大学の物理化学講座のMichael Gratzel教授は，長年にわたり本多—藤嶋効果と呼ばれる二酸化チタンの強い光酸化力に注目して，白金や酸化ルテニウムを担持した二酸化チタンを用いて水の光分解を研究テーマとして研究を行っていた。二酸化チタンのナノ粒子をアルコキシチタンや四塩化チタンの加水分解から作製して，極微粒子で比表面積の大きな二酸化チタンコロイドの作製を行っており，極微粒子を光反応中心として酸化ルテニウムを酸化側，白金を還元側に用いて酸化サイトと還元サイトを分離して，極微粒子を水中にコロイド分散させて，この光反応性微粒子を用いて水の光分解の試みを行っていた。

1991年にMichael Gratzel研究室での研究成果が*Nature*に掲載された[2]。光合成をモデルにした人工光合成として新規な太陽電池の発表であった。紫外領域にしか吸収を持たない二酸化チタンに光増感色素を吸着した電極を光に応答する電極として太陽光を電気に変換する形式で，ヨウ素の酸化還元液を挟み込んだ新しい発想の湿式タイプの太陽電池のアイデアであった。二酸化チタンによる水の光分解からの発想の転換から，太陽電池のアイデアが出てきたことは驚きであった。当時の日本では新聞各社がこれを取り上げて，二酸化チタンの市場が沸騰した。特に二酸化チタンのメーカーは，新しく太陽電池を研究テーマとするグループを立ちあげて研究を始めた。当時Gratzel教授が講演を行う際に，作製した湿式太陽電池をOHPランプにかざしながら，太陽電池ファンを回転しながらのデモンストレーションに魅惑された人も多かったと思われる。

このタイプの太陽電池は光合成をモデルとした太陽電池であり，人工光合成の試みの一つとされる。植物光合成では水分子から電子を引き抜く酸化反応がマンガン蛋白質を介して起こっている。水分子から引き抜かれた電子は光合成系に存在する反応中心クロロフィルに渡されて，増感色素であるクロロフィルやキサントフィルなどの光エネルギーを集める役目を持った色素からの光エネルギーを利用して，還元力の高い電子へと押し上げられる。反応中心クロロフィルの役目を二酸化チタンに置き換え，光集光クロロフィルの役目をルテニウム錯体に置き換えて光増感色素の役目を果たしているのが増感色素型太陽電池である。さらに光エネルギーによって高められた電子は対極側に回して，ヨウ素の酸化還元液と接触させて，電子のやりとりを可能にして光エ

第Ⅱ章 導電性高分子の応用の可能性

ネルギーを電気エネルギーに変換可能にしている。この酸化還元液を挟んだ構造である湿式タイプの太陽電池は発明者の名前をとってGratzel電池とも呼ばれており，二酸化チタンの非常に強力な光酸化力を生じる紫外領域に限られる光吸収変換領域を可視光までに広げた色素増感型の湿式太陽電池であって，Dye Sensitized Solar Cells (DSC) とも呼ばれている[4～15]。

5.3 導電性高分子ポリアニリンを対極にした湿式太陽電池

筆者自身は1990年にGratzel研究室に滞在しており，ポリアニリンの電解重合におけるアニオン性界面活性剤や高分子電解質の添加効果について研究を行っていた。当時隣の実験室でNatureの記事のファーストオーサーであるBrian O'Reganによって太陽電池の性能評価が行われており，湿式太陽電池の原型はできていた。研究の主体は導電性高分子ポリアニリンであったが，Gratzel研究室とのつながりもあって二酸化チタン湿式太陽電池の検討を始めた。当時導電性高分子と無機半導体を電解液を隔てて構成した太陽電池は我々の検討が始めてであって，それまでに検討されてなくて報告例はなかった。入手が容易かつ安価であるアニリンを用い，さらに合成が容易である電解重合によってポリアニリンを直接導電性ガラス上に作製し，もしくは化学酸化重合によって機能性アニオンをドーパントとして取り込んでポリアニリンを可溶とし，直接導電性ガラス上のキャストまたはスピンコーティングすることで，ポリアニリン薄膜を形成して対極として使用することを検討した。同じく二酸化チタンのコロイドを四塩化チタンまたはチタンアルコキシドより合成して，導電性ガラス上に薄膜を形成して作用極とした。これらの安価な半導体同士を組み合わせることでシリコン系太陽電池より極端に安価な単価で太陽電池を作製することを目的とした。作製した太陽電池の大幅な変換効率向上のため，酸化還元可逆性試薬を電解質に用いて高効率な太陽電池を作製し，また太陽電池の安定かつ継続的な長寿命な作製を図るために，用いるポリアニリンなどの導電性高分子のドーパントを選択することで検討した。

ポリアニリンと二酸化チタンの光起電力は二酸化チタンと電解液との界面における液接合によって生成する。ポリアニリンは光によって還元力を発生させることになるので，p型半導体として機能しており，光物理反応の接合型である。しかし，光照射によって起こる酸化還元反応によるものとすれば，光化学系であるとも言える。この両者は共に溶液との接合界面において光機能性を発揮するので，電解液と組み合わせて一つのセル（太陽電池の最も小さい構成単位；単独でも光電池として機能する）を構成することが可能であり，実際，二酸化チタンと対極，ポリアニリンと対極との組み合わせで液接合型太陽電池；湿式太陽電池を構成する数多くの報告がある。基本型の太陽電池は二酸化チタンと白金蒸着膜の組み合わせであり，湿式太陽電池とした場合の変換効率で12%，フィルファクターで0.72と，無機系の太陽電池に匹敵するものが得られている。その効率上昇に金属錯体を光増感剤として用い，二酸化チタン電極上に物理吸着させて使用して

いるので，先の分類からいえば液接合型と光化学型をうまく組み合わせたものである。
　そこで，この両者を一つのセルにうまく構成できればそれぞれの光機能性が加算されて，高い特性が得られるものと考え，二酸化チタンをアノード電極に，ポリアニリンをカソード電極とする湿式太陽電池の検討を行った。この両物質ともその原料はかなり安価であり，簡単に作製できるので，低コスト太陽電池への応用も期待できる。二酸化チタン／ポリアニリンによる湿式太陽電池を構成しその出力特性を測定して，その応用性について検討を行った。その検討内容は，二酸化チタンコロイドの種類，二酸化チタン電極の膜厚，ポリアニリン電極の膜厚，ポリアニリンのドーパントイオン，ポリアニリンの酸化還元状態，光増感剤の種類，光増感剤のコーティング方法の各項目について，太陽電池の出力特性に及ぼす影響を検討した。

5.4　ポリアニリンの応用と二酸化チタンの光触媒効果

　多くの導電性高分子の中でポリアニリンは最も実用化に近い位置にある導電性高分子である。ポリアニリンはポリマーバッテリーとして最初に二次電池の正極材料として実用化された歴史を持ち，また既に現在帯電防止材料や防錆塗料として実用化され市販されている導電性高分子である。実用化の上で重要なコストの点で安価であり，大量合成が容易であって空気安定性にも優れており，現在では加工性と導電性も良好となって，実用化にとって必要な条件を有している。ポリアニリンはポリチオフェンやポリピロールなどと異なり，プロトン付加によってその導電性が大きく変化する特異な性質を有している。その特異な電気化学特性と安定した導電性により，二次電池の正極材料，エレクトロクロミック材料，各種センサー材料，帯電防止塗料，電磁波シールド材料，光記録素子，人工筋肉材料，防錆塗料，エレクトロレオロジー流体用分散剤など電気・電子・機械の幅広い分野において応用が期待されている[16〜29]。
　一方で，二酸化チタンのn型半導体的性質である光照射によって生ずる酸化力は，最近注目されている光触媒反応を引き起こす。様々なことに応用が可能である。そのひとつの応用として太陽電池があるが，そのほかにも水中の有害物質を酸化分解して水の浄化作用に利用する例，空気中の悪臭成分を消臭する例など光触媒としての利用に期待が集まっている。
　この光触媒である二酸化チタンコロイドは，比較的簡単な手順でコロイドが合成できるチタニウムアルコレートのゾル―ゲル法（加水分解法）によって作製することができる。ゾル―ゲル法は，金属アルコキシドの加水分解によりゾル溶液を作製，その後加熱処理により脱水縮合してゲルを生成する方法である。また合成したコロイド粒子は，粒径が微細で比較的そろったものであるため，そのままの状態で高い光触媒機能を有することが知られている。さらにこのコロイド溶液は，微細粒子内及び粒子間の組成が均一であり，低温で焼結が起こるため，各種基板上にコーティングし加熱処理をして二酸化チタンの機能性薄膜の作製が可能であり，太陽電池電極の安価

第Ⅱ章　導電性高分子の応用の可能性

な作製法として期待される。
　二酸化チタンコロイドはそれ自身でも充分な光機能を有しており，水中の有機物浄化等の光触媒や様々な光酸化剤として活用できるが，このコロイドをさらに薄膜化することで更なる機能が見いだせることが数多く報告されている。数ある二酸化チタン薄膜の中でもコロイドから焼成した薄膜は，その内部構造が二酸化チタン粒子の集合体であるため光吸収効率が高く高活性であるとしている。ここで重要になってくることは，その焼成温度である。Gratzelらは，二酸化チタンはその焼成温度によって結晶構造が変化し，処理前のコロイド粒子は非晶質であるが，これを加熱処理していくと450度付近で高い光活性を示すアナタース型の占有率が最大になり，それ以上では光活性に乏しいルチル型が生成するとしている。また，その焼成時間は長すぎてもルチル型が生成してしまうとの報告もあるので，焼成温度並びに焼成時間の管理が重要になってくる。二酸化チタンコロイド溶液をガラス基盤に塗布し，450度で焼成して膜厚が$10\mu m$，内部表面積が2000もの二酸化チタン薄膜を作製している。ここでGratzelらは，コロイド溶液の基板塗布の際に接着性を高めるように粘性を増加させ，さらに薄膜での粒子の三次元構造による内部表面積の向上のために，コロイド溶液にポリエチレングリコールを添加している。焼成と同時にポリエチレングリコールは消失するが，二酸化チタンは導電性ガラス上の酸化スズ表面に固定され，同時にアナターゼ結晶状態となって光反応性が向上する。

5.5　ポリアニリンを対極にした湿式太陽電池の光電変換特性

　図1にこの太陽電池における電子の流れの概略を示した。光照射によって光増感剤は励起し電子を二酸化チタン電極側に放出する。励起状態の光増感剤は基底状態に戻る時，電解液中のI^-イオンから電子を奪う。その際，I^-イオンはI^{3-}イオンへと酸化反応をする。一方，対極のポリアニリン電極は光照射によって，光還元力を発生する。電極近傍に存在する電解液中のI^{3-}イオンはこのポリアニリンの光還元力によって酸化されて，元のI^-イオンへと戻る。ポリアニリンはこの反応によって酸化状態へと変化するが，外部回路を通じITO電極に流れてきた電子（二酸化チタン／光増感剤によって発生した電子）を受け取って還元状態へと戻る。この一連の反応が起こって電子の流れが生じ，太陽電池として機能する。
　作製した太陽電池は二酸化チタン電極の裏側から光を照射してその出力を得るという構成をしているため，二酸化チタン電極に求められる条件に透明性が挙げられる。Gratzelらは，二酸化チタンの表面の凸凹に光増感剤を吸着させる形態の太陽電池を報告している。この太陽電池の基本構造は二酸化チタンとその表面の光増感剤のみが光機能を有し，その対極は透明なITOガラスか白金の蒸着膜を使用している。従って，対極側から光を照射するためその二酸化チタンは完全に白色膜であり透明性は必要ではない。光の吸収という観点から見ると，二酸化チタン電極は白

111

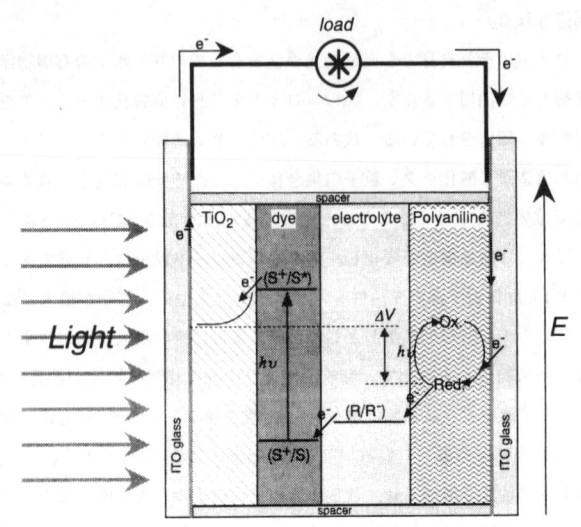

図1 ポリアニリンを対極にした湿式太陽電池の構成
ΔV:二酸化チタンとポリアニリンのフェルミレベルの差;
R/R^-:ヨウ素とヨウ素塩からなる酸化還元液;S:光増感剤;S*:励起された光増感剤;S^+:酸化状態の光増感剤

濁している方がその起電力は大きくなることは実験からも証明することができたが,そうすると検討した太陽電池の構成ではポリアニリン電極に充分光が当たらずポリアニリンの光機能性が利用できなくなる。そのため電流特性やフィルファクターは減少してしまうことになる。

従って,二酸化チタン電極は透明性を有していて,なおかつ高い光起電力を発生することが必要であると考えられる。従って,二酸化チタンコロイドをチタニウムアルコレートのゾル—ゲル法によって作製した。さらにこの二酸化チタンコロイドをディップコート法を使って各種基板上にコートし,高温加熱処理によって二酸化チタン薄膜を作製した。また,この薄膜の光機能性を光照射によって発生する光起電力を測定することで評価した。またコーティング溶液にはポリエチレングリコール（重合度20000）を二酸化チタンの40wt%を溶解した物を使用した。この方法で作製した二酸化チタン電極をポリアニリンを対極にしてヨウ素の酸化還元液を介して光起電力を測定した場合の,二酸化チタンの膜厚による起電力の違いを図2に示した。対極が硫酸アニオンをドーパントにしたポリアニリンであって,光増感剤としてトリス・ルテニウムビピリジル[Ru(bpy)$_3$]$^{2+}$でナフィオン膜に含浸させてコートした。V-3とV-4では短絡光電流I_{sc}と最大光起電圧V_{oc}と最適光電流I_{op}と最適光電圧V_{op}の値は二酸化チタンの膜圧に強く依存し,膜厚が1000nmと3000nmと3倍厚くなることによって,大幅に起電圧及び電流値が増加して最大起電力

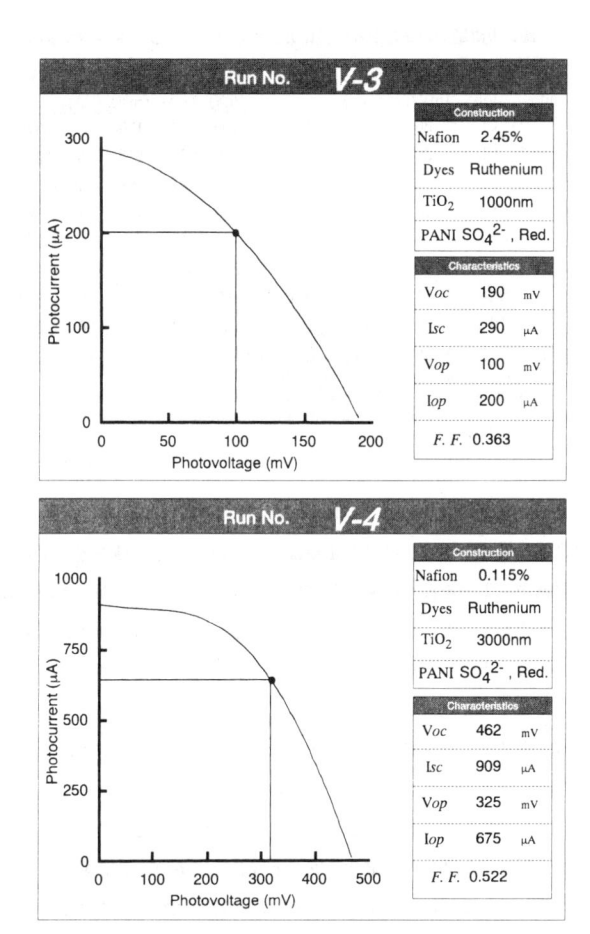

第Ⅱ章　導電性高分子の応用の可能性

Run No. V-3	
Construction	
Nafion	2.45%
Dyes	Ruthenium
TiO_2	1000nm
PANI SO_4^{2-}, Red.	
Characteristics	
V_{oc}	190 mV
I_{sc}	290 μA
V_{op}	100 mV
I_{op}	200 μA
F. F.	0.363

Run No. V-4	
Construction	
Nafion	0.115%
Dyes	Ruthenium
TiO_2	3000nm
PANI SO_4^{2-}, Red.	
Characteristics	
V_{oc}	462 mV
I_{sc}	909 μA
V_{op}	325 mV
I_{op}	675 μA
F. F.	0.522

図2　湿式太陽電池の光電変換特性に及ぼす二酸化チタンの膜厚依存性

を示すフィルファクターも0.363から0.522へと増加した。

一方のポリアニリン電極であるが，表1に示すようにドーパントイオンによる出力特性への影響は大きくは見られなかった。ドーパントイオンをCl^-からClO_4^-イオン，SO_4^{2-}イオン，BF_4^-イオンに変換して影響を検討した。また酸化状態と還元状態のポリアニリンで比較して実験を行い，同様に電解重合の速度と回数についても検討した。ドーパントイオンの影響性はその重合挙動に現れ，そのモルフォロジーや重合速度，基板への接着性などから硫酸イオンが良好な結果を与えた。またポリアニリン自体の酸化還元状態の違いでは，よく知られているように還元状態のポリ

表1 湿式太陽電池の光電変換特性に及ぼすポリアリニンのドーパントの影響

Run no.	Dopant Ion	Speed (mV/s)	Time (min)	Condition	V_{oc} (mV)	I_{sc} (μA)	V_{op} (mV)	I_{op} (μA)	F.F.
I-1[2]	Cl$^-$	20	20	Red.	190	63	100	45	0.379
I-2[2]	Cl$^-$	20	20	Ox.	252	72	120	35	0.231
I-3	Cl$^-$	50	60	Red.	190	509	108	333	0.373
I-4	ClO$_4^-$	50	60	Red.	136	145	88	84	0.370
I-5	ClO$_4^-$	50	60	Ox.	320	16	83	10	0.163
I-6	SO$_4^{2-}$	50	60	Red.	294	700	183	477	0.424
I-7	SO$_4^{2-}$	50	60	Ox.	385	21	155	10	0.192
I-8	BF$_4^-$	50	60	Red.	150	70	60	28	0.218

1) Electrolyte ; 0.5M Tetrapropylammonium iodide + 0.04M I$_2$ + 0.02M KI in a mixture of ethylene carbonate(80% by volume) with acetonitrile. All cell used TiO$_2$ (3000nm) and dyes(Ru-complex).
2) Electropolymerization in aqueous solusion contain PVSK 0.06M. Without dyes.

アニリンの方がその光電流は大きいことがわかった。

この湿式太陽電池の構成でポリアニリン電極は，電解液のイオン種を還元する役割を果たしており，つまり電解液中に電子を渡す役割をしているものと考えられるが，その挙動はポリアニリンの膜厚によって変化していた。ポリアニリン電極が薄い（重合時間が短い）場合の光電流と厚い（時間が長い）場合の光電流値を比較すると，電流値自体では薄い方が，フィルファクターでは厚い方が良好な結果であった。これは，ポリアニリン電極が還元状態・不導体になっていることに関係している。ポリアニリンに発生した光電流が流れるときに（実際はカソード電流なのでITO電極から電子が流れ込む）ポリアニリンが薄い方が抵抗が小さいため応答良く流れ込むことができ，ポリアニリン全体が瞬時にして還元状態へと変化することができる。しかし，厚いポリアニリンの場合は光照射した部分のみ酸化状態へと変化しており，ITO電極とは還元状態のポリアニリンによって離れている形になっている。そのため還元状態ポリアニリンの高い抵抗性により，酸化反応した部分まで電子が流れ込むのに時間がかかってしまう。そのため，光電流自体の値が低くなってしまうのではないかと考えられる。しかし，ポリマー自体の量は多いため酸化還元反応する絶対量は多く，発生可能な光電流は潜在的に多い。そのためレスポンスは低いがその効率，フィルファクターは大きくなるのであろう。つまりポリアニリンは一種の蓄電作用をしていると考えることができる。また，ポリアニリンはその層が厚いと吸収係数が高くなり光を良く吸収することもその原因と考えられる。

さらに，時間経過によって特性が減少することには，光増感剤の変化だけではなく，ポリアニリンの光分解も関係していると考えられる。電解液中のヨウ素イオンの酸化力はとても強く，光還元反応したポリアニリンを酸化分解している可能性もある。実際，ヨウ素イオンをドーパント

第Ⅱ章 導電性高分子の応用の可能性

としたポリアニリンの光電流はポリアニリンフィルムが分解してしまい，測定できなかった。このポリアニリンの分解を抑えるために，ヨウ素イオン以外の酸化還元種による電解液で同様の太陽電池特性の測定を行ってみたが，その特性はかなり小さく，電池として機能するには至らなかった。

5.6 将来の展望

今回試作した太陽電池の特性には光増感剤がかなり大きく影響することが確認された。電流値を上昇させるには増感剤としてありふれた色素エオシンYを用いた系の方が良く，時間安定性を上昇させるにはルテニウム錯体を展開してナフィオン上への物理吸着法が良好な結果を示した。しかし，ナフィオン自体に抵抗があるため，あまり厚い展開膜にすると発生した光電流が流れにくくなってしまうという欠点がある。二酸化チタン電極表面に直接光増感剤を吸着・固定することによりその効率は上昇することが期待できる。この点は実用化に向けてさらなる検討を要すると思われる。

特に良好な結果を得たものは，電流値については色素エオシンYを使用して短絡電流：$6900\mu A$，動作電流：$5000\mu A$を得た。また，フィルファクターについては，F.F.：0.654と結晶系シリコン太陽電池に匹敵するほど高い価であった。

以上，ポリアニリンを使用した湿式太陽電池の実用化に向けた各条件について検討してきた。その特性値だけを見ると充分実用化可能であると考えられる。しかし，ポリアニリンの光分解の問題，光増感剤の安定性，コーティング方法等など数々の問題点が存在しており，実用化には更なる検討が必要である。最近柳田らは導電性高分子としてポリエチレンジオキシチオフェン（PEDOT）を二酸化チタン電極の対極に用いて白金と同様な光電変換特性を示すことを見いだしており，ドーパントイオン種の違いによって光電変換特性が大きく異なることを報告している[30]。このような導電性高分子を対極に用いて湿式太陽電池を構成することによって，現在市販されている太陽電池に比較して製作に要するコストはかなり安価となり，製造過程も簡単であって将来的には有望な太陽電池になりうると期待される。

文　　献

1) 坪村宏，「光電気化学とエネルギー変換」(1980)
2) B. O'Regan ,M. Gratzel, *Nature*, **353**, 737-739 (1991)
3) 増田祐一，「ポリアニリンの光機能とその応用」，修士論文 (1995)

4) L. Kavan, T. Stoto, M. Gratzel, D. Fitzmaurice, V. Shklover, *J. Phys. Chem.*, **97**, 9493-9498 (1993)
5) L. Kavan, B. O'Regan, A. Kay, M. Gratzel, *J. of Electroanal. Chem.*, **346**, 291-307 (1993)
6) A. Kay, R. Humphry-Baker, M. Gratzel, *J. Phys. Chem.*, **98**, 952-959 (1994)
7) M. Gratzel, *Coordination chemistry reviews.*, **111**, 167-174 (1991)
8) M. N. Nazeeruddin, A. Kay, I. Rodichio, *J. Am. Chem. Soc.*, **115**, 6382-6390 (1993)
9) N. M. Gupta, V. S. Kamble, V. B. Kartha, R. M. Iyer, K. R. Thampi, M.Gratzel, *J. Catalysis*, **146**, 173-184 (1994)
10) J. Moser ,M. Gratzel, *J.Am.Chem.Soc.*, **106**, 6557-6564 (1984)
11) N. Vlachopoulos, P. Liska, J. Augustynski, M. Gratzel, *J. Am. Chem. Soc.*, **110**, 1216-1220 (1988)
12) L. Kavan, M. Gratzel, *Electrochimica Acta*, **34**, 1327-1334 (1989)
13) R. Amadelli, R. Argazzi, C. A. Bignozzi, F. Scandola, *J. Am. Chem. Soc.*, **112**, 7099-7103 (1990)
14) L. Kavan, M. Gratzel, *Electrochimica Acta*, **34**, 1327-1334 (1989)
15) M.Gratzel, *Comments on modern chemistry. Part A, Comments on inorganicchemistry.*, **12**, 93-111 (1991)
16) B. K. Annis, J. S. Lin, E. M. Scherr, A. G. MacDiarmid, *Macromolecules*, **25**, 429-433 (1992)
17) Y. Cao, P. Smith, A. J.Heeger, *Synthetic Metals*, **48**, 91-97 (1992)
18) G. Gustafsson, Y. Cao, G. M. Treacy, F. Klavette, N.Colaneri,and A. J. Heeger, *Nature*, **357**, 477 (1992)
19) N. Kuramoto, J.C. Michaelson, A. J. McEvoy, and M. Gratzel, *J. Chem. Soc. Chem. Commun*, **1990**, 1478 (1990)
20) N. Kuramoto, and E. M. Genies, *Synthetic Metals*, **68**, 191 (1994)
21) 技術情報協会（共著）、「目的を達成するためのゾル-ゲル法における構造制御ノウハウ集」、倉本憲幸、第2部33節、「ゾルゲル製膜で導電性無機有機複合膜を作成し高い導電性を出すには」、pp214-219 (2003)
22) T. Hori, N. Kuramoto, H. Tagaya, M. Karasu, J. Kadokawa, and K. Chiba, *J. Mater. Res*, **14**, 5-7 (1999)
23) 倉本憲幸、多賀谷英幸、「ポリアニリン複合体の導電率向上技術」、特願平9-56728
24) 倉本憲幸、工業材料、47巻、11月号、pp57-61 (1999)、[複合化によるポリアニリンの導電性向上技術]
25) 倉本憲幸、「導電性高分子ポリアニリンの基礎と応用」、色材協会誌、**76** (9), pp. 352-359 (2003)
26) 倉本憲幸、「導電性高分子ポリアニリンの機能化」、未来材料、**3** (10), pp. 35-41 (2003)
27) 技術情報協会（共著）、「導電性高分子材料の開発と応用」、監修・東京工業大学教授・山本隆一、倉本憲幸、8章第12節、「導電性フィルム」、pp175-178 (2001)
28) 工業調査会（単著）、「はじめての導電性高分子」、倉本憲幸、2002年
29) 倉本憲幸、「太陽電池」、特願平6-17452
30) Y. Saito, T. Kitamura, Y. Wada and S. Yanagida, *Chem. Lett.*, **2002**, 1060 (2002)

6 有機半導体

谷口彬雄*

6.1 20世紀の有機半導体概念の芽生え
6.1.1 有機半導体材料をめぐる社会的背景

19世紀の終盤から20世紀の初頭にかけて石炭産業を産業の米とした産業発展の時代を迎え,化学が学問として本格的な成長を遂げる基盤ができた[1]。有機化合物では主として染料などの分野で大きく進展をして来た。

その後,石炭産業に代わり,石油産業が産業の米として発展する中,有機材料はポリエチレンに代表されるプラスチック,ナイロンに代表される繊維などの構造材料として大きく成長してきた。その過程で,材料としての膨大な市場が形成され,それを支える有機化合物に関する研究の基礎が切り拓かれたのである。この時期の産業的社会的必要性を背景として,有機合成技術などの有機化学の基礎的学問が飛躍的な発展を遂げた。また,プラスチック産業の発展を原動力に,高分子化学が学問として登場し,基礎的学問としてもしっかりと根をおろした。この時代の蓄積があったからこそ,有機化合物の持つ多様な物性の研究が全面的に開花するに至っている。

その後,シリコンを中心とした半導体技術が開発され,エレクトロニクス関連産業の進出が始まった。エレクトロニクス関連産業の爆発的な発展の中で,有機材料への新たな期待が拡がってきた。有機化合物のもつ機能,特徴を巧みに活かし,少量ではあるが付加価値の高い材料,いわゆるファインケミカルへの期待である。有機材料は,構造材料としてだけでなく,アクティブに作用する機能材料として登場し始めた。コピー機の根幹となっているOPC (Organic Photo Conductor) 材料,表示材料としての液晶,最近では有機LED材料など[2],有機化合物の材料としての期待は各種産業分野にますます拡大することになる。

カーボンを骨格とする有機材料,プラスチック材料は,初期の「構造材料」,「補助材料」から「基幹材料」として大きな飛躍を始めている。

6.1.2 有機半導体概念の芽生え

これらの社会的背景の中,「有機半導体」の概念が着実に芽吹き始めていた。

20世紀の初頭からアントラセンなどの芳香族化合物の電気的な性質の測定が行われている。光電効果の測定である。これらの研究が1963年,アントラセン単結晶のキャリアー注入型電界発光の発見をもたらし,現在の有機LED素子へと繋がっている。

本格的な「有機半導体」をめぐる研究は1950年頃より日本で開始され始めた。「有機結晶の中を電気が流れる」として,多くの多環芳香族化合物の電気伝導性が系統的に調べられた。東京大

---

* Yoshio Taniguchi 信州大学 繊維学部 機能高分子学科 教授

学理学部赤松秀雄研究室での井口洋夫先生の研究である。

炭素の黒鉛化に伴う電気的な物性の研究から芳香族化合物結晶の電気物性への研究の発展が端緒であった[3]。これらの研究の中で,現在の有機超伝導体のきっかけとなるビオラントレンなど,多くの材料の基礎物性が研究されてきた。

1964年には「有機半導体」の単行本[4]が発刊されるに至っている。

6.1.3 有機半導体材料の実用化

有機化合物の電気物性研究の中で,「光の照射で電気伝導が向上する」という発見がなされた。「光を有機化合物に照射すると電子が発生し,移動する」いわゆるOPC材料の実現である。この原理を利用したものが,オフィスなどで広く利用されている複写機である。現在の97%以上の複写機にはこのOPCが使われている。

このOPCの成功を基礎に,有機LED(Light Emitting Diode)が大きく発展し始めている。これは,有機半導体薄膜に,大きな電場により,電子とホールを注入し発光させるものである。

これらの有機半導体実用化の過程で,①有機半導体層と電極との関係,②有機半導体層での電子伝導の様子などの解明が学問的に大きく進展してきた。20世紀の研究により,有機半導体の物性がかなり解明されてきたと言える。

6.2 21世紀のカーボンテクノロジーへの飛躍

20世紀のシリコンテクノロジーから21世紀のカーボンテクノロジーへ。20世紀のシリコンに代わり21世紀にはカーボンが重要な役割を果たしてくるだろう。カーボンを骨格とする有機材料,プラスチック材料は,初期の「構造材料」,「補助材料」から「基幹材料」として大きな飛躍を始めている。

20世紀後半に,有機材料は,構造材料としてだけでなく,アクティブに作用する機能材料として登場し始めた。これらを背景とし,有機化合物の材料としての期待は各種産業分野にますます拡大することになる。20世紀における有機半導体物性解明の進展,実用的にも良好な多くの材料の開発をベースとして,有機半導体の研究開発分野は全面的に開花するであろう。

6.3 分子の個性から組み上げる半導体

有機半導体は,いわば分子の個性から組み上げる半導体である。シリコン結晶での物性は,バンド構造などで示され,原子集合体全体に拡がっている。機能素子を形成する場合,この拡がった物性を閉じ込める必要がある。結晶は微細加工され,拡がった電子が閉じ込められる。これにより超LSIとしての機能素子が形成される。図1にその様子を示す[5]。

カーボンを骨格とする有機分子の場合は様相が異なる。有機分子は本質的に分子内で閉じた物

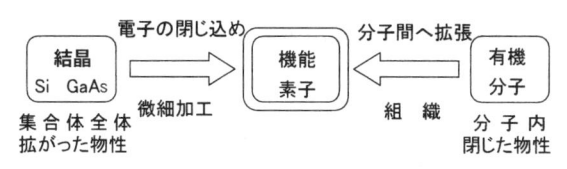

第Ⅱ章 導電性高分子の応用の可能性

図1 機能素子へのアプローチ[3]

性を持っている。その分子の性質は，シリコン結晶とは逆に分子間に拡げられ，組織化される必要がある。分子が組織化される過程が分子配列組立技術である。分子自身の物性の工夫と共に，この組織化により，新しい機能が実現される。分子自身の有する自己組織化機能などを有効に利用する，新たな半導体が期待されている[5]。

6.4 有機半導体の多様性を活かそう

カーボンを骨格とする有機化合物は極めて多様である。種類はほとんど無限に存在し，微妙な結合状態の差異が特性の劇的な変化につながる。カーボン材料では，炭素原子の結合電子状態の差により，グラファイト，ダイヤモンド，フラーレンなど全く異なる物性を示すようになる。有機化合物の微妙な構造の差異が化合物全体の性質に決定的な影響を与える。材料の多様性は，求める機能への工夫のしどころのあることを示している。

有機化合物は炭素の骨格をベースにし，膨大な種類が自然界に存在する。人工的にも新規化合物が合成されてきた。有機化合物の持つ電気的物性，光学的物性などの多様な特性も解明されつつある。

また，シミュレーション技術の発展も，有機化合物の物性予測に大きく貢献している。これまでは，実験してみなければ解らなかった物性が，コンピューターによる計算によりある程度の予

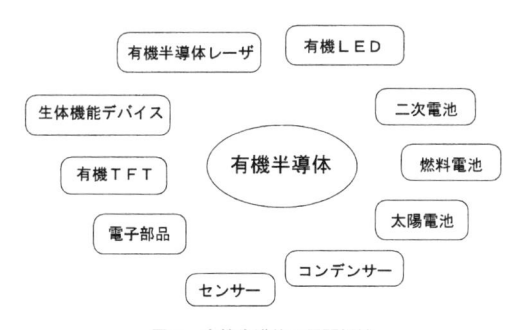

図2 有機半導体の展開領域

測が可能となってきた。

　図2に示すように，有機半導体は，既存の分野から新たな応用分野まで広範囲な領域に展開されている。既存の領域においても，新たな視点で有機半導体材料を材料として見直す時期に直面していると思われる。

　有機半導体は21世紀に広範囲な分野で花開くことになるであろう。

文　　献

　本章は文献1）の内容を出版社の了解の下，加筆訂正したものである。
1) 谷口彬雄, 1900年代の有機エレクトロニクス材料の概括, 有機エレクトロニクス材料研究会, 二千年紀の有機エレクトロニクス材料の方向性を探る, 1-7, ぶんしん出版（2000）
2) 谷口彬雄主編著, 有機エレクトロニクス材料, サイエンスフォーラム（1986）
3) 井口洋夫教授, 還暦記念講演録（1987）; The TRC News, No. 84, 112（2003）
4) 井口洋夫著, 有機半導体, 槇書店（1964）
5) 谷口彬雄, 分子配列組立技術, 高分子, **34**, 300（1985）

（編集部注：本論文は，谷口彬雄監修，有機半導体の応用展開，シーエムシー出版（2003）の序章「なぜ今有機半導体なのか」に若干手を加えて転載したものである。）

7 熱電変換機能

大野尚典[*1], 厳 虎[*2], 戸嶋直樹[*3]

7.1 はじめに

熱電変換材料とは，熱エネルギーを電気エネルギーに直接変換できる材料のことであり，古い歴史がある。1822年にThomas Seebeckがゼーベック効果を，また1834年にJean Peltierがペルチェ効果を発見して[1]以来，熱電変換現象は，温度測定のための熱電対や半導体レーザの電子冷却以外にはそれほど応用されていなかった。

では，なぜ今，熱電材料の研究が必要なのか。その背景には，まずエネルギー資源と地球環境保全の問題が挙げられる。現在世界のエネルギー消費のうち，化石燃料が90％を占めており[2]，21世紀には化石燃料資源のうちもっとも大量に消費されている石油資源が枯渇するのではないかという心配も出てきている。このため，エネルギーの有効利用は地球レベルでの最重要課題となっている。しかし，現在中小規模ごみ焼却炉や産業炉などからの排熱のような，比較的低温で不連続の低品位熱エネルギーは，ほとんど利用されずに捨てられている。旧科学技術庁航空宇宙技術研究所の調査によると，全国のごみ焼却炉から出る排熱のうち約7割はそのまま捨てられているという。また，液化天然ガスを気化させる際に生じる低温の熱エネルギーもほとんど利用されていない。一方，化石燃料の消費によりCO_2が大量放出され，CO_2によるとされる地球温暖化現象も大きな問題になっている[3]。このような背景のもと，熱電発電技術を用いると，これまで未利用で捨てられていた低品位熱を利用して電力を取り出すことができるので，限られたエネルギー資源をより有効に利用でき，またCO_2を発生しない熱電発電により全体のエネルギー変換効率を向上させることができるので，単位エネルギー変換当たりのCO_2放出量を低減させることができると期待されている。

一方，次世代の冷却方式としてペルチェ効果による熱電変換も注目されている。熱電変換方式，すなわち電子冷却は可動部がなく，信頼性が高く，小型化が可能といった特徴をもっているので，現在ますます小型化が進んでいる半導体チップの冷却に有効であると考えられている[4,5]。また，ペルチェ効果によるコンプレッサーを必要としない冷蔵庫は，冷媒による環境汚染の問題もなく，音の静かな冷蔵庫としての需要が期待される。

熱電変換機能をもつ材料については，これまで実用化に向けていくつかの優れた材料が開発されているが，それらはいずれも無機材料である。しかし，安価に大量の材料が作れ，加工性も良

[*1] Naonori Ohno　山口東京理科大学　基礎工学部　講師
[*2] Hu Yan　北海道大学　電子科学研究所　ポストドクトラル研究員
[*3] Naoki Toshima　山口東京理科大学　基礎工学部　物質・環境工学科　教授

い無機熱電材料は，まだ報告されていない。一方，有機高分子材料は，一般に原材料が豊富であり，成形加工が容易であり，塗布などの簡単な操作により大面積の膜を安価に作ることができるという利点がある。このような特徴を持つ有機高分子を熱電変換材料として用いるためには，有機高分子が電子的キャリヤーを持つことが必要条件であり，導電性高分子はこの条件を満たしている。しかし，これまでに導電性高分子を熱電変換材料として着目し，研究した例はほとんど報告されていない[6]。

ここでは，筆者等の最近の研究[7～17]を中心に，芳香族系導電性高分子，特にポリアニリン膜の熱電特性についての検討結果を紹介したい。

7.2 導電性ポリアニリン膜の熱電特性

7.2.1 測定装置と熱電変換性能の評価

導電性高分子の熱電特性を測定する装置の概略図を図1に示す。測定の原理は，無機熱電材料の場合と基本的に同じである。図の装置を，室温より高温域の測定では電気炉の中に置き，室温より低温域の測定ではクライオスタットの中に置いて，温度を変化させながら各温度での導電率とゼーベック係数を，測定により求める。一方，これとは別に，熱伝導率測定装置により，試料の熱伝導率を求め，これらの値を用いて，下記の式により熱電変換性能を評価する。

$$ZT = (S^2 \sigma / \kappa) T \qquad (1)$$

$$\mathrm{TPF} = S^2 \sigma \qquad (2)$$

ここで，S：ゼーベック係数 (VK^{-1})　　σ：導電率 ($10^{-2} Scm^{-1}$)

κ：熱伝導率 ($Wm^{-1}K^{-1}$)　　T：絶対温度 (K)

式（1）によって定義された無次元熱電性能指数 ZT が高いほど高い熱電変換効率が得られる

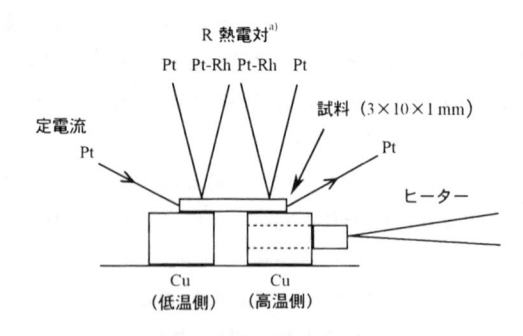

図1　試料取付け部分の概略図
(a) R熱電対は室温より高温域の測定に用いる熱電対である。

第Ⅱ章 導電性高分子の応用の可能性

材料である。ZTの他に,物理的内部因子TPF(式(2))もよく熱電変換効率を評価するのに使われているが,試料によって熱伝導率にほとんど差がない場合,TPFが大きいほど性能の良い熱電変換材料になる。

7.2.2 ポリアニリン多層膜の熱電特性

導電性高分子の中でも特にポリアニリンは,電気特性のほかに耐熱性や加工性にも優れており,安価に大量合成も可能なので,有機熱電材料として期待が持てる。そこで,種々のプロトン酸でドープしたポリアニリン膜の熱電性能指数ZTを求めたところ,その値は$10^{-4} \sim 10^{-5}$と低かった。しかし,図2に見られるように,ポリアニリン膜の熱電特性は電気移動度の増加に伴って大きくなる傾向がみられた。

無機材料では,多層構造を作ると量子効果により熱電変換効率が向上することが,理論的にも実験的にも報告されている[18]。そこで筆者らは,カンファースルホン酸(CSA)ドープの単層膜および多層膜を作製して,その熱電特性を比較した。多層膜は,導電性ポリアニリン溶液と絶縁性ポリアニリン溶液を交互にシリコンウェーハ上にキャストすることにより作製した。一方,単層膜は導電性ポリアニリン溶液のみをキャストして作製した。

導電率は,単層膜と多層膜のどちらも200 S cm^{-1}に近い高い値を持ち,よい導電性を示すが,測定温度の上昇に伴い低くなり,その温度依存性は金属的である。多層膜は,全体のほぼ半分近くの量の絶縁層を挟んでいるにもかかわらず,単層膜に比べほとんど導電率の低減は見られない。

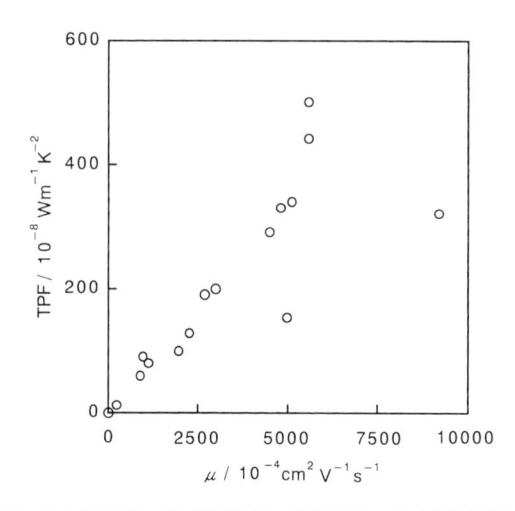

図2 種々のポリアニリン膜の物理的内部因子(TPF)と電気移動度(μ)の関係
(文献16より許可を得て掲載)

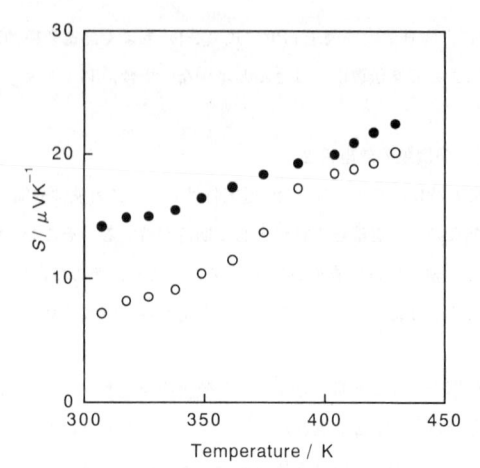

図3 CSAドープポリアニリンの単層膜（○）と多層膜（●）の
ゼーベック係数（S）の温度依存性（文献7より許可を得て掲載）

これは，多層膜化によって導電層の電気移動度が増した結果と考えられる。

この単層膜と多層膜のゼーベック係数の温度依存性を図3に示す[7]。測定した温度範囲で，多層膜のゼーベック係数は単層膜に比べ高く，室温付近では2倍も高くなっている。導電率があまり低下していないことから，キャリヤー濃度の低下によるゼーベック係数の増大とは考えにくい。無機熱電材料では，薄膜を積層した場合に量子井戸効果によるゼーベック係数の増大が理論的に解明されている。しかし，この高分子多層膜の場合には，各層の平均厚みが27μmであることを考えると，量子井戸効果によるものと解釈するのも困難であり，どのような効果によるものかは，まだ明らかになっていない。

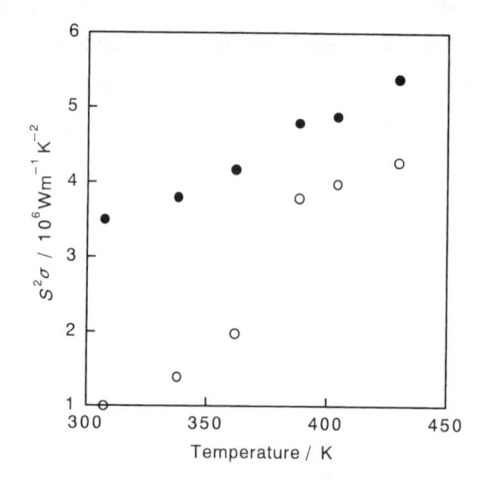

図4 CSAドープポリアニリンの単層膜（○）と多層膜
（●）の物理的内部因子（TPF）の温度依存性
（文献7より許可を得て掲載）

ポリアニリン単層膜と多層膜について，物理的内部因子TPFを比較すると（図4），室温では，多層膜の方が単層膜に比べ，3倍以上も高い値を示す[7]。これを熱電性能指数ZTにすると，室

第Ⅱ章　導電性高分子の応用の可能性

温で多層膜のZTは6.4×10^{-3}になり，多層膜化により室温でのZTは，単層膜に比べ6倍の向上が見られた。少し高温では10^{-2}にも達している。無機熱電材料の中には，Bi_2Te_3のように室温でZTが1に近い熱電材料もあるが，コストと原料資源の両面から有効な汎用熱電材料として検討されているものに$FeSi_2$がある[19]。この$FeSi_2$のZTが約10^{-2}であることを考えると，ポリアニリン多層膜のZT値は，有機熱電材料として検討に値するに十分な値であると思われる。

7.2.3　ポリアニリン延伸膜の熱電特性

7.2.5で後述のように，有機材料では，導電率が向上しても熱伝導率は変化しない傾向にある。そこで，導電率の向上を図れば，熱電性能指数ZTを向上させることができる。導電性高分子では，導電率の向上のために延伸という方法がしばしばとられる。

カンファースルホン酸（CAS）でドープした高導電性ポリアニリン膜を延伸し，延伸方向に平行な方向とそれに垂直な方向について，導電率を測定し，物理的内部因子TPFと熱電性能指数ZTを求めた（図5）[13,14]。明らかに延伸すると導電率は向上し，TPFもZTも向上する。延伸方向ではZTは，10^{-2}近くまで向上している。

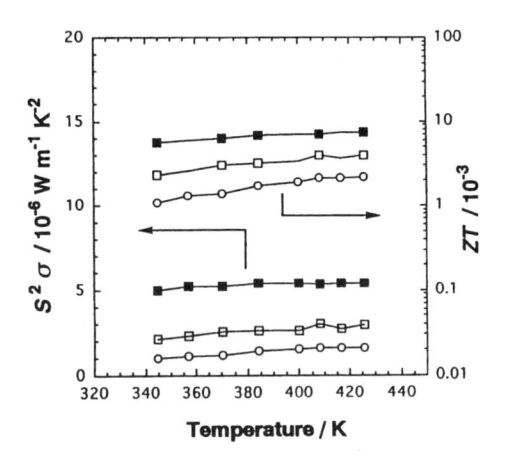

図5　CSAドープポリアニリンの未延伸膜（○）と延伸膜の延伸方向に垂直な方向（□）および平行な方向（■）の物理的内部因子（TPF）と熱電性能指数（ZT）の温度依存性　（文献14より許可を得て掲載）

また，延伸率が大きくなるほど電気移動度が向上した[11]。このポリアニリン延伸膜を，X線回折装置（XRD）で調べると，延伸率が大きくなるほど結晶化が進んでいることが分った。可視-近赤外吸収スペクトル（Vis-NIR）測定でも，延伸すると膜のポリアニリン分子が，より伸びたコイル状のコンホメーションをとることが分った。要するに，延伸によるポリアニリン膜の熱電特性の向上は，より伸びたポリアニリン分子のコンホメーションと分子どうしの配向が電気移動度を向上させることによるものと考えられる。

7.2.4　ポリアニリン薄膜の熱電特性

スピンコート法により作製したポリアニリン膜では，スピンコートの回転数やポリアニリン溶液の濃度を変化させることによって膜厚を制御できる。そこで，スピンコート法により種々の膜厚のポリアニリン膜を作製し，熱電特性を比較したところ，膜厚が小さくなるほど熱電特性の

導電性高分子の最新応用技術

表1 スピンコート膜の回転数と膜厚および吸光度比（文献16より許可を得て掲載）

回転数（rpm）	膜厚（μm）	$A_{1,500nm}/A_{500nm}$
1,000	1.2	2.3
2,000	0.4	3.8
3,000	0.3	5.5
4,000	0.1	7.5

TPFが向上する傾向が見られた。

　一般に，ポリアニリンの導電率は，ドーピング率，酸化状態，結晶化，および分子配向によって変化する。そこで，スピンコートしたポリアニリン膜について，その結晶化や分子配向をXRDやVis-NIRを用いて分析した。

　種々の膜厚のポリアニリン膜をXRDで調べた結果，膜厚の減少による結晶化の進行は見られなかった。次に，種々の膜厚のポリアニリン膜の分子コンホメーションをVis-NIRで検討した。その結果，いずれの膜のスペクトルでも波長900 nmと1,000 nm以降にそれぞれポーラロンと長いテーリングを伴うフリーキャリヤーによる吸収が観察された。表1に示すように，膜厚が薄いほど，このフリーキャリヤーによる吸収強度（吸収のない500 nmでの吸光度に対するテーリング1,500 nmでの吸光度比）は大きくなった[17]。このテーリングの吸収強度が強いほど，膜中のポリアニリン分子は，より伸びたコイル状のコンホメーションをとっていると言われている[20]。つまり，膜厚が薄くなるほどスピンコートしたポリアニリン膜は，より伸びた分子コンホメーションをとることが示唆される。要するに，ポリアニリン延伸膜の場合では，延伸率が大きくなると，結晶化も進行して膜の導電率および熱電特性が向上するのに対して，スピンコートしたポリアニリン膜では，膜厚が薄くなるにつれ，より伸びた分子コンホメーションをとることになり，ポリアニリン分子鎖の有効共役が長くなり電気移動度が向上する。従って，導電率とゼーベック係数および熱電特性が向上するものと考えられる。

7.2.5　導電性ポリアニリン膜の熱伝導率

　一般に有機高分子の熱伝導率は低く，低い熱伝導率は，熱電性能指数ZTを大きくするのに有効である。しかし，一般に導電率が高くなると電気キャリヤーによる熱伝導が起こるため，熱伝導率も高くなる傾向にあると考えられている。そこで，筆者らは導電性ポリアニリン膜の熱伝導特性を詳細に検討した。

　熱伝導率は下記の式によって求めることができる。

$$\kappa = \rho\, \alpha\, C_p \tag{3}$$

　　　　ここで，α：熱拡散率（10^{-3}cm^{2}s^{-1}）　　ρ：密度（g cm^{-3}）
　　　　　　　　C_p：比熱容量（J K^{-1} g^{-1}）

第Ⅱ章　導電性高分子の応用の可能性

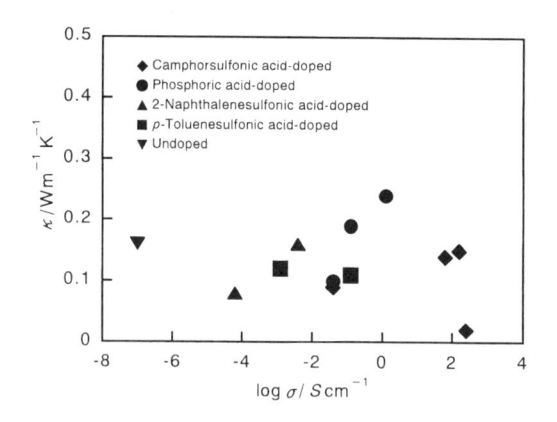

図6　300 Kにおける種々のプロトン酸でドープしたポリアニリン膜の導電率と熱伝導率の関係
（文献15より許可を得て掲載）

　種々のプロトン酸ドーパントを用いて，ドープレベルを変えてドープしたポリアニリン膜を作製して，300 Kにて熱拡散率を測定したところ，導電率には依存せずほとんど一定の低い値を示した（$0.7 \sim 4.7/10^{-3}\mathrm{cm}^2\mathrm{s}^{-1}$）[15]。これらの値は汎用性高分子のものと大差がなかった。また，同様の測定を比熱容量に関しても行ったところ，比熱容量も導電率にはほとんど依存しないことが明らかとなった（$0.13 \sim 0.92/\mathrm{J\,K}^{-1}\mathrm{g}^{-1}$）[15]。

　これらの結果から式（3）を用いて求めた熱伝導率の値を図6に示す[15]。図6から分るように種々のプロトン酸でドープした導電率の異なるポリアニリン膜の熱伝導率は，ほとんど導電率に依存せず極めて低い値を示している。すなわち，導電性ポリアニリン膜の熱伝導率は，ドーパントの種類やドープレベルにはほとんど依存しない。これらの値は，比較的低い熱伝導率の無機熱電材料に比べて，1〜2桁低く[9]，この極めて低い熱伝導率は，熱電性能指数ZTに極めて有利である。

7.3　今後の展望

　導電性高分子の熱電変換材料への応用に関する研究は，ようやく緒についたばかりであり，これから実用化へ向けての活発な研究が展開されるものと期待される。無機熱電変換材料に比べ，導電性高分子には，安価に大量生産できるとか，加工性が良いなどの利点があるものの，まだまだ熱電変換性能は，無機材料に比べて低い。熱電変換効率を決める3つの因子のうち，導電率については無機材料と比べても遜色がなく，熱伝導率に関しては，無機材料よりもむしろ有機材料の方が優れている。しかし，ゼーベック係数が何と言っても無機材料に比べて劣るので，これを

もっと大きくするための工夫が望まれる。また，これまでに検討された導電性高分子では，p型のものしかなく，熱電変換素子の構築のためにはn型熱電変換材料の開発が重要である。これらのことを考えると，無機熱電変換材料の利点と有機高分子材料の利点を融合させた無機・有機ハイブリット熱電変換材料の検討が，熱電変換素子の実用化に向けての今後の重要な課題となろう。

文　　献

1) D. K. C. MacDonald, Ed., "Thermoelectricity : An Introduction to the Principle", John Wiley & Sons, Inc., New York and London, 1962
2) 通商産業省編,「エネルギー'98」,（株）電力新報社（1998）
3) シンビオ社会研究会編著,「京都からの提言—明日のエネルギーと環境」,（株）日工フォーラム社（1998）
4) M. S. Dresselhaus, Proc. 17th Int. Conf. on Thermoelectrics, Nagoya, Japan, 1998, p. 18
5) F. J. DiSalvo, *Science*, **285**, 703（1999）
6) a) N. Mateeva, H. Niculescu, J. Schlenoff, L. R. Testardi, *J. Appl. Phys.*, **83**, 3111（1998）
   b) T. M. Tritt, M. G. Kanatzidis, H. B. Lyon, Jr., G. D. Mahan, Ed., "Thermoelectric Materials-New Directions and Approaches", Materials Research Society, Warrendale, Pennsylvania, 1997, p. 243
7) H. Yan, N. Toshima, *Chem. Lett.*, 1217（1999）
8) N. Toshima, H. Yan, T. Ohta, Proc. 19th Int. Conf. on Thermoelectrics, Cardiff, UK, 2000, p. 214
9) H. Yan, N. Ohno, N. Toshima, *Chem. Lett.*, 392（2000）
10) 厳　虎, 戸嶋直樹, 高分子加工, **49**（12）, 547（2000）
11) H. Yan, T. Ohta, N. Toshima, *Macromol. Mater. Eng.*, **286**, 214（2001）
12) 厳　虎, 戸嶋直樹, PETROTECH, **24**(4), 276（2001）
13) 戸嶋直樹, 厳　虎, ケミカルエンジニヤリング, 443（2001）
14) N. Toshima, *Macromol. Symp.*, **186**, 81（2002）
15) H. Yan, N. Sada, N. Toshima, *J. Therm. Anal. Cal.*, **69**, 881（2002）
16) 厳　虎, 戸嶋直樹, 高分子, **51**(11), 885（2002）
17) N. Toshima, H. Yan, M. Kajita, Proc. 21th Int. Conf. on Thermoelectrics, Long Beach, USA, 2002, p.147
18) L. D. Hicks, T. C. Harman, M. S. Dresselhaus, *Appl. Phys. Lett.*, **63**, 3230（1993）
19) K. Ueno, S. Sodeoka, M. Suzuki, A. Tsutsumi, K. Kurimoto, J. Sawazaki, K. Yoshida, H. Huang, K. Nagai, H. Kondo, S. Nakahama, Proc. 17th Int. Conf. on Thermoelectrics, Nagoya, Japan, 1998, p. 418
20) A. G. MacDiarmid, A. J. Epstein, *Synth. Met.*, **65**, 103（1994）

8 アクチュエータ

奥崎秀典[*]

8.1 はじめに

　高分子材料の体積変化を外部刺激でコントロールすることができれば，しなやかに動くロボットやソフトなアクチュエータ，人工筋肉などへの応用が期待できる。中でもポリピロール，ポリチオフェン，ポリアニリンに代表される導電性高分子は主鎖にπ共役系をもち，容易に酸化・還元され可逆的な体積変化を示すことから，アクチュエータ材料として注目されている[1～6]。その際，①溶媒和したドーパントイオンの高分子マトリクスへの挿入，②電子状態の変化による高分子鎖の構造変化，③高分子鎖内の静電反発，および④高分子鎖間の静電反発により体積膨張が起こると考えられている。これに対し，ドデシルベンゼンスルホン酸のような大きなドーパントイオンの場合，還元時に脱ドーピングは起こらず，代わりに電解液からカチオンを取り込むため体積は逆に膨張する。しかし，一般にこれらのアクチュエータは電解液中でのみ使用可能な「湿式システム」であることから，その用途は限られる。

8.2 液中から空気中へ

　Kanetoらは塩酸を含浸させた紙セパレータをポリアニリンフィルムで挟み，さらに両側をセロファンテープで密封した「甲殻型」電解アクチュエータを作製している[7]。セパレータとして高分子電解質ゲル[8,9]や固体電解質[10]を用いることも可能である。これらは，ドーパントの保持層を用いることで溶媒の蒸発や酸の揮発を防ぎ，空気中での駆動を可能にしたアクチュエータといえる。最近Mattesらは，室温で溶融塩であるイオン性液体を溶媒に用いることで，導電性高分子電解アクチュエータの高速・高寿命化に成功している[11]。また，ヨウ素やアンモニアなどのレドックスガスを用いても導電性高分子の体積変化は起こる。Peiら[12]はポリチオフェンをポリイミド上にキャストすることでバイモルフ素子を作製し，これをヨウ素蒸気にさらすとポリイミド側に屈曲することを示している。これは，ヨウ素ドーピングによりポリチオフェンの体積膨張が起こるためである。空気中に放置するとヨウ素は徐々に揮発し，脱ドーピングが起こるため素子は元の形状に回復する。これらの素子は空気中で使用可能であるが，①ガスの導入・排気システムが必要である，②一般にレドックスガスは有毒であり，チャンバー内を密閉する必要があるなどの装置的な制限がある。

---

[*] Hidenori Okuzaki　山梨大学大学院　医学工学総合研究部　助教授

8.3 空気中で作動する導電性高分子アクチュエータ

筆者らは，電解重合により作製したポリピロールの固体フィルムが空気中で高速変形する現象を見出している[13]。過塩素酸イオンやテトラフルオロホウ酸イオンをドープしたポリピロール（PPy）フィルムを，ろ紙を挿んで純水の入ったシャーレ上にのせたところ，素早くカールしては反転するような運動を1時間以上繰り返すことがわかった（図1）。このような現象は，セルロースや高分子電解質フィルムなど一部の吸湿性高分子についても見られるが，一般に応答は遅く可逆性や再現性に乏しかった。また，ポリエチレンやポリプロピレン，ポリエステル，ナイロン，ポリスチレンなどのフィルムは全く応答しなかった。いま，PPyフィルムを長さ25mm，幅5mm，厚さ21μmの短冊上に切り出し，その上端5mmをチャックに固定する。種々の溶媒を含んだ脱脂綿をシャッター付きガラス容器に入れ，フィルム表面から2mm離して設置する。純水を用いた場合，シャッターの開放と同時にフィルムは反対側に大きく屈曲し，末端は1～2秒間で6～7mm移動した（図2）。屈曲および回復速度はそれぞれ5.6mm/s，4.9mm/sであり，回復も早いのが特徴である。また，自重の約2倍の屈曲応力を発生することがわかった。その際，フィルム近傍の温度は一定で相対湿度のみ2～4％上昇した。四端子法により測定したフィルムの電導度は変化しないことから，フィルムの変形がPPyの酸化・還元にともなうドープ・脱ドープの機構とは明らかに異なる。これに対し，エタノールや，アセトン，ヨードメタンなどの有機極性溶媒を用いた場合，フィルムは純水とは逆方向に屈曲した。一方，ベンゼンやヘキサンなど芳香族炭化水素や非極性溶媒，不揮発性溶媒には全く応答しないことがわかった。

分子の吸脱着挙動は，水晶振動子マイクロバランス（QCM）法により測定した[14]。単位面積

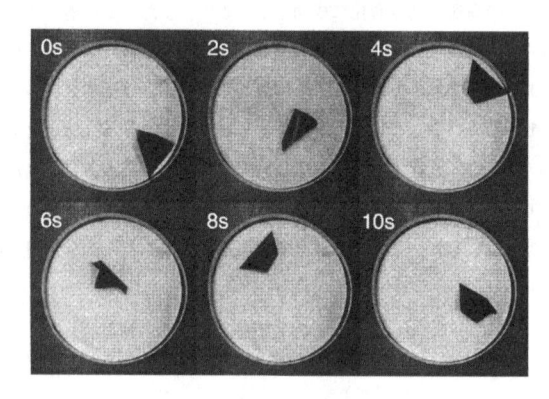

図1　PPyフィルム（膜厚約20μm）をろ紙を挿んで純水の入ったシャーレ上にのせたときの変化の様子

第Ⅱ章　導電性高分子の応用の可能性

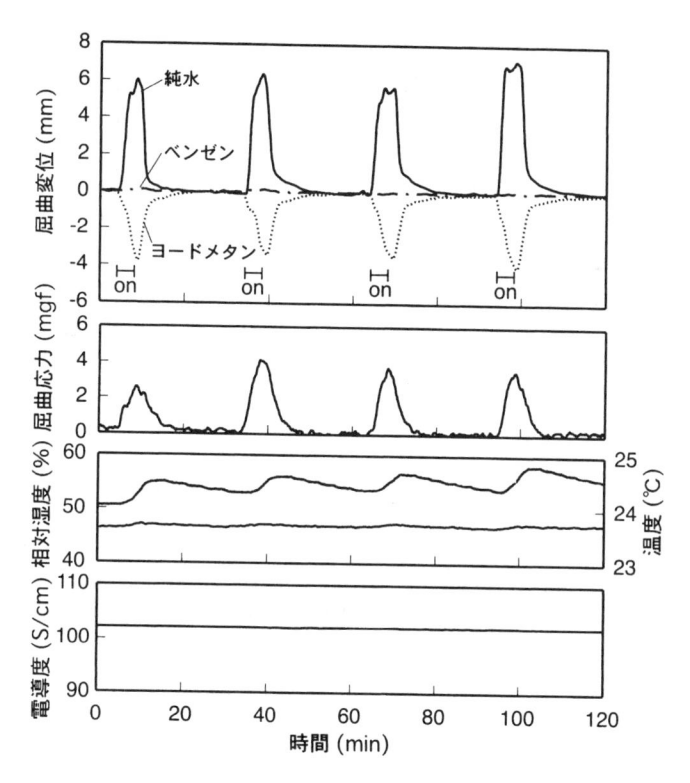

図2　繰り返しシャッターを開閉した時のPPyフィルムの屈曲変位，屈曲応力，フィルム表面近傍の相対湿度と温度およびフィルムの電導度変化

当たりの重量変化を周波数変化より算出し，吸着率は乾燥重量に対する吸着質重量の比で表した。まず，QCMの金電極上にPPyを30分間電解重合し，溶媒で洗浄後重量変化がなくなるまで真空乾燥する。このとき，PPyの乾燥重量は65.6 μg/cm^{2}であった。次にリークバルブを解放すると重量は急激に増加し，約3分で平衡吸着量4.3%に達した。これは空気中の水分などがPPy中に吸着したことを示している。図3にシャッターを5秒間開けた後に25秒閉じ，これを繰り返したときの吸着率変化を示す。純水を用いた場合，シャッターの開放と同時に重量が増加し，吸着率は5秒間で7%に達する。シャッターを閉じると重量は速やかに元の値まで回復し，これが繰り返し可逆的に起こることから，水分子の吸着がファンデルワールス力などの弱い相互作用による物理吸着に基づくことがわかる。一方，ベンゼンの吸着速度は遅く，その量は純水に比べ1/8程度であった。これに対し，ヨードメタンでは最初に重量が減少しその後増加することから，脱水しながら吸着すると考えられる。得られた結果がフィルムの屈曲挙動とよく一致することから，純

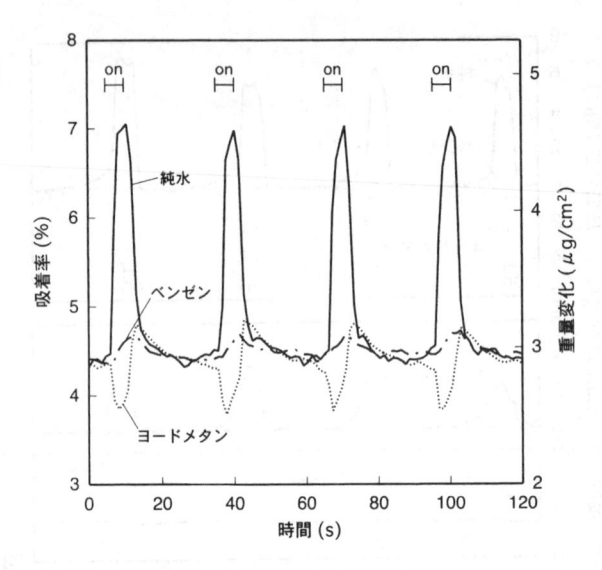

図3 水晶振動子マイクロバランス（QCM）法により測定したPPyに対する溶媒の吸着量および重量変化（25℃，50％RH）

水によりフィルムが反対側に屈曲するのは，水分子の吸着によるフィルム表面の膨張に起因する[15〜17]。一方，ベンゼンはほとんど吸着せず，フィルムの変形を引き起こすことができない。これに対し，ヨードメタンなどの有機極性溶媒はすでに吸着している水分子を置換するためにフィルム表面が収縮し，水の場合とは反対側に屈曲すると考えられる。

PPyフィルムの屈曲変形を利用することで，図4に示すような高分子モーターの作製が可能である。PPyフィルムを二枚連結してベルトを作り，二つのプーリーに掛ける。プーリーの直径はそれぞれ10mmと2mmで，ホイールベースは約20mmである。小さなプーリーの下に純

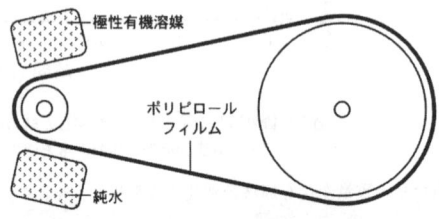

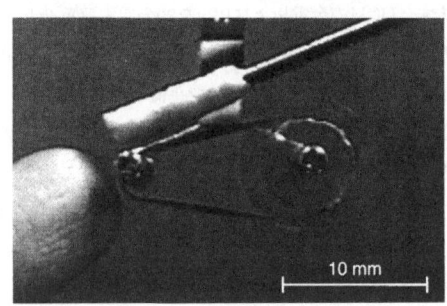

図4 PPyフィルムを用いた高分子モーター

第Ⅱ章　導電性高分子の応用の可能性

水,上にアルコールやアセトンなどの極性有機溶媒を含んだ脱脂綿をそれぞれ固定する。水蒸気が吸着するとフィルム表面の膨張により内側に曲がろうとし,逆に有機溶媒付近では脱水によりフィルム表面が収縮して真っ直ぐに伸びようとする。このようにして発生した屈曲応力により回転モーメントが生じ,プーリーを時計回りに回転させる。プーリーの回転によりベルトが移動し,新たな表面が二つの脱脂綿付近に運ばれてくるために連続的な回転となる。ここで,吸着した水蒸気は有機溶媒により脱水され,また吸着した有機溶媒もベルトが一回りする4〜5秒の間に脱離し空気中に散逸することから,フィルムの重量変化はない。水とヨードメタンを用いたとき,大きなプーリーは毎分6〜7回転（22cm/min）の速度で,脱脂綿中の溶媒が蒸発してなくなるまで回り続けることがわかっている[13, 14]。水を含んだ脱脂綿の代わりに,指先から蒸散する水蒸気でもモーターを回転させることは可能である。また,有機溶媒を用いずに水だけで駆動させることもできる[18]。このような高分子モーターは,（1）空気中において非接触で作動し溶媒や電極が不要,（2）物質を全く消費せず騒音や反応生成物がない,（3）高感度であり長期間安定に動作する,（4）センサーとアクチュエータ機能をあわせもつインテリジェントシステム,（5）導電性を利用することによりフィルムの変形を電場で制御できるなどの特徴がある。さらに,構造が単純で多くの部品を必要としないために小型化に適している。水蒸気の吸着にともなう自由エネルギー変化を高分子上で集積し,直接回転運動に変換するので,クリーンで高効率なマイクロマシーンやモレキュラーエンジンなど,新しいタイプの駆動システムへの応用が期待できる。

8.4　空気中で電場駆動する導電性高分子アクチュエータ

制御性に優れた電気刺激を入力信号に用いることで,空中作動型の導電性高分子アクチュエータや人工筋肉素子への応用が可能である[19〜21]。膜厚約30μmのPPyフィルムを長さ35mm,幅5mmに切り出し,その両端に銀ペーストを用いて配線する。電圧印加によるフィルムの伸縮はてこの原理を用いて拡大し,ビーム末端の位置変化をレーザー変位計で測定した。2Vの直流電圧を印加するとフィルムは約1.2%収縮し,これが可逆的に起こることがわかる（図5）。伸縮率は溶液中でのドーピング・脱ドーピングによる値と同程度であるが,フィルムの伸縮は空気中で起こり電解液やレドックスガスを用いていない。このことは,フィルムの収縮メカニズムが従来の電気化学的ドーピングとは明らかに異なることを意味する。電流値は50mAでありフィルム表面温度が25℃から32℃に上昇することから,ジュール熱が発生していることがわかる。また,電圧印加によりフィルム近傍の相対湿度が急激に上昇することから,フィルムに吸着している水分子が電圧印加により一斉に吐き出されたことを示している。電圧を切った直後に相対湿度が急激に低下するのは,周囲の空気中から水蒸気がフィルムに再吸着するためと考えられる。長時間電圧印加による相対湿度の低下はフィルム近傍の温度上昇に起因し,絶対湿度に換算すると電場下

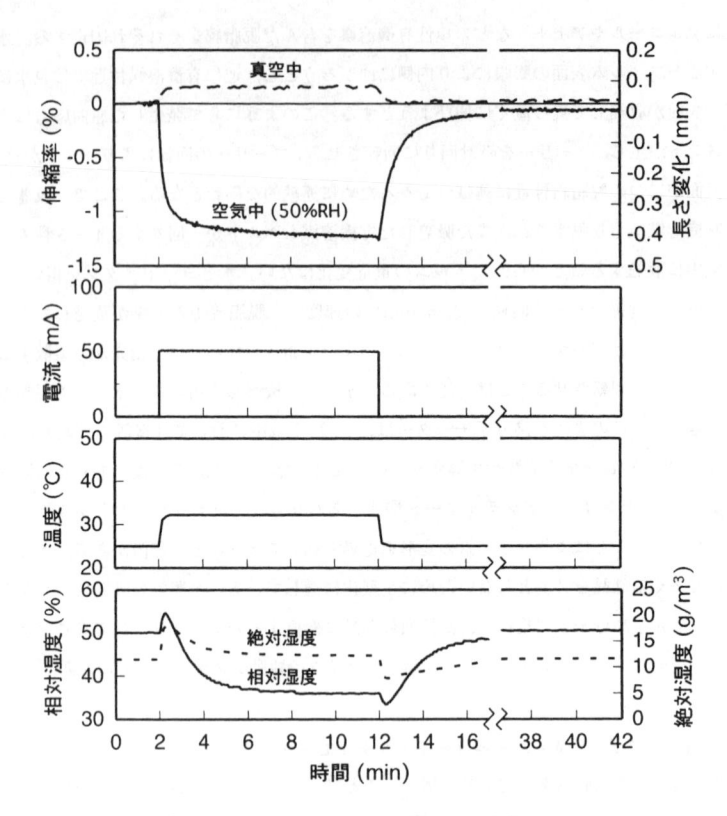

図5 空気中（50％RH）と真空中で2Vを10分間印加したときのPPyフィルムの伸縮挙動，電流値，表面温度およびフィルム表面近傍の湿度変化

においても時間とともに元の値まで回復している。ここで，電圧印加による湿度変化とフィルムの伸縮挙動がよく一致していることから，フィルムの収縮が水蒸気の脱着に基づくことがわかる。このように，PPyフィルムは電圧のオン・オフに応答して，あたかも呼吸をするかのように水蒸気を吸ったり吐いたりして伸縮するというユニークな性質をもつことが明らかになった。これに対し，真空中では電圧印加によりフィルムは逆に伸長することがわかった。これらの結果から，空気中におけるフィルムの電気収縮メカニズムを模式的に示すと図6のようになる。まず始めに，フィルムを空気中に放置すると吸湿により膨張する。電圧を印加するとジュール熱の発生によりポリピロール鎖はわずかに熱膨張するが，高分子鎖上に吸着している水分子が熱を吸収し，脱着するためにフィルムは収縮する[22]。

ここで，ビームの一端に荷重を吊り下げることでフィルムに仕事をさせることができる[21]。2V

第Ⅱ章　導電性高分子の応用の可能性

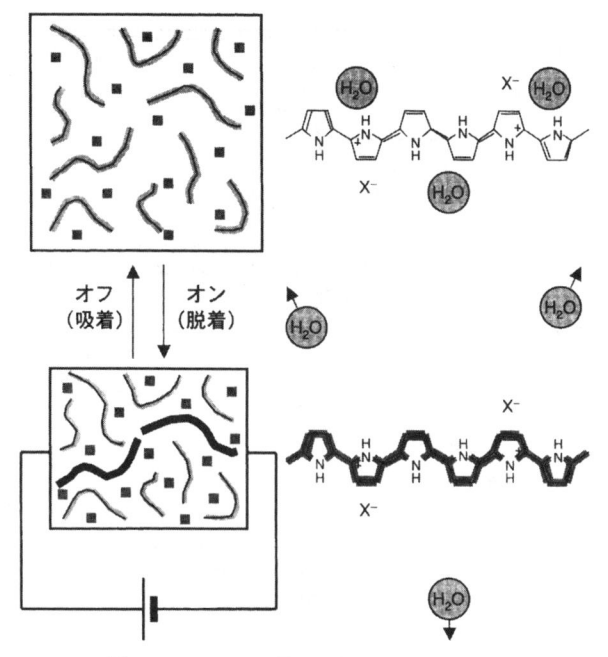

図6　PPyフィルムの電気収縮メカニズム（模式図）

印加したときの電流値，フィルム表面温度および近傍の相対湿度は荷重によらずほぼ一定であったが，収縮率および収縮速度は荷重の増加とともに低下した（図7）。このとき，フィルムの出力密度は荷重とともに増大し，60g（4MPa）印加により0.8W/kg（6μW）に達した。ここで，60gはフィルム自重（7.6mg）の約1万倍に相当することから，非常に大きな荷重容量をもつことがわかった。一方，フィルム長一定の条件下では，電圧印加により収縮応力を発生する[22]。図8に示すように，2V印加により6MPaの収縮応力を発生するが，これは動物の骨格筋（0.3MPa）[23]の約20倍に相当する。また，フィルムの伸長によりベース応力は増加し，電圧印加によりさらに大きくなる。興味深いことに，これらの差である電気収縮応力はフィルムを1％伸長することで1.5倍（9MPa）に増加した。これは，フィルムがあたかも歪を感知して出力（応力）を増大させたことを意味しており，正のフィードバック機能を有するインテリジェントシステムといえる。電流値，表面温度およびフィルム近傍の湿度変化は歪によらず一定であったことから，発生応力の増加はフィルムの弾性率変化に起因すると考えられる。実際，フィルムのヤング率は印加電圧とともに増加し，フィルムがより固く変形しにくくなることがわかった（図9）。ここで，吸着した水分子は可塑剤としてはたらき，ポリピロール鎖の運動性を高めることでフィルムの弾性率

導電性高分子の最新応用技術

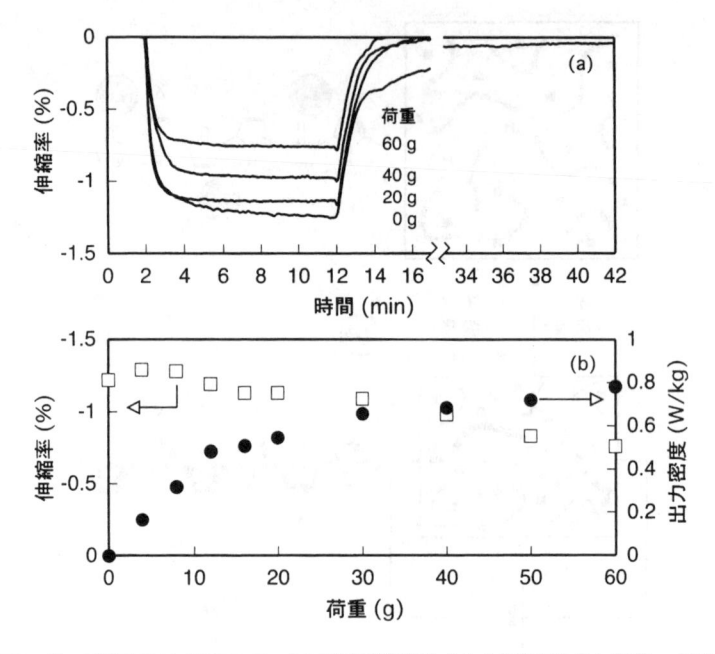

図7　種々の荷重下におけるPPyフィルムの電気収縮挙動（a）と出力密度（b）（25℃，2V）

を低下させていると考えられる。応力―歪曲線下の面積は，電気収縮によりフィルムが外界に対して行うことができる最大の仕事容量を表し[24]，3V印加により48.2kJ/m^{3}に達することがわかった。これは骨格筋（0.8kJ/m^3）の約60倍に相当する[23]。また，フィルムを1％延伸することで381kJ/m^{3}に増大した。一方，エネルギー効率は電気エネルギーに対してフィルムが行った仕事として定義される。典型的な応答時間30秒とすると，エネルギー効率は電圧によらず10^{-3}％のオーダーであった。従来のモーターやエンジンに比べると小さいが，これは（1）電気エネルギーが熱として散逸する，（2）応答速度が遅いためと考えられえる（筋肉の応答速度は0.2～0.3秒）。一方，エネルギー効率は素子のサイズや形状によっても変化する。例えば，エンジンやモーターの小型化は無力化を意味するのに対し[25]，PPyアクチュエータは分子の吸脱着にともなう分子レベルのコンホメーション変化をマクロに集積して駆動することから，小型化・微細化に適している。さらに，圧電アクチュエータや静電アクチュエータに比べ駆動電圧が二桁低いなどの特徴がある。

第Ⅱ章　導電性高分子の応用の可能性

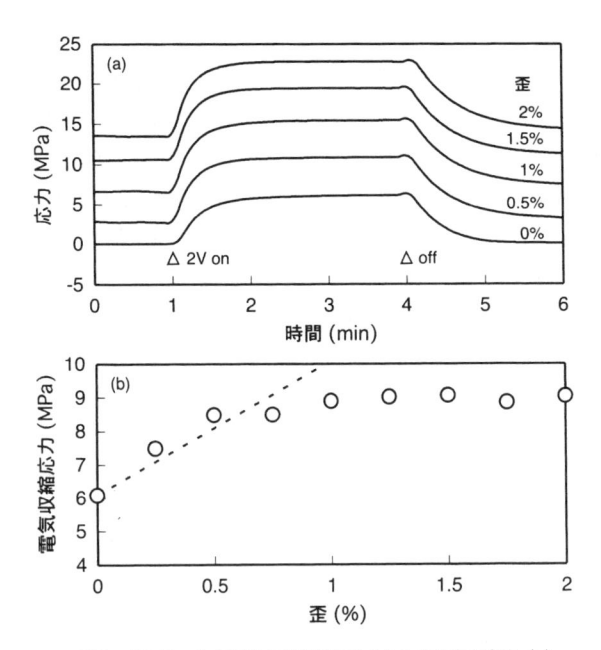

図8　PPyフィルムに種々の歪みを加えたときの応力変化（a）と電気収縮応力の歪依存性（b）（25℃, 50%RH）

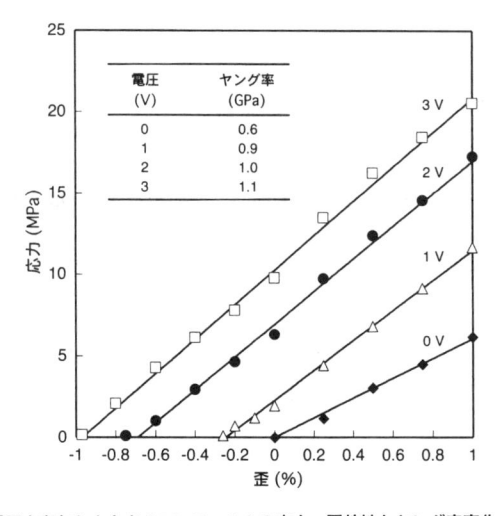

図9　種々の電圧を印加したときのPPyフィルムの応力－歪特性とヤング率変化（25℃, 50%RH）

8.5 おわりに

以上,空気中で作動する導電性高分子アクチュエータについて筆者らの研究を中心に述べた。しかしながら,実際のアクチュエータシステムや人工筋肉素子に応用するには応答速度や出力密度,エネルギー効率など克服すべき問題が残されている。これらを解決するためには,共役系高分子／低分子相互作用と電場の効果に関する基礎データの蓄積が不可欠であり,詳細なメカニズムを解明するとともに適切な分子設計とシステムの最適化をはかる必要がある。

本アクチュエータは,電解液やレドックスガスを用いず,対電極や参照電極不要の「乾式システム」であると同時に,空気中に存在する水蒸気の吸脱着で作動することから「開放系」アクチュエータといえる。ここで,電気刺激はフィルムへの水分子の吸着平衡をコントロールしていることから,従来にない新しいタイプの空中電場駆動型アクチュエータである。また,フィルムが歪や負荷に応答して出力を変調することから,触覚機能をもつロボットやマイクロカテーテル,自立分散型アクチュエータなどへの応用が考えられる。さらに,種々の導電性高分子や有機半導体にも応用可能であり,電場で水蒸気の放出を制御する調湿材など燃料電池への応用も期待できる。

文献

1) Q. Pei and O. Inganäs, *Synthetic Metals*, **55-57**, 3730 (1993)
2) T. F. Otero and J. Rodriguez, Intrinsically Conducting Polymers, An Emerging Technology, Kluwer Academic Publishers, Netherlands, p.179 (1993)
3) A. D. Santa, D. De Rossi, and A. Mazzoldi, *Synthetic Metals*, **90**, 93 (1997)
4) K. Yoshino, K. Nakao, S. Morita, and M. Onoda, *Jpn. J. Appl. Phys.*, **28**, L2027 (1989)
5) R. H. Baughman, L. W. Shacklette, R. L. Elsenbaumer, E. Plichta, and C. Becht, Conjugated Polymeric Materials, Opportunities in Electronics, Optoelectronics, and Molecular Electronics, Kluwer Academic Publishers, Netherlands, p.559 (1991)
6) E. Smela, O. Inganäs, and I. Lundström, *Science*, **268**, 1735 (1995)
7) K. Kaneto, M. Kaneko, Y. Min, and A. G. MacDiarmid, *Synthetic Metals*, **71**, 2211 (1995)
8) J. D. Madden, R. A. Cush, T. S. Kanigan, C. J. Brenan, and I. W. Hunter, *Synthetic Metals*, **105**, 61 (1999)
9) T. W. Lewis, G. M. Spinks, G. G. Wallace, D. De Rossi, and M. Pachetti, *Polym. Prepr.*, **38**, 520 (1997)
10) J. M. Sansinena, V. Olazabal, T. F. Otero, C. N. P. da Fonseca, and M.-A. De Paoli, *Chem. Commun.*, 2217 (1997)

第Ⅱ章 導電性高分子の応用の可能性

11) W. Lu, A. G. Fadeev, B. Qi, E. Smela, B. R. Mattes, J. Ding, G. M. Spinks, J. Mazurikiewicz, D. Zhou, G. G. Wallace, D. R. MacFarlane, S. A. Forsyth, M. Forsyth, *Science*, **297**, 983 (2002)
12) Q. Pei and O. Inganäs, *Synthetic Metals*, **55-57**, 3730 (1993)
13) H. Okuzaki and T. Kunugi, *J. Polym. Sci., Polym. Phys.*, **34**, 1747 (1996)
14) H. Okuzaki and T. Kunugi, *J. Appl. Polym. Sci.*, **64**, 383 (1997)
15) H. Okuzaki, T. Kuwabara, and T. Kunugi, *J. Polym. Sci., Polym. Phys.*, **36**, 2237 (1998)
16) H. Okuzaki, T. Kuwabara, and T. Kondo, *J. Polym. Sci., Polym. Phys.*, **36**, 2635 (1998)
17) H. Okuzaki, T. Kondo, and T. Kunugi, *Polymer*, **40**, 995 (1999)
18) H. Okuzaki, T. Kuwabara, and T. Kunugi, *Polymer*, **38**, 5491 (1997)
19) H. Okuzaki and T. Kunugi, *J. Polym. Sci., Polym. Phys.*, **36**, 1591 (1998)
20) H. Okuzaki and K. Funasaka, *Synthetic Metals*, **108**, 127 (2000)
21) H. Okuzaki and K. Funasaka, *J. Intell. Mater. Syst. Struct.*, **10**, 465 (1999)
22) H. Okuzaki and K. Funasaka, *Macromolecules*, **33**, 8307 (2000)
23) R. M. Alexander, Exploring Biomimetics, Animals in Motion, W. H. Freeman and Company Pub., NY (1992)
24) M. V. Sussman and A. Katchalsky, *Science*, **167**, 45 (1970)
25) 鈴木誠, ゴム協会誌, **60**, 702 (1987)

9 導電性高分子によるセンサー

金藤敬一*

9.1 はじめに

生き物は外界の光，音，分子，イオン，熱や圧力などの情報を目，耳，鼻，舌および皮膚などの五感で検知している。これらは食物を得て身を守るための必須の情報であるが，人間に限らず検知できる光は電磁波のほんの一部で，他の情報も同様である。それ以外は不要な情報でノイズとしても検知しない，これらのセンサーは溢れる情報社会の中で快適に生きるために人間が見習わなければならない機能である。これら以外のものが第六感で，五感で検知できない情報を補う。同じ波長やpH領域で生命体が生きているからバランスが取れているので，違う領域で働くセンサーを持っていれば有利な武器となる。生き物は自然界にもともと存在している刺激や物に対する検知能力を備えている。しかし，人類が余計に作り出している放射能，サリンやダイオキシンなどの毒ガス，環境ホルモンなどのセンサーは備えていない。将来に亘って生態系が健全に生存するためには，どうしてもこれらのセンサーが必要である。

さて，エレクトロニクスの観点から最も古いセンサーは，音のマイクロフォン，ついで光検知器，温度や圧力，ガスセンサー，最後が味覚センサーである。センシングの原理として，音は空気振動による変異を電磁誘導電流で電気信号に変え，光や温度はそのエネルギーによって電子を励起し，半導体など抵抗の変化として電気信号に変え検知する。臭覚にあたるガスセンサーはイオンや分子の酸化・還元能による半導体の抵抗の変化，味覚は脂質膜のイオンや分子の透過性による形状や水素イオン濃度などを検知する化学センサーである。これから先，生体内での分解酵素の分泌や消化，ホルモンの検知や薬物などさまざまな分子認識が医療などに必要となる。このように見ると，センサーは硬くて乾いたものから柔軟で濡れたものに移り変わっている。また，センシングされた情報はほとんど電気信号として出力されディジタル化されているが，これはその処理や記録が容易にできるからである。生体ではパルス信号を神経回路で情報処理される。生体でなされているセンシングと処理と記憶はこれからの興味ある研究課題である。

ここでは，主として導電性高分子を用いた光センサー，バイオセンサー，ガスセンサーなどについて述べる。

9.2 導電性高分子の酸化・還元とセンシング

光，熱，応力や化学反応には材料の電子状態と構造変化が伴う。地表に届く太陽光は可視光領域（400〜700nm）が強いので，生体はこの波長領域の光に対応したセンシングやエネルギーの

---

* Keiichi Kaneto 九州工業大学大学院 生命体工学研究科 教授

第Ⅱ章　導電性高分子の応用の可能性

ポリアセチレン

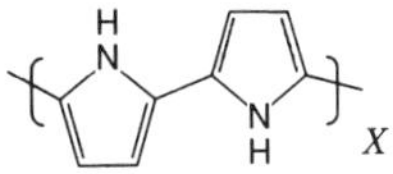

ポリピロール

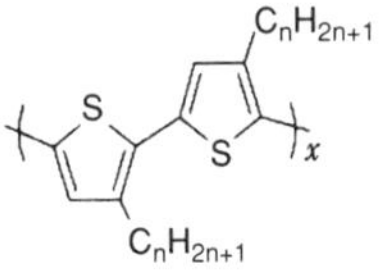

ポリ(3-アルキルチオフェン)

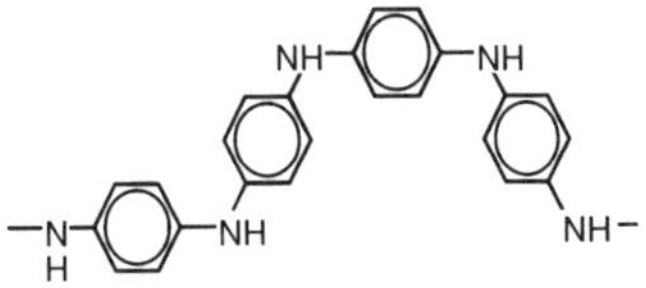

ポリアニリン

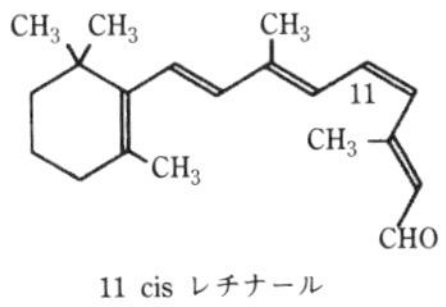

11 cis レチナール

レチナール

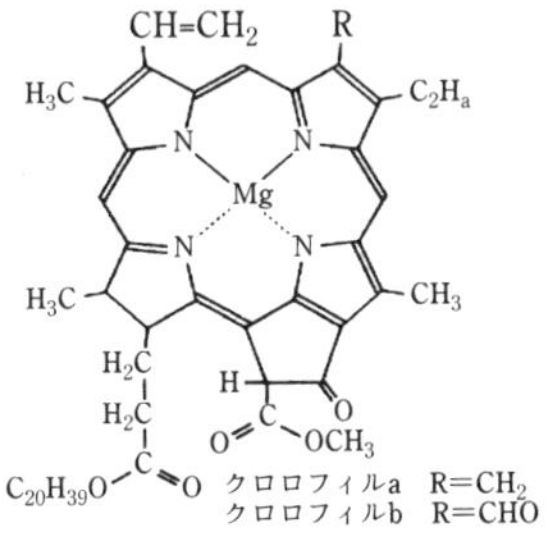

クロロフィル

図1　導電性高分子と生体材料の化学構造

取り込みをする機構を持っている。網膜にあるレチナールや葉緑素に含まれるクロロフィルはこの波長領域の2～3 eVに光の吸収ピークを持つ。レチナールやクロロフィルは図1に示すようにπ電子共役系を骨格に持っており，1次元の導電性高分子の基本骨格とよく似ている。ポリアセチレンはトランス型レチナールに，クロロフィルのリングを開いて連ねるとポリピロールと同じである。一次元的に延ばすことによって，π電子は鎖に沿って移動することができ電導性が増す。ほとんどの導電性高分子は可視光領域に吸収があり，励起や酸化・還元によるπ電子の広がり幅は約12個の炭素数で，これはレチナールやクロロフィルのπ電子を供給する炭素数，10個と

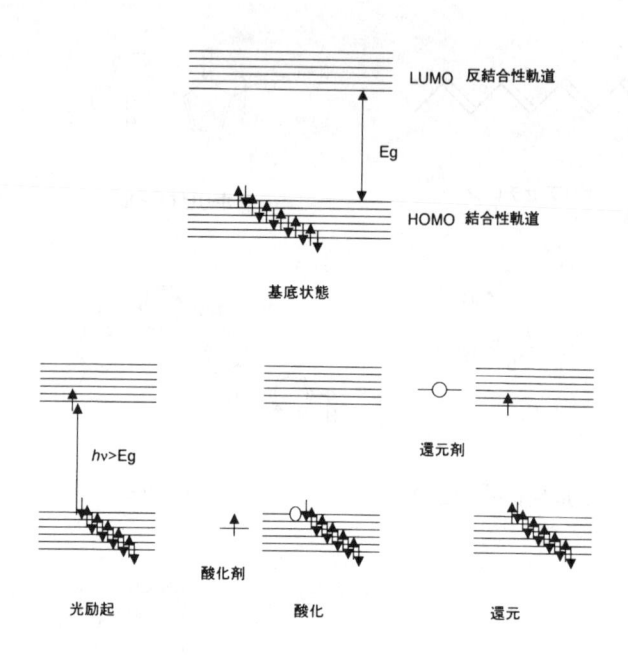

図2 導電性高分子のエネルギーとその励起状態

18個に近い。このような観点から導電性高分子の構造をみると，合成高分子ではあるがエネルギー的に生体材料と類似していることが分かる。

導電性高分子のπ電子（2重結合）が作る軌道はπ電子軌道と呼ばれ，π電子の数だけその状態が存在する。例えば，図2の基底状態に示すようにπ電子が12個関与するとすれば，そのうち6つは結合性軌道（最高占有軌道：HOMO）となり，構造図で示す2重結合のところに存在する。残りの半分は反結合性軌道（最低非占有軌道：LUMO）と呼ばれ，構造図では共役系の一重結合に位置する。図2ではHOMOとLUMOの軌道を6個ずつ書いているが，本来は縮退してエネルギー的には広がらないが，実際は隣の分子や歪みによって広がる。HOMOとLUMOのエネルギー差がバンドギャップといい，光吸収の波長，即ち材料の色を決定する。炭素数が多いと電子の広がりが大きいのでエネルギー的に低くなりバンドギャップは狭くなって，吸収は長波長へとシフトする。π電子は結合が緩いため，酸化や還元に容易に起こる。

光の吸収，酸化，還元による電子状態の変化を図2の下側に示す。光吸収によってHOMOから電子がLUMOに励起され，励起子が生ずる。励起子は熱などによって解離して，二重結合の一つの電子が空間的に別の一重結合に移動して電子と正孔対に分かれてキャリアが生成され，光電

第Ⅱ章 導電性高分子の応用の可能性

導現象が起こる。このように，導電性高分子は可視光領域に吸収帯があるので，光電導性を利用した，光センサーとして良好に働く。

電子を引き抜くことを酸化と言い，図2に示すように酸化によってHOMO順位の上端から電子が酸化剤に移動する。反対に電子を付与することを還元と言い，還元剤の電子がLUMOに移動する。酸化あるいは還元することによって，キャリアとして電子や正孔が導電性高分子に注入されるので，電導度は増加する。ポリアセチレンでは10桁以上電導度が増加して，金属のように高い電導度を示す。酸化剤の電子親和力が導電性高分子のイオン化ポテンシャルより大きい場合は，自発的に導電性高分子から酸化剤に電子が移動して正孔が導電性高分子に生じて電導度が増加する。反対に導電性高分子の電子親和力より還元剤のイオン化ポテンシャルが大きい場合，電子が還元剤から導電性高分子へ移動して，やはりキャリアとして電子が注入されるので電導度は増加する。導電性高分子は酸化剤や還元剤によって電導度が変化する性質を利用して，酸化性や還元性の性質を持つガスのセンサーとして機能する。

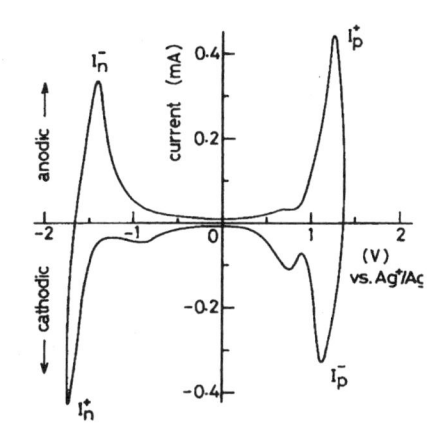

図3 電解液，0.2M Bu$_4$NBF$_4$/アセトニトリル中のポリチオフェン薄膜の電気化学的ドーピングにおける，サイクリックボルタモグラム
Ip$^+$，Ip$^-$はそれぞれ，マイナスイオンのドーピングによる酸化と還元ピーク電流。In$^+$，In$^-$はプラスイオンのドーピングによる還元と酸化ピーク電流。

電解液中の導電性高分子に電圧をかけることによって，酸化剤や還元剤に代わって電極から電子を導電性高分子に注入したり取り除いたりすることができる。これは電気化学的な酸化・還元で，かける電圧の極性や大きさによって，酸化・還元の度合いを任意に調整することができる。しかも，電流の大きさや電圧によって，HOMOやLUMOのエネルギー準位を知ることができ，いわゆる，電子スペクトロスコピーが可能である。更に電解液中の正イオンや負イオンの拡散の大きさなどによって電流の大きさが変化するので，電解液中のイオン濃度や拡散係数などの定量が可能である。図3にポリチオフェン薄膜を電解液中で電気化学的に酸化・還元したときの，いわゆるサイクリックボルタモグラム（CV）を示す[1]。電解液を完全に乾燥させ，酸素を取り除くことによって，n型ドーピングをp型ドーピングと同様にすることができる。同時に測定したポリチオフェン薄膜の吸収スペクトルの変化を図4に示す。吸収スペクトルの変化によっても，導電性高分子フィルムの酸化や還元の状態や割合を知ることができ，センサーとして利用すること

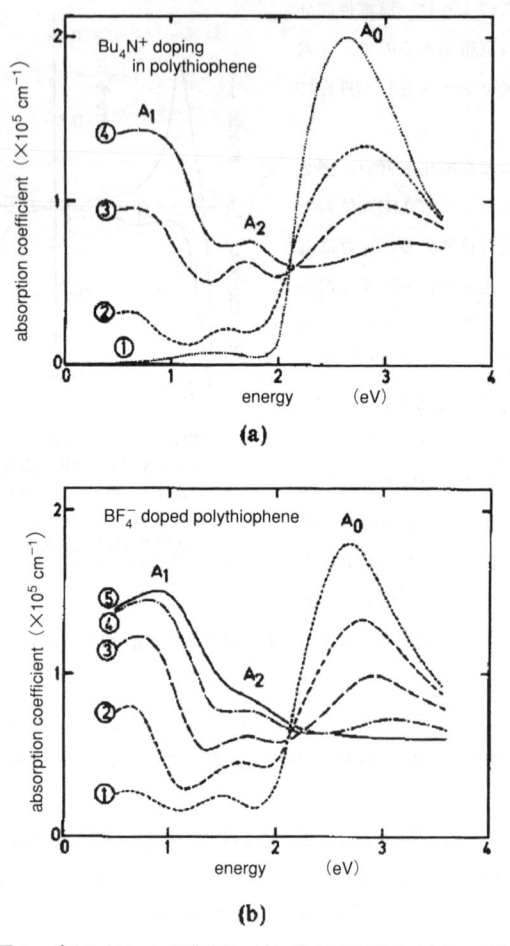

図4 ポリチオフェン薄膜のドーピングによる吸収スペクトルの変化
(a) Bu_4N^+による還元過程，①中性，②-3V，③-3.16V，④-3.2V
(b) BF_4^-による酸化過程，①中性，②+2.8V，③+3.0V，④+3.2V，⑤+3.4V 電圧は対向電極に対する電位．

ができる．興味ある点として当然のことながら，吸収スペクトルから見積もられる禁止帯幅と，サイクリックボルタモグラムからn型ドーピングとp型ドーピングが起こる電位の差がほぼ等しいことがあり，いずれもそのエネルギー帯に状態密度があることを示している．

第Ⅱ章 導電性高分子の応用の可能性

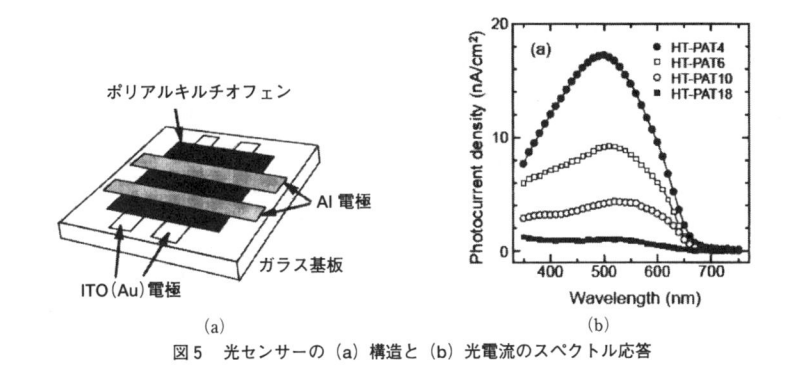

図5 光センサーの（a）構造と（b）光電流のスペクトル応答

9.3 光センサー

　半導体であれば，光電導や光起電力効果が起こり光センサーとして機能する。光電導素子とは，光照射によって材料に励起子が生成され，これがキャリアとなって抵抗値が減少するもので，一般に高速に応答する。一方，ショットキー接合やpn接合の接合部に光が当たることによって，接合界面の内部電場によってキャリアが一方向に流れることによって電圧が発生するのが光起電力効果で，太陽電池はその一つである。材料のバンドギャップの大きさと光の吸収係数および内部変換効率によって，光の波長による感度や効率が決まる。バンドギャップの異なる材料を用いることによって，特定波長のカラーセンサーが可能となる。

　図5に導電性高分子のポリアルキルチオフェン（PAT）を用いた光センサーの構造図と光電流のスペクトル応答を示す[2]。AlとPATの界面はショットキー接合を作り，内部電場によって光起電力が生じる。一方，Auあるいは透明電極（ITO）とPATはオーミック接合を作る。光はAl電極から照射することによって，Al側にマイナスの起電力が生じる[3,4]。側鎖が短い方が大きい光電流が流れ，これは側鎖が短い方がキャリアの移動度が大きいことによる。光電流のスペクトル応答はPATの吸収とよく一致しており，光キャリアはショットキー接合による内部電場によって，効率よく生成されていると推定される。電極をAu/PAT/Auの構造にすると，外部電圧を印加しても光キャリアは生成されにくく，また，光起電力は起こらない。

9.4 バイオセンサー

　バイオセンサーのほとんどは，生化学的な対象物の認識過程で電気化学的に活性な種を生み出すことを使って，その活性種を電気化学的な電流で検知するものである。例えば，フェノールのバイオセンサー[5]は，図6に示すように，酸化酵素であるチロシナーゼがフェノールを酸化して，カテコールからキノンが生成されると，キノンは2価のヘキサシアノフェレート（Ⅱ）を酸化し

145

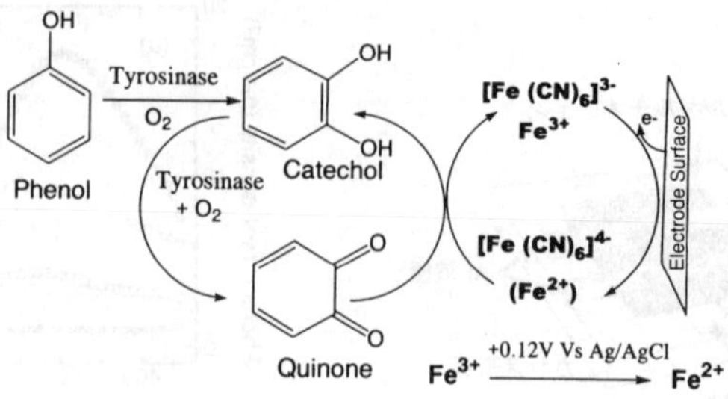

図6 フェノールのチロシナーゼによるバイオセンサーの電気化学的サイクル

て3価のヘキサシアノフェレート（Ⅲ）を生成する。電気化学的にはヘキサシアノフェレート（Ⅲ）を還元する電流を検知してフェノールの存在を定量的に検知することができる。

　バイオセンサーの作製は，電極にいかに酵素を固定化するかが問題で，これまで多くの電極材料の検討がなされてきた。電極表面に導電性高分子フィルムをコートして，その中に酵素を固定化する方法が多く取られている。導電性高分子をコートした電極は，作製プロセスをコントロールして微少電極基板上に酵素を固定化して多層構造にすることができる。導電性高分子として，ポリピロール[5〜11]，ポリアニリン[12]，ポリチオフェン[13,14]およびポリ（o-アミノ安息香酸）[15]などが用いられている。これらの導電性高分子の中でポリピロールが酸化されやすいこと，化学的に安定で安価であることから，最もよく研究されている。

　現在，酵素や電気化学的に活物質の固定化には二通りの方法がある。一つはピロールのN位に，ポリフィリン[16]，ポリピリジル化合物[6]，フェロセン[17]やビオロゲン[18]などの電気化学的に活性なグループを付加するもの。もう一つは，電解液に触媒材料を一緒に入れて電解重合を行って触媒材料を取り込む方法である。これまでに，グルコースオキシダーゼやコレステロールオキシダーゼなどの酵素をポリピロールの電解重合液に入れて電解重合を行い，これらの酵素をポリピロールに固定化してグルコースやコレステロールを電気化学的に検知するバイオセンサーが作製されている[7,19]。最近，チロシナーゼ酵素と酸化還元体としてヘキサシアノフェレート（Ⅱ）イオンをポリピロールフィルムに固定化して水溶液中のフェノールの電流による検知器[5]が作られている。図7はこのようにして作製した酵素センサーのフェノール濃度をパラメータとするCVである。フェノール濃度が増加すると還元電流が増加していることが分かる。図8（a）に定常電流に近い時間領域での還元電流の応答を示す。電流値の大きさとフェノール濃度の関係を図8（b）に示すように，数μMから100μMの2桁近いダイナミックレンジを持つセンサーであることが分かる。酵素の長寿命化と検知範囲の広領域化が今後の課題と思われる。

第Ⅱ章 導電性高分子の応用の可能性

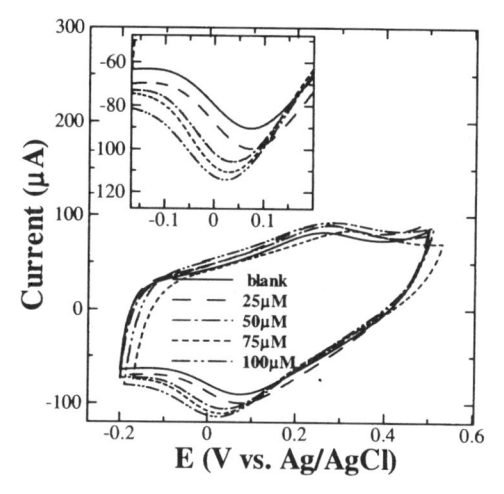

図7 サイクリックボルタモグラムのフェノール濃度依存性

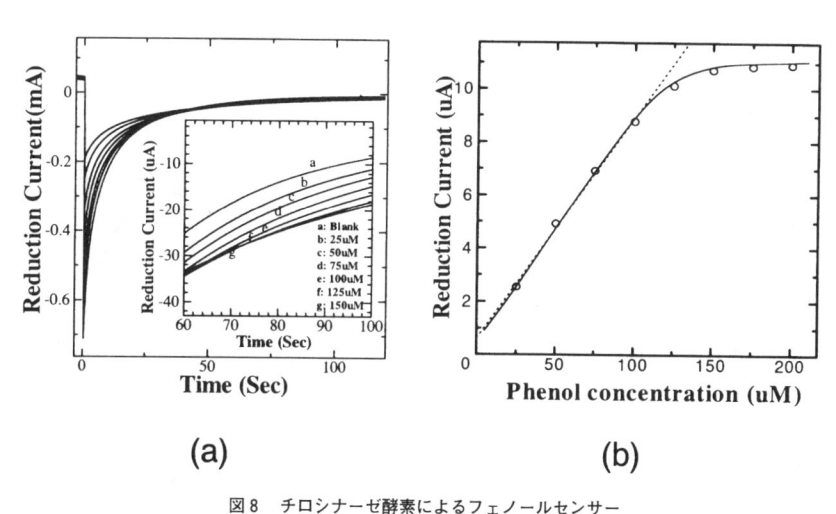

(a)   (b)

図8 チロシナーゼ酵素によるフェノールセンサー
(a) 還元電流の時間応答および (b) 還元電流のフェノール濃度依存性

一般的によく使われる酵素の固定化に，酵素を母材に物理的に吸着させる方法がある。ポリピロールのフィルムにコレステロールオキシダーゼを浸み込ませて固定化して，医学的に重要なコレステロールを電流によって検知するセンサーが作られている[21]。また，同様な方法で，導電性高分子のポリピロールを用いて有毒な化合物のフェノール化合物の検知素子[21]がある。

147

大きなドーパントイオンとなるp-トルエンスルホン酸（PTS），ドデシルベンゼンスルホン酸（DBS）などを用いてポリピロールのフィルムを電解重合すると，得られるフィルムは多孔質のものが得られる[20]。多孔質のフィルムは酵素を固定化する上で非常に効果的である。PTSをドープしたポリピロールは多孔性でかつ電導度およびバイオ互換性の点から，興味が持たれる。PTSイオンにより作製できる導電性ポリピロールにチロシナーゼの酵素を固定化したバイオセンサーが作られ，水中の極微量のフェノール化合物の検知が可能である[22]。

いろいろな種類の電気化学的特性を持つ基を重合前にピロールのモノマーに付加して，電解重合によりフィルムにすることができる。例えば，ピロールにフェロセンを付加してポリ［3-（6-フェロセニル-6-ヒドロキシル）ピロール］を合成した後，電解重合してグルコースセンサーを作製した例がある[23]。この方法を用いて，ピロールを化学修飾して酵素を捕捉することもできる[24~26]。即ち，シアノエチルピロールをアミノプロピール[24]に変換して電解重合によりフィルムを作製する。ピロールのN位置にアミノ基を付加して，チロシナーゼ酵素のCOOH基とペプチド結合により酵素を固定化することも試みられている[25,26]。このようにピロールモノマーに酵素を共有結合により固定化して水溶液中のフェノール化合物を電流測定によるセンサーが開発されている。

9.5 ガスセンサー

ガスには酸化性ガスと還元性ガスがあり，車の排ガスには窒素酸化物や硫黄酸化物で多くは酸化性ガスである。また，都市ガスなど燃料のガスや不完全燃焼の一酸化炭素などは還元性ガスである。導電性高分子の性質として酸化・還元に対して，電導度は敏感に応答することを利用して，ガスセンサーが開発される。使用環境としては，常時大気にさらされる場合が多く，導電性高分子自体の安定性に問題があり，ほとんど実用化されていない。例として，ポリチオフェン（PT）とポリパラフェニレンビニレン（PPV）のNH$_3$ガスセンサー[27]について紹介する。

図9にPTおよびPPVの電導度のNH$_3$ガス

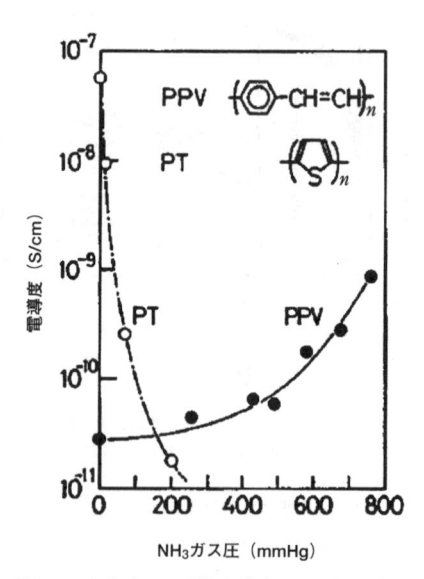

図9　PTおよびPPVの電気伝導度のNH$_3$ガス圧依存性

第Ⅱ章　導電性高分子の応用の可能性

圧依存性を示す。PTの場合，大気中の酸素によって，わずかに酸化された状態からNH₃に曝されるので，結果的にはNH₃ガスによって中性状態に引き戻される（補償される）ので電導度は低下する。低いガス圧に対して高い感度を持つ。一方，PPVは高いNH₃のガス圧ではあるが，電導度が増加する傾向が見られる。光誘起吸収や発光，ESRの測定などから，NH₃ガスによるn型ドーピングの可能性を探ったが，いずれもPTと同様に，中性状態に補償されていることを示す。結局，NH₃ガスによるPPTの電導度が増加する詳細な理由はよく分からない。

9.6　放射線センサー

電子線，X線，γ線，中性線など高いエネルギー線は人類だけでなく，生物すべてに重大な問題を引き起こす。これらの高エネルギー線に対して，ガイガーカウンターやフィルムバッジなどさまざまな検知器が用いられているが，必ずしも感度，取り扱い，測定方法など十分に満足できるものではない。例えば，高分子の三酢酸セルロースが電子線モニターとして用いられるが，測定線量は10MR以下で，それ以上は飽和する。また，放射線量を測定するのに，紫外光の吸収を使うので，簡単に目視できない。

導電性高分子はπ電子の酸化・還元により導電率が大きく変わることから，放射線量に対しても導電率の大きい変化が期待できる。ポリアセチレンとポリチオフェンの導電性高分子そのものおよびSF₆ガス存在の元で電子線照射を行い，電導度や光吸収スペクトルの照射量依存性の測定から，導電性高分子が広い線量で良好に電子線を検知できることが明らかになっている[28,29]。

導電性高分子を用いた電導度測定用および光吸収スペクトル用の放射線センサーの構造を図10に示す。トランス型ポリアセチレンは100Mradの電子線照射によって若干の電導度の低下はあるもののその変化は少なく，耐電子線照射性が高い。ところがシス型ポリアセチレンでは120Mradまでの照射で約2桁の電導度の増加が見られ，電導度は10^{-8}S/cmに至る。これは熱による異性化ではなく，電子線誘起によるトランス型ポリアセチレンの異性化と考えられる。ところがSF₆ガス存在の元では，電子線の照射によって更に顕著な導電率の変化を示す。例えば，図11（a）

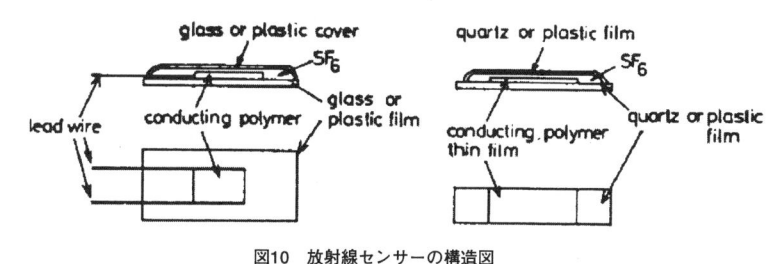

図10　放射線センサーの構造図
(a) 電導度の測定用，(b) 吸収スペクトル測定用

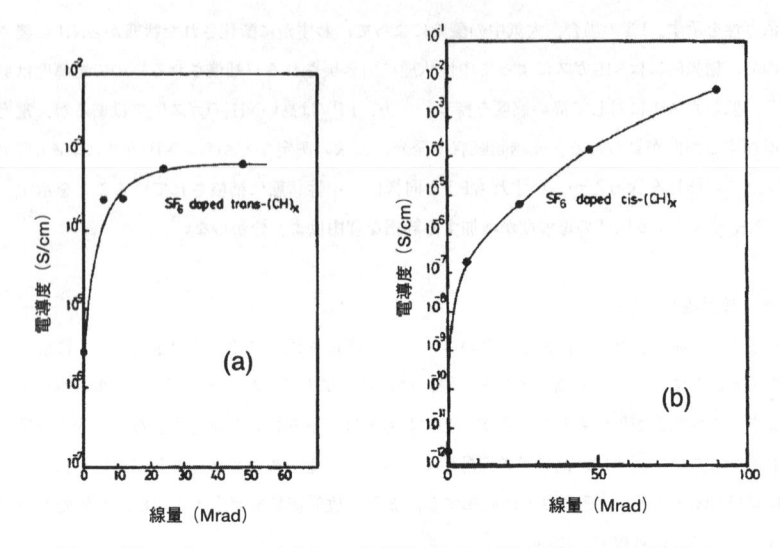

図11 ポリアセチレンのSF$_6$存在下での放射線照射による電気伝導度のドーズ量依存性
(a) トランスポリアセチレン, (b) シスポリアセチレン

に示すように，SF$_6$ガス存在下では，トランス型ポリアセチレンは未照射の電導度が3×10^{-6} S/cmから10Mradの電子線照射で3×10^{-4} S/cmに2桁ほど上昇する。更に50Mrad照射するとほぼ5×10^{-4} S/cmとあまり増加せずに飽和する。SF$_6$は不活性なガスなので，ポリアセチレンと直接には酸化・還元剤として働かない。従って，この電導度の増加は放射線がSF$_6$ガスを分解させて，フッ素によるドーピングが一部起こっているものと考えられる。

一方，シス型ポリアセチレンはSF$_6$ガス存在で電子線を照射すると，図11 (b) に示すように未照射の電導度が10^{-12} S/cmから90Mradの照射で10^{-2} S/cmと10桁も増加する。また，電子スピン吸収の線幅は電子線照射によって，6Gから0.4Gへと大きく減少し，動きやすいキャリアが生成されたことを示す。SF$_6$ガスの存在下でシス型ポリアセチレンはシス-トランスの異性化とガスのドーピングとの相乗効果で大きな電導度の変化として観測される。

ポリチオフェンもポリアセチレンと同様に，SF$_6$ガス存在の元で図12 (a) に示すように，150Mradの照射で電導度が放射量に対して指数関数的に5桁ほど増加する。更に，吸収スペクトルは図12 (b) に示すように，明らかに劣化とは異なって，酸化・還元によるドーピング効果と同じ変化を示しており，SF$_6$ガスの分解によるフッ素のドーピングの効果を示している。この吸収スペクトルの変化は顕著に見られ，真紅の色から放射によって青みがかったくすんだ赤色に変化する。このように，導電性高分子は電導度や薄膜に色を観測することによって広いダイナミック

第Ⅱ章　導電性高分子の応用の可能性

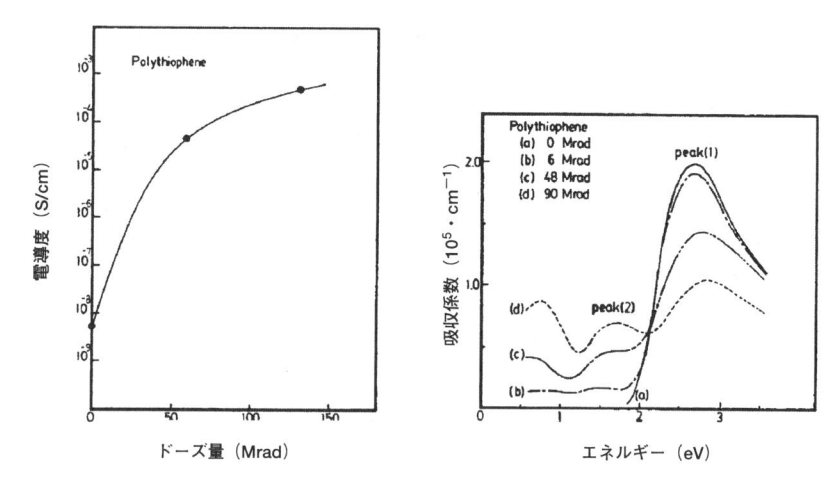

図12　ポリチオフェンのSF$_6$存在下での放射線照射による　(a) 電気伝導度の
ドーズ量依存性, (b) 吸収スペクトルのドーズ量依存性

レンジで電子線などの放射線センサーとして良好であることが分かる。

9.7　ウラニルセンサー

バイオセンサーのところでも述べたように, 導電性高分子は電解重合の過程でマイナスイオンを取り込んで重合されるので, マイナスイオンを化学修飾することによって, その性質を導電性高分子フィルムに付与することができる。図13はカリクサレンと呼ばれる化合物で, コップのような立体構造をしている。コップの大きさはフェニルスルホン酸の数を変えることによって大きくあるいは小さくすることができる。その大きさが特定の分子の大きさに合うと, その分子を中に取り込むことができ, 分子の大きさを認識する分子として興味がもたれている[30]。フェニルスルホン酸が6個連なったカリクサレン [6] は, ウラニルUO_2^{2+}と相性がよく, 高い認識度と選択性で中に取り込むこ

図13　カリクサレン [6] の分子構造

導電性高分子の最新応用技術

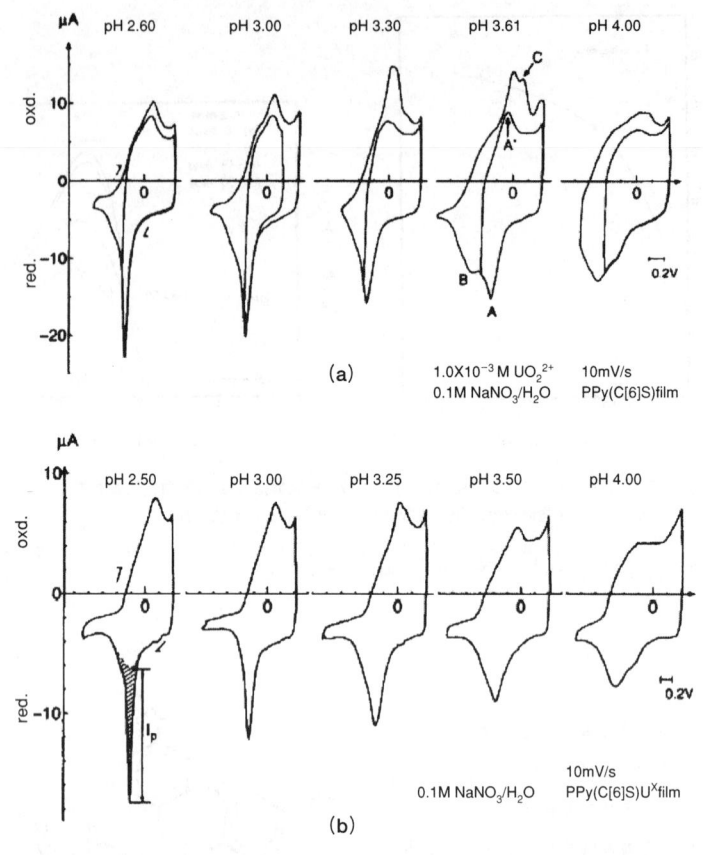

図14 ポリピロールにドープしたカリクサレンによるウラニルの固定化
(a) 電解液にウラニル存在下のCV, (b) カリクサレンに固定化
されたウラニルのCV。参照電極はSCE。

とから,海水中のウラニウム固定化する方法として研究されている[30]。カリクサレンはマイナスのスルホン基を持っているので,ポリピロールを電解重合する際のドーパントとして利用することができる[31]。

カリクサレン[6]をドーパントとして,電解重合によりポリピロールのフィルムを作製し,ウラニルが存在する電解液中でCVを測定することによりウラニルの存在を確認し,更に,そのフィルムをよく洗浄して,ウラニルがカリクサレンに固定されるかどうかをCVにより測定した。図14 (a) にこのフィルムを用いて,ウラニルが存在する電解液中でのCVを示す。-0.2Vにウラニルの特徴的な還元ピークが見られ,pHの低下と共に顕著に現れることが分かる。このフィル

第II章 導電性高分子の応用の可能性

ムを水で洗浄して，再度CVを測定した例を図14（b）に示すように，ウラニルが洗浄によって洗い流されないことが確認できる。カリクサレンのような包摂化合物は分子認識のセンサーや固定化媒体として，興味ある材料である。

9.8 おわりに

これまで述べてきたように，導電性高分子を用いたセンサーはそのいろいろな機能を活用して多様な研究がなされている。特徴的なものは，導電性高分子の導電性，電気化学活性，柔軟性，多孔質性でありこれらを総合的に利用できるセンサーとして，酵素の固定化によるバイオセンサーである。これは，未開拓の分野で今後大いに発展が期待できる。

文　　献

1) K. Kaneto, S. Ura, K. Yoshino and Y. Inuishi, "Optical and Electrical Properties of Electrochemically Doped n-and p-type Polytiophenes" *Jpn. J. Appl. ,Phys.*, **23**, No.3, Mar. L189-L191 (1984)
2) K. Kaneto, K. Takayama, W. Takashima, T. Endo and M. Rikukawa, "Photovoltaic Effect in Schottky Junction of Poly (3-alkylthiophene) Al with Various Alkyl Chain lengths and Regioregularities", *Jpn. J. Appl. Phys.*, Vol.41, Part 1, No.2 A, 675-679 (2002)
3) K. Rikitake, W. Takashima and K. Kaneto, "Photovoltaic Properties in Poly (3-alkylthiophene) based Heterojunction Cells" ,*Current Applied Physics*, Vol. 3 (2-3), pp107-113 (2003)
4) K. Kaneto and W. Takashima, "Contact Resistance at Nano interface of Conducting Polymers, poly (3-alkylthiophene) and Metals of Al and Au", *IEICE Transaction on Electronics*, Vol.E87-C, No.2, February, pp. 148-151 (2004)
5) Rajesh, S.S. Pandey, W. Takashima and K. Kaneto, "Amperometric tyrosinase based biosensor using an electropolymerized PTS-doped pyrrole film as an entrapment support, *Current. Applied. Physics*, in press (2004)
6) S. Cosnier, A. Dernozier and J. C. Moutet, *J. Electroanal. Chem.*, **193**, 193 (1985)
7) Y. Kajiya, R. Tsuda and H. Yoneyama, *J. Electroanal. Chem.*, **301**, 155 (1991)
8) S. Cosnier and C. Innocent, *J. Electroanal. Chem.*, **328**, 361 (1992)
9) S. Cornier, J. Fombon, P. Labbe and D. Limosin, *Sensora and Actuator*, **B 59**, 134 (1999)
10) J. C. Vidal, E. Garcia and J. R. Castillo, *Analytical Sciences*, **18**, 537 (2002)
11) K. Ramanathan, N.S. Sundaresan and B. D. Malhotra, *Electroanalysis*, **7**, 579 (1995)
12) M. Gerard, A. Chaubey and B.D. Malhotra, *Biosensors Bioelectronics*, **17**, 345 (2002)
13) C. Vedrine, S. Fabiano and C. Tran-Minh, *Talenta*, **59**, 535 (2003)

14) R. Singhal, A. Chaubey, T. Srikhirin, S. Aphiwantrakul, S.S. Pandey and B.D.Malhotra, *Current Applied Physics*, **3**, 275 (2003)
15) K. Ramanathan, S.S. Pandey, Rajesh Kumar, A. Gulati, A. Surya, N. Murthy, B.D.Malhotra, *J. Applied Polymer Science*, **78**, 662 (2000)
16) A. Betteiheim, B. A. White, S. A. Raybuck and R. W. Murrey, *Inorg. Chem.*, **26**, 1009 (1987)
17) N. C. Foulds and C. R. Lowe, *Anal. Chem.*, **60**, 2473 (1988)
18) L. Coche and J.C. Moutet, *J. Electroanal. Chem.*, **224**, 112 (1987)
19) C. Iwakura, Y. Kajiya and H. Yoneyama, *J. Chem. Soc. Chem. Commun.*, 1019 (1988)
20) A. Kumar, Rajesh, A. Chaubey, S.K.Grover and B.D. Malhotra, *J. Applied. Polymer Science*, **82**, 3486 (2001)
21) Rajesh, S.S. Pandey, W. Takashima and K. Kaneto, *J. Applied. Polymer Science*, in press (2004)
22) Rajesh, W. Takashima and K. Kaneto, *Reactive and Functional Polymer*, in press (2004)
23) T. Inagaki, M. Hunter, X.Q. Yang, T. A. Skotheim and Y. Okamoto, *J. Chem. Soc. Chem. Commun.*, 1019 (1988)
24) Rajesh and K. Kaneto, *Current Applied Physics*, 2004, Accepted, in press.
25) Rajesh, W. Takashima and K. Kaneto, *Trans. Mat. Res. Soc. -J.*, 2004, in Press.
26) Rajesh, W. Takashima and K. Kaneto, *Sensors and Actuator B*, 2004, Communicated.
27) Hal Bon Gu, T. Takiguchi, S. Hayashi, K. Kaneto and K. Yoshino, "Effects of Ammonia Gas on Properties of Poly (p-phenylene vinylene)", *J. Phys. Soc. Jpn.*, **56**, No.11, Nov., pp3997-4002 (1987)
28) 吉野勝美, 林 重徳, 石井 学, 河野康孝, 金藤敬一, 奥部慈朗, 守屋友義,「導電性高分子を用いた放射線検知素子」, 高分子論文集, **41**, No.4, Apr., 177-182 (1984)
29) K. Yoshino, S. Hayashi, Y. Kohno, K. Kaneto, J. Okube and T. Matsuyama, "Electrical and Optical Properties of Polythiophene Irradiated with Electron Beam in the Presence of SF6 and Their Application as Radiation Detector", *Jpn. J. Appl. Phys.*, **23**, No.4, Apr., L198-L200 (1984)
30) S. Shinkai, H. Kawaguchi, O. Manabe, *J. Polym. Sci. C, Polym. Lett.*, **26**, 391 (1988)
31) K. Kaneto and G. Bidan, "Electrochemical recognition and immobilization of uranyl ions by polypyrrole film doped with calyx[6]arene", *Thin Film Solids*, **331**, pp 272-278 (1998)

10 導電性高分子のER流体への応用

倉本憲幸*

10.1 はじめに

ER（エレクトロレオロジー）流体は電場の有無により，電気的にレオロジー特性が変化して固体と液体を可逆的に行き来できる電場応答性材料である。大きく分けて電気絶縁性溶媒に固体粒子を分散して成る不均一分散系と，液晶を用いた均一系との2種類のER流体が提案されている。ここでは導電性高分子粒子を分散させて成る分散系ER流体について，導電性高分子の応用の一つとして取り上げる。

分散系ER流体は，シリコンオイル（ポリジメチルシロキサン）などの電気絶縁性液体の分散媒の中に，固体微粒子を分散させた懸濁液である[1]。この懸濁液は電場のない状態では流動性の高い液体であるが，電場をかけると高粘度の粘稠な物質に変化し固体状態となる。この変化が可逆的で，迅速に起こるという特性を持っており，電気信号を機械信号に変換できるインターフェイスを構成できる材料であり，実用化されればその影響の大きさからトランジスターにも相当すると注目されている[2]。ER流体の最も注目すべき特徴は，流体の粘性を電場によってコントロールできることであり，この特徴を利用すると，従来になかった様式の高精度の電気信号—機械信号への変換システムが構成できることである[3]。ＥＲ流体の応用利用は種々考えられているが，主として自動車関連において提案がなされている。自動車におけるエンジンマウントなどを中心に各種機械装置の振動制御，ER流体を用いたクラッチ，高速応答弁，アクチュエーターなど新しい機能性材料として注目が集まっている[4]。また粘性の変化が自由に可逆的に行えることから，ロボットの柔らかな触手材料などへの提案もなされており[5]，電圧という電気信号を力学的信号に変換できる材料として大きな可能性を秘めている材料である。しかしながら，現状の分散系ＥＲ流体は粘度の増加率，使用可能温度，分散安定性，応答速度などの問題を抱えており，これらの問題点の克服が課題となっている[6]。

いままでにER流体の分散質として主としてイオン性の表面を持った粒子が使用されてきた。イオン交換樹脂，シリカゲル，微結晶性セルロースなどであるが，これらの粒子はイオンを取りまく電気二重層モデルによって説明されており，ER効果の発現には水の存在が不可欠である。従って高温下においては徐々に水が失われていくため，使用可能温度に問題を残している[7〜11]。それに対して強誘電体粒子，半導体粒子，導電体と絶縁体からなる複合粒子，炭素質粒子，導電性高分子などの水の存在を必要としない粒子が提案され，それらのER効果が測定されている[12〜16]。

ポリアニリンは導電性高分子の中でも特に安定性に優れており，合成も容易であることから

---

* Noriyuki Kuramoto 山形大学大学院 理工学研究科 生体センシング機能工学専攻 教授

種々の応用が試みられており[17~19]、特に二次電池の材料として導電性高分子のうちで最初に実用化された材料である。我々は分子構造を化学的に修飾することができて電子分極によりER効果を示すポリアニリンを分散質とするER流体について研究を行ってきた。ドープ状態と酸化還元状態の異なる4種のポリアニリンとER効果との関連、及びポリアニリンの骨格をアシル化などの修飾を行ってER活性との関連を明らかにした。特にイミノジキノン構造がER効果の発現にとって必須であることを明らかにしており、電気化学活性なポリアニリンの骨格におけるキノンジイミン構造とフェニレンジアミン構造との比が導電性と誘電率に大きく関係することを見出している。さらにポリアニリンの誘導体は置換基の立体障害によりプロトン化された状態で導電性も低く、ER流体として良好な性質を示すことを見出した。

いままでに有機及び無機粒子の表面をポリアニリンで被覆し、その微粒子を絶縁性の溶媒に分散させてER流体としての応用を試みた[20]。アニオン性の酸性基で覆われた表面を持つ各種無機及び有機粒子の存在下でアニリンを酸化剤により酸化重合させ、表面がポリアニリンで覆われた複合粒子の製造方法及びその粒子を用いるER流体を作製した。これは、アニリンが酸化重合の際、無機、有機材料の表面に結合して重合成長して表面を覆うことができることから、有機物質、無機物質、いずれの物質であっても良く、導電性モノマーの酸化重合と同時に、表面にある負の荷電基がポリアニリンの生成と同時に取り込まれることにより、表面の負の荷電基を被覆することが行えることを特徴とする。そしてこのようにして得られたポリアニリン被覆粒子を分散質とし、シリコーン油などの耐電流電圧性の溶媒を分散媒として分散させ、良好なER流体の作製方法を見出した。ER流体の示す電場による粘性及び応力変化をER効果（エレクトロレオロジー効果）というが、ポリアニリンのER効果の発現は水の存在を必要とせず、電子分極によるものと考えられ、高温での使用においてもER効果を発現する。また、このポリアニリン被覆粒子は外部のpHを変化させるだけで、容易に誘電率を変化させうる材料である。ER効果は溶媒と分散質の誘電率の違いによって発現すると考えられており、このポリアニリン被覆粒子は誘電率をpHによって容易に変化しうる物質であることから、簡単な処理によって効果的なER効果を生ずる材料として期待される[21~24]。

また、ポリアニリン被覆粒子分散剤は用いる芯物質の形状に合わせて、種々の形状に加工できることが特徴であり、酸化重合によって得られるポリアニリンは粉末状であるが、芯物質によっては球状形態から楕円状、平板状、糸状などと各種芯物質の形状に作製することができる特徴を持つ。表面に存在するポリアニリンは、酸化重合直後は導電性が高いため電場下で電流が流れてしまいER流体には適さないが、周囲のpHを調節処理することで導電性を低下させER流体の分散質として用いることができる。

このようにポリアニリンは外部pHの変化だけで容易にその導電率つまり誘電率を変化させる

第Ⅱ章　導電性高分子の応用の可能性

ことができるため，他の導電性高分子のように酸化還元状態やドーパント濃度を変化させる処理を行うことなく，水の酸性度，塩基度を調節するだけで導電率，つまりER効果の発現に関係する誘電率を容易に変えることができる材料である。さらにポリアニリンは従来のER流体の分散質が抱えていた問題点である高温での使用安定性について，ER効果の発現機構が従来型の水を必要とするイオン分極機構と異なり電子分極機構で発現するため，100℃以上の高温においても効果を示すことが分かっている。ここでは現状の分散系ER流体における問題点である粘度の増加率，使用可能温度，分散安定性，応答速度などの問題の克服のためにポリアニリンを修飾し，分散剤として用いる試みを紹介する。

10.2　高分散性ポリアニリン被覆粒子の合成とそのER効果

分散性の向上指針：分散溶媒との組み合わせによって分散性は影響されるが，分散溶媒としては電気絶縁性などの優れた電気特性を有する種々のシリコンオイルを用いて検討を行った。またポリアニリンの修飾方法については，特に次のような方法を用いて作製を行った。

(1) シリコンオイルと馴染みやすい構造をポリアニリンの骨格に導入する。ポリアニリン骨格にアルキル基やアシル基を導入したポリアニリンの誘導体粒子の合成やアニリンの誘導体の酸化重合を行うことにより，導電性を調整したポリアニリン誘導体の合成を行う。

(2) 分散媒であるシリコンオイルと分散質粒子の比重を同一にすることで分散性の良い粒子を分散する。そのために比重の小さいポリスチレン微粒子をポリアニリンによって被覆する。

10.3　実験方法と測定
10.3.1　各種ポリアニリン誘導体の作製と懸濁液の調整とER効果（エレクトロレオロジー効果）の測定

ポリアニリン塩酸塩を合成して，アンモニアで処理することでエメラルジン塩基とした。さらにこのポリアニリンとオクタノイルクロリドを反応させることにより，N-オクタノイル置換ポリアニリンを合成した。N-オクタノイル置換ポリアニリン粒子についてシリコンオイルに分散させてER流体とした。

アニリン誘導体（アニシジン，トルイジン）をアニリンの酸化重合と同様に過硫酸アンモニウムによって酸化重合し，それぞれのポリアニリン誘導体を合成した。それらの各種ポリアニリン誘導体の粒子についてシリコンオイルに分散させてER流体とした。

表面をポリアニリンで被覆したポリスチレン—スチレンスルホン酸ラテックスの有機微粒子を合成した。さらにこれらの粒子をアンモニア水でアルカリ処理，脱ドープすることで表面の導電性を低下させて，シリコンオイルに分散させてER流体を作製した。

これらの各種ポリアニリン誘導体の粒子について，回転二重円筒型粘度計によって電場印加による粘性変化および応力変化等ER効果を評価した。その際試料は，水の影響を無くすために100℃で12時間真空乾燥して用いた。

10.3.2 各種ポリアニリン誘導体粒子のER効果の応答速度の測定

平行平板型レオメーターは下部平板をスライドさせて，上部平板で張力を検出するレオメーターである。また上下の平板には電極が取り付けられており，電場の印加が可能である。この平板間にER流体を充たし，ステップ電場印加時の応力の立ち上がりに注目してER流体の応答時間を求め，流体の応答速度を評価した。定常流動下のER流体にステップ電場を印加し，電場印加直後の応力の過渡応答を測定した。歪み速度0.4〜3.9sec^{-1}で電場強度3kV/mm〜4kV/mm，測定は室温で行った。シリコンオイルに粒子濃度10wt%で分散させて試料分散液とした。また試料に含まれる水の影響をなくすため，分散前に試料粒子を真空下で乾燥させた。

10.3.3 分散安定性の評価

ポリアニリン誘導体粒子の試料をシリコンオイル，KF-96（ジメチルシロキサン，30cSt），とKF-54（メチルフェニルシロキサン，400cSt）に10wt%の重量比で，超音波で1時間分散させた後，自然放置，または遠心分離を行い，沈殿を生じて分離する透明上澄みの体積で分散安定性を評価した。

KF-96はジメチルポリシロキサン構造を持ったシリコンオイルで温度による粘度変化は25℃で1.0とした場合，150℃で0.183に変化し，比重も25℃で0.960から150℃で0.857へと変化する。分子間の凝集エネルギー密度が小さいため，溶解度係数の比較的小さい溶剤にはよく溶解するが，極性溶媒には溶解しない。一方KF-54はジメチルシロキサンとジフェニルシロキサンとの共重合物であり，フェニルの含有率が多く，25℃で1.0とした時に100℃で0.103, 150℃では0.0446，比重は25℃で1.074から150℃で0.984へと変化する。どちらも電気特性は温度や周波数の変化にもほとんど影響を受けず，絶縁破壊の強さは鉱物系のオイルよりも優れている。

10.4 結果と考察

10.4.1 分散性

ポリアニリンの骨格をオクタノイル基で置換したポリ（N-オクタノイルアニリン）は，シリコンオイルKF-54（メチルフェニルシリコンオイル）にはなじみが非常に良く，長期間静置しても沈殿を生じなかった。しかしながらシリコンオイルKF-96（ジメチルフェニルシリコンオイル）に分散させた場合には一日で沈殿分離を生じたことから，ドデシル基とKF-54中のフェニル基との間の相互作用によって，フェニル置換されたシリコンオイルとの親和性が増すため良好な分散性を保ったものと思われる。

第Ⅱ章　導電性高分子の応用の可能性

またスチレンとスチレンスルホン酸との共重合体は表面に強酸性基を持っているため,ポリアニリンによる被覆が簡単に行えるが,ポリアニリン生成の過程でポリスチレン粒子の凝集が生ずると思われ,ポリスチレン凝集物の被覆体となっている。しかしながら,個々の粒子径は十分に小さいため,ポリアニリンで被覆しアルカリ処理した後の粒子においても十分な分散性を示し,KF-54においては長期間静置後も全く沈殿,分離を生じなかった。ただKF-96に分散させた場合においては,4日静置後より分離を生じて沈殿が生じ,KF-54よりも分散性は劣るものとなった。

10.4.2　ポリアニリン誘導体粒子のER効果の測定

ER効果の測定は回転円筒二重型粘度計を用いて行い,粒子分散濃度を10wt%としてER流体を作製し,剪断速度と剪断応力,粘度の関係を求めた。オクタノイル化ポリアニリンについて表1に測定結果を示したが,ER特性が非常に良好であった。ポリアニリンを塩基で処理すると脱ドープ状態となってエメラルジン塩基が得られるが,このエメラルジン塩基は良好なER特性を示すことが知られている。このエメラルジン塩基とオクタノイル化ポリアニリンについて比較を行った。剪断速度が$200sec^{-1}$, $500sec^{-1}$, $1000sec^{-1}$の各剪断速度において測定を行った。エメラルジン塩基が電場のない状態で粘性が高いのに対して,オクタノイル化ポリアニリンは粘性が低く,電場を1kVから3kVと印可電場を大きくするにつれて,剪断応力が追随して大きく変化するのが分かる。エメラルジン塩基の変化量に比べて,オクタノイル化ポリアニリンの場合は増加量が大きく顕著なER効果を示すのが分かる。さらに4kVの電圧を印可するとトルクオーバーとなって測定不可能となって,非常に大きな応力応答を示した。

ついでポリアニシジン(PANs)をシリコンオイルに分散して得られたER流体を回転円筒二重型粘度計を用いて測定した応力―歪み曲線を示した(図1)。電場のない状態ではニュートン流体としての挙動を示して液体状態であるが,電場下でビンガム流体挙動を示して,固体状態となることを示している。特に1kV/mmから1.3kV/mmに電圧を印可したときの変化量が大きく表れており,電場の印可量に対してER効果を示す指標である降伏応力の値が指数関数的に増加することを示している。また平行平板レオメーターを用いてポリアニシジン,ポリアニシジンで被

表1　ポリ(N-オクタノイルアリニン)(Oct-PANI)とエメラルジン塩基(EB)を分散質とするER流体の種々の電場下における剪断応力

E(kV)	τ (Pa)			
	Oct-PANI($200s^{-1}$)	Oct-PANI($500s^{-1}$)	Oct-PANI($1000s^{-1}$)	EB($1000s^{-1}$)
0	34.6	85.9	160.8	257.8
1	63.0	115.4	171.0	263.4
2	140.5	192.3	214.7	273.0
3	219.0	270.2	283.3	287.8
4	△	△	△	△

△:トルクオーバー(>325Pa)

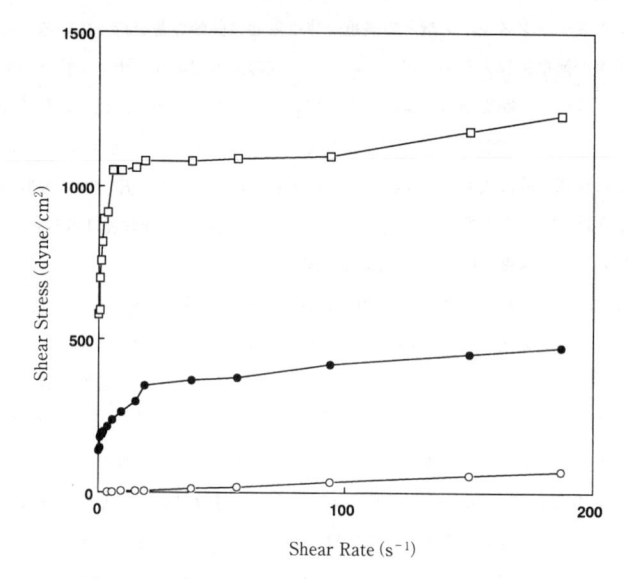

図1 ポリアニシジン粒子をシリコンオイル中に10wt%分散した
ER流体の各電場下での剪断応力の剪断速度依存性
○；0kV/mm，●；1kV/mm，□；1.3kV/mm

覆したシリカゲル粒子，シリカゲル粒子を分散したER流体について，時間と剪断速度，および剪断応力との関係を測定した。ポリアニシジンをそのまま10wt%の濃度でシリコンオイルに分散させ1kV/mmの電場下で測定した結果を図2に示した。左横軸は剪断応力の時間依存性を右横軸には粘性の時間依存性を示しているが，いずれも電場のON-OFFに対応して粘性と応力の変化が速やかに現れている。さらに時間に追随して遅れて反応する二次応答成分として追随する応答が存在する。同様にポリアニシジン被覆シリカゲル，シリカゲル粒子を同濃度で分散させ3kV/mmの電場下で測定したが，シリカゲル粒子を除き，いずれも電場のON-OFFに対応して粘性と応力の変化が現れた。真空乾燥した試料なので，ER効果の役割を担っているポリアニシジンの量の違いによって差異が表れていると考えられ，ポリアニシジンの方が高いER効果を示した。ポリアニシジンはポリアニリンよりも導電性が低い（2.4×10^{-7} S/cm）ため，アルカリ処理を行わずに真空乾燥した後，直接シリコンオイルに分散させて用いたが1.3kV/mm以上の電圧において，電流が流れてしまいそれ以上の測定ができなかった。しかしながらポリアニリンと同様に大きな効果を確認できた。ただポリアニシジン被覆シリカゲルは重量分率にして5.4%であり，重量分率の少ない割には，高い効果を生じていると思われる。同じく比較としてシリカゲル粒子についても測定したが，シリカゲルの場合はER効果を示さなかった。

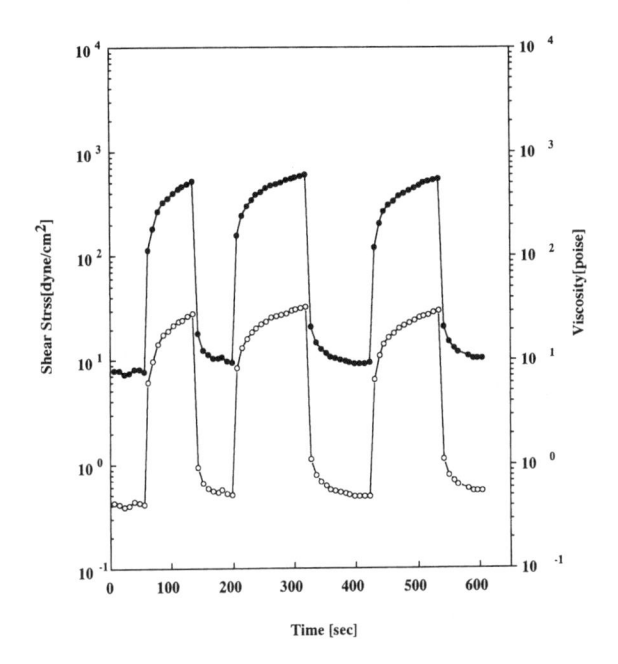

第II章 導電性高分子の応用の可能性

図2 一定剪断速度下（18.7sec^{-1}）におけるポリアニシジンER流体に対する1kVを
ステップ電場とした時に印可時，無印可時における剪断応力と粘性の時間依存性
○；粘性，●；剪断応力

同じくポリアニリン被覆ポリスチレン粒子は比較的良いER効果を示した。特に高電圧下において大きな効果を示したが，この場合においても，5kV/mmの高電圧下では0.2mA以上の電流が流れてしまい，それ以上の測定ができなかった。剪断速度依存性が観察され，剪断速度が低い200sec^{-1}では，大きな粘性が得られたが，剪断速度を1000sec^{-1}とした場合には粘性の低下が見られ，低剪断領域において良い効果を示した。ポリスチレンとポリアニリンの複合粒子も大きなER効果を示した。

10.5 結論

ポリアニリン誘導体であるポリアニシジン粒子および表面を均一かつ効果的にポリアニリンで被覆したポリスチレン―スチレンスルホン酸ラテックスの有機微粒子，さらにはポリアニリンの骨格をオクタノイル基で置換したポリアニリン誘導体を絶縁性溶媒であるシリコンオイルに分散して沈殿しない分散質を合成することができた。この中で，オクタノイル基で置換したポリアニリン粒子はシリコンオイルのジメチル基が一部フェニル基に置換されているKF-54には高分散性

を示して数週間自然放置しても沈殿を生じず，良好な分散性を示した。しかしながらジメチルシロキサン骨格を持ったKF-96には分散性が悪く，1日放置で沈殿を生じた。また今回作製した分散質の中では，スチレンとスチレンスルホン酸との共重合体微粒子をポリアニリンで被覆した粒子が最も良好な分散性を示した。オクタノイル置換したポリアニリン粒子と同様にKF-54には高分散性を示して，数週間放置後も分離沈殿を生じなかった。またKF-96においても良好な分散性を示してわずかな分離しか生じなかった。

さらにこれらの粒子をシリコンオイル中に分散させ懸濁液を調整し，ER流体を作製して電場変化により応答速度や粘性変化などのER効果を評価した。その結果，ポリアニリン被覆ポリスチレン粒子＜ポリアニシジン＜オクタノイル置換ポリアニリン，の順で高いER効果を示し，電場下で大きく粘性，応力が増大することを見出した。またそれぞれの粒子列の形成過程を直接観察したが，ポリアニリン被覆粒子の場合は太い粒子列が形成されるが，電極に付着されやすい傾向がうかがえた。

さらにポリアニリン被覆ポリスチレン粒子について電場に対する応答性を動的に評価し，非常に速い応答を示す部分と遅れて応答する部分の二つのモードから成っていることを見出した。また，これらポリアニリン被覆粒子は従来必要とされた水の影響を受けないことが確かめられ，ポリアニリン被覆粒子は脱水条件においても，水の存在下で測定した結果とほとんど変りなく，従来のER流体において問題とされた水に依存するイオン性の分極と異なり，電子分極によるER効果であることが示された。

このようにポリアニリン被覆粒子を用いることで完全に分散して沈殿しない分散性に非常に優れた粒子を合成することができた。またこれらの粒子は非水系において，すなわち高温においてもER効果を示すため，使用可能温度の広い分散性に優れた非水系の分散質を作製することができた。

10.6 今後の展望

ポリアニリン誘導体やポリアニリン被覆粒子は高い分散性を示すことが判明した。また，従来問題となっていた水の関与を必要としない非水系の分散質であるため高温での使用安定性も確保されており，いままでの問題点だった分散性と高温での使用安定性が確保され，実用への可能性がいっそう高まったものと思われる。

ポリアニリン誘導体粒子の応答速度，応答性を評価したが応答モードが二種類あることがわかり，すばやい応答を示す部分と遅れて応答する部分があることが判明した。また，これらの粒子が電極に付着しやすい傾向があることが直接観察によって明らかになった。このことは粒子列の

第Ⅱ章 導電性高分子の応用の可能性

形成の挙動が一様でないことを示すものと思われる。

　ER流体に関して基礎的な検討が必要な領域がかなり残っているが，このポリアニリン被覆粒子分散剤は用いる芯物質の形状に合わせて，種々の形状に加工できる特徴を持っており，基礎的解析にとって有利な面を有している。酸化重合によって得られるポリアニリンは粉末状であるが，芯物質によっては球状形態から楕円状，平板状，糸状などと各種芯物質の形状に作製することができる特徴を持つ。また表面のポリアニリンは，周囲の酸性度，塩基度を調節するだけで導電率，つまりER流体の発現に関係する誘電率を容易に変えることができる材料であり，基礎的な検討を進める上で好材料となると思われる。今後はさらにER効果の基礎的解析によってER効果に影響する因子が確定できれば，ポリアニリンの骨格，もしくは被覆する粒子を選択することでER特性の向上が見込まれる。

　このようにして非水条件下においてER効果を示す，応答性も良好であり高度に分散性を持ったポリアニリンの被覆粒子を合成できた。

文　　献

1) W. M. Winslow, *J. Appl. Phys.*, **20**, 1137 (1949)
2) 杉本 旭,ポリファイル, **24** (1990)
3) R&D研究グループF, 現代化学, **38** (1991)
4) T.C. Halsey and J. E. Martin, 日経サイエンス, 12月号, 78-86 (1993)
5) 杉本 旭, 潤滑, **30**, 859-864 (1984)
6) 原田英典, 工業材料, **42**, 101-116 (1994)
7) H. Block and J. P. Kelly, *J. Phys. D : Appl. Phys.*, **21**, 1661-1677 (1988)
8) Y. Otsubo, *Colloid Surfaces*, **58**, 73 (1991)
9) Y. Otsubo, M. Sekine and S. Katayama, *J. Colloid and Interface Sci.*, **146**, 395-404 (1991)
10) Y. Otsubo, M. Sekine and S. Katayama, *J. Colloid and Interface Sci.*, **150**, 324-330 (1992)
11) Y. Otsubo, M. Sekine and S. Katayama, *J. Rheol.*, **36**, 479-496 (1992)
12) 井上昭夫, 真庭俊嗣, 佐藤富雄, 日本レオロジー学会誌, **20**, 67 (1992)
13) 大坪泰文, 関根正裕, 日本レオロジー学会誌, **20**, 51 (1992)
14) 志賀 亨, 藤本 慈, 広瀬美治, 岡田 茜, 倉内紀雄, 日本レオロジー学会誌, **20**, 85 (1992)
15) 井上昭夫, 真庭俊嗣, 佐藤富雄, 谷口恵子, 第41回レオロジー討論会 要旨集, 73 (1993)
16) 石野裕一, 丸山隆之, 大崎俊行, 遠藤茂樹, 斉藤 翼, 五嶋教夫, 第41回レオロジー討論会要旨集, 112 (1993)
17) N. Kuramoto, J. C. Michaelson, A. J. McEvoy and M. Gratzel, *J. Chem. Soc. Chem. Commun.*, **1990**, 1478 (1990)

18) 倉本憲幸, 高分子加工, **40**, 31-36 (1991)
19) J. C. Michaelson, A. J. McEvoy and N. Kuramoto, *J. Electroanal.Chem.*, **287**, 191 (1990)
20) N.Kuramoto, M. Yamazaki, K. Nagai, K.Koyama., K.Tanaka, K.Yatsuzuka, and Y. Higashiyama, *Rheologica Acta*, **34**, pp298-302 (1995)
21) C. J. Gow and C. F. Zukoski, *J. Colloid and Interface Sci.*, **136**, 175-188 (1990)
22) F. Zuo, M. Angelopoulos, A. G. MacDiarmid and A. J. Epstein, *J. Phys. Rev.*, **B36**, 3475 (1987)
23) F. Zuo, M. Angelopoulos, A. G. MacDiarmid and A. J. Epstein, *J. Phys. Rev.*, **B39**, 3570 (1989)
24) S. P. Armes, S. Gottesfeld, J. G. Beery, F. Garzon and S. F. Agnew, *Polymer*, **32**, 2325-2330 (1991)

11 防食被覆

前田重義[*]

11.1 はじめに

導電性樹脂が金属防食に対して特異な機能を持つことが分かったのは,1985年に米国のD. W. DeBerryの研究に始まる。彼は導電性ポリアニリンを電解被覆したステンレス鋼の不働態皮膜が硫酸溶液中で著しく安定化することを見出した[1]。その後,ドイツのWessling[2]を始めとする多くの研究者によって主にポリアニリンを対象に金属防食への応用が,ステンレス鋼以外にも鋼板,銅及びアルミニウムなどについて研究された。純粋のポリアニリンは溶剤に不溶であり,これがコーティング剤としての大きな障害となっていたが,最近ポリアニリン骨格への有機スルホン酸などの置換基の導入,水溶性ポリマー酸との組み合わせなどによって溶剤可溶化や水性化が達成された結果,防食被覆としての応用が活発化し,ドイツではすでに一部実用化され市販もされている[3]。

電解重合で被覆したポリピロールにも防食性能のあることが報告されているが[4],防食被覆としての研究は安価でコーティング剤としての適用が容易なポリアニリンに集中している[5]。

11.2 導電性ポリマーの特性とその製造

ポリアニリンはポリアセチレンと同じく,2重結合と単結合とが交互に連なった構造を持つ共役π電子結合を持った電子伝導性ポリマーである。図1に示したようにポリアニリンは酸化・還元(Redox reaction),酸・塩基(Acid-Base reaction)及び錯体化(Complexing)などの可逆的反応で分子内相互変換が可能であり,これらの状態の中で,少なくとも一つが1 S/cm以上の高い電気伝導性を有するものを固有導電性ポリマー(Intrinsically conductive polymer)という。

ポリアニリンの場合,Emeraldine saltのみが導電性を示し,緑色(エメラルド色)を呈する。しかし,高い導電性を得るためには対イオン(Dopant)となる酸(無機酸または有機酸)が必要である。Emeraldine saltからプロトン(H$^+$)が取れたものがEmeraldine baseで,青色の絶縁体である。またEmeraldine saltの還元体がLeuco型のsaltで,更にこれからプロトンの取れたものがLeuco型のbaseであり,いずれも無色透明の絶縁体である(Luecoとは無色の意味)。これらの4種は互いに電子及びプロトンのやり取りを通して分子内転移を行う。

ポリアニリンはプロトン付加型(Electron donor)のドーパントが用いられる。これには塩酸,硫酸,リン酸などの無機酸,あるいはp-トルエンスルホン酸,ベンゼンスルホン酸,ジノニルナフタレンスルホン酸などの各種の有機スルホン酸の他,酢酸などの低分子有機酸も用いられる。

---

[*] Shigeyoshi Maeda (株)日鉄技術情報センター 調査研究部 客員研究員

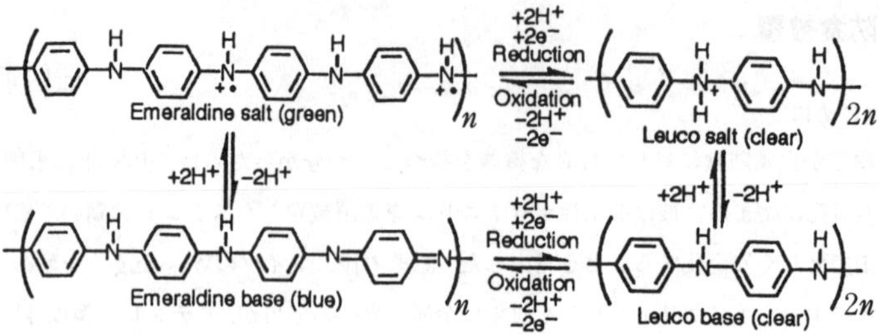

図1 電子およびプロトンの移動によるポリアニリンの分子内転移

またポリビニルスルホン酸，ポリスチレンスルホン酸，ポリメタクリルスルホン酸などの水溶性高分子プロトン酸は溶剤や水可溶型の製造に有効である。また，アルキル基やベンゼン環を持ったスルホン酸ドーパントは樹脂との相性が良いため塗料とのブレンドも容易になる。

11.3 導電性ポリマーの合成と可溶化

　導電性ポリアニリンの合成にはモノマーの水溶液から電解酸化によって重合する方法もあるが，被覆剤とする樹脂状のものを得るには酸化剤を加えて撹拌するだけでよい化学酸化重合が好ましい。但し溶剤に溶かしたワニスにするためには種々の工夫が必要である。

　塩酸をドーパントとするタイプのポリアニリンの合成では，まずアニリンを溶かした塩酸水溶液に，重合開始剤の過硫酸アンモン（酸化剤）を溶かした塩酸水溶液を温度上昇を抑えながら（5℃以下）撹拌しつつ添加すると，ポリアニリン（Emeraldine salt）が青紫色の沈殿として析出する。これをメタノールで洗浄し空気乾燥したものは数S/cmの電気伝導度を示す。この導電性ポリアニリンを水酸化アンモニウムのアルコール溶液で処理（脱ドーピングという）すると暗緑色の非導電性（電気伝導度：10^{-8}S/cm）のポリアニリン（Emeraldine base）となる。

　得られた導電性ポリアニリンは一般に不融・不溶の剛直なポリマーであり，そのままでは溶液状のコーティング剤にできないため，これを可溶化するため種々の工夫が行われている。例えば，塩酸の代わりに分子サイズの大きいp-トルエンスルホン酸をドーパントに用いると，ジメチルスルホキシドなどの有機溶剤に可溶となる[6]。また，ポリアニリンの主鎖骨格にドーパントとなる有機スルホン酸基を導入することで水溶化とドーピングを同時に達成する方法（いわゆる自己ドープ型ポリアニリン）の技術も確立している。一例として，原料モノマーにスルホン化したアニリン（2-メトキシアニリン5-スルホネート）を用いて酸化重合する自己ドープ型の水溶性ポリアニリンを得る方法が提案されている[7]。但し，自己ドープ型はスルホン酸基がドーピングに利

第Ⅱ章　導電性高分子の応用の可能性

用されるため，導電体のEmeraldine saltとしては中性や酸性の水には溶解しない。水溶化するためにはアルカリで処理して脱ドープする必要があるが，その代り導電性はなくなる。しかし現在では，ポリアニリンの防食作用は導電性そのものよりむしろその高い酸化還元電位に依存することが分かってきた。

11.4　金属防食への応用
11.4.1　ポリアニリンの防食機能

　DeBerryはフェライト系ステンレス鋼をポリアニリン水溶液（1M $HClO_4$）中で電解酸化して成膜し，H_2SO_4の溶液中での耐食性を調べ，無処理の場合に比べて不働態皮膜の安定性が著しく向上することを発見し，ポリアニリン皮膜に防食効果のあることを初めて報告した[1]。

　このポリアニリンの防食作用に着目し，金属に被覆してその効果を広く検討したのはドイツのWesslingである[2]。彼はポリアニリンを塗布した鋼板，ステンレス鋼板及び銅について0.1M NaCl及び0.1M H_2SO_4溶液中でアノード分極を測定し，図2に示すように，いずれの金属の場合も腐食電位が著しく貴になることを見出した[2]。分極後の鋼板表面のSEM像を写真1に示すが，表面に分厚い酸化膜が生成していることが分かる（地鉄の結晶面によって膜厚に差があることが

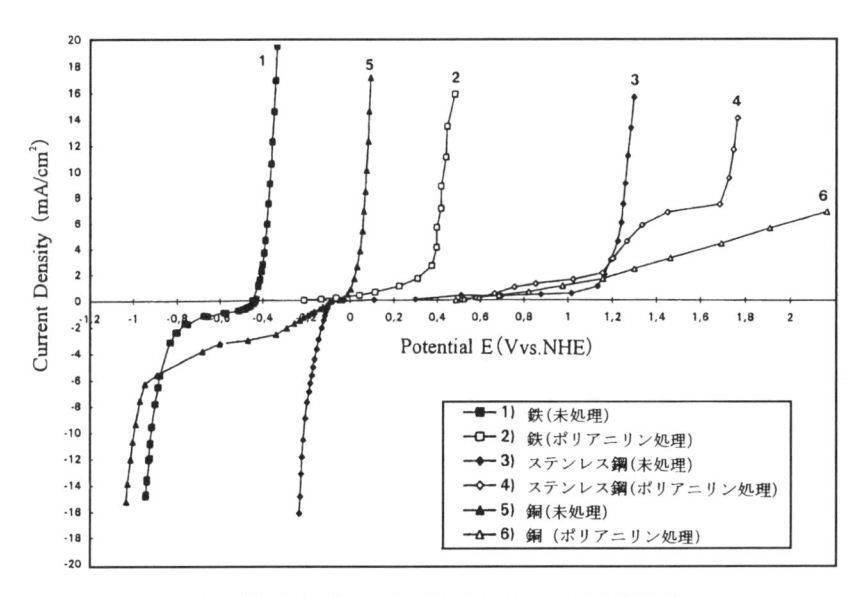

図2　各種金属のポリアニリン被覆による電位ー電流曲線の変化
（1M NaCl水溶液，但しステンレス鋼は0.1M H_2SO_4水溶液）

1) 鉄（未処理）
2) 鉄（ポリアニリン処理）
3) ステンレス鋼（未処理）
4) ステンレス鋼（ポリアニリン処理）
5) 銅（未処理）
6) 銅（ポリアニリン処理）

分かる)。電位が数百mVも貴になるのはこの酸化膜の生成に基づくが，この酸化膜生成の原因はポリアニリン皮膜自体の酸化還元電位が後述するようにAgなどの貴金属に匹敵する高い電位を有するためである[8]。

Weiらは，冷延鋼板にEmeraldine base型のポリアニリンを塗布してNaCl溶液中での腐食を分極測定によって調べ，裸の鋼鈑に比べて腐食電位が200mVも貴になり，腐食電流が約1/4に低下すること（$14\mu A/cm^2 \leftarrow 3.5\mu A/cm^2$）を見出した[6]。また，Emeraldine base型のポリアニリン（絶縁体）の方が，HClドーピングした導電性のEmeraldine salt型のポリアニリンより腐食抑制に効果が大きかった[9]。

Epsteinらはスルホン化したポリアニリン(salt)をスピンコートした2024Al合金（Al-Cu系）の0.1N NaCl中での耐食性を調べ，腐食電流が無処理の約1/10に低下することを認めた。更に腐食試験後に剥がした皮膜をXPSで調べ，

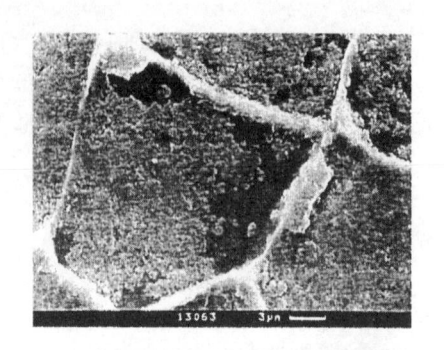

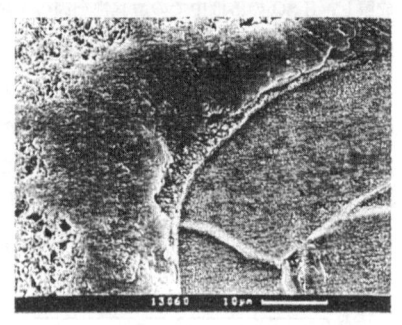

写真1　鋼板表面に生成した酸化膜のSEM像
（上段：初期段階，下段：皮膜完成時）

この皮膜中に高濃度のCuが溶出（トラップ）されていることを見出し，ポリアニリンが合金成分のCuを選択的に皮膜内に抽出し，腐食促進因子であるAl-Cuのガルバニックセル（Galvanic cell）の形成を抑制した効果も大きいと述べている[10]。このことは，このガルバニック腐食に起因する糸状腐食（フィリフォーム腐食）が生じやすい2000系Ａｌや7000系Ａｌの塗膜下腐食の防止にポリアニリン被覆が有効なことを示唆する。

11.4.2　塗料とのブレンドおよび塗装下地（プライマー）としての応用

導電性ポリマー単独被覆では金属との密着性や耐食性が充分でないので，塗料と組み合わせる方法が種々検討されている。それには

（１）塗料に直接ブレンドする（防錆顔料としての利用）

（２）ポリアニリン単独を下塗塗装（プライマー）として用いる

（３）塗料にブレンドしたものをプライマーとし，上塗塗料と組み合わせる

などの方法が検討されている。

まず，Taloらはポリアニリンをエポキシ塗料にブレンドしたものは，NaCl溶液中の鋼板の腐食

第Ⅱ章　導電性高分子の応用の可能性

電位を500mVも貴にし，同時に腐食速度を5桁も低減すること（10^{-5}A/cm^2→10^{-10}A/cm^2）を報告した[11]。但しこの場合，腐食電流にはエポキシ樹脂の効果も複合化されていることを念頭におく必要がある（ポリアニリン無添加のエポキシ樹脂との比較がない）。彼らは，このとき樹脂膜と鋼板の界面にFe_3O_4もしくはFe(OH)$_2$と推定される安定な酸化膜が生成していることを認めている。

Wesslingはポリアニリンを下塗りした鋼板にポリウレタン塗料を上塗りしたものは塩水噴霧試験288時間後でもカット部にアンダーカッティング腐食（Undermining）が起こらなかったことを見出した[12]。しかしポリアニリンは金属との密着性がよくないため，その改善策としてKinlenらは，ポリブチルアクリレートなど金属との密着性のよい塗料にブレンドしてプライマーとし，この上にエポキシ樹脂などの通常の塗料を上塗りする方法を提案している[13]。

一方，LuとWesslingはポリアニリンを単独にプライマーとする系を対象に，塗膜下腐食に対する導電性のEmeraldine saltと非導電性のEmeraldine baseの効果を比較している。そのためメチルピロリドン（NMP）に溶かしたポリアニリン溶液を鋼板表面に塗布・乾燥したものと，続いてドーパントのp-トルエンスルホン酸水溶液に数時間浸漬して水洗・乾燥したものを試料として，この上に通常のエポキシ塗料を塗布・焼付し，表面から素地の鉄面に達する幅1.2mmのカットを入れ，0.1N HCl

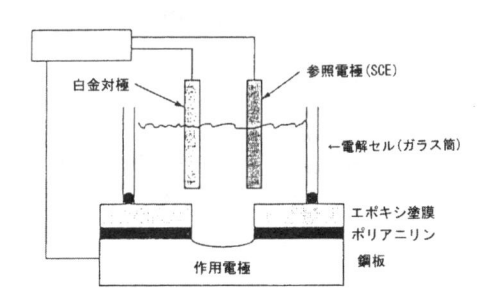

図3　塗膜欠陥補修作用を測定するための電気化学セル

及び3.5%NaCl溶液中で分極曲線の測定を行っている。用いた電解セルを図3に，分極曲線の測定結果を図4に示す[14]。これからHCl溶液中ではドーピングあり，なしに拘わらず，ポリアニリンプライマーの存在によって顕著な不働態化が起こっていることが分かる。特に著しく小さい不働態保持電流の値からみてカット部の鉄面に強固な不働態皮膜が生成したことが推定される。一方，NaCl溶液中ではドープありポリアニリン（Emeraldine salt）では不働態化が起こらず，むしろドーピングなしポリアニリン（Emeraldine base）で顕著な腐食抑制作用が認められた。この時，鉄面露出部には灰色の酸化膜が生成しており，XPSによる分析で下層にFe_3O_4を有するγ Fe_2O_3の皮膜から成ることが分かった[14]。

この酸化膜の構造に関しては，Fahlmanら$も$Emeraldine baseを塗布した冷延鋼板の湿気槽試験後の剥離界面にXPSを適用し，γ Fe_2O_3（～15Å）／Fe_3O_4（～35Å）の2層構造であることを明らかにしている[15]。

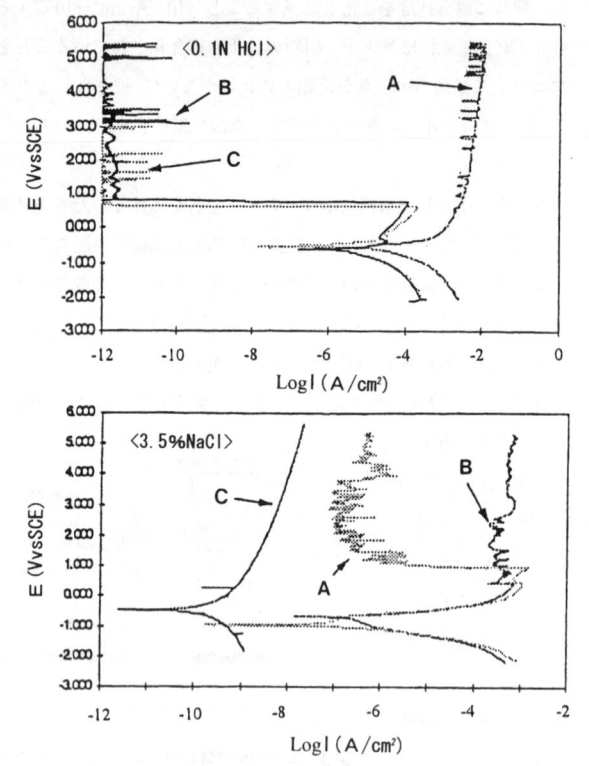

図4 ポリアニリン前処理・エポキシ塗装鋼板（スクラッチあり）の定電位分極曲線
（上：0.1N HCl，下：3.5%NaCl溶液），A：ポリアニリンなし，
B：HClドープポリアニリン，C：ドープなしポリアニリン）

Wesslingらは，先の実験でポリアニリンの鉄面露出部に対する防食作用が塗膜のカット面の2 mm幅まで及ぶこと，また塗膜カット端面から更に8 mmの奥まで酸化膜の生成が認められることを観察している[14]。腐食環境で塗膜下に同時進行的に緻密な酸化膜が生成することはポリアニリンに一種の自己補修作用のあることを意味し，従って塗膜下腐食（アンダーカッティング腐食）や糸状腐食（フィリフォーム腐食）の抑制に有効なことを期待させる。

このため塗膜下腐食が起こりやすい亜鉛めっき鋼板やアルミニウムの防食被覆としても注目され，最近はクロムフリー化成処理としての応用が図られている。例えば，ジナフチルメタン・ジスルホン酸でドーピングしたポリアニリンを亜鉛めっき鋼板の塗装前処理に使うと，塩水噴霧試験におけるカットエッジからの耐食性がクロメート処理より優れているという特許が開示されている[16]。

第Ⅱ章　導電性高分子の応用の可能性

　一方，アニリンの水溶化の有力な方法として水溶性ポリアクリル酸をドーパントとし，これにポリアニリンが巻きついた形の構造（Double strand）を有する水溶性ポリアニリンの合成法が開発され，これを応用した塗装技術が注目されている[17,18]。この方法はあらかじめポリアクリル酸（線状ポリマー）にアニリンモノマーを吸着させておき，その後に酸化重合する方法でTemper guided polymerizationと言われる[17]。これを模式的に図5に示す。水溶液の安定性がよい他，金属と塗膜の双方に密着性がよいのが特徴である。McCathyらはこれを水溶性エポキシ樹脂（カチオン電着塗料）に1～5％ブレンドし，アルミ合金（AA2024，AA7075及びAA6061）に電着塗装して耐食性を調べている。その結果，ポリアニリン無添加のものはSST1000時間で塗膜にブリスターとアンダーカッティング腐食が起こったのに対して，ポリアニリンを添加したものではいずれの腐食も発生せず，またフィリフォーム腐食も起こらなかったと報告している[18]。

　Racicotらは，この方法で製造したポリアニリンをアルミニウムのクロメート代替プライマーとして検討している。AA7075のNaCl溶液中でのサイクリックボルタンメトリーによる直流分極測定結果の例を図6に示した。ポリアニリン処理材（付着量：1μ）は，アノード反応とカソー

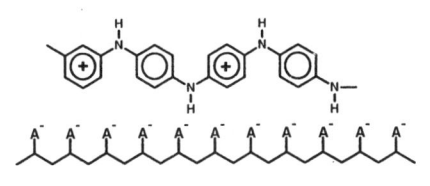

図5　ポリアニリンとポリアクリル酸の分子複合体
　　　（Double strand　構造）の模式図
　　　　　　　　　　　　　　　（A；COOH基）

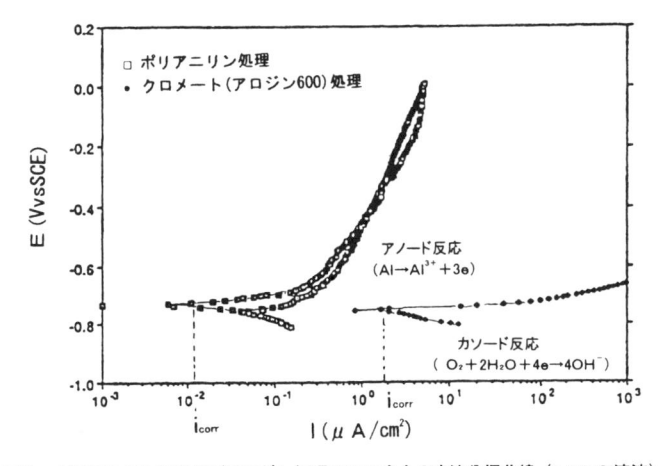

図6　ポリアニリン処理及びアロジン処理7075Al合金の直流分極曲線（0.5NaCl溶液）

ド反応の交点で表される腐食電流（icorr）が市販のクロメート処理（アロジン600）に比べて約1/100と著しく優れていることが分かる[19]。

11.5 電子材料の防食

マイクロエレクトロニクスでは電磁シールド，静電気除去あるいは配線材料としてCuやAgが広く用いられている。これらは貴金属であるが大気中の湿度や塩分，亜硫酸ガスなどの付着が原因で腐食しやすく，また電圧が負荷されると腐食が促進される。現在この腐食防止には防錆剤のベンゾトリアゾールが塗布されている。但し，この塗布でも電圧が負荷された時や，CuやAgより貴な金属であるAuと接触した時のガルバニック腐食を防止できず，その結果デンドライド（樹枝）状の腐食によって回路が短絡するという問題がある。IBMのBrusicらはベンゾトリアゾールの代りにポリアニリン及びその誘導体のポリ-o-フェネティジン（Poly-ortho-phenetidine，ポリアニリンのベンゼン環のオルソの位置にエトキシ基<OC_2H_5>を導入したもの）の検討を行った[20]。水膜付着の腐食を測定するために工夫された電気化学セルを図7に，これを用いて測定されたCuにおける直流分極曲線の例を図8に示した。

これから未処理（自然酸化膜）のCuでは $6 \times 10^{-6} A/cm^2$ の腐食電流（icorr）であったのに対し，導電体のポリフェネティジン/（HCl salt）並びに非導電体のポリフェネティジン（base）ではいずれも腐食電流が $2 \times 10^{-7} A/cm^2$ と未処理の1/30であり，置換基なしの通常のポリアニリンが $3 \times 10^{-7} A/cm^2$ であるのに比べても優れた防食効果を示した。また，ポリアニリン処理は酸

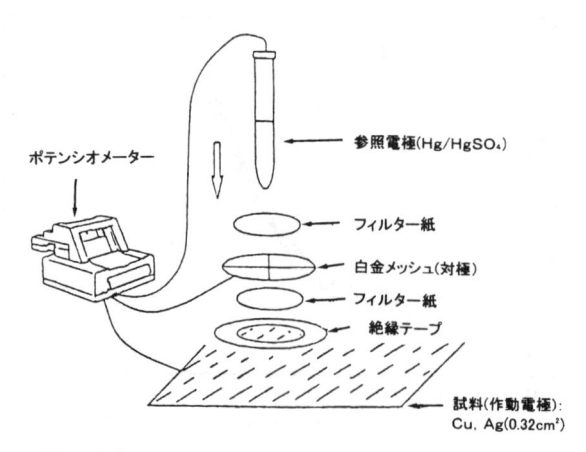

図7 水膜腐食測定用の電気化学セル（各部分は離して書いてある）

第Ⅱ章　導電性高分子の応用の可能性

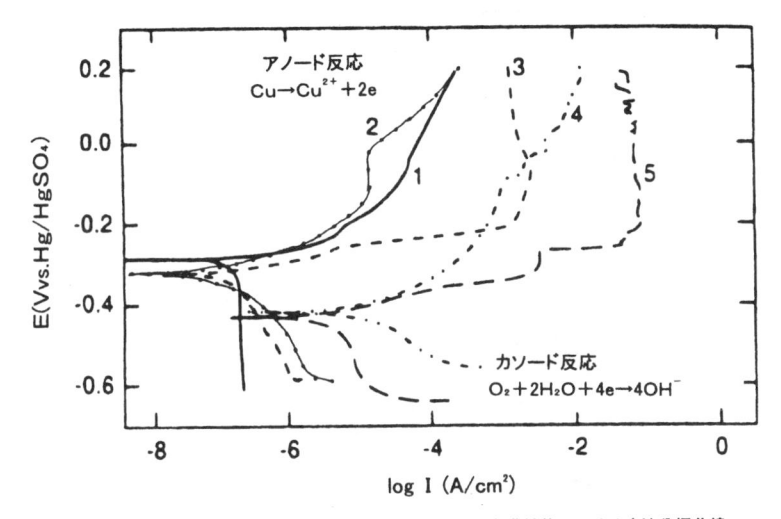

図8　ポリアニリン及びその誘導体を塗布したCuの水膜付着における直流分極曲線
(1)ポリ-o-フェネティジン(base), (2)ポリ-o-フェネティジン(HClドープ), (3)ポリアニリン(base),
(4)ドデシルベンゼンスルホン酸ドープポリアニリン, (5)裸のCu(自然酸化膜)

素還元反応に対する顕著な抑制効果のあることが分かる。但し、ドーピング剤にドデシルベンゼンスルホン酸を用いたものは未処理より却って腐食しやすくなったが、これは合成の際に余分のドデシルベンゼンスルホン酸が皮膜内に残留したためと考えられる。図は省略したが、ポリフェニチジンの効果はAgの場合にも明瞭に認められた。彼らはポリアニリンより防食効果が優れていた理由の一つにポリフェニチジンが溶媒（γ-ブチロラクトン／n-メチルピロリドン混合溶媒）に対する溶解性がよく、スピンコートによって均一で、密着性のよい皮膜が形成されたことを上げている。

11.6　導電性高分子による防食メカニズム

ポリアニリンの防食作用は、不働態皮膜の形成によるアノード防食機構に基づくことが明らかとなったが、Tallmanらは界面での不働態皮膜の形成による腐食抑制を交流インピーダンス測定及び直流分極法によって検討し、その特徴的な作用を明らかにしている[21,22]。図9はジノニルナフタレンスルホン酸ドープのポリアニリン（Emeraldine salt）を塗布した軟鋼の3％NaCl溶液中での交流インピーダンス測定結果（Nyquist Plot）である[21]。通常のバリアー型の防食塗料の場合、浸漬時間と共に分極抵抗（R_{ct}）に対応した半円形の直径が小さくなる（界面での腐食の進行による）のに対して、導電性ポリマーの場合は逆に半円形の直径が時間と共に大きくなるという

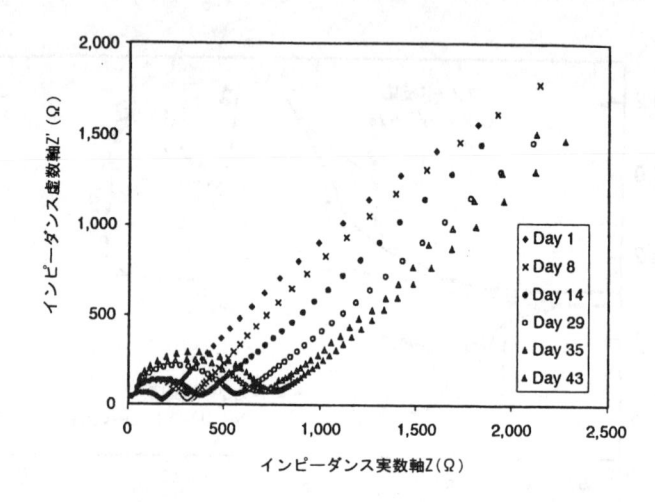

図9　ポリアニリン被覆鋼板の3%NaCl溶液中でのインピーダンス（Nyquist plot）の経時変化
（周波数範囲：5,000Hz～0.01Hz）

極めて特異な変化を示す。この浸漬時間による分極抵抗の増大は塗膜下界面に酸化膜が成長していることに対応し，ポリアニリンによって下地鋼板が酸化（アノード防食）されたことを示している。同様な変化はアルミ合金（Al 2024及びAl 7075）の場合にも認められ[22]，ポリアニリン被覆に共通の特性であることが分かった。

Wesslingは，腐食環境でポリアニリンと金属界面に安定な酸化膜ができるという事実を基に，その防食メカニズムを図10のような3段階ステップで説明している[12]。すなわち，まずポリアニ

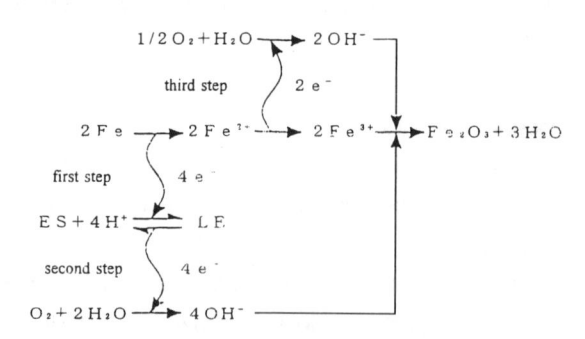

図10　ポリアニリンによる鉄表面の触媒的不働態化による防食メカニズム
（ES；Emeraldine salt, LE：Leuco emeraldine salt）

第Ⅱ章 導電性高分子の応用の可能性

リン (Emeraldine salt) の貴金属的性質 (高いRedox電位) によって，FeがFe^{2+}に酸化 (イオン化) され，その時放出される電子で自分自身は還元されてLeuco型のEmeraldineとなる (First step)。ついで，皮膜を透過してきた酸素をこのLeuco型のEmeraldineが還元すること (OH$^-$イオンの生成) で，自身は酸化されてEmeraldine saltに戻る (Second step)。更にFe^{2+}がFe^{3+}に酸化する時放出す る電子で酸素が還元されて，生成したOH$^-$イオン並びにEmeraldine saltによる酸素還元で発生したOH$^-$イオンとが，それぞれFe^{3+}と反応して最終的に$Fe_2O_3 \cdot H_2O$を生成する (Third step)。すなわちポリアニリンのRedox触媒反応が不働態皮膜の形成に重要な役割を果たすと考えている。図11はプールベ (Purbaix) のダイアグラムにポリアニリン (PANi-salt及びPANi-base) の酸化還元電位 (Redox電位) を重畳した図である[23]。ポリアニリンの酸化還元電位は，0.16〜0.78VとAgに相当する高い値を示すことが分かる。

最近Kinlenらは，ポリアニリンによる塗膜欠陥の補修作用を走査型参照電極法 (Scanning Reference Electrode Technique, SRET) を用いて測定し，ドーパントの役割について検討した[24]。写真2は，アミノトリメチレンホスホ

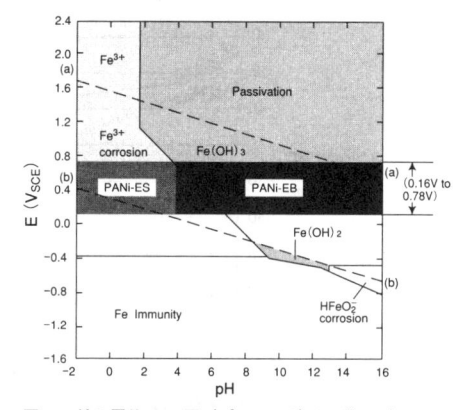

図11 鉄の電位－pH図 (プールベダイアグラム) に重畳したポリアニリンの酸化還元電位

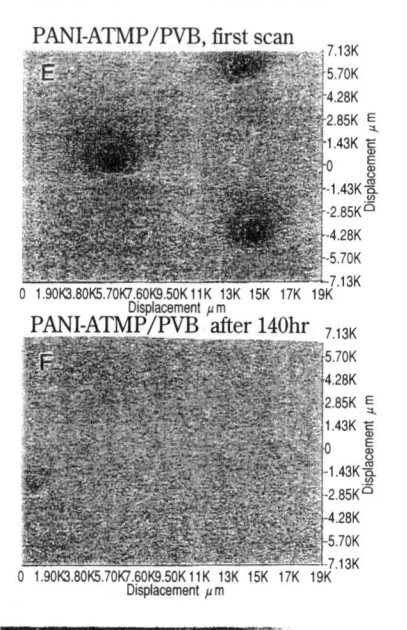

写真2 ポリメチレンホスホン酸 (ATMP) ドープポリアニリン／PVBを被覆した鋼板表面に人工的に開けたピンホールの水道水浸漬による欠陥部とその周辺の電位変化を示すSRET像 (現写真はカラー)

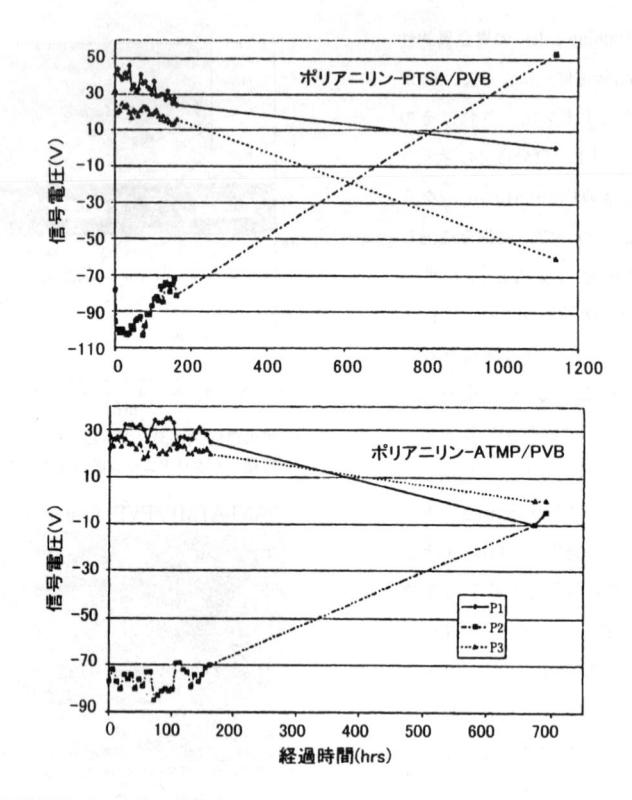

図12 走査参照電極法(SRET)で測定されたp-トルエンスルホン酸(PTS)ドープ及びアセチルトリメチルホスホン酸(ATMP)ドープポリアニリン-PVB系プライマー／エポキシ樹脂トップコートの人工ピンホール部の電位の経時変化
(P1, P2, P3は任意にマークした3点を示す。浸漬直後に1個のアノードと2個のカソードが形成された)

ン酸(ATMP)ドープのポリアニリンをポリビニルブチラール樹脂(PVB)にブレンドして鋼板表面に塗布し,表面に直径約1mmの3個の人工欠陥(ピンホール)を作り,水道水に浸漬した時のSRETの像(電位分布)である。浸漬初期にピンホールに近接した位置にそれぞれ3個のカソード領域が現れるが,時間と共にアノードの電位が上昇した結果,全体が均一な電位となることが分かる。

図12は,更にエポキシ塗料を上塗した時の電位変化である。ドーパントとしてS系のp-トルエンスルホン酸(PTSA),P系のアミノトリメチレンホスホン酸(ATMP)を用いたポリアニリン(Emeraldine salt)の場合を示している。塗膜面に同じく3個の人工ピンホールを作り,水道水に浸漬した時の各ピンホールの電位の時間変化を示している。この場合は,浸漬初期の3個のピ

第Ⅱ章 導電性高分子の応用の可能性

ンホールは自然（自動的）に1個のアノードと2個のカソードに分かれたが，時間と共にアノード部の電位上昇とカソード部の電位降下が起こり，全体的に均一になる場合（P系）とアノード電位の上昇がカソードの電位を越えて逆転する場合（S系）とが観察され，いずれも欠陥が補修されて行くことが分かる。但しスルホン酸系とホスホン酸系とを比較した場合，実際の防食効果はホスホン酸系が優れ，防食効果に対してドーパントとなる酸の影響が大きいことも分かった。

11.7 おわりに

新しい金属防食処理としてポリアニリンの応用について述べた。ポリアニリン処理は単独で用いるより，塗装下地処理としてまたは塗料にブレンドした防錆顔料としての利用が有望である。しかも，最近になってポリアニリン皮膜の自己補修作用に注目し，亜鉛めっき鋼板やアルミニウムなどに対するクロメート代替技術としての応用が期待されている。

文　献

1) D. W. DeBerry, *J. Electrochem. Soc.*, **132**, 1022（1985）
2) B. Wessling, *Adv. Mater.*, **6**, 226（1994）
3) 例えばhttp://www.zippering.de./Products/PAni/Cp4003.en.html
4) G. T. Nagels, *et al., J. Appl.Electrochem. Soc.*, **22**, 756（1992）
5) 前田重義，塗装工学，**37**, 240（2002）
6) 特開平1-254764（日東電工）（1989）
7) S. Simizu, *et al., Synth. Met.*, **83**, 1337（1997）
8) B. Wessling, *Synth. Met.*, **85**, 1313（1997）
9) Y. Wei, *et al., Polymer*, **36**, 4535（1995）
10) A. J. Epstein, *et al., Synth. Met.*, **102**, 1374（1999）
11) A. Talo, *et al., Synth. Met.*, **85**, 1333（1997）
12) B. Wessling, *Mater. Corros.*, **47**, 439（1996）; *Metaloberflach*, **50**, 474（1996）
13) P. J. Kinlen, *et al.*, U. S. Patent. 5, 532, 025（1996）
14) W. K. Lu, B. Wessling, *et al., Synth. Met.*, **71**, 2163（1995）
15) M. Falman, *et al., Synth. Met.*, **85**, 1323（1997）
16) 特開平8-92479（東洋紡績）（1996）
17) J. M. Liu, *et al., J.Chem. Soc. Chem. Commun.*, p.1529（1991）
18) P. McCarthy, *et al., Poly. Mat. Sci. Eng.*, **83**, 315（2000）Washington, D.C.
19) R. J. Racicot, *et al., Corrosion*, **97**, Paper No. 531（1997）
20) V. Brusic *et al., J. Electrochem. Soc.*, **144**, 436（1997）

21) D. E. Tallman, *et al., Corrosion*, **55**, 779 (1999)
22) D. E. Tallman, *et al., ibid*, **56**, 401 (2000)
23) G. M. Spinks, *et al., Corrosion*, **59**, 22 (2003)
24) P. J. Kinlen, *et al., J. Electrochem. Soc.*, **146**, 3690 (1999)

12 実装技術への応用

大西保志[*]

12.1 はじめに

電子機器における実装技術は，ますます高機能化やコストの低減を求められ，微細化，機能性付与，モジュール化などの技術開発を進めることが不可欠な状況にある。これらに対応するために，現在の技術のさらなる高度化が進められているが，この方法だけでは限界があると考えられており異なる概念の技術の発展が切望されている[1]。導電性高分子の実装技術への応用は，これまであまり進んでおらず，導電性高分子をスルーホール中にあらかじめ薄膜として作製し，次いで電気めっきによりスルーホールの金属めっきを行う方法が一部で工業的に実用化されている程度である[2]。最近になって，導電性高分子を用いた有機ELディスプレイやプリンタブル回路など実装技術に関連した利用が活発化しており，導電性高分子の実装技術の確立はますます重要となってきている。

ところで，導電性高分子は，近年置換基の工夫などにより可溶性のものもいくつか見出されてきたが，基本的な構造を持つ多くのものは炭素-炭素共役二重結合がつながった分子構造をしているため不融不溶性であり，重合後に通常の高分子の成形に利用される熱加工方法が適用できないという欠点を持っている。一方，電子回路等への実装技術の観点から導電性高分子を簡便な方法で回路パターン状に形成させる方法が求められており，この加工性の問題を解決するため種々の方法が考案，検討されてきた[2]が，フォトリソグラフィーなど製造コストのかかるプロセスが何段階にもわたって必要であるなど，いずれも導電性高分子を簡便に精度よくかつ大面積や複雑なパターンも容易に形成できる方法としては不十分な状況にあった。

われわれは，酸化重合剤の光化学変化を利用する新規な導電性高分子パターンの作製方法について開発し，簡便な方法でプラスチック，セラミックス，紙，布など各種基材の表面に導電性高分子の微細パターンを作製する方法を提案した[3,4]。また，その応用として，導電性高分子パターンと金属との複合化を検討し，実装技術への発展の可能性を示している[5~7]。最近になって，界面活性剤の利用などにより比較的保存安定性の良い導電性高分子のコロイドや微粒子分散液が開発され，導電性高分子をインクとして使用するインクジェット技術[8]やラインパターニング技術[9]などにより，基板上に直接回路パターンを形成することが可能になりつつある。

このような導電性高分子による微細配線の形成は表面実装技術に革新をもたらし，電子機器の軽量化，小型化，製造工程の大幅短縮化などが期待されている。しかし，現状での導電性高分子パターンは，単なる導電性回路パターンの域を脱しておらず，実装部品との接合技術など実用化

---

[*] Yasushi Ohnishi　愛知県産業技術研究所　技術支援部　機械電子室長

導電性高分子の最新応用技術

にはまだまだ多くの課題が残されている。本節では，われわれの開発した導電性高分子のパターン化方法とその応用技術を例として取り上げ，導電性高分子の実装技術への応用展開の視点から可能性を探ってみることにする。

12.2 酸化重合剤の光反応を利用した導電性高分子のパターン化[3]

12.2.1 パターン化方法

ポリピロールの重合方法には，電解重合法や化学的酸化重合法などが知られている。従来，薄膜状のポリピロールを得るためには電解重合法が一般的であったが，塩化鉄（III）などの酸化重合剤を薄膜としてピロール蒸気と接触させることでポリピロール単独膜や複合膜を化学的に作製することができるようになった。例えば塩化鉄（III）を含むフィルムにピロール蒸気を接触させると簡単にポリピロールが生成し複合膜が得られる[10]。ところが，われわれは，塩化鉄（III）を含む基質上にポリピロールを気相重合させる前に，紫外光を予め照射すると，光照射部分の塩化鉄（III）の酸化重合能力が失われ，ポリピロールが生成しなくなることを見出した[4]。この現象を利用すればポリピロールなどの導電性高分子の生成を制御することができることから，図1に示した導電性高分子パターンの製造工程を構築した。すなわち，塩化鉄（III）などの光反応性酸化剤の単独溶液またはマトリックスポリマーとの混合溶液を基材に塗布乾燥し，基材表面に光反応性酸化剤含有層を作製する。次に，この層にマスクパターンを通して光照射すると，光が照射された部分の光反応性酸化剤のみが変化し，導電性高分子モノマーの酸化重合能力が失われ，続く気相重合や浸漬重合によって光の遮られた部分にのみ導電性高分子が生成し，容易に導電性高分子のパターンが作製できるというものである。

本法で使用できる光反応性の酸化重合剤は，単独または他の物質の共存下で，光の照射によりその酸化重合能力が変化する性質をもつ物質であれば適用可能である。例えば，塩化鉄（III）以

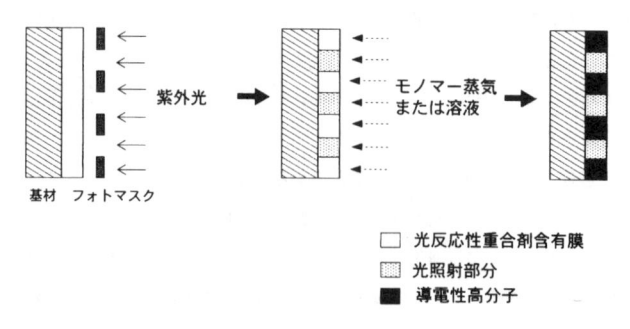

図1　導電性高分子パターンの製造工程

第Ⅱ章　導電性高分子の応用の可能性

外の鉄（Ⅲ）塩や銅（Ⅱ）塩も光反応性酸化重合剤として適用できる。基材表面での光反応性酸化重合剤含有層の作製方法は，紙や布などのように酸化重合剤単独溶液を直接塗布できる場合もあるが，基材が酸化重合剤と親和性がない場合は，マトリックスポリマーを用いて複合膜とする方法が適用できる。マトリックスポリマーとしてはポリビニルアルコール，ポリ酢酸ビニル，アクリル樹脂を始め種々の溶剤可溶性ポリマーが使用可能である。

　この方法でパターン化できる導電性高分子としては，原理的には化学的酸化重合可能な導電性高分子にはすべて適用できると考えられるが，実際には，ピロールと同様相対的に酸化電位が低い1-メチルピロール，3-メトキシチオフェン，3,4-エチレンジオキシチオフェン，アニリンなどはパターン化が可能であったが，酸化電位が高いチオフェン，3-メチルチオフェンでは判別できるパターンの生成が認められなかった。これらの結果から，この方法の適用は酸化電位の低いモノマーの方が一般的に有利であることが示唆される。しかし，酸化電位の高いフランでもパターン化が可能であったことから，酸化電位を含めた総合的な反応性も考慮する必要があると考えられる。

12.2.2　導電性高分子パターンの特徴と応用

　われわれの開発した導電性高分子のパターン化方法は，導電性高分子溶液をインクとして使用する方法に比べると光照射工程が必要なため簡便性では劣るが，従来のフォトリソグラフィーによるパターニング法とは異なり，レジストの塗布，エッチング，除去工程などは不要であり，工程も短く，導電性高分子の簡便なパターン化方法を提供できるものである。この方法は，マトリックスポリマーの表面から内部に導電性高分子をパターン状に形成させ複合化するものであり，印刷法のように表面に導電性高分子の凸パターンを形成させる方法とは異なり，表面は平滑となり導電性高分子単独では剥がすことができないという特徴がある。

　本法は，この他にも次に示したような特徴を持っている。

1）作製したパターン上にさらに重ねてパターン化することも容易にできるため多層化が可能である。
2）塩化鉄（Ⅲ）の単独溶液あるいはポリマーマトリックスとの混合溶液の塗布等により表面に塩化鉄（Ⅲ）を含む層を形成でき，かつその面に光照射が可能であるものであれば，プラスチック，セラミックス，紙，布など種々の基材表面にパターンが作製可能である。
3）光照射時間やマスクの濃淡等により光照射量を変化させることにより，導電性高分子の生成量を制御し部分的に導電性を変化させることができる。

　表1にマスク濃度によるポリピロール複合膜の導電性の変化の例を示したが，マスク濃度を変化させることによって導電性高分子パターンの部分的な導電性制御が可能である。すなわち，将来的には部品の回路基板への作り込みが望まれる実装技術の観点から眺めると，この現象を利用

181

表1 マスクの透過率とポリピロール複合膜の導電率変化

マスク透過率(%) *1	ポリピロールの導電率(Scm^{-1}) *2
0	0.8
6	0.24
11	0.18
90	10^{-6}以下

*1 フォトマスクの400nmにおける透過率
*2 塩化鉄/PVA=4/6, 光照射時間 20min, 気相重合時間 30min

すれば, 抵抗や半導体などの機能や部品を直接組み込んだ機能性基板が作製できる可能性がある。また, 印刷技術を利用した方法では困難な曲面や凹凸面などへの電子回路の書き込みや多層化が可能であり, これらの特徴を活かして配線回路付プラスチック成形品であるMID (成形回路部品) などの三次元モジュール化への展開も期待できる。さらに, 紙 (図2) や布などへの電子回路の書き込みも可能であることから, 衣服そのものにコンピュータチップを埋め込むウェアラブルコンピュータの配線技術などへの応用も考えられる。

12.2.3 神経刺激電極への応用

導電性高分子の特徴を生かした応用展開も考えられており, 例えばポリピロールは金属とは異なり生体適合性があり, 本法によりポリピロールパターンを微細化して, 神経細胞の体内埋め込み型刺激電極として利用する検討がなされている[11]。現在, 神経系への刺激電極は白金などの金属材料で作製されているが, 電極と生体組織との間の親和性が問題となっている。そのため金属表面をコーティングしてこの問題を解決してきたが, コーティングは刺激効率を低下させる原因ともなっており, ポリピロールを電極材料とすることによって, 高い生体親和性と刺激効率をもつ電極が作製できる可能性が考えられた。体内埋め込み型刺激電極の場合, 特定の神経を刺激するため電極サイズを十分に微小化する必要がある。この目的でこの方法によるポリピロールパターンの微細化を検討したところ, 線幅3μmまでのパターン化が可能であった[12]。また, このポリピロールパターン上での神経細胞の培養実験により, ポリピロールが高い生体親和性を持つことが見出されており, 人工網膜や人工内耳に用いられる体内埋め込み型刺激電極への利用の可能性が検討されている[13]。

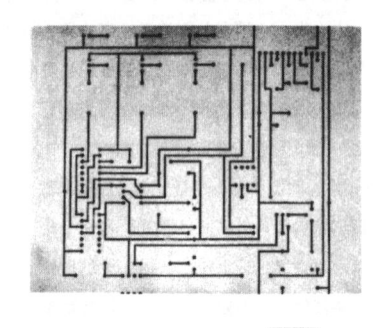

図2 紙に作製したポリピロールパターン

第Ⅱ章　導電性高分子の応用の可能性

12.3 導電性高分子パターンの性質を利用した金属との接合方法への展開
12.3.1 電気めっきによる金属との複合化[5]

前述したように導電性高分子膜の導電性を利用したスルーホールの金属めっきについては，既に一部実用化の域にある。しかし，導電性高分子パターン上への電気めっきが可能であれば，スルーホールのみならず，回路配線そのものを電気めっきによって作製することが可能になる[14]。

ポリピロールパターンの電気めっきは，通常の電気めっき液を用いて行うことができるが，全面に同時に金属が析出する金属表面への電気めっきと異なる現象がみられた。すなわち，ポリピロール部分の電極接合面に銀ペーストを塗布し，かつ銀ペースト部を電解液から外においた場合は，ポリピロール部分の液面との境界部分に銅が析出してくるが，末端の方面へはほとんど成長して行かなかった。一方，銀ペースト塗布部分を液中に入れて行うと時間とともに末端まで銅が成長し，ポリピロールパターン全面がめっきされた。この成長機構の詳細はまだ分かっていないが，ポリピロール単独ではめっきの成長がパターンに沿って伸びないことから，高導電性と低導電性の導電体が接触している部分にめっきの成長を促進する作用が働いていることを示唆している。図3にポリピロールパターン上での銅の電気めっきの成長途中の例を示した。電気めっきの成長は通電を止めれば，中断されるのでポリピロールの一部分だけ金属化することができる。また，ポリピロールパターン上の任意の位置を絶縁体で覆えばそこから先へは金属めっきが成長しないため，パターンの一部だけ任意の位置までで金属めっきを止めることもできる。

この方法は，金属電気回路製造へ応用すれば，金属貼付基板のエッチングにより作製する従来の方法と異なり，必要部分にだけ金属を形成させることができるため，省資源・省エネルギー化が実現でき，工程も短くなり製造時間が大幅に短縮できる可能性がある。また，パターンの一部分だけ金属化することが可能なので導電性高分子への金属端子付与方法や導電性高分子と金属の

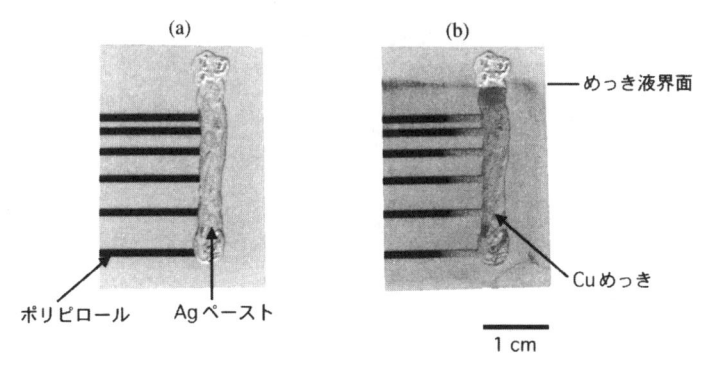

図3　ポリピロールパターン上での銅電気めっきの成長
(a) めっき前，(b) 銅電気めっき50mA，3min

接合方法としても有用であると考えられる。さらに，電気めっきのパターンに沿った成長は，他の方法で作製した導電性高分子パターンのみならず導電性高分子以外の低導電体を用いたパターンにも応用可能であることを見出しており，半導体への電気めっき方法などとしても発展できる可能性がある。

12.3.2 選択的無電解めっきによる金属パターン化[7]

通常無電解めっきは，塩化すず（Ⅱ）などの還元剤で処理後，塩化パラジウム溶液と接触させ，パラジウム金属の核を生成させる。それを，銅などの金属無電解めっき液に入れると，金属がパラジウムを核として析出し金属化されることを利用している。しかし，現在の方法では，回路パターンのように必要な部分にのみ選択的に無電解めっきするためには，マスキング等の前処理により不要部分の無電解めっきを防ぐことが必要であり煩雑な工程を必要としていた。ポリピロールは，塩化パラジウムを還元する能力を持っており[15]，塩化すず（Ⅱ）などの還元触媒による前処理を行わずに，パターン部分に選択的に金属パラジウムの核を形成することができる。次いで，これを銅，ニッケルなどの金属無電解めっき液で処理することによって，ポリピロールパターン上に選択的に無電解めっきが起こり，金属薄膜パターンが容易に形成できる（図4）。無電解めっき液に浸漬したポリピロール部分にだけめっきが形成されるので，金属化されていない部分を残すこともできる。さらに無電解めっき部分の金属薄膜を電気めっきにより必要に応じて厚くすることも容易である。

この無電解めっきによる導電性高分子の金属回路化も，利用が拡がり出している金属配線のMID作製方法として利用できる可能性がある。MID作製技術の代表的なプロセスの一つとして，無電解めっきを用いる2段階法があるが，この方法では，2種類の金型を必要とし2回の射出成

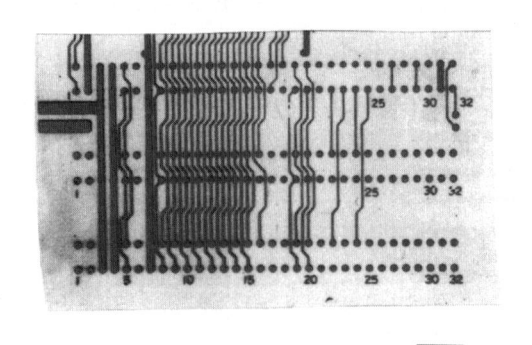

図4 ポリピロールパターン上への選択的無電解銅めっき例

第Ⅱ章 導電性高分子の応用の可能性

形プロセスが必要であり，その前後あるいは中間にめっき工程が入るという煩雑さがある。また，高価なPd含有液をめっき不要部分にも塗布するなど無駄も多い。そのため種々の方式による1回の射出成形プロセスによる方法の開発も進んでいるが，本法の利用により，成形品に直接導電性高分子パターンを形成し，それをプレパターンとして電気めっきや無電解めっきによる金属回路形成するという全く新しい三次元モジュール化方法が構築できる。また金属化膜は，金属，導電性高分子，基材高分子の多層膜でもあり，センサや電子素子などの実装部品としての応用展開の可能性もある。

これらの導電性高分子への選択的無電解めっきは，他の方法で作製した導電性高分子パターンにも適用可能で，倉本らにより印刷技術を利用したポリアニリンパターンによる低コストRFタグ用アンテナの開発などにも利用されている[16]。

12.4 おわりに

本節では，われわれの開発した導電性高分子パターンの応用を中心に導電性高分子の実装技術への展開の可能性を示した。われわれの開発した導電性高分子パターンに限らず一般的に導電性高分子パターンは，導電性や酸化還元性を利用した電気めっき法及び無電解めっき法によりパターン上への選択的メタライゼーションが可能であり，金属回路製造などのプレパターンとして利用できる。しかし，現時点では，接合技術，耐久性，信頼性の点などまだまだ解決すべき点が多く残されている。また，単に金属の代替という発想だけでは導電性高分子の実用化は難しく，導電性高分子でなければならないという位置づけを明確にすることが重要である。

導電性高分子パターンは，導電性回路実装技術への利用ばかりではなく，これまであまり検討されてこなかった導電性高分子の持つ種々の性質を利用したプレパターンや反応場としての利用により新しい機能性付与ができる可能性がある。将来的には，導電性高分子パターン自体に必要な機能を組み込むことなども可能となることが予想され，新たな表面実装技術分野での導電性高分子の用途展開が期待される。

文　　献

1) 畑田賢造, M&E, 2004年1月号, p.176, 工業調査会
2) M.Angelopoulos,"Handbook of Conducting Polymers" 2 ed,ed by T.A.Skotheim, R.L.Elsenbaumer, J.R.Reynolds, Marcel-Dekker,Inc., New York (1998), p.935
3) 大西保志, 成瀬勉, 吉元昭二, 木村和幸, 夏目幸洋, 日化, **1999**, 601
4) 大西保志, 成瀬勉, 特許第2059019号 (1996)

5) 大西保志, 夏目幸洋, 高子敏幸, 吉元昭二, 木村和幸, 日化, **2000**, 419
6) 大西保志, 成瀬勉, 夏目幸洋, 佐治一良, 特許第2653968号（1997）
7) 大西保志, 成瀬勉, 夏目幸洋, 佐治一良, 特許第3069942号（2000）
8) H.Sirringhaus, T.Kawase, R.H.Friend, T.Shimoda, M.Inbasekaran, W.Wu,and E.P.Woo, *Science*, **290**, 2123（2000）
9) 奥崎秀典, 色材, **76**, 260（2003）
10) 小塩武明, 宮田清蔵, 日化,**1986**,348
11) Y.Ito, T.Yagi, Y. Ohnishi, K. Kiuchi, Y. Uchikawa, *International Journal of Applied Electromagnetics and Mechanics*, **14**, 347（2001/2002）
12) 伊藤雄一郎, 大西保志, 木内一壽, 八木透, 電気学会論文誌C,**122**,1441（2002）
13) 伊藤雄一郎, 八木透, 大西保志, 木内一壽, 内川嘉樹, 電子情報通信学会技術研究報告書, OME2000-**155**,33（2000）
14) S.Gottesfeld, F.A.Uribe,S.P.Armes, *J.Electrochem.Soc.*, **139**, L14（1992）
15) W.S.Huang, M.Angelopoulos, J.R.White, J.M.Park, *Mol.Cryst.Liq. Cryst.*, **189**, 227（1990）
16) 倉本憲幸ら, 平成13年度即効型地域新生コンソーシアム,「非接触ＩＣタグ製造を目的とした新規有機導電材料の研究開発」

13 調光ガラス

久保貴哉[*]

13.1 はじめに

調光ガラス（Smart Window）の定義は漠然としており，一般には電気，光，熱などの外部刺激により光学特性（透過，反射，吸収）が変化するガラスを指す[1～17]。調光する波長領域は用途により異なるが，0.4から3μmの太陽光スペクトル領域が特に重要である。何故ならば，調光ガラスは主として，建物に差し込む太陽の日差しを遮断あるいは低減し，居住空間の快適性を改善することと，建物に流入する太陽光エネルギー量を制御し，省エネルギー性を高めるために用いることができるからである[18～21]。現在は，熱線反射ガラスあるいはLow-Eガラスなど高性能で高品質な機能性ガラスが普及している[22]。これらの光学性能が一義的に決まっているのに対して，調光ガラスは，透過，反射や吸収を変化させることができる。そのため，例えば，夏場は，室内に流入する太陽光の熱線を遮断することで，冷房負荷低減が可能となり，冬場は熱線領域の透過率を高め，太陽熱を室内に取り入れることで暖房効率を向上させることが可能となる。調光ガラスを適切に使用することにより，米国のエネルギー消費量を5%程度低減できるとの試算がなされている[18,20]。また，夏場の電力消費のピーク値も20から30%低減させることが可能となる[21]。

外部刺激により誘起される化学反応や相転移に伴い透過，反射，吸収スペクトルを変化させることのできる材料が調光材料の研究開発ターゲットとされてきた[1～17]。電場や電気化学反応により光学特性が変化するエレクトロクロミック材料は，制御の容易さなどから有望な調光材料である。エレクトロクロミック材料としては，酸化タングステンをはじめとする遷移金属酸化物などの無機材料と，π電子共役系高分子に代表される電子伝導性高分子とビオロゲンなどの有機材料をあげることができる。有機材料は無機材料と異なり，色調の多様性，スピンコートなど低温プロセスでの加工性に特徴がある。ここでは，有機系エレクトロクロミック材料の中でも電子伝導性高分子に焦点を当て，エレクトロクロミック調光ガラス（Electrochromic Window: ECW）の最近の研究および開発状況を述べる。電子伝導性高分子と共に，導電性高分子に分類されるイオン伝導性高分子は，後述する通りECWの必須の構成要素である。そこで，我々が最近開発を行った調光ガラス用イオン伝導性高分子フィルムについても触れる。

13.2 ECWの作動原理

ECWの基本構成は図1に示すように，酸化還元反応により色変化を起こすエレクトロクロミ

---

[*] Takaya Kubo 新日本石油(株) 研究開発本部 中央技術研究所 プロジェクト研究グループ 太陽電池プロジェクトリーダー

エレクトロクロミック層
(electrochromic layer)

ガラス/フィルム基板
(glass/film substrate)

電解質層
(electrolyte)

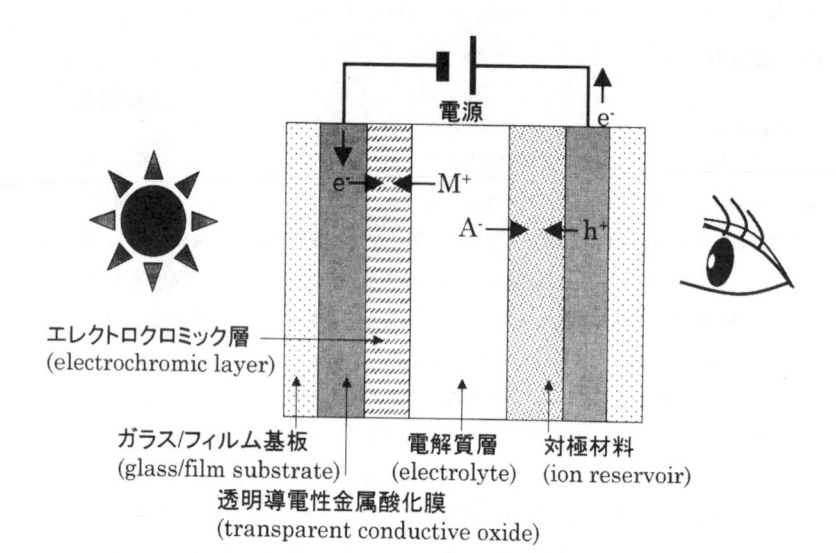

対極材料
(ion reservoir)

透明導電性金属酸化膜
(transparent conductive oxide)

図1 代表的なECWの構造

ック層，イオン伝導層および対極からなる。ECWに電圧を印加するとエレクトロクロミック層に電子（正孔）が注入され還元（酸化）反応が起こり，対極では電荷バランスを保つために正孔（電子）が蓄電される。また，イオン伝導層中の電解塩（MA）はカチオン（M^+）とアニオン（A^-）に解離しており，それぞれエレクトロクロミック層と対極へ移動し，電気的中性条件を満足する。印加電圧の極性を反転すると逆反応が進行し，元の状態となる。このような色変化が可逆的に進行することで，ECWが動作することになる。

対極材料は，エレクトロクロミック層と相補的にイオンを蓄えることのできる材料であればよい。例えば，還元反応により着色する材料に対しては，酸化により着色するエレクトロクロミック材料は対極の候補である。このようなECWを相補型ECWと呼ぶ。我々は，活性炭の電気二重層キャパシターとしての機能に着目し，これをECW用対向電極として提案し，着消色駆動回数など耐久性を向上させることができることを報告した[23~25]。この時，エレクトロクロミック層には酸化タングステン薄膜を用いた。ECWの着消色反応式は以下の（1），（2）の通りであり，着色消色状態の外観写真を図2に示す。Cは対極材料であり，$C^+\cdots ClO_4^-$は電気二重層形成を示す。

$$WO_3 \text{（無色透明）} + xLi^+ + xe^- \rightleftarrows Li_xWO_3 \text{（青）} \tag{1}$$

$$C + ClO_4^- \rightleftarrows C^+\cdots ClO_4^- + e^- \tag{2}$$

第Ⅱ章　導電性高分子の応用の可能性

(a) 消色状態　　　　　　　　(b) 着色状態

図2　ECWの概観写真

13.3　電子伝導性高分子─共役系導電性高分子─

ポリアセチレンフィルム（-(CH=CH)n-）が1970年後半に白川らにより合成され[26]，A. G. MacDiarmid, A. J. Heegerとともに，ヨウ素添加により電気伝導度が半導体から金属並みに著しく向上することが発見された[27]。この歴史的発見により，有機高分子材料によるオプトエレクトロニクスデバイス開発の可能性が示唆され，おびただしい数の導電性高分子が合成され，物性が研究されてきた[28~30]。特に，導電性高分子をドーピングすることで，中性状態に観測されるπ-π^*遷移よりも低エネルギー側に，荷電ソリトンや荷電ポーラロンに起因する特徴的な吸収帯が生成することは良く知られている。このようにドーピングの引き起こす導電性高分子の物理化学は，第四世代高分子時代の中心的な役割を担う。共役系導電性高分子のドーピングがもたらす研究開発領域は，以下の4つに分類され[31]，調光ガラスは導電性高分子の電気化学領域におけるターゲットでもある。

　Ⅰ．化学：透明電極，電磁遮蔽材料など
　Ⅱ．電気化学：エレクトロクロミズム，調光ガラスなど
　Ⅲ．光化学：太陽電池など
　Ⅳ．界面：電界効果型トランジスター，発光ダイオードなど

代表的な導電性高分子の分子構造を図3に示す。導電性高分子のエレクトロクロミズムに関しては，ポリチオフェン，ポリアニリン，ポリピロールを中心とした導電性高分子に関して多くの報告がなされてきた[32]。最近では，ポリ（3,4-エチレンジオキシチオフェン）（PEDOT）が安定したエレクトロクロミック特性を示すことが見出された。そのため，アルキレンオキサイドチオ

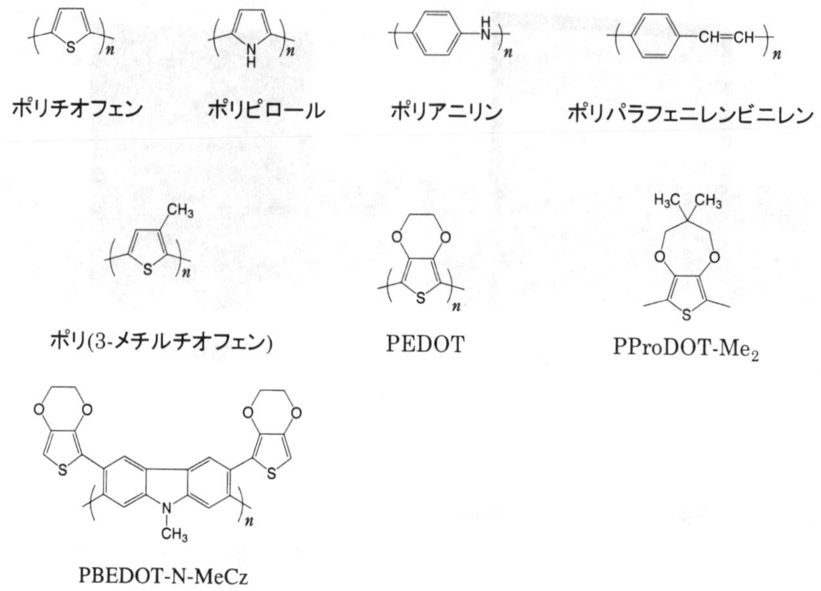

図3 代表的な電子伝導性高分子の構造

フェンとその誘導体は、エレクトロクロミック材料として最も有望視されている[33～35]。PEDOTを用いたECWの対極としては、酸化セリウム、酸化ニッケルなどの電解塩のアニオンを蓄えることのできる遷移金属酸化物が報告されている[35]。対極材料の選定はエレクトロクロミック材料と同様に着消色のコントラスト、応答速度、耐久性に影響する。エレクトロクロミック材料としてポリ（3,4-プロピレンジオキシチオフェン）（PProDOT-Me$_2$）を、対極材料としてポリ（3,6-ビス（2-（3,4-エチレンジオキシ）チエニル）-N-メチルカルバゾール（PBEDOT-N-MeCz）を用いたEC素子（Dual Polymer Device）は、高い着消色耐久性とスイッチング速度を示すことが報告されている[34]。

一方、ポリ（3-メチルチオフェン）はその大きな電気容量を持つことから、スーパーキャパシター（supercapacitor）の電極材料としての応用研究が進められている[36]。谷本らはこの考え方を発展させ、図4(a)に示す構造のECWを提案した[37]。調光は酸化タングステンのエレクトロクロミズムを用い、対極はポリ（3-メチルチオフェン）を用いたスーパーキャパシターの半電極を用いたシースルータイプとした。対極の拡大写真を図4(b)に示す。対極は直径0.55mm、高さ0.1mm程度の柱状アレイから構成されている。色調は以下の反応（3）、（4）がそれぞれの電極で

第Ⅱ章　導電性高分子の応用の可能性

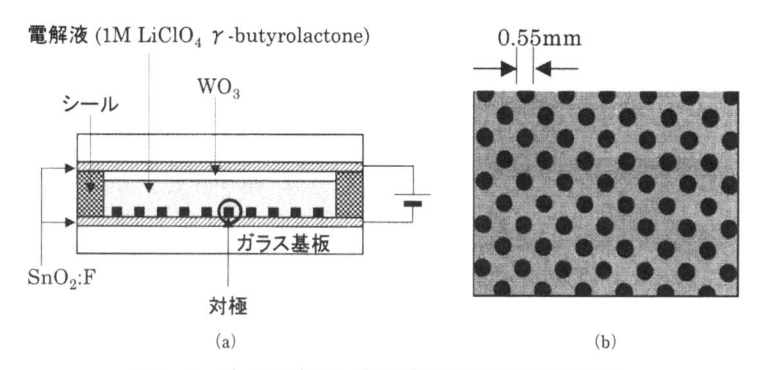

図4　スーパーキャパシター機能を有する対極を適用したECW
(a) ECW断面構造
(b) 対極の拡大写真：写真の柱状アレイがスーパーキャパシターの役割を果たす。
　　柱状部分の直径と高さは，それぞれ0.55mmと0.1mmである。

進行し，無色透明と青色をスイッチすることができる。

$$WO_3 (無色透明) + xLi^+ + xe^- \rightleftarrows Li_xWO_3 (青) \qquad (3)$$

$$\text{（式(4) ポリ(3-メチルチオフェン)の酸化還元反応）} \qquad (4)$$

13.4　イオン伝導性高分子

　イオン伝導性高分子の研究および開発も共役系導電性高分子と同様に30年近い歴史を持つ。イオン伝導性高分子は，P. V. Wrightによるポリエチレンオキサイド中のナトリウムイオンの伝導現象の発見に端を発する[38]。イオン伝導性高分子はP. V. Wrightの見出した固体（真性）タイプと，G. Feuilladeらの報告[39]に始まるゲルタイプに大別される。固体タイプは，高分子マトリックスと電解塩のみから構成される。一方，固体タイプに可塑剤として非水系極性溶媒が添加されたものが，ゲルタイプである。イオン伝導度はマトリックスポリマーのガラス転移点や融点，電解塩の解離係数や濃度，溶媒の誘電率やドナー数・アクセプター数などの物性値に依存する。一般にゲルタイプのイオン伝導度（$10^{-4} \sim 10^{-3}$S/cm）は固体タイプ（$10^{-6} \sim 10^{-4}$S/cm）と比較して高いため，ECW用イオン伝導性高分子として研究開発が行われてきている[40,41]。主なマトリックス高分子，電解塩，非水系極性溶媒を図5にまとめた。

　イオン伝導性材料をECWに用いる場合は，自立性が必須となる。ECWは面積が大きいため，

(a) マトリックス高分子

ポリエチレンオキサイド、ポリエチレンイミン、ポリフォスファゼン、ポリアクリロニトリル、ポリエチレンサルファイド、側鎖にエチレンオキサイドを有するポリアクリレート、PVDF-HFP、側鎖にエチレンオキサイドを有する架橋ポリメタクリレート

(b) 電解塩

$MClO_4$　MCF_3SO_3　MPF_6　MBF_4　$MSCN$
M：Li^+, Na^+, K^+

(c) 可塑剤（非水系極性溶媒）

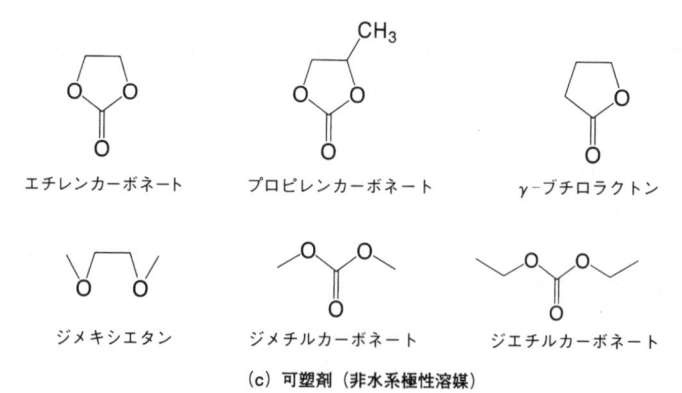

エチレンカーボネート、プロピレンカーボネート、γ-ブチロラクトン、ジメキシエタン、ジメチルカーボネート、ジエチルカーボネート

図5　イオン伝導性高分子の構成要素

第Ⅱ章 導電性高分子の応用の可能性

イオン伝導性材料が液体の場合は，2枚の透明導電性基板に静水圧が加わり，シール材に対する負荷が高くなり，長期安定性に影響するからである。また，この時，ECWがレンズ状に膨らむため，ECW越しの像が歪む問題も発生する。ECWに適用するイオン伝導性高分子には，高いイオン伝導性，電気化学安定性に加えて紫外線耐性，熱安定性と透明性が要求される。

ここでは，ポリビニリデンフロオライド（PVDF）系イオン伝導性高分子をECWへ適応した研究開発の事例を示す。ポリビニリデンフロオライド―ヘキサフルオロプロピレン（PVDF-HFP），燐酸エステル系有機溶媒およびリチウム塩を含む電解質溶液をベースフィルムにコーティングし，イオン伝導性フィルムを連続的に作製した。作製したフィルムは幅が約1 m（図6(a)）であり，自立性のあるフィルム（図6(b)）として取り扱うことができる。また，複素インピーダンス法[42]により求めたイオン伝導度は，20℃で約1 mS/cmであった。

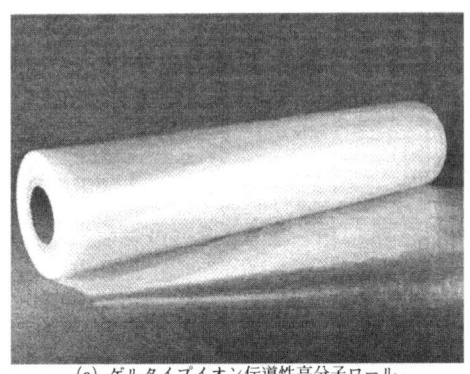

(a) ゲルタイプイオン伝導性高分子ロール

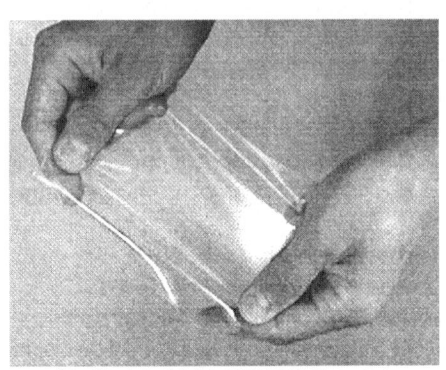

(b) ゲルタイプイオン伝導性高分子フィルム

図6 連続成膜したイオン伝導性高分子フィルム

13.5 おわりに

　導電性高分子は色調の多様性，加工性を含め，調光ガラスの構成要素として有用であることは上述の通りである。しかし，調光ガラスとしては，10年以上の寿命が要求され，その間は紫外線，熱などの気象因子に曝されることになるため，長期耐久性の確立が重要課題である。そのために，調光材料の劣化モードの評価解析も一つの研究分野を形成している[43]。また，調光ガラスでは，構成材料自身の耐久性と合わせて，それらが複合した場合の耐久性，さらには，透明導電性基板を貼り合わせる手法など製造技術に至る全てを最適化する必要もある。

　導電性高分子の調光ガラスへの応用として，電子伝導性高分子のエレクトロクロミズムを取り上げ，ECWの大面積化の必要性と関連し，イオン伝導性高分子を概説した。エレクトロクロミック特性は，ECWにとどまらず，電子ペーパー，表示素子，電磁遮蔽ガラスなど，様々な用途への応用が期待される。有機低分子を用いた調光素子は，車両運転時の安全性向上を目的としたエレクトロクロミック防眩ミラーとして，既に大きなマーケットを形成している[44]。第四世代高分子として，導電性高分子のエレクトロクロミック調光ガラス分野での期待は大きい。

文　　献

1) S. K. Deb, *Appl. Opt. Suppl.*, **38**, 192 (1969)
2) 馬場宣良, 山名昌男, 山本 寛／編著, エレクトロクロミックディスプレイ, 産業図書 (1991)
3) 山名昌男, クロミック材料と応用, 市村国宏監修, シーエムシー (1989)
4) 河原秀夫, 斎藤靖弘, 応用物理, 第62巻, 343 (1993)
5) 重里有三, 表面技術, **53**, 38 (2002)
6) C. M. Lampert, 第11回クロモジェニック研究会 (東京) 予稿集, 11-24 (2003)
7) C. M. Lampert, *Solar Energy Material & Solar Cells*, **11**, 1 (1984)
8) C. G. Granquvist, "HANDBOOK OF INORGANIC ELECTROCHROMIC MATERIALS", Elsevier, Amsterdam (1995)
9) C. G. Granquvist, *Solar Energy Materials & Solar Cells*, **60**, 201 (2000)
10) J. Nagai, *Solar Energy Materials & Solar Cells*, **31**, 291 (1993)
11) T. Kubo and Y. Nishikitani, *J. Electrochem. Soc.*, **145**, 1729 (1998)
12) P. M. S. Monk, R. J. Mortimer and D. R. Rosseinsky, "Electrochromism", VCH, Weinheim (1995)
13) N. Kobayashi, K. Teshima and R. Hirohashi, *J. Mater. Chem.*, **8**, 497 (1998)
14) http://www.refr-spd.com/

第Ⅱ章 導電性高分子の応用の可能性

15) J. N. Huberts, R. Griessen, J. H. Rector, R. J. Wijngaarden, J. P. Dekker, D. G. de Groot and N. J. Koeman, *Nature*, **380**, 231 (1996)
16) T. J. Richardson, J. L. Slack, R. D. Armitage, R. Kostecki, B. Farangis and M. D. Rubin, *Appl. Phys. Letts.*, **78**, 3047 (2001)
17) *Solid State Ionics* 165巻には, 5th International Meeting on Electrochromism (Golden Colorado, August 6-9, 2002) にて, 報告がなされたエレクトロクロミズムに関する最近の研究開発成果がまとめられている。
18) C. M. Lampert, *Proc. Soc. Vac. Coat*, **42**, 197 (1999)
19) 種村 榮, 第7回PED研究会 (東京) 資料, 34-42 (1993)
20) http://www.nrel.gov/buildings/windows/benefits.html
21) http://windows.lbl.gov/comm_perf/electroSys.htm#Electrochromic%20Window%20Field%20Test
22) http://www.agc.co.jp/products/products_01.html#
23) Y. Nishikitani, T. Asano, S. Uchida, and T. Kubo, *Electrochemica Acta*, **44**, 3211 (1999)
24) T. Kubo, T. Toya, Y. Nishikitani, and J. Nagai, The 193rd Electrochemical Society Meeting Abstract, San Diego, 98-1, Abstract No. 86 (1998)
25) T. Kubo, J. Tanimoto, M. Minami, T. Toya, Y. Nishikitani and H. Watanabe, *Solid State Ionics*, **165**, 97 (2003)
26) H. Shirakawa, E. J. Louis, A. G. MacDiarmid, C. K. Chiang and A. J. Heeger, *J. Chem. Commun.*, 578 (1977)
27) C. K. Chiang, C. R. Fincher, Y. W. Park, A. J. Heeger, H. Shirakawa and E. J. Louis, *Phys. Rev. Lett.*, **39**, 1098 (1977)
28) "Handbook of Conducting Polymers, 2nd ed." Ed. by T. A. Skotheim, R. L. Elsenbaumer and J. R. Reynolds, Marcel Dekker, New York (1998)
29) N. Basescu, Z. X. Liu, D. Moses, A. J. Heeger, H. Naarmann and N. Theophilou, *Nature*, **327**, 403 (1987)
30) N. Basescu, J. Chiang, S. Rughooputh, T. Kubo, C. Fite and A. J. Heeger, *Synth. Mets.*, **28**, D43 (1989)
31) A. J. Heeger, *J. Phys. Chem.*, **B105**, 8475 (2001)
32) "HANDBOOK OF ORGANIC CONDUCTIVE MOLECULES AND POLYMERS", Ed. by Hari Singh Nalwa, p614-619, JHON WILEY & SONS, New York (1997)
33) J. C. Gustafsson, B. Liedberg and O. Inganäs, *Solid State Ionics*, **69**, 145 (1994)
34) I. Schwendeman, J. Hwang, D. M. Welsh, D. B. Tanner and J. Reynolds, *Adv. Materials*, **13**, 634 (2001)
35) H. W. Heuer, R. Wehrmann and S. Kirchmeyer, *Adv. Funct. Mater.*, **12**, 89 (2002) および引用文献
36) M. Mastragostino, R. Paravenit and A. Zanelli, *J. Electrochem. Soc.*, **147**, 3167 (2000)
37) J. Tanimoto, S. Uchida, T. Kubo and Y. Nishikitani, *J. Electrochem. Soc.*, **150**, H235 (2003)
38) P. V. Wright, *Brit. Polymer J.*, **7**, 319 (1975)
39) G. Feuillade and Ph. Perche, *J. Appl. Electrochem.*, **5**, 63 (1975)

40) 錦谷禎範,"高分子材料最前線",監修:尾崎邦宏,編著 松浦一雄,工業調査会,p.136-141 (2002)
41) B. E. Conway(直井勝彦,西野敦,森本剛:監訳),電気化学キャパシタ 基礎・材料・応用,エヌ・ティー・エス(2001)
42) "第4版 実験化学講座29 高分子材料",丸善,p372(1993)
43) http://www.nrel.gov/buildings/windows/facilities2.html
44) エレクトロクロミック防眩ミラーは5億2500万ドル(約560億円;2004年1月5日付け日本経済新聞)の市場規模を有する。

14 帯電防止材料

小長谷重次*

14.1 はじめに

合成繊維やプラスチックフィルムは製造・加工過程,利用過程で摩擦・接触などにより静電気を発生・蓄積し,様々なトラブルを発生する。繊維やプラスチック製品の静電気発生・蓄積を抑制するには,基材の表面抵抗値を下げる工夫(帯電防止処理,制電処理)が必要で,基材表面または全体にイオン伝導型または電子伝導型の帯電防止剤が施される。

繊維や食品包装用フィルムなど日常生活品に用いられる帯電防止剤は界面活性剤や親水性高分子などのイオン伝導型が,電子材料・部品を静電気や埃から保護する包装フィルム・容器に用いられる帯電防止剤は金属(粒子),導電性カーボン粒子,酸化物半導体粒子などの電子伝導型が主である。界面活性剤は安価であるが低湿度下での帯電防止性に劣るのみならずブリードアウトなどの問題もある。他方,導電性粒子は低湿度下でも帯電防止効果が高いが,外観,透明性などに難がある[1〜3](表1参照)。本稿では,応用実用化が進展している新規な素材,金属並みの導電性を有し加工性に優れる導電性高分子,の帯電防止剤への応用動向およびその特性につき述べる。

14.2 導電性高分子の帯電防止剤への応用

14.2.1 導電性高分子の種類および合成法[4,5]

1970年代の白川らによるヨウ素ドープポリアセチレンフィルムの高導電性の発見以来,数多くの導電性高分子が開発され,現在までに帯電防止剤として実用化された導電性高分子は複素環式共役系のポリピロール,ポリチオフェン,含ヘテロ原子共役系のポリアニリンおよびそれらの誘

表1 代表的な帯電防止剤の特性

導電タイプ	帯電防止剤	適用範囲 ($\Omega/\square$)	主用途	長所	短所
イオン伝導	界面活性剤	1.0E+9〜12	埃の付着防止	低価格 高透明性	湿度依存性大 低持続性
	永久帯電防止樹脂 (PEG系アロイ)	1.0E+9〜12	埃の付着防止	低価格 高持続性	湿度依存性大 物性低下
電子伝導	導電性高分子	1.0E+4〜10	キャリアテープ トレイ	高導電性 湿度依存性なし	高価格 難加工性
	導電性カーボン	1.0E−2〜+7	キャリアテープ ICトレイ	高導電性 湿度依存性なし	物性低下 粉発生
	酸化物半導体	<1.0E−2	EMIシールド	高導電性 湿度依存性なし	外観不良 粉発生

＊ Shigeji Konagaya 東洋紡績㈱ 研究企画部 主幹

導電性高分子の最新応用技術

導体があげられる。これらのπ共役系導電性高分子には電子移動をスムーズにするための添加剤（ドーパント）添加操作（ドーピング）が必要である。ドーパントとしてはハロゲン(Cl_2, Br_2, I_2)，ルイス酸（AsF_5, SbF_5），プロトン酸（HCl, H_2SO_4），電解質アニオン（ClO_4^-, AsF_6^-）等の電子受容性（アクセプター）物質が用いられる。ドーパントは低分子物質のみならずオリゴマー，高分子体もあり，さらには導電性高分子自体にドーパント能（スルホン酸基）を有した自己ドープ型導電性高分子もある（図1, 図2参照）。

14.2.2 導電性高分子の加工性改良 [6〜10]

一般的に導電性高分子は緑や赤褐色等に着色し高価であるのみならず，溶融せず水や有機溶媒に不溶なため加工性に欠ける。ピロールなどのモノマーをフィルム基材表面上で重合し，導電性高分子の積層体を生成する方法があるが一般的ではない。導電性高分子を帯電防止剤として利用しやすいかたち，すなわち水や有機溶媒への分散性・溶解性を改善しコーティングや押出成型に適した材料とするため，導電性高分子骨格の修飾やドーパント種の工夫が行われる。導電性高分子の加工性改善は，水または有機溶媒への可溶化と他の高分子との複合化とに大別される。

(1) 可溶化

導電性高分子にスルホン酸基や長鎖炭化水素基を導入することにより水や有機溶媒への分散・溶解性を向上できる。代表的な例として，図1に示した有機溶媒溶解性の長鎖炭化水素基置換ポリピロール[11]，水溶性のスルホン化ポリアニリン[12〜14]があげられる。特に後者は前述したごとく導電性高分子自体にドーパントとなるスルホン酸基を有するので自己ドーパント型導電性高分子と呼ばれる。導電性高分子は側鎖の導入により水や有機溶媒に対する溶解性は向上するが，導電性は低下する。可溶性導電性高分子に導電性と溶解性を両立させるためには，可溶化を促進する置換基の種類・量のコントロールが重要である。さらには，溶解性置換基結合導電性高分子単

1) 代表的な導電性高分子

ポリアセチレン　　ポリピロール　　ポリチオフェン　　ポリアニリン

2) 代表的な可溶性導電性高分子

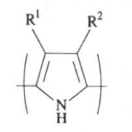

ポリ(3,4-ジアルキルピロール)　　ポリ(3,4-エチレンジオキシチオフェン)　　ポリ(アニリンスルホン酸)

図1　主な導電性高分子

第Ⅱ章 導電性高分子の応用の可能性

1) 低分子量体

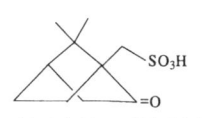

10-カンファースルホン酸

1,2-ベンゼンジカルボン酸-4-スルホン酸-1,2-ジ(2-エチルヘキシル)エステル
(R=-CH$_2$CH(C$_2$H$_5$)C$_4$H$_9$)

2) 高分子量体

ポリ(スチレンスルホン酸)

スルホイソフタル酸エステル

R^1, R^2, R^3=アルキレン基,フェニレン基
n_1, n_2=1〜50の整数

図2 ポリアニリン可溶化に有効な機能性ドーパント

独では皮膜性に劣るので,帯電防止剤として用いるにはさらに他の素材との複合化が必要である。

(2) 複合化

導電性高分子に低分子化合物,オリゴマーあるいは熱可塑性高分子を混合併用し,加工性を付与する。複合化には,ポリアニリンなどの導電性高分子をポリ塩化ビニルやポリメチルメタクリレートなどの熱可塑性高分子に混合(混練り)使用する方法もあるが,実用化に至った例はない。むしろ,スルホン酸基結合低,中あるいは高分子化合物をドーパントとして用いて,同時に導電性高分子に有機溶媒や水に対する分散・溶解性を向上させたのち,必要ならばさらに他の高分子との複合化を図るのが一般的である[15〜17]。図2に示したように,ポリアニリンを可溶化するドーパント例にはカンファースルホン酸,スルホフタル酸長鎖アルキルエステル,スルホイソフタル酸共重合ポリエステルオリゴマーやポリスチレンスルホン酸があげられる。なお,ポリ(3,4-エチレンジオキシチオフェン)(PEDOT)はポリスチレンスルホン酸と併用される[18, 19]。

14.3 導電性高分子の帯電防止剤への応用例

14.3.1 帯電防止コーティング剤[20]

導電性高分子を用いた主な市販帯電防止コーティング剤を表2にまとめた。

ポリアニリンは古くからアニリンブラックとして知られ,安価な導電性高分子と有望視されていたが,不溶不融で加工性にかけるため応用面が限られていた。しかし,CaoとHeeger教授等により,導電性をもちかつ各種有機溶媒に可溶なポリアニリン合成法が開発された。彼らは塩基状態のポリアニリンに機能性ドーパントと呼ばれるカンファースルホン酸(CSA)やドデシルベン

導電性高分子の最新応用技術

表2 導電性高分子を用いた帯電防止剤の事例

製造会社	商品名	導電性高分子	特徴
Panipol社	Panipol	ポリアニリン	機能性スルホン酸でドープした有機溶媒可溶型ポリアニリン
Ormecon社	Ormecon	ポリアニリン	有機酸をドーパントに用いた溶媒分散型ポリアニリン
Bayer社	Baytron	ポリ（3,4-エチレンジオキシチオフェン）	ポリスチレンスルホン酸をドーパント

ゼンスルホン酸（DBSA）を加えることにより，m-クレゾールやキシレンに可溶な有機溶媒可溶型ポリアニリンを得た。現在これはPanipolの名前で上市されている。

ドイツのZipperling社は溶媒分散型ポリアニリンに有機酸をドーパントに用い，有機溶媒に高度に分散するポリアニリン，溶媒分散型ポリアニリンを開発した。現在Ormecon社がOrmeconという商品名で帯電防止用導電材料として販売している。

バイエル社により開発されたバイトロンはポリチオフェン誘導体（3,4-エチレンジオキシチオフェン，PEDOT）で，ポリスチレンスルホン酸を高分子ドーパントとして含有しており，導電性が非常に高い特徴がある。高分子ドーパントを用いる利点として，ドーパントがはずれにくく，長期にわたり導電性を維持できることがあげられる。

そのほかスルホン化ポリアニリンなどの自己ドープ型導電性高分子が上市されている。これは水溶性で外部からドーパントを添加する必要がないうえに，長期間の曝露後も当初の導電性を維持できる特徴がある。

14.3.2 導電性高分子を用いた帯電防止フィルム・シート

主としてプラスチックフィルム・シートの帯電防止剤として導電性高分子が応用検討されてきた。フィルム・シート表面に導電性高分子を積層する方法には，基材表面上で導電性高分子を重合形成する方法，基材表面に上述の導電性高分子複合体を塗布積層する方法がある。表3に導電性高分子を帯電防止剤に用いた制電・導電フィルム・シートの代表例，アキレス（株）のポリピロールを用いたSTポリ，マルアイ（株）のポリアニリンを用いたSCS-NEO，東洋紡績（株）のスルホン化ポリアニリンを用いたPETMAXをあげた。以下に，それらの技術的特徴および物理

表3 導電性高分子を用いた帯電防止フィルム・シート

製造会社	商品名	導電性高分子の種類	表面抵抗[*]（Ω/□）	光線透過率[**]（％）
アキレス	STポリ	ポリピロール	10^5	60
東洋紡績	PETMAX	スルホン化ポリアニリン	10^7	88
マルアイ	SCS-NEO	ポリアニリン	$<10^6$	

[*) **)] 本表の値はカタログ代表値である。

第Ⅱ章 導電性高分子の応用の可能性

的特性につき述べる。

(1) STポリ[21〜23]

ピロールの化学酸化重合開始剤をコートしたポリエチレンテレフタレート（PET），ポリ塩化ビニル（PVC），ポリスチレン（PSt）などの比較的極性のあるプラスチックフィルム（シートを含む）をピロールモノマー蒸気相内に投入し，フィルム面上で化学酸化重合を引き起こし，フィルム上にポリピロールの薄膜層を形成する。このとき，100%ポリピロールの導電層がフィルム上に形成され，その厚みはピロールの重合条件によりコントロールされる。重合層（導電層）の厚みは，フィルムの導電性のみならず，透明性（光透過性）にも影響を与えるので，用途に応じて導電層厚みをコントロールすることが重要である。STポリの表面抵抗は$10^{3〜8}\,\Omega/\square$と低い上に湿度の影響を受けず，耐溶剤性が高いなど，界面活性剤にはない制電特性を示す。

(2) SC-NEO[24]

本導電性フィルムの導電層は山形大学倉本教授の開発による可溶性ポリアニリンと推定される。具体的な製法は，アニリンの化学酸化重合時，特定の界面活性剤を共存させるとジメチルホルムアミド（DMF）などの有機溶媒に可溶のポリアニリンが生成し，これをポリメチルメタクリレート（PMMA）などと複合化し，PETやPVCフィルム上に積層させ，導電性フィルムを得ていると推定される。本技術の特徴は1%の上記可溶性ポリアニリンをPMMAに混合充填しただけで，帯電防止に十分な表面抵抗（$10^9\,\Omega/\square$）が得られる点である。本導電性フィルムはポリアニリンの特徴である緑色を呈し，その表面抵抗は$10^6\,\Omega/\square$以下で湿度依存性がない。

(3) PETMAX

本導電性シートは，上記フィルムと異なり，低分子のドーパントを使用しない自己ドーパント型導電性高分子を用いるところに特徴がある。以下にその開発コンセプトと特徴につき述べる。上記の導電性フィルムに用いたポリピロール，ポリアニリンはそれ単独では導電性は発現せず，ドーパントである強酸性物質を共存させる必要がある。一般的にドーパントには低分子物質が用いられるが，PETMAXは導電性高分子自体にドーパント能を有するスルホン酸基を有する自己ドーパント型導電性高分子，スルホン化ポリアニリンを用いるところに特徴がある。自己ドーパント型導電性高分子には長所，短所がある。短所は置換基スルホン酸基があるため無置換体ポリアニリンに比して導電性が劣り，高価格である点である。長所はドーパントが導電性高分子に結合しているため，電子包装材料・容器に問題となる低分子酸性物質などのコンタミ発生が比較的少ない点である。次項では導電性高分子を用いた帯電防止剤のフィルム・シートへの応用につき，PETMAXを例に述べる。

14.4 導電性高分子を用いた高制電PETシート（PETMAX）[25~29]

14.4.1 PETMAXの製法

スルホン化ポリアニリン（以下SPAnと略す）の水／アルコール混合溶液に水分散性ポリエステルバインダーとその他の添加物を加えA-PETシート面上に薄膜コートすることにより，透明性，帯電防止性（表面抵抗：$10^{7\sim9}\,\Omega/\square$，湿度依存性無し）および耐久性（耐水性，耐熱性）に優れた高制電PETシート（PETMAX）を開発した（図4）。

本技術のポイントは，水中でナノ分散する水分散性ポリエステルバインダーを用い，効率的にSPAnの導電ネットワークを形成すると同時に透明性さらに耐熱性等の耐久性を付与した点にある。以下にその特性を記す。

図3 SPAnの化学構造式

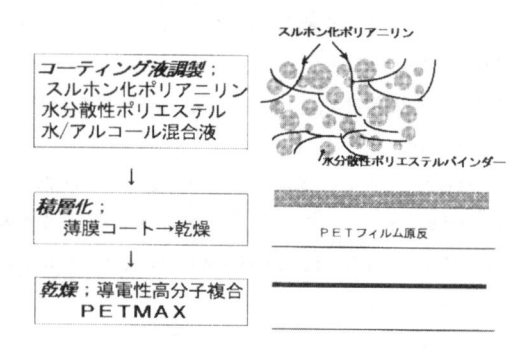

図4 PETMAXの製造法

14.4.2 PETMAXの基本特性

（1）光学特性および表面特性

導電層コートによる光学特性の低下は小さく，PETMAXは透明性に優れる。コート面のセロテープ剥離テスト（90度）や堅牢度試験機による耐スクラッチ性テスト（ガーゼで10往復）でも，すじ・粉等の発生は見られずコート層の密着性は良好である。また，25℃および70℃で20時間，荷重2kg／25cm^{2}の条件下でもコート面表裏間でのブロッキングは観察されない。

（2）制電特性

図5に示したごとく，カチオン性帯電防止材系の表面抵抗は湿度が低くなるに従い増大し，帯電防止性が不十分となる傾向があるが，導電性高分子を用いた高制電性シートPETMAXは，広範囲の湿度（15～60％）で一定かつ低い表面抵抗値（$1\times10^7\,\Omega/\square$）を示す。さらに，湿度15％での帯電減衰時間は0.014秒と非常に小さく，導電性高分子SPAnの電子伝導性の特徴が見られる。

第Ⅱ章　導電性高分子の応用の可能性

(3) 耐延伸性

図6に示したごとく，一軸方向に250%延伸しても高制電PETシートの表面抵抗値は低い。実際本シートを用いて部分的に最大約2倍の延伸を受ける深絞り成型を行ったが，その表面抵抗は$2.5×10^9$ Ω／□と十分な制電特性を保持した。本高制電PETシートPETMAXは深絞り成型を受けてもその導電性を保持する理由は，コート層内でSPAn分子が線状にのび，かつ集合し絡み合って存在するため，多少の延伸を受けても絡みが完全にほぐれないからと推定される。

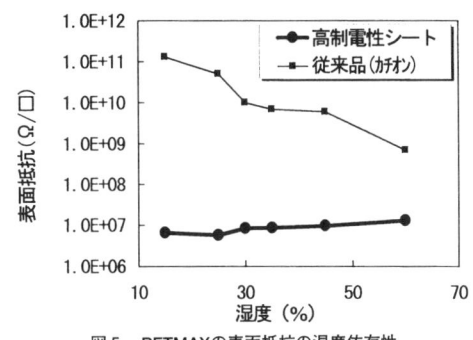

図5　PETMAXの表面抵抗の湿度依存性

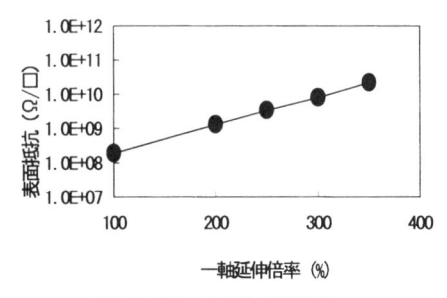

図6　PETMAXの耐一軸延伸性

(4) 耐熱性・熱分解性

上記PETMAXと汎用のカチオン性およびアニオン性帯電防止材使用系PETシートを220℃，250℃空気中で1分間加熱したところ，カチオン性帯電防止材系は220℃で，アニオン性帯電防止材系は250℃で急激に表面抵抗が増大したが，PETMAXは250℃の高温でも表面抵抗変化は小さく，耐熱性に優れる。さらにはPETMAXを250℃に加熱しても，窒素系およびイオウ系酸性ガス発生量は基材と同程度である。これはSPAnおよびポリエステルバインダーが耐熱性に優れるからである。

(5) 耐温水性

一般的なイオン性または非イオン性系界面活性剤系制電フィルムは，特に水中や湿気の多いところに長時間放置されると，界面活性剤がブリードアウトさらには流失し，本来の帯電防止能を急速に失いやすく耐久性に問題があるが，PETMAXは40℃の温水中に15時間浸せき後も初期表面抵抗値を示し，耐水性に優れる。これはSPAn，ポリエステルバインダーともに高分子であるため，フィルム面からブリードアウトし難いからである。

(6) 耐環境安定性

ポリアニリンの側鎖に結合したスルホン酸基が外気中に含まれる微量塩基性物質により中和され，そのドーパント能が劣化する恐れがあるため，PETMAXを60ppmのアンモニア雰囲気中に

70時間放置するモデル実験を行ったが，PETMAXの表面抵抗値に変化が観察されなかった。さらに，PETMAXを半日蛍光灯の灯る室内に半年間放置したが，試験前後で表面抵抗値の変化はなく，通常の使用環境に存在する塩基性物質や紫外線に起因する制電層の劣化は小さく，制電性の長期安定性は良好である。

14.4.3 PETMAXの高制電性発現機構

図7は酸化ルテニウム（RuO_2）染色を行った後のPETMAXの断面コート層近傍の透過型電子顕微鏡（TEM）写真の一例である。PETシート基材上の厚さ0.07ミクロンの導電コート層（網状部：SPAnと水分散性ポリエステルバインダーからなる）にSPAn分子で構成されたネットワーク（断面のやや黒色網状体）が観察される。これは水分散性ポリエステル粒子の周囲にSPAn分子が凝集し，結果としてSPAnの導電ネットワークが効率よく形成されたと推定される。この導電ネットワークにおけるSPAn分子同士の絡みが，PETMAXに良好な導電性のみならず耐延伸性を付与していると考えられる。

14.5 まとめ

本稿では導電性高分子の帯電防止剤への応用技術，その応用製品さらにはPETシートへの応用実例とその特性につき述べた。導電性高分子を帯電防止剤に用いることにより，従来の界面活性剤系やカーボンなどの導電性粒子系では得られない優れた制電・導電特性および物理的特性が得られる。特に高透明性と同時に湿度依存性のない低表面抵抗（高導電性，高帯電防止性）のみならず，分子設計および配合設計により耐延伸性，耐熱性や耐水性を一層向上できる。導電性高分子が様々な分野に応用展開されつつある今日，ポリアニリンのみならずポリチオフェン系の帯電防止用コート剤（塗料）も国内で上市され[30]，今後，導電性高分子の帯電防止剤への応用がいろいろな分野で発展することを期待する。

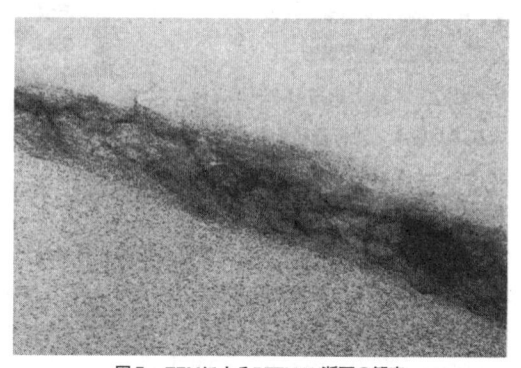

図7　TEMによるPETMAX断面の観察

第Ⅱ章 導電性高分子の応用の可能性

文　　献

1) 高井好嗣, プラスチックエージ, **43** (4), 113 (1997)
2) シーエムシー編, "帯電防止材料の最新技術と応用展開", シーエムシー (1996)
3) 近藤陽介, 塗装と塗料, **96** (8), 33 (1996)
4) 緒方直哉編, "導電性高分子", 講談社サイエンティフィク (1996)
5) 田中一義, "高分子の電子論", 共立出版 (1994)
6) 山本隆一, 木村徹, 高分子加工, 45巻, 338 (1996)
7) 村井二三夫, 友澤秀喜, 池之上芳章, 電子材料, 12月号, 48 (1990)
8) 吉村進, "導電性ポリマー", 共立出版 (1987)
9) 吉野勝美, 小野田光宣, "高分子エレクトロニクス", コロナ社 (1996)
10) 導電性ポリマー技術の最新動向, (株)東レリサーチセンター, 1999年
11) アルキル置換ポリピロール：特開平7-207001, 東邦レーヨン
12) J.Yue, A. J. Epstein, *J. Am. Chem. Soc.*, **112**, 2800 (1990)
13) S.Shimizu,T. Saitoh,M. Uzawa,M.Yuasa,T.Maruyama, K.Watanabe, *Synthetic Metals*, **85**, 1337 (1997)
14) 特開平9-71643, 日東化学工業(株)(三菱レイヨン(株))
15) 特開平7-330901, 東洋紡績(株)
16) 特開平8-41321, 東洋紡績(株)
17) Thomas E. Olinga, *et al.*, *Macromolecules*, **33**, 2107-2113 (2000)
18) 千種康男, プラスチックスエージ, 2000年, 11月号, 120-122
19) Proceedings of Speciality Polymer 98, Maack Business Services
20) 倉本憲幸, "はじめての導電性高分子", 工業調査会 (2002), 各社ホームページより参照
21) 伊藤守, 包装技術, **33** (3), 15 (1995)
22) 伊藤守, 静電気学会誌, **21**, 5, 202 (1997)
23) アキレス(株)製品カタログおよびホームページ
24) マルアイ(株)製品カタログおよびホームページ
25) 東洋紡績(株)製品カタログおよびホームページ
26) 小長谷重次, プラスチックエージ, **44** (3), 145 (1998)
27) 小長谷重次,包装材料, **37** (3), 13 (1999)
28) 小長谷重次, 科学と工業, **75** (10), 483-493 (2001)
29) 小長谷重次, 工業材料, **50**, No.6, 52 (2002)
30) 長瀬産業(株)カタログ(コーティング剤商品名はデナトロン)

15 インクジェット印刷法によるポリマー薄膜トランジスタの作製

川瀬健夫*

15.1 はじめに

有機トランジスタの半導体として利用される共役性分子あるいはポリマーは，分子全体に渡って広がったπ軌道を持っている。この非局在化したπ軌道上のキャリアを増減することによって，電流の制御ができる。高いキャリア移動度を有する結晶性無機半導体は電子の非局在性が材料全体に渡っているが，共役性分子材料におけるキャリアの非局在性は分子内に範囲が限られていると考えるのが妥当である。有機薄膜は有機分子が寄り集まってできていて，分子間はファンデルワールス力のように弱い力で結ばれている。そのため分子間のπ軌道の重なりが小さく，温度が上がって分子の振動が大きくなると，π軌道は各分子に局在した状態になる。さらに，蒸着やスピンコートで作られたアモルファス状の有機薄膜では，各々の分子の置かれる環境は様々で，各分子に対応した局在準位はエネルギー的にも空間的にも分布している。キャリアはこのように分布した局在準位を熱的励起の力をかりて飛び移る（ホッピング）ことによって伝導していく。そのため，アモルファス有機薄膜中で観測される移動度は$0.1cm^2/Vs$以下と，無機半導体と比べて極めて小さい。

有機半導体においても，単結晶ではバンド伝導が認められ，極低温で移動度は数百にも達するが，室温ではやはり$10cm^2/Vs$以下に低下する。これは上述した分子間の弱い結合に拠るものである。ペンタセンの蒸着多結晶薄膜において，結晶粒粗大化の努力によって室温の移動度として$2\sim3cm^2/Vs$程度の値が得られている[1]。この値は既に単結晶のそれと同等であり，今後の移動度の向上は次第に緩慢になっていくと考えられる。

では，このように移動度が本質的に小さい有機半導体で薄膜トランジスタ（TFT）を作ることに，どのようなメリットがあるのだろうか。様々な利点を挙げることができるが，これらは半導体層を低エネルギーで形成できる点に集約されると思う。有機半導体の低移動度の原因である分子間の弱い結合力が，半導体を薄膜化する上では大いに助けになる。材用を薄膜化するということは，原子や分子を一旦結合力から自由にして，基板上に再配列させることである。移動度の高い無機半導体は，材料全体に渡る共有結合から成り立っているので，薄膜化には高温加熱やプラズマを利用する高エネルギープロセスが必要になる。これに対して，有機半導体では，分子間力が小さく簡単に分子同士を引き離すことが可能なので，低温で蒸着できたり，溶剤に溶かして塗布することができる。低エネルギーで半導体薄膜を形成できるので，そのプロセス自身が低コス

---

* Takeo Kawase　セイコーエプソン(株)　テクノロジープラットフォーム研究所　第二研究グループ　室長

第Ⅱ章　導電性高分子の応用の可能性

トであり，さらにプラスチック基板など軽量・フレキシブルな基板を使うことができる，大面積デバイスへの対応が容易になる，などの利点が生まれる。

つまり，低移動度であることは，低エネルギープロセス・低コストで作製できることを意味し，高移動度を得るには高エネルギープロセス・高コストが必要になる。ポリシリコンTFT，アモルファスシリコンTFT，有機TFTを並べてみると，移動度とコストの相関関係は成り立っている。高移動度のポリシリコンTFTを作るには高温プロセスやレーザーアニーリングが必要になり，どうしてもアモルファスシリコンTFTに対して割高になる。アモルファスシリコン膜の形成にはプラズマCVDが好適であり，有機膜形成に使う蒸着装置や塗布装置より高額な設備を必要とする。そうした移動度―コスト相関関係の上で，高電流密度，高速応答性を必要とするアプリケーションは高いコストを払って高移動度を買うことになる。現在，TFTにとっての最大のアプリケーションは液晶素子のアクティブマトリックス駆動であり，それに必要十分な移動度を有するアモルファスシリコンTFTが最大の市場規模を形成している。そういう意味で，有機TFTの将来は，アプリケーションが鍵を握っていると言えよう。例えば，後述する電気泳動素子は，電圧駆動・低速の表示媒体であるので，有機TFTの移動度でも十分駆動が可能である。有機TFTと電気泳動素子とを組み合わせた電子ペーパーは将来性のあるアプリケーションだと期待している。そうしたアプリケーションの創出には，有機TFTの最大の特長である低コスト性を際立たせることが必要である。そんな視点からは，あの高額な真空システムを使わずに有機半導体薄膜を形成できる溶液プロセスの研究を進めることが重要であると考えている。

15.2　インクジェット技術

前項では半導体層形成に関わるコストについて議論した。しかし，これはTFT製造コストの一部であり，電極などのパターニング工程に，より多くのコストが費やされる。そのため有機TFT実用化を目指す以上，低コストのパターニング技術の開発が不可欠である。そういう観点から，フォトリソグラフィよりも簡便なパターニング方法，たとえば，ソフトリソグラフィ[3]，光化学パターニング[4]，スクリーン印刷[5]，そしてインクジェット印刷[6~11]などの手法で有機TFTのパターニングが試みられている。我々が，インクジェット印刷によって有機TFTのパターニングを行ってきたのは，次に示す特長を活かして，低コストな有機TFT製造が可能であると考えるからである。

まず第一に，インクジェット印刷法は材料の堆積とパターニングが同時に進行する付加的（Additive）なパターニング方法であること。材料を必要な場所にだけ堆積するため，材料の消費が最小限で済み，環境への負荷が極めて小さい。また，現像，エッチングなどの工程を必要としないため，機能性有機材料の特性劣化がない。第二に，非接触印刷であるため，ソフトリソグ

導電性高分子の最新応用技術

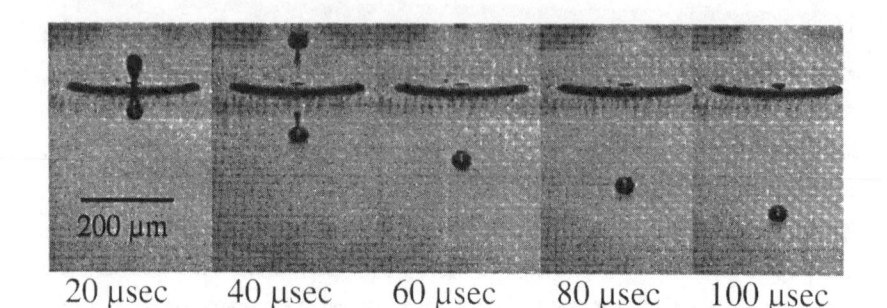

| 200 μm |
| 20 μsec　40 μsec　60 μsec　80 μsec　100 μsec |

図1　インクジェットヘッドからのインク滴吐出のストロボ写真

ラフィ，スクリーン印刷などと違いデバイスを損傷することがない．さらに，アライメントも容易になり，多層構造デバイスを作製することができる．この点は有機TFTを作製する上で特に重要である．第三に，インクジェット方式は一括処理でなく逐次シリアル印刷する方法の割には，パターニング速度が速い．ノズルを多数有するインクジェットヘッドがカラー印刷用に開発されていて，これを流用することで，量産として実用的なパターニング速度を得ることが可能である．そしてもう一つ付け加えるならば，印刷のパターンがコンピュータで編集でき，容易に変更可能という柔軟性を有している．オーダーメードのデバイスや特有のIDを持ったデバイスの作製にも威力を発揮しうる．

　図1にはインクジェットヘッドのノズルから吐出され下方へ飛ぶインク滴のストロボ写真を示す．この例では直径約30ミクロンのインク滴が3 m/sec程度の速度で吐出されている．インク滴はガラス基板表面のように堅い面に衝突すると，過渡的形状変化を経た後，ドーム形状の付着インク滴は表面の濡れ性に応じて大きさが定まる．インクが溶液の場合，溶剤が乾燥して固形成分が基板上に残ることによって，印刷が完了する．平坦な表面上に印刷したときの解像度を決める主要因子は，インク滴の大きさと液滴の濡れ性である．液滴の濡れ性が低く，濡れ角が大きいほど，インク滴の広がりは抑えられ微細なドットを印刷することができる．しかし，濡れ角が大きすぎると，線や面を描画するようにインク滴を滴下しても，液滴が寄り集まってしまい目的のパターンが描けない．一概には言えないが，30～70度の濡れ角が適当であると思う．インク滴の体積は，市販インクジェットプリンタにおいて，10年前に比べて1/30～1/50程度に減少してきた．インク滴の径に換算すると1/3に微細化されている．今後もこのペースが続けば，10年後には，現在得られている20～30ミクロンの線幅が10ミクロン以下まで細線化されると予想される．

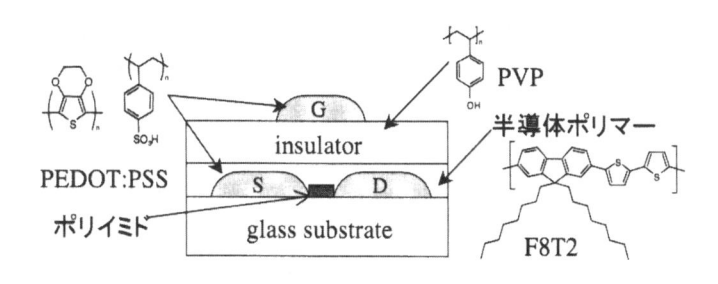

第Ⅱ章　導電性高分子の応用の可能性

図2　全ポリマーTFTの構造

15.3　ポリマーTFTのインクジェット印刷
15.3.1　デバイス作製方法

　図2に作製したポリマーTFTの構造を示す。ガラス基板上に導電性ポリマーpoly (ethylenedioxythiophene)（PEDOT）分散液をインクジェットヘッドによって滴下して，ソース・ドレイン電極を形成した。PEDOT分散液はpoly (styrenesulfonic acid)（PSS）をドーパントとして含む水系分散液である。続いて半導体ポリマーfluorene-bithiopheneコポリマー（F8T2, The Dow Chemical）のキシレン溶液，絶縁体ポリマーpoly (vinylphenol)（PVP）のイソプロピルアルコール溶液を順次スピンコートした。最後にPEDOT分散液を再びインクジェットヘッドで吐出して，チャンネルに重なるようにゲート電極を印刷した。溶液プロセスでは多層構造を作るのにしばしば苦労するが，ここではお互いに不溶な材料の組み合わせを選ぶことによって溶液からの積層を可能にした。

　本研究で使用したインクジェットヘッドは圧電素子でキャビティ体積を変化させてインクを吐出するピエゾ方式のものである。プリンター用のインクジェットヘッドには，キャビティ内のヒータで気泡を作ってインクを押し出すサーマルタイプもあるが，溶媒の沸点の影響，インク材料への熱ダメージが避けられないためデバイス作製には必ずしも適さない。ピエゾ方式のインクジェットヘッドでは駆動波形を調整して，異なるレオロジー特性を有するインク溶液に対応することが可能である。精密なインクジェット印刷を行うために，インクジェットヘッド，精密位置決め装置，アライメント用光学系を備える専用の印刷装置を作製した。

　このような専用に設計された印刷装置を使っても20ミクロン以下のチャンネルを印刷するのは困難である。インク滴の飛行方向のバラツキ，インクの基板上での濡れ性の不均一さが原因でソース・ドレイン間の短絡が頻発するようになる。これを克服して，短チャンネル長のTFTを作製するために，予め基板上に濡れ性の異なる領域をパターニングしておいて，そこへインクジェット法によってPEDOT分散液を滴下した。電極部は濡れ易い領域（親水性領域），チャンネル部は

導電性高分子の最新応用技術

撥水性領域（疎水性領域）とすることによって，滴下されたPEDOT分散液が電極部に閉じ込められ，チャンネル部へと広がらないようにした。このような親水／疎水領域のパターニングにはフォトリソグラフィ技術を使った。ポリイミド前駆体をガラス基板に塗布・キュアリング・チャンネル方向へのラビング後，フォトレジストを塗布・露光・現像して，酸素プラズマでポリイミド層をエッチングした。ポリイミド層がエッチングされた領域が親水性，残された領域が疎水性を示す。このような濡れ性の違いを利用してインクジェット印刷を行うことを，以下セルフアライニングIJ印刷と称する。

また，半導体ポリマーF8T2を塗布後，移動度を増大させるため，F8T2を260度前後で熱処理した。この温度ではF8T2は溶融して液晶相が現れ，ポリイミド上の半導体ポリマーはラビング方向へ主鎖のアライメントが起こる[2, 11, 12]。

15.3.2 デバイスの特性

図3にポリイミドの帯に沿ってPEDOTを印刷して形成したソース／ドレイン電極のAFM写真を示す。狙い通り，セルフアライニングIJ印刷によってPEDOTはポリイミドの縁まで広がって，そこでブロックされている。ここで，ポリイミド帯の幅は5ミクロンしかないが，ソース・ドレイン間を短絡するようなPEDOTの堆積は認められない。実際，両電極間の抵抗を測定すると，短絡が起こっていない。図4はゲート電極をPEDOTで印刷して完成したポリマーTFTを示す。PEDOTは可視光を透過するので，ゲート電極とチャンネルとが良好にアライメントされているのが見える。

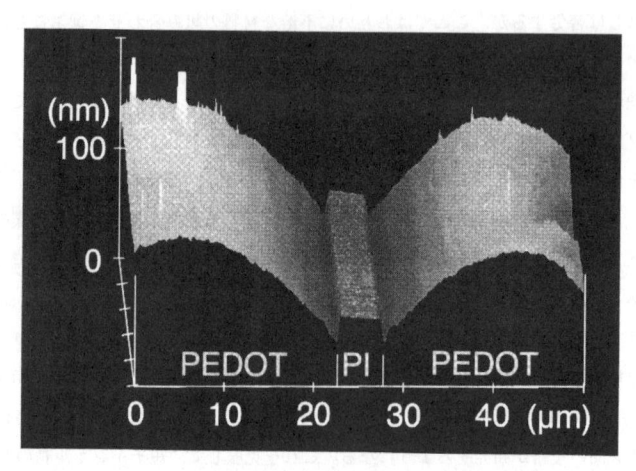

図3 セルフアライメントIJ印刷で作製されたソース・ドレイン電極のAFM像 （文献14より引用）

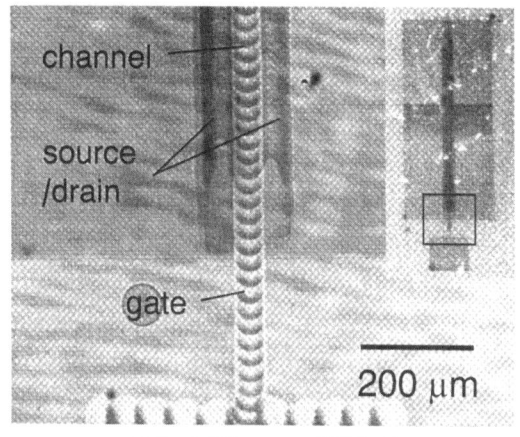

第Ⅱ章 導電性高分子の応用の可能性

図4 全ポリマーTFTの顕微鏡写真
(文献7より引用)

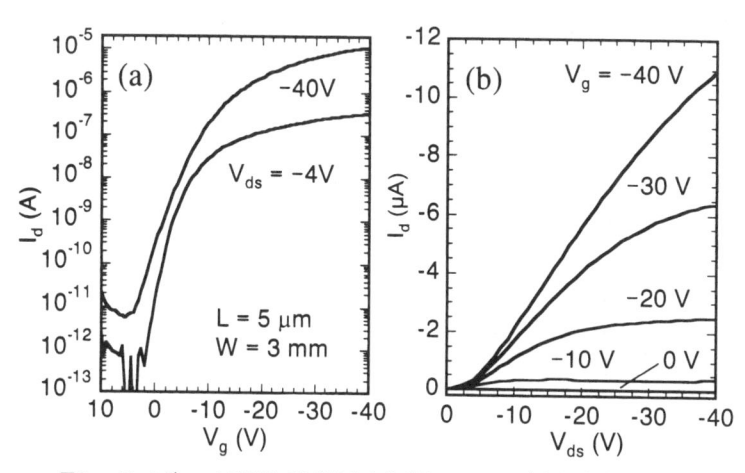

図5 インクジェット印刷法で作製された全ポリマーTFTの (a) 伝達特性と (b) 出力特性
(文献7より引用)

図5にインクジェット法で印刷されたTFTの伝達特性,出力特性を示した。熱処理をして主鎖が配向した半導体層を有するデバイスでは,移動度が$0.02 cm^2/Vs$に及び,溶液プロセスから作製されたTFTとしては高い値を示した。熱処理を行わないデバイス,あるいは熱処理を行ってもラビングした下地層を持たないデバイスでは,移動度がこの1/10〜1/3である。また,on-off比は10^6と高い。ゲートの印刷を空気中で行ったにも関わらず,F8T2は空気中の酸素や水によってド

ープされないため,高いon-off比を示す.代表的な共役性ポリマーであるpoly (3-hexylthiophene) (P3HT) では空気中でドープされることが知られており,オフ電流の増大に繋がっている.F8T2はイオン化ポテンシャルが比較的高く (5.3～5.4eV),空気中からのドープに対して安定化されていると考えられる.溶液プロセスで安価にデバイスを作るためには,このように空気中で安定な材料の選択が重要である.

セルフアライニングIJ印刷で5ミクロンのチャンネル長のパターニングが可能であることを上に示した.この手法でどこまでの短チャンネル化が可能であろうか.その限界を決める要因にインクジェットヘッドから吐出されたインク滴の運動エネルギーが挙げられる.インク滴が基板に衝突すると,その運動エネルギーによってインク滴は基板上で過渡的に広がる.一方,インク滴は基板と接触することによって,たとえ運動エネルギーがゼロでも濡れ広がる.空間に置かれたインク滴の表面エネルギーと基板上に付着したインク滴の表面・界面エネルギーとの間に差(自由エネルギー差)があるためである.もし,運動エネルギーが自由エネルギー差に比べて非常に大きければ,セルフアライニングIJ印刷はうまくいかないだろう.インク滴が濡れ性の差を無視して広がるからである.図6にそれらの比較をインク滴のサイズを横軸にして示した.インク滴の速度は一定2.5m/sとした.運動エネルギーはインク滴直径の3乗に,表面エネルギー差は2乗に比例するので,ある直径で両者が等しくなり,それ以下では表面エネルギー差が支配的になる.その分かれ目は約100ミクロンで,本実験で用いたインク滴はその三分の一でしかない.つまり,インク滴が基板表面に落ちた後,濡れ広がる際に,表面エネルギー差が支配的な駆動力として進行した結果,短絡のない短チャンネルの印刷が成功したのだと考えられる.最新のインクジェッ

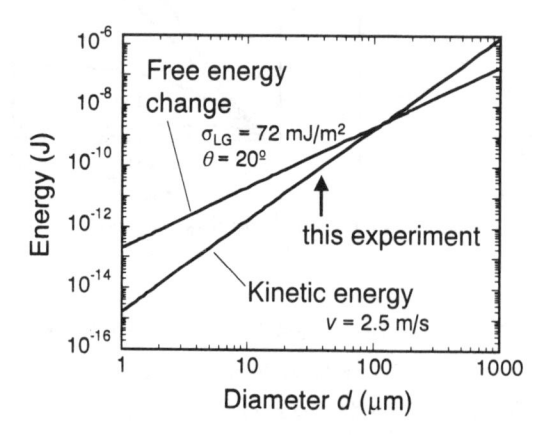

図6 インク滴の運動エネルギーとインク着弾前後の自由エネルギー差との比較
(文献14から引用)

第Ⅱ章　導電性高分子の応用の可能性

トヘッドはさらに微細なインク滴を吐出することができるので，より一層の短チャンネルも問題なく印刷が可能であろう．実際，筆者らは2ミクロンを切るチャンネル長についても実験を行ったが，問題なくパターニングが可能であった．

15.3.3　半導体のパターニング[15]

　実際にデバイスを作る上では，トランジスタを素子分離することが望ましい．そのためにもインクジェット法は大いに活躍する．半導体ポリマーを溶かした溶液をスピンコートする代わりに，インクジェットヘッドに充填してトランジスタの位置に滴下すれば，半導体層のパターニングができる．図7（a）はソースドレイン電極をPEDOTでインクジェット印刷した上に，F8T2溶液を部分的にインクジェット印刷したデバイスの写真である．有機溶媒を主成分とする半導体ポリマー溶液を平坦な基板上に滴下した場合，その低い表面張力のために広がりやすく，得られた半導体層の膜厚は小さくなる傾向にある．しかしながら，解像度に関しては，素子分離に必要な精度（100μm程度）は難なく得られる．また膜厚が小さくなっても，半導体―絶縁体界面に電流の流れる電界効果トランジスタの特性を悪化させることがない（図7（b））．むしろ，on-off比が向上する傾向にある．このようにインクジェット印刷法を使うと，有機TFTにおける半導体層のパターニングを容易に行うことができる．シャドーマスクやフォトリソグラフィを使うよりも，生産性・精度・半導体へのダメージレスの点で優位性を有する．

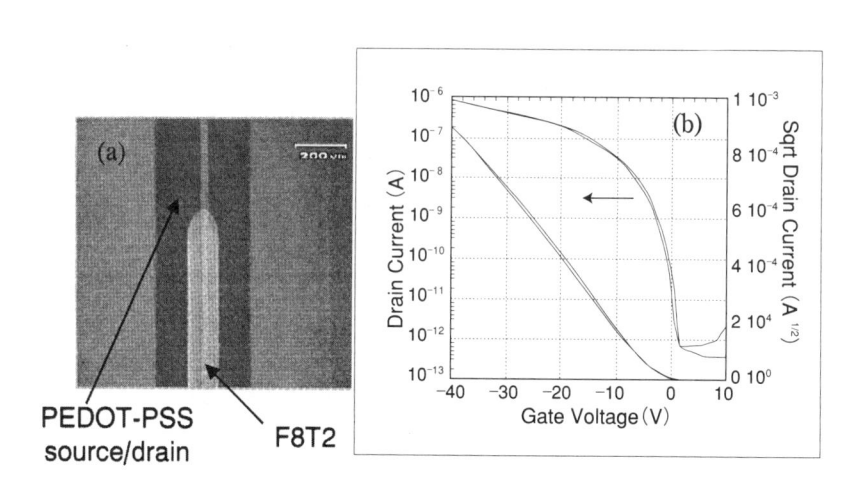

図7　半導体ポリマーF8T2をインクジェット法でパターニングしたデバイスの
　　　（a）顕微鏡写真と（b）伝達特性（文献15より引用）

213

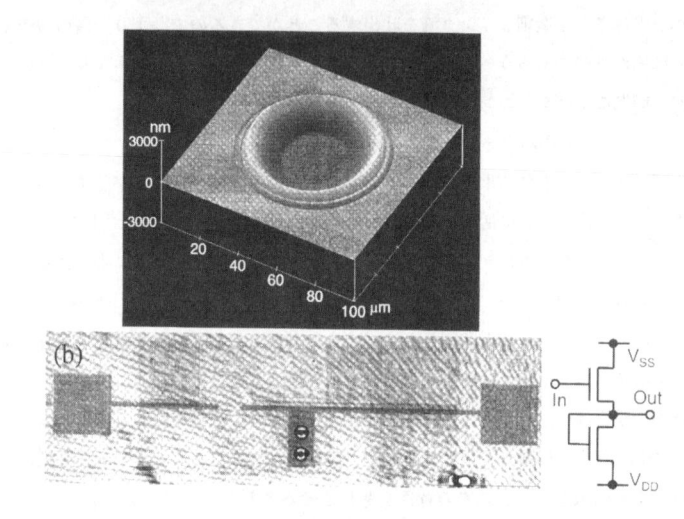

図8 (a) インクジェット法で作製したヴィアホールとそれを用いた (b) 論理インバータ回路
(文献8より引用)

15.4 ポリマーTFTを用いたデバイス

15.4.1 論理インバータ回路

前項では単体のトランジスタがインクジェット技術で作製可能であることを示した。実際のデバイスを作るにはトランジスタだけでなく，配線，ヴィア，抵抗などの部品も必要であり，これらも同じ技術で作製できることが，プロセス短縮に繋がる。詳細は文献[8]に譲り，結果のみ示す。図8 (a) はインクジェット技術でポリマー絶縁体中に形成したヴィアホールを示すAFM像である。ポリマーを溶かす溶剤をインク滴として，何滴か同じ場所に滴下して形成した。インク滴がポ

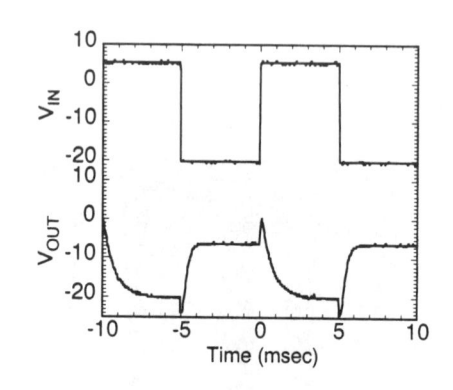

図9 インクジェットで形成した負荷抵抗を有する論理インバータ回路の動作
(文献8より引用)

リマーを溶かし，これが乾く際にポリマーがインク滴周辺に析出するため，このようなクレーター状の孔が開く。この孔をソースとゲートを接続するためのヴィアホールとして使ってインバータを作製したのが図8 (b) である。ここではインバータの負荷としてTFTが使われている。ま

第II章　導電性高分子の応用の可能性

たTFTでなく抵抗を負荷とするインバータを作製することもできる。抵抗には，PEDOT分散液に過剰のPSSを加え，抵抗を増大させたものを用いた。このインバータは100 Hzでは図9のように動作した。

このように論理回路を印刷で安価に作製できることから，使い捨てのできる電子タグなどの応用が期待される。

15.4.2　アクティブマトリックス素子

有機TFTの有力なアプリケーションとして期待されるのが，ディスプレイ用のアクティブマトリックス駆動素子であり，高分子分散型液晶と組み合わせた素子が試作されている[13]。また，これをインクジェット法による大気中・溶液プロセスで作製すれば，大幅な低コスト，大面積化が可能になる。そこで，原理確認を目的とした小規模なアクティブマトリックス電気泳動デバイスの作製について紹介する。

図10にデバイスの構造を示す。各ピクセル電極に1つのポリマーTFTが接続された，アクティブマトリックス素子をインクジェット印刷で作製した。今回は，ピクセル電極やデータバスラインは，ITOをフォトリソグラフィ技術でパターニングして作製した。これは実験を単純化するためであり，それらをインクジェット法によって作製することに原理的な困難性はない。アクティブマトリックス駆動素子と対向電極との間に，電気泳動マイクロカプセルを配列させた。この電気泳動マイクロカプセルの内部には，TiO_2微粒子を着色した液体に分散させたコロイドが封入されていて，対向電極とピクセル電極間に電圧を印加することによってTiO_2微粒子が対向電極またはピクセル電極側へ移動する。TiO_2微粒子が見る側へ移動したときには，白く，見る側と反対へ移動したときには，分散媒の色（濃い青）へと変化する。

ピクセル電極の電位を制御するために，データバスラインに目的の電位を印加すると同時に，ゲートバスラインで目的のピクセル電極に接続されたポリマーTFTをオン状態にする。この動作を各ピクセル行に対して繰り返すことによって，図11に示すようなパターンの表示に成功した。視野角依存性はなく，斜めからでも同じように見える。また，駆動電圧を切った後も，コントラストが維持された。コントラストのスイッチング時間

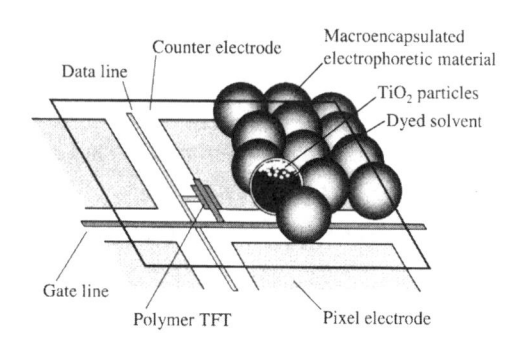

図10　ポリマーTFTアクティブマトリックス電気泳動素子の構造

導電性高分子の最新応用技術

は約0.5秒で,電気泳動素子の応答速度に等しい。このように電気泳動素子の応答速度は,必ずしも高速とはいえない。こうした表示媒体を駆動するには必ずしも移動度の高い半導体である必要はなく,有機TFTと電気泳動素子との組み合わせは相性がよい。ポリマーTFTと電気泳動マイクロカプセルといずれも,大気中での溶液プロセスで作製できる。つまり,今回試作したアクティブマトリックス電気泳動素子は,真空プロセスを用いず大気中で作製できる初めてのアクティブマトリックス素子である。今回の結果は,アクティブマトリックス素子を従来にない低コストで製造できる可能性を示すものだと言える。

図11 アクティブマトリックス電気泳動素子での表示
(文献14より引用)

15.5 おわりに

有機TFTをインクジェット法で作製してみて,なにより愉快だったのは真空装置の中にサンプルを入れなくとも,トランジスタと呼べるデバイスが出来上がることであった。このことは,LSI産業の隆盛のなかで過ごしてきた者にとっては新鮮な驚きであった。不思議な気さえしたのは,骨の髄まで真空装置を使う方法論が染み付いていたせいだろう。真空プロセスでは,材料を気相にして蒸着やエッチングを行う際,気相は高エネルギー状態だから,まわりを真空にする必要がある。一方,溶液プロセスは液体自身の凝集力によって,材料が散逸したり,余計なガスが入り込んだりすることを防ぐことができる。見様によっては,液体自身が真空容器だとも言えまいか。そんな液体の可能性を利用して,電子デバイスの製造工程を革新しようと,「マイクロ液体プロセス」という構想をセイコーエプソンの下田達也博士は提唱している。今回ご紹介した有機TFTの研究もそうした方向性における取組みの一つである。真空装置を使わずに済むと,roll-to-rollプロセスが導入しやすくなりデバイスのコストを大幅に低減することができる。冒頭議論したように,低エネルギー・低コストプロセスを特徴とする有機TFTは,このようなroll-to-rollプロセスで製造してこそ,その真価が活かされるはずである。今後の発展が楽しみなデバイスだと思う。

第II章 導電性高分子の応用の可能性

文　献

1) H. Klauk, M. Halik, U. Zschieschang, G. Schmid and W. Radlik, Technical Digest of IEDM, 557 (2002)
2) H. Sirringhaus, R. J. Wilson, R. H. Friend, M. Inbasekaran, W. Wu, E. P. Woo, M. Grell and D. D. C. Bradley, *Appl. Phys. Lett.*, **77**, 406 (2000)
3) J. A. Rogers, Z. N. Bao and V. R. Raju, *Appl. Phys. Lett.*, **72**, 2716 (1998)
4) C. J. Drury, C. M. J. Mutsaers, C. M. Hart, M. Matters and D. M. de Leeuw, *Appl. Phys. Lett.*, **73**, 108 (1998)
5) Z. N. Bao, Y. Feng, A. Dodabalapur, V. R. Raju and A. J. Lovinger, *Chem. Mat.*, **9**, 1299 (1997)
6) H. Sirringhaus, T. Kawase, R. H. Friend, T. Shimoda, M. Inbasekaran, W. Wu and E. P. Woo, *Science*, **290**, 2123 (2000)
7) T. Kawase, H. Sirringhaus, R. H. Friend and T. Shimoda, Technical Digest of IEDM, 623 (2000)
8) T. Kawase, H. Sirringhaus, R. H. Friend and T. Shimoda, *Adv. Mater.*, **13**, 1601 (2001)
9) T. Kawase, H. Sirringhaus, R. H. Friend and T. Shimoda, SID Digest of Technical Papers XXXII, 40 (2001)
10) T. Kawase, C. Newsome, S. Inoue, T. Saeki, H. Kawai, S. Kanbe, T. Shimoda, H. Sirringhaus, D. Machenzie, S. Burns and R. H. Friend, SID Digest of Technical Papers XXXIII, 1017 (2002)
11) M. Redecker, D. D. C. Bradley, M. Inbasekaran and E. P. Woo, *Appl. Phys. Lett.*, **74**, 1400 (1999)
12) M. Grell, M. Redecker, K. S. Whitehead, D. D. C. Bradley, M. Inbasekaran, E. P. Woo and W. Wu, *Liq. Cryst.*, **26**, 1403 (1999)
13) H. E. A. Huitema, G. H. Gelinck, J. B. P. H. van der Putten, K. E. Kuijk, C. M. Hart, E. Cantatore, P. T. Herwig, A. J. J. M. van Breemen and D. M. de Leeuw, *Nature*, **414**, 599 (2001)
14) T. Kawase, T. Shimoda, C. Newsome, H. Sirringhaus and R. H. Friend, *Thin Solid Films*, **279**, 438-439 (2003)
15) C. J. Newsome, T. Kawase, T. Shimoda, D. J. Brennan, Proceeding of SPIE (2003)

16 "超"分子エレクトロニクス

小野田光宣*

16.1 はじめに

エレクトロニクス素子の超微細化を目指した分子素子の概念が，F.L.Carterにより提唱されてから20数年が経過した[1]。すなわち，次世代素子として提案されたこの分子素子の概念は，「電子の流れを制御する機能を個々の分子に持たせ，分子サイズの電子素子を実現する。」と言うもので，エレクトロニクス素子機能を分子で代行させようとする考えである。このような分子素子に要求される一般的な性質は，機能の多様性と超微細化構造による機能の集積化であり，これまでシリコン（Si）を始めとする無機半導体材料がその要求に答えてきた。しかし，機能要求が高度化するにつれて有機化合物の持つ優れた性質，例えば多種多様性，構造的準安定性などに期待が寄せられるようになってきた。特に，π電子共役系の発達した分子を配列させると，導電性，光伝導性，非線形光学効果などの様々な機能が発現するが，その特性が構成単位の化学構造に大きく依存するのが有機材料の大きな特徴である。

このような背景の中で，「分子素子」，「ナノテクノロジー」などをキーワードとする未来のエレクトロニクス，すなわち「分子エレクトロニクス」の実現に向けて極めて活発な基礎研究がなされている。

分子は物質の究極の最小単位であり，固有の機能を持っている。分子機能は基本的にその電子状態の変化によって発現する。例えば，バクテリアの鞭毛モータは生物界で唯一の回転機構を持ち，プロトンの流れで電子状態を変化させ毎秒1,000回転することが可能である。従って，生物に学ぶということが極めて重要になってくる。即ち，生物の機能を模倣することで，生物が実現している機能あるいはその性能に優る機能を付与した素子を人工的に構築しようとする考えが必要となる。また，電子によって分子機能が引き起こされる典型的な例は，電子のトンネリングによるスイッチである。分子で考えられる情報伝達の担体としては，プロトン，光子，励起子，電子，フォノン，ソリトンなどがあり，情報伝達距離は数十nm以下で従来のエレクトロニクス素子に比べて極めて小さいことが特徴であるが，分子による電子の流れの制御はまだ現実のものとは言えない。

分子素子を実現するためには，次の4項目の克服が極めて重要となる。

(a) 機能分子の材料化
(b) 機能分子の集積化
(c) 電子遷移を制御する分子系の組立

---

* Mitsuyoshi Onoda 兵庫県立大学大学院 工学研究科 教授

第Ⅱ章　導電性高分子の応用の可能性

(d) 分子レベルでの構造制御

などである。(a)は電気化学重合法（電解重合法）に見られるように機能分子を分子論的に容易に取り込むことが可能で，エレクトロクロミズム，光電変換，センサなど種々の機能を持った機能性導電膜を得ることができ，既存の有機，無機高分子と複合化することが考えられる。(b)は(a)とも関係するが，分子機能材料を構築する上で機能分子そのものの機能集積化による多機能化は重要であり，アゾ基とキノン基を持つ化合物で高機能化を目指した報告がなされている[2]。また，ドナー分子（例えば，TTF分子）とアクセプター分子（例えば，TCNQ分子）をσ結合で結びつけた分子は，電子がドナーからアクセプターへ移動しやすいため理論的には分子整流器として作用し，分子の大きさが約1 nm程度であるから高集積度化が可能である。(c)は電子の流れを電界あるいは光などによって自由に制御できる分子系が人工的に構築できれば，情報変換機能，エネルギー変換機能などを有する分子素子が現実のものとなる。(d)は機能分子の持つ情報を的確に伝達，反映，制御するために超微細化素子の実現に重要な課題であり，具体的にはラングミュア・プロジェット（LB）法（単分子，累積膜），自己組織化膜（単層膜，多層膜），光パターン（二次元，三次元）などが考えられ，分子論的な制御が必要である。

現在，種々の有機機能材料が合成され，それらを用いた素子も種々提案されているが，いわゆる分子素子といわれるものは概念が先行しているとはいえ，少しずつ現実味をおびているように思える。例えば，これまでに初歩的ながら有機材料が本来有している電子光機能を具体化したものとして，電界発光素子，分子膜メモリ素子，アクチュエータ素子などが提案されている。これらの主たる機能源としては，π電子，双極子，スピンおよび異性化，相転移などが考えられ，分子設計，合成技術などの進歩や有機／有機あるいは有機／無機界面における電子現象の解明によって今後この分野の大きな発展が期待される。

本章では，導電性高分子の基本的性質と有機エレクトロニクス応用について概観した後，上述した分子素子を実現する上で最も基礎的で重要な4項目の中で，機能分子の材料化に焦点を当て，最も有効な手段となる電解重合法に注目して，機能性有機材料として期待されている導電性高分子の有機電解合成を中心に，電解重合法と反応機構，電解重合膜の機能応用例などについて述べ，界面電気化学現象の研究の現状を通じて超分子エレクトロニクスに対するその重要性と役割について指摘する。

16.2　導電性高分子の基本的性質と有機エレクトロニクス応用

高分子主鎖にπ電子共役系が高度に発達した導電性高分子は，いわゆる機能性を備えた新素材として非常に注目されている。導電性高分子を大別すると共役系が一次元的に鎖状に発達した高分子と，二次元的に平面状に発達した高分子に分けられる。後者の共役系が平面状に発達した高

導電性高分子の最新応用技術

分子が金属的な性質を有しているのに対し，前者の一次元構造を取る鎖状導電性高分子は絶縁体あるいは半導体である。本来，鎖状導電性高分子も理想的には金属的性質を示すはずであるが，実際には隣り合う高分子鎖間の相互作用が弱く一次元系としての特徴，いわゆるパイエルス転移が生ずるため比較的小さな禁止帯幅（多くの場合3.0eV以下）を有する絶縁体あるいは半導体となる[3]。一方，隣り合う高分子鎖間の相互作用が強くなるとこの一次元性が失われ，パイエルス転移が抑制されるため禁止帯幅がゼロとなり金属的性質を示すことになる。

導電性高分子が示す性質はこの高分子の主鎖構造と共に，鎖間相互作用，結晶構造，高次構造の影響を大きく受ける。例えば，導電性高分子の導電性を考えてみると，π電子系を高分子鎖に沿って一次元的に伸ばしたとしても必ず分子鎖間伝導が問題となり，これによってキャリアの移動が制限されてしまう。更に高分子鎖が集合し束となってフィブリルを形成している場合，フィブリル間の電荷移動も導電率を決定する重要な因子となる。他の電気的性質，光学的性質もこれらの影響を受け，それを活用する機能性，性能をも決定するものとなる。従って，導電性高分子のどの特徴を活かすか，あるいはどの特徴を強調して発現させるのかの選択が，導電性高分子の開発および応用する上で必要となり，理論的な裏付けによる分子設計はもちろんのこと，分子構成，高次構造の制御を基本とした機能設計が極めて重要となっている。

鎖状導電性高分子はドーピングにより半導体あるいは絶縁体から金属に転移し，逆に脱ドーピングにより元に戻る。即ち，可逆な絶縁体―金属転移が可能である。この転移の機構を説明するために，ソリトン，ポーラロン，バイポーラロン，バイポーラロンバンドなどの新しい概念が導入され，非常に興味深い諸問題を提起したのである[4,5]。しかもこのドーピングによる絶縁体―金属転移に伴って，導電性高分子の電気的，光学的，磁気的性質などが激変するので，これを利用した種々の機能応用が可能であることから，ドーピングという操作は極めて重要な意味を持っている。このような導電性高分子の極めて特徴的な性質を活かした多種多様な機能応用が可能である。

即ち，導電性高分子は（1）金属としての利用，（2）絶縁体，半導体としての利用，（3）絶縁体―金属転移現象の利用，（4）可逆なドーピング性の利用，（5）その他の共役系，配向性を反映する性質の利用などが可能である[6]。

例えば，導電性高分子は金属並みの導電率が得られることから，現在の銅線に代替してプリント基板配線，電力輸送用ケーブルなどに使用するという考えがある。また，導電性高分子の可逆なドーピング―脱ドーピング（酸化―還元）現象を巧みに利用した充電可能な二次電池など，導電性そのものではなく付随的な現象を利用する応用も展開している。更には，導電性高分子は脱ドープ状態で半導体的あるいは絶縁体的性質を示すので，種々の接合素子の作製が可能である。例えば，導電性高分子は金属と接触するとショットキーバリアなどを形成するので，このような

第Ⅱ章 導電性高分子の応用の可能性

性質を利用したダイオード,電界効果トランジスタなどの提案がなされている[7]。中でも特筆すべき点としては,導電性高分子と仕事関数の低い金属との接合は,優れた整流性を示すダイオードを作ることができるが,逆にこの整流性接触により導電性高分子の体積内に注入された電荷(電子および正孔)は放射再結合し電界発光を起こすので,異なった導電性高分子を発光層として用いることにより特有の色の発光が可能となり,可視域全てをカバーする電界発光(EL)素子の研究がなされている[8]。また,周期構造が光の波長程度のフォトニック結晶は,フォトニックバンドギャップを有することからオプトエレクトロニクスの分野に画期的な展開をもたらすことが期待されている。このフォトニック結晶を用いてレーザー発振させると閾値が極めて低くなり,導電性高分子と組み合わせることで効率の良い有機レーザーの実現など様々な応用の可能性が指摘されている[9]。

更に,導電性高分子の大部分は可視域に吸収端を有するので,光との相互作用という面からも極めて興味深く[10],その他多様な機能応用が可能である。導電性高分子の吸収スペクトルは,未ドープ状態では帯間吸収で決まるが,高ドープ状態になるとプラズマ反射が重要となり,ドーピング過程で形成されたポーラロン,バイポーラロン状態が吸収スペクトルの変化に大きく影響するため,この絶縁体—金属転移に伴う光学的性質の変化を利用した変色スイッチ,光スイッチなどが提案されており,これは一種のエレクトロクロミズムである[11,12]。更に,導電性高分子の光照射による異性化,光によるドーピング効果を利用した光記録素子などが提案されている[13,14]。導電性高分子を発光層としたEL素子に光照射した新規な記録素子も提案されている[15]。また,導電性高分子を用いた非線形光学効果も波長変換,光増幅,光メモリなど様々な光学的な機能応用も考えられている[16]。この他,電磁波シールド材料,マイクロエレクトロニクス材料などとしての期待も大きい[17]。このように導電性高分子は多様な機能応用の研究がなされており,既にポリアニリン,ポリアセンを用いた充電可能な二次電池,ポリピロールを用いたコンデンサなどが実用化されている[18,19]。導電性高分子のコロイド溶液から電気泳動法によりピンホールフリーのナノ構造化膜ができることが報告されており,大面積化による大容量化を要する二次電池やコンデンサへの応用以外に,高効率太陽電池,指紋認識素子など様々な電子素子への応用も提案されている[20~22]。

導電性高分子は大面積で柔軟な素子,デバイスが可能であるだけでなく,可逆なドーピング現象と絶縁体—金属転移やソリトン,ポーラロン,バイポーラロンの存在など極めて特徴的な性質を有するので,現存する無機半導体からなるそれとは全く異なった応用展開を図ることができる。つまり,機能応用の研究も初期に提案された原理的なものから,安定性,機械特性,加工性などに優れた導電性高分子が合成できるようになったため,電子素子,オプトエレクトロニクスデバイスへの応用が実現され始めることとなった。

16.3 電解重合法

電解重合法は一般に図1に示す電解重合装置を用いて行われる。即ち，重合しようとする芳香族化合物モノマーを適当な支持電解質を含む溶媒に溶解し，この溶液に浸漬した電極対に適当な電圧を印加すると，モノマーは陽極表面で酸化あるいは陰極表面で還元されて膜状，粉末状あるいは時に樹脂状などの形態で重合する。特に，陽極表面でモノマーが酸化され重合する場合を電解酸化重合と称し，それに対し陰極表面でモノマーが還元され重合する場合を電解還元重合と呼んでいる。なお，必要に応じて参照電極

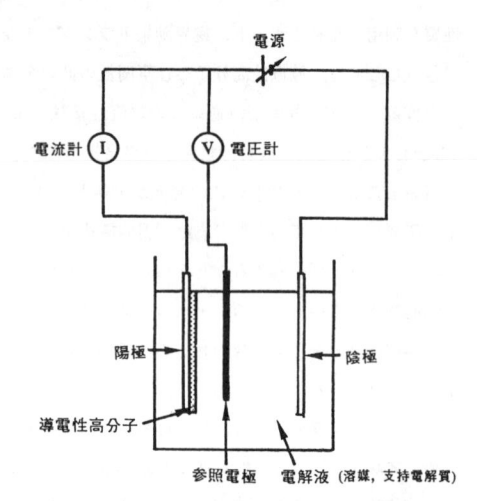

図1 通常用いられている電解重合装置の概略図

を浸漬する場合がある。この重合法で最も重要な点は，電解液の組成，即ち溶媒の種類と支持電解質，モノマーの種類や濃度の違いなどが重合反応に大きな影響を及ぼすことである。同一モノマーを用いた場合でも電解液の構成が異なると生成物の形態も大きく異なり，時には全く生成物が得られないこともある。このような電解重合反応の支配的因子としては，この他に印加電圧や電流密度の大きさ及び重合温度などが考えられ，場合によっては電極の材質，電極間距離なども大きく影響を及ぼすことがある。いずれにしても電解重合法で良質の導電性高分子を膜状で得るためには，これらの支配的因子を詳細に吟味して最適な電解重合条件を把握しなければならない。しかし，電極の形状で膜の形状を変えることができ，重合時間の調整で厚さを制御できるという利点もある。また，電圧の印加方法としては一般に定電圧法あるいは定電流法のどちらかが用いられており目的に応じて選ばれるが，この方法以外に交流電圧や三角波，パルス電圧などを印加する方法がある。

電解重合法で得られる導電性高分子膜は電解酸化重合の場合，支持電解質の陰イオンを，そして電解還元重合の場合には支持電解質の陽イオンを取り込んでおり，これらがドーパントとして作用するため比較的高い導電率を示す。取り込まれたドーパントは電極間に重合電圧より小さな逆電圧を印加したり，電極間を短絡することにより導電性高分子体積内から取り出すことができ，中性状態のフィルムが得られる。更に，新たにドーパントをドーピングするには適当な溶媒にドーピングしたいイオンを含む電解質を溶解した電解液に，電極表面上に生成した導電性高分子と対向電極及び必要に応じて参照電極を浸漬し，電極間に電圧を印加して行われる。例えば，陰イ

第Ⅱ章　導電性高分子の応用の可能性

オンをドープしようとすれば導電性高分子が正電位になるように電圧を印加し，逆に陽イオンをドープしようとする場合には導電性高分子が負電位になるように電圧を印加する。ただし，陰イオンのドーピングは比較的容易に行うことができるが，陽イオン，特にLi^+，Na^+などのアルカリ金属イオンのドーピングは極微量水分の影響を受け易く，水分のない厳密に調整した条件の下で行わないと容易ではない。このように導電性高分子は電気化学的なドープ，脱ドープを可逆的に行うことができ，電圧を制御することによりドーパント濃度を広範囲に調整し，任意の導電率を有する膜が得られる。

16.4　電解重合反応の機構

電解重合法による導電性高分子合成の反応機構は，電解液の組成や電解条件などの種々の諸因子が非常に複雑に電極反応と関与しているため明確には解明されていない。従って，重合反応条件は個々の導電性高分子について異なっており，最適条件が経験的に採用されている。しかし，定性的には次のような反応機構が一般に受け入れられている。いずれにしても電解重合法では，電極と電解液界面において電子の授受を伴うモノマーと電解質イオン，それに溶媒が関与する分子のダイナミックな動きが生じている。通常，電解重合反応によって2～5個の電子が消費され，そのうち2個は重合反応に，残りはドーピングに使われる。その結果，重合に使われた電子の数に相当するプロトンが重合液に蓄積することになる。従って，重合反応はモノマーからの電子の引き抜きによって起こり，生成したラジカルカチオン（陽イオン）を活性種とするカップリングと脱プロトン反応が繰り返されて進行するものと考えられる。重合反応としては次式の反応1：親電子置換カップリング反応あるいは反応2：ラジカルカップリング反応のどちらかであると考えられるが（ここで，Mはモノマーを示す。），得られた重合体が不溶不融で構造解析が困難なこと，また重合反応は電極近傍の限られた場所で進行する不均一系の反応で，その場所へのモノマーや電解質イオンの供給を考慮しなければならないため，重合反応機構そのものが非常に複雑となり統一的な見解が得られているわけではない。

$$M \xrightarrow{-e} M^{\bullet+} \xrightarrow{M} {}^\bullet M\text{-}M^+_H \xrightarrow{-H^+} M\text{-}M^\bullet \xrightarrow{-e} M\text{-}M^+_H \xrightarrow{-H^+} M\text{-}M \longrightarrow \longrightarrow 重合体$$

反応1　親電子置換カップリング反応

$$M \xrightarrow{-e} M^{\bullet+} \xrightarrow{M^{\bullet+}} {}^+M\text{-}M^+_H \xrightarrow{-2H^+} M\text{-}M \longrightarrow \longrightarrow 重合体$$

反応2　ラジカルカップリング反応

即ち，電解重合は電圧印加による電解液中のモノマーの酸化反応あるいは還元反応により開始し，芳香族化合物のラジカルカチオンあるいはラジカルアニオンが生成され，その後カップリング反応と脱プロトン化を繰り返して重合が進行すると考えられる。電解重合反応に及ぼす溶媒，支持電解質，重合電圧，重合温度など種々の支配的因子の影響については充分に明らかになっていないが，例えばモノマーより低い電圧で溶媒が電気化学反応を開始するのは避けなければならない。従って，重合しようとするモノマーの種類によって溶媒のドナー数を考慮して選ぶ必要がある。

例えば，電解重合反応では溶媒の塩基性（親核性）がモノマーのそれより小さければ重合体が得られるが，モノマーの塩基性を越える溶媒を用いるとラジカルカチオンは溶媒と相互作用し重合反応は進まないことが分かっている。即ち，用いる溶媒の極性は電解質の解離とラジカルカチオンの安定性に影響し，その塩基性が重合体形成の有無に関係している。また，電解重合を定電流で実施した場合，単位時間当たりのラジカルカチオンの発生量は一定となるので，ラジカルカップリング反応を仮定すると反応活性種の濃度はモノマー濃度に無関係で，電流効率（通過電荷量に対する重合体生成に使用された電荷量の割合）は変わらないと考えられる。しかし，チオフェン，ピロール，ベンゼンなどを重合する場合，電流効率に対するモノマー濃度の影響を調べると電流効率の増大が観測される場合がある。例えば，ベンゼンはニトロベンゼンのような低塩基性の溶媒では重合反応が進み，ベンゾニトリルのような塩基性溶媒を用いた場合には重合物は得られない。しかし，ベンゼンの定電流電解重合における電流効率のモノマー濃度依存性を調べてみると，極めて高いモノマー濃度で突然ポリ（p-フェニレン）が高い電流効率で重合できることが分かっている。これは溶媒によって安定化されたラジカルカチオンの溶媒和が，モノマーの濃度を増加することにより破れ，反応確率が増すためと考えられている。従って，親電子置換カップリング反応が支配的であると考えられる。

16.5　界面電気化学現象と分子エレクトロニクス
16.5.1　人工筋肉，分子機械

上述した界面電気化学現象の例に見られるように，動的な界面電子現象には種々の要因が関与するため極めて複雑でまだ充分解明されていないのが現状である。しかし，界面の電気化学という観点から有機物の機能応用を見た場合，動的な界面現象を利用した素子が提案されている。

自然界の中で最も高度な機能を有しているのは人類であるが，植物や動物からなる生物の持つ優れた機能を真似るという考えは当然の姿であろう。生体内では官能基の受けた刺激を協奏反応により増幅して巨視的挙動を制御できる機能が備わっている。従って，生体機能としての分子シンクロナイゼーションを人工的に構築することができれば，人工筋肉の実現も可能であると考え

第Ⅱ章 導電性高分子の応用の可能性

る。

　導電性高分子，高分子ゲル，イオン交換樹脂などは電気化学反応（電解）により形態変化し生体筋肉と類似の働きをすることから，この膨張，収縮を直接，屈曲や回転などの運動に変換できれば人工筋肉や分子機械などへの応用が期待され，これら駆動体の動作機構解明には大きな関心が寄せられている。例えば，図2の装置を用いて電解重合法により作

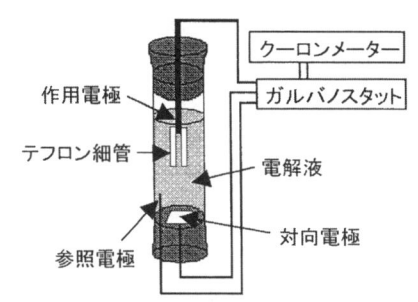

図2　特殊電解重合装置の概略図
（円筒状導電性高分子繊維合成用）

製した円筒状ポリピロールは，分子凝集状態やモルフォロジーなどの違いにより厚さ方向に密度勾配が形成され導電率に異方性を示し，ある種の傾斜機能材料が形成されていることを見出し，図3に示すように電気化学的酸化還元反応によりある決まった方向のみに湾曲する異方性駆動素子が提案されている[23]。湾曲の機構としては，(i) 嵩高いカチオンの出入り，(ii) ドーパントの存在による静電反発などに起因するPPyの膨張と収縮などが提案されており，ポリピロール／電解液界面における電荷の授受とそれに溶媒が関与した分子のダイナミクスが大きく関与している[24]。また，電源を切るとその時の状態を保持し，メモリ効果も有している。ポリピロール体積内へはアニオンではなくカチオンが出入りすることにより湾曲し，カチオンの大きさも湾曲と密接に関係している[5]。さらに，ポリピロール体積内でのカチオンの濃度分布が発生応力の分布と関係し，湾曲に異方性を示す。

　図4はポリピロール繊維駆動素子先端の液面到達時間の逆数とカチオン半径の関係を示す。カチオン半径が大きくなるほど液面到達時間は長時間を要し，約3.5Å以上になると室温では体積内

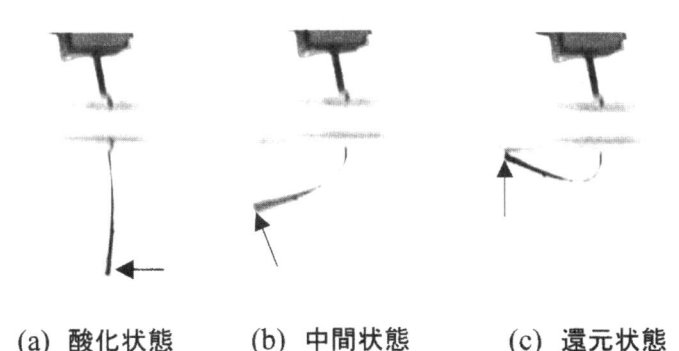

(a) 酸化状態　　(b) 中間状態　　(c) 還元状態

図3　異方性ポリピロール駆動素子の湾曲の様子

に出入りできにくくなり，湾曲現象は認められない。すなわち，湾曲機構の主たる原因としてカチオンの出入り，静電反発，形態変化などによるポリピロールの膨張と収縮に関係している[24]。

一方，カチオン種の異なる電解液中でポリピロール繊維駆動素子先端の液面到達時間を種々の温度下で測定した結果を図5に示す。カチオン半径が大きくなるほど液面到達時間は長時間を要しているが，高温になるにつれて液面到達時間は短くなり湾曲現象は極めて明瞭に観測される。また，60℃以上になるとカチオンの大きさに関係なく液面到達時間は1秒以下の短い時間で湾曲が観測される。同図の挿入図に示すように，液面到達時間の傾きとカチオン半径の間には線形関係が認められ，湾曲現象を利用したイオン認識が可能である。

このように有機物の膨張収縮を直接，屈曲や回転などの運動に変換することにより駆動素子だけでなく，人工筋肉，分子機械，分子センサなどへの応用が期待され，バイモルフ型の駆動素子，線形駆動素子など様々な提案がなされている。これらは基本的に有機物と電解液界面における電気化学

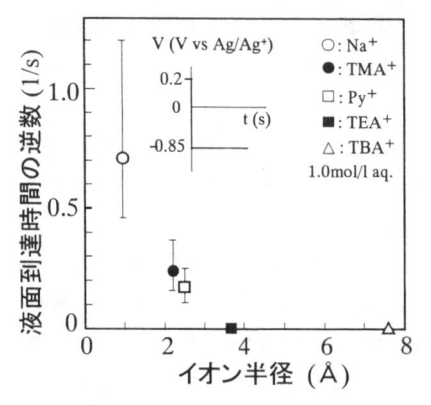

図4　異方性ポリピロール駆動素子先端の液面到達時間の逆数とカチオン半径の関係

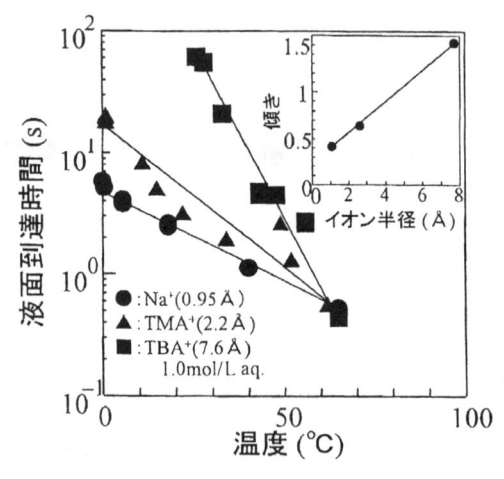

図5　異方性ポリピロール駆動素子先端の液面到達時間と温度の関係

第Ⅱ章　導電性高分子の応用の可能性

的な酸化，還元反応に起因する形態変化を利用するものであり，動的な界面電子現象の解明が急務である。また，外部刺激に対して協奏的に発生した反応現象を経由して湾曲させ，任意に形態制御できる筋肉のように多数の素子の集合で力を発生すれば，構造の単純化や微小化を含めた有機駆動素子の実現も夢ではない。

16.5.2　分子ワイヤ，超格子構造素子

　ナノテクノロジーとは原子や分子をナノメートルスケールで操作したり制御して，新規な機能を発現させる技術である。この技術は半導体分野は勿論のこと情報通信，バイオ，材料，環境など様々な分野で極めて重要な基盤技術と認識されている。特に，有機分子の単位はナノメトリックのオーダであり，ナノテクノロジーの標的物質でもある。生物の有する機能や能力は有機分子を構成単位とする組み合わせから実現されており，情報の伝達や処理を実に巧妙に行っているので，その機構を解明するとともに，生物を模倣した情報処理を人工的に実現することができれば全く新しい産業分野を構築すると考えられる。

　1974年に初めてナノ分子素子の可能性が提案されて以来[25]，単一分子の電気特性に関する実験的，理論的研究が盛んに行われており，分子1個でスイッチングを行う分子素子の実現に向けた分子エレクトロニクスと呼ばれる学問体系が着実に進展しつつある。例えば，単一分子を用いた分子エレクトロニクスは，ナノメートルスケールで高機能分子を合成し，それを機能単位として集積化し，高密度，高光速の素子を実現しようというものである。

　単一分子の電気伝導を考える場合，電極に挟まれた分子の分子軌道のエネルギー準位と電極のフェルミ準位との位置関係により伝導機構が大きく異なる。即ち，分子軌道のエネルギーが電極のフェルミ準位に近い場合には，量子トンネル効果によりバリスティック伝導が起こる。一方，分子軌道のエネルギー準位と電極のフェルミ準位が離れている場合には，伝導度は分子の長さ（電極間距離）に対して指数関数的に減少する。この時，分子軌道のエネルギー準位が電極のフェルミ準位よりも低い場合，分子軌道上に電子が溜まることになり電子相互間のクーロン反発力のため，分子軌道への電子移動が抑制されるため電流が流れなくなるクーロンブロッケード現象が現れることになる。電圧を印加して電流を流そうとすれば，伝導機構は分子軌道を1個の電子が移動する単電子トンネリング機構となり単電子デバイスが実現する。

　このような単一分子エレクトロニクス素子の実現に不可欠な導電性ナノ分子ワイヤを電解重合法により構築しようとする試みがなされている[26]。しかし，分子ナノワイヤの実現には，分子を面内で構造制御できることが不可欠であり，有力な方法の一つとして走査プローブ顕微鏡（SPM）を利用することができるが，分子を個々に動かす必要があるため生産性の面で問題が指摘されている。最も有効な手法としては，分子が自発的に集積する能力を利用することであるが，分子配列の制御などまだ手探りの状態である。また，薄膜作製技術は素子機能を最大限に発揮させるた

めに極めて重要である。特に，個々の有機分子を規則正しく配列したり，種々の異なった機能を有する分子を個々の有機層に組み込んだ超分子構造の薄膜は，特徴的な電子的，光学的性質を分子レベルで制御でき，有機層の厚さが分子オーダに近づくにつれて量子効果を実現でき，更に超薄層の層数が多くなると界面の特徴的な性質がバルクの性質を凌駕し素子全体の性質として発現できる。電解重合法は電位を時間的に走査することにより重合組成を膜厚方向に変調できるので，傾斜機能を有する超格子構造薄膜の構築が可能である。

16.5.3 未来エレクトロニクス素子

これまで述べてきた導電性高分子とそれを用いた素子，デバイスなどは極めて多様な高度な可能性を秘めているが，実用化と言うことでは課題も多く必ずしも容易とは言い難い。しかし，それらの研究は未来の素子，夢の材料，デバイスと考えられる有機室温超伝導体や分子素子，デバイス実現の第一ステップと見なすこともできる。一方，導電性高分子は生物の高度な諸機能と密接な関連を有している可能性があり，その機能を理解する上でのモデル物質としても興味がある。この項では導電性高分子の多少とも生物機能，分子素子などと関連している点について簡単に触れ，バイオエレクトロニクス素子を構築するための指針とする。

例えば，導電性高分子の外場，外的因子による伸縮制御は，生物の筋肉運動機構などと関連して興味深いが，もう一つ神経の構造パターン，学習と多少とも対比できそうな点もある。

まず，導電性高分子を適当な条件下で，即ち電解質，温度，電圧を適当に選んで電解重合法で作製すると，図6のような特徴的なパターン，いわゆるフラクタルパターンで成長させることができる[27〜29]。これは，いわゆる数学のフラクタルと関連しても興味深い問題で，条件により一次元，二次元，三次元などの成長の次元性も制御することができる。この成長パターンは自然界でいろんな所で見られるが，神経繊維，特にニューロンの先端部の形とも類似している。

電解重合のフラクタルパターンは，拡散律速凝集（DLA，diffusion limited aggregation）モデルに濃度，電圧の効果などを考慮に入れると理解されるが[30, 31]，逆にこの知見を元に特定の枝を選択的に成長させ，パターンの先端同士を接触させることも可能である。これは神経系においてもニューロンが成長し，その先端同士が相互作用することにより回路網が形成され，記憶などもなされることと似ている。電解重合において，電圧パルスの印加を繰り返し行い導電路ネットワークを形成することができるが，これは一種の学習効果としての側面も有していると言える。

このような電解重合のフラクタルパターンは生物での神経回路網形成を理解する上でも参考になるが，またこの現象そのものをニューロ機能を有する素子，デバイスへと発展させることもできる。その他，導電性高分子の成長，更にはその物性の中には様々な繰り返しによる特性の変化と言う学習効果と見なされる現象があり，これもニューロ機能素子，デバイスとの関連で応用上も興味深い[32〜34]。

第Ⅱ章　導電性高分子の応用の可能性

図6　電解重合で得られたフラクタルパターン状の導電性高分子

ところで，個々の機能を持つ有機分子の集合体を形成することによって高度の機能を発揮する素子，デバイスを作り上げることも提案されている。即ち分子レベルの機能性を素子として実現しようという分子素子，デバイスの具体的なモデルの提案が行われているが，そこには導電性高分子とその性質，概念などが取り入れられているものが多い。提案されている分子素子，デバイスは，そのままでは実現できるとは考え難いものが多く，しかも基本的な考え方そのものにも問題点のあるものもある。しかしながら将来の可能性を示すものとして極めて興味深く，また重要な課題である[35]。

分子素子，デバイスでは分子の電子励起状態，量子状態，分子の形態，分子間の結合状態などを記憶，メモリとし，それらの状態間の遷移，結合状態の変化などをスイッチングを始めとする論理演算に利用する。更に，分子素子での信号，情報伝播媒体としては，エレクトロニクス素子での電子，オプトエレクトロニクスで主役の光の他，プロトン，更には新しい概念としてソリトンなど様々な物や現象が有る。例えば，分子素子の信号の伝送路として鎖状導電性高分子の共役鎖が考えられている。特に，隣り合う共役鎖がある程度離れ，電子的な相互作用が比較的弱く，互いに独立している場合に有効となる。信号の担い手として電子，正孔，ポーラロンの他，ソリトンが考えられている。

ポリチアジル，$(SN)_x$の場合は，電子，正孔などの電子性キャリアが信号の担い手であり，これに対してポリアセチレンの場合はソリトンを信号の担い手として利用しようと言う考え方がある。ソリトンには中性ソリトンと荷電ソリトンがあるが，これらはいずれも鎖上を移動でき，荷電ソリトンの場合は電荷を持っているのでその動きを電圧で制御することも可能である。

ソリトンはこの共役鎖に沿って広がりも消滅もせず，また高速に伝播するので理想的な信号伝達媒体の一つと言える。光あるいは光と共役π電子系の分極の結合したもの，即ち一種のポラリ

229

トン的なものの伝播を利用することも原理的には可能である。

ソリトンを利用する場合，ソリトンをどのようにして生成するか，注入するかという問題がある。分子構造，重合法を工夫することによって高密度のソリトンを生成することは勿論可能であるが，光によってもソリトンの生成は可能である。しかし，光で生成されたソリトンが再結合を逃れ，安定化するように導電性高分子の構造あるいは周期分子配置を少し工夫する必要がある。また，F.L.Carterは電界により分子末端のプロトンの変位を利用するソリトン生成の可能性を述べている[36]。プロトンの移動による信号伝播も可能であるが，高速化をはかるためには超イオン伝導体の構造とする，即ちプロトンの移動を同時協調的に起こす，いわゆる相転移的なメカニズムで移動させるなどのことが有効となろう。

次に分子素子でのスイッチングである。共役系鎖に沿っての電子の移動をトンネル効果を制御することによりスイッチングしようという考え方がある。例えば，導電路となる (SN)xのような共役鎖の途中に非共役部を作り，トンネリングが可能な程度の幅の電位障壁を形成する。この非共役部に直結した制御原子，分子，即ち制御原子団の電位を変化すればトンネリングの確率が変化し，実質的に導電路のオン，オフを制御することも可能となるという考え方である。具体的な電位の制御方法としては，制御原子団に電子を注入する方法，電界，光照射などによるプロトンの変位を，更に荷電状態，双極子モーメントの変化を誘起して電位を変化させる方法などが提案されている。

一方，ソリトンの伝播を制御するスイッチング素子もF.L.Carterによって提案されている[37]。トランス型ポリアセチレン鎖上の一部に色素分子を組み込み，結合交替のあるトランス型ポリアセチレン鎖を挟んでニトロ基とジメチルアミノ基が対峙するような構造の高分子を作製する。即ち，色素の中心部の2個の炭素がポリアセチレン鎖の一部ともなっているので，光吸収によって中心部のこの2個の炭素間の結合が二重結合になるか単結合になるかが変化し，その結果ソリトンの通過が阻止されたり許容されたりする。即ち，ソリトンのスイッチングが可能となる。更に，注入した電子でソリトンを制御することも可能であるが，ソリトン自身でソリトンの移動を制御し，スイッチングを行うことも原理的に可能である。最も単純なものとしては，ポリアセチレン鎖3本を一つの炭素で結合したソリトンバルブと呼ばれる素子が提案された。3つの端子のうち，第一の端子から第二の端子へソリトンが通過すれば，第一の端子と第三の端子あるいは第二の端子と第三の端子間のソリトンの通過の可否がスイッチングされる。更に多数のソリトン鎖を組み合わせて，マトリックス演算などを行うという概念もある。

分子記憶素子としても様々なモデルが提案されている。分子，導電性高分子の中のプロトンの移動，即ち水素結合を形成するプロトンの二つの安定位置間の転移は，記憶素子としても利用できる。このプロトンの転移を光励起で行うことによりメモリを実現しようという考え方もあり，

第Ⅱ章　導電性高分子の応用の可能性

ポテンシャル形状，励起状態の寿命を含めて理論的な研究も進んでいる。

　光励起による記憶という意味では，フォトクロミックと同様な現象，即ち光励起により異性化，コンフォメーションの変化が可逆的に起こる分子を使って光記憶が可能となり，導電性高分子の中にこれを組み込んだ構造のものも提案されている。また，先にソリトンのスイッチで説明した素子も記憶素子として利用できることになる。

　分子記憶素子で難しい点は，個々の分子にどのように記憶情報を伝え，書き込み，また記憶された情報をどのように読み出すのかということである。ソリトンを用いて読み出すというのは原理的に可能であろうが，目的とする分子の識別，選別とその状態の読み出しを具体的にどうするかは容易ではない。なお，時には走査トンネル電子顕微鏡の考え方，技術が適用できる。

　以上，分子素子として提案されている，あるいは考え得るいくつかのモデルを例として簡単に説明してきた。しかし，このような分子素子を実現するにはどのようにして構築するのか，素子が故障したときにどのような対応，処置をするかなどという難しい問題がたくさんある。勿論，高度なシリコンテクノロジーを支えている超微細加工技術なども支援技術となり，また開発の進んでいるラングミュア・プロジェット（LB）法，分子セルフアセンブリ法なども利用することもあろうが，理想的な構築法は遺伝子工学，バイオテクノロジーの活用であろう。これによって機能を持った分子，高分子を任意に成長，接続，切断することが可能となろう。

　有機分子，高分子では，その寿命が最も懸念されるところであるが，生物はたえず再生産を行って寿命劣化したものを補っている。従って，分子素子，デバイスにおいてもバイオテクノロジーにより再生産補給を可能とするか，予定する使用期間中，少々劣化してもかまわないように同一機能の素子を多数並列に配置するなどの措置を講じておく必要があろう。

　さて，分子素子の目標の一つとしてあげられる生体の機能は，分子1個1個というよりも実はタンパク質や膜など，いわば巨大分子，分子集合体で発揮されている。従って，分子素子としてもこのような巨大な系を構成するのが実際的になってくる可能性もある。

16.6　おわりに

　分子素子は無機半導体素子と比べて極めて高密度かつ動作，作製いずれの過程においても省エネルギーの素子で，非常に興味深い高度な機能を発揮する理想的な素子と言えるが，その素子構造，動作原理，構築法を含めて解決すべき課題が限りなくあると言って良い。従って，分子素子，デバイスの研究は長期的視点を持って多くの分野の研究者が協力して努力すべき，まさに学際領域の夢の多いテーマであり，その基盤を確立する上で導電性高分子の研究開発は非常に重要な位置にあると考えている。特に，分子系超構造の確立によって機能分子の集積化，分子レベルでの構造制御など，これまで考えられていた限界を超越する機能が実現できるだけでなく，量子効果

導電性高分子の最新応用技術

機能の発現による新規な機能をも附与，創出されることが期待される．従って，様々な情報に対する超高密度記憶素子・記録素子，分子レベルで駆動する分子機械などを実現するために超分子化学の視点からナノ分子エレクトロニクス素子の設計，構築することが今後ますます重要になると考えられる．

有機／有機あるいは有機／電極の界面は，電子現象を把握したり有用な特性を実現する上で極めて重要であり，ナノ界面では実に様々で複雑な現象が生じていることが理解できたと思う．電気化学における界面は，電極と電解質イオンの共存系であり，この界面を介した電位勾配のある場での電荷の移動，化学種の変化や吸着，移動が起こり，それに溶媒が関与する不均一系での反応であるため，界面自体が化学変化することも予想されるので非常に複雑となるが，将来この方面の発展の可能性を見極めて充分に解明されていなかった問題を浮き彫りにするとともに，界面電子物性の電気化学的評価技術の一例を紹介した．

未来エレクトロニクス技術へ向けた有機薄膜の作製，評価とそれらを用いた薄膜素子の構築が極めて重要であることが指摘されている．機能の多様性と超微細加工による機能の集積化には，構造的にも準安定状態を多く持ち，多種多様性に富んでいる有機材料に多くの期待がよせられ，電子の流れを制御する機能を個々の分子に持たせ，分子サイズの素子を実現する分子エレクトロニクスへの期待は大きい．今後，有機分子及びそれらで構成される構造体の持つ性質と特徴を電気電子工学分野で活用するために必要となる工学体系として「有機分子素子工学」の展開が必要である．米国のクリントン前大統領が発表した「国家ナノテクノロジー戦略」により，我が国でも総合科学技術会議が国としてナノテクノロジーに力を注ぐことを決めている．ナノメートルの世界を任意に制御することで，全ての産業分野に技術革新をもたらす可能性が広く認識されるようになった．有機機能性薄膜素子は，インターネットを中心とする高度映像情報化社会を支える新技術として，今後一層その重要性が増すと考える．

有機超薄膜の電子素子，デバイス応用を考えた場合，有機分子を規則正しく配列制御することにより電気的，光学的性質などを分子レベルで制御でき，有機層の厚さが分子スケールに近づくにつれて界面の特異な性質が反映されるなど，従来予想もつかなかった機能を有する素子，デバイスを実現できる可能性を秘めている．機能を発現するということは，電界，光，熱などの外部刺激や不純物などの外的因子と，有機分子内のπ電子，双極子などが受動的，能動的に相互作用することを意味しており，界面電子現象が機能発現の"からくり"と深く関与していると言える．有機分子素子工学では，電子光機能発現の源の追求がミクロな観点から極めて重要となり，分子コンピュータを目指した単電子トランジスタや分子電子素子などナノテクノロジーと深く関連している．特に，生体超分子の大きさはnm〜μmであり，生物の巧みな機能や能力はナノメートルオーダの分子の組み合わせからなっており，生物は巨大なナノマシンの集合体と考えられる．[21]

第Ⅱ章　導電性高分子の応用の可能性

世紀中頃までには，生物における情報処理をナノサイエンスから人工的に実現できると確信している。

文　献

1) F.L.Carter, Molecular Electronics Devices（Marcel Dekker, New York, 1982）
2) 清水剛夫, 化学と工業, **40**, 124（1987）
3) R.E.Peierls,"Quantum Theory of Solids",（Clarendon Press, Oxford, 1995）
4) W.P.Su, J.R.Schrieffer and A.J.Heeger, *Phys.Rev.Lett.*, **42**, 1698（1979）
5) J.C.Scott, P.Pfluger, M.Krounbi and G.B.Street, *Phys.Rev.*, **B28**, 2140（1983）
6) 吉野勝美,"分子とエレクトロニクス", 産業図書（1991）
7) J.H.Burroughes, C.A.Jones and R.H.Friend, *Nature*, **335**, 137（1988）
8) J.H.Burroughes, D.D.C.Bradley, A.R.Brown, R.N.Marks, K.Mackay, R.H.Friend, P.L.Burn and A.B.Holmes, *Nature*, **347**, 539（1990）
9) M.Ozaki, T.Matsui, R.Ozaki and K.Yoshino, *Appl.Phys.Lett.*, **82**, 3593（2003）
10) 吉野勝美, 高分子加工, **33**, 119（1984）
11) K.Yoshino, K.Kaneto and Y.Inuishi, *Jpn.J.Appl.Phys.*, **22**, L157（1983）
12) K.Kaneto, H.Agawa and K.Yoshino, *J.Appl.Phys.*, **61**, 1197（1987）
13) K.Yoshino, M.Ozaki and R.Sugimoto, *Jpn.J.Appl.Phys.*, **24**, L373（1985）
14) K.Yoshino, T.Kuwabara, T.Iwasa, T.Kawai and M.Onoda, *Jpn.J.Appl.Phys.*, **29**, L1514（1990）
15) K.Tada and M.Onoda, *J.Appl.Phys.*, **85**, 1626（1999）
16) M.Meneghetti, *Synth. Metals*, **55-57**, 3911（1993）
17) K.Yoshino, M.Tabata, K.Kaneto and T.Ohsawa, *Jpn.J.Appl.Phys.*, **24**, 9（1985）
18) 大澤利幸, 木村興利, 加幡利幸, 佐村徹也, 吉野勝美, 電子情報通信学会論文誌, J75-C-Ⅱ, 391（1992）
19) 伊佐功, 福田実, 保坂利美夫, 山本秀雄, 吉野勝美, 電子情報通信学会論文誌, J75-C-Ⅱ, 530（1992）
20) K.Tada and M.Onoda, *Adv.Funct.Mater.*, **12**, 420（2002）
21) K.Tada and M.Onoda, *Jpn.J.Appl.Phys.*, **42**, L1093（2003）
22) K.Tada and M.Onoda, *Adv.Funct.Mater.*, **14**, 23（2004）
23) M.Onoda, T.Okamoto, K.Tada and H.Nakayama, *Jpn.J.Appl.Phys.*, **38**, L1070（1999）
24) T.Okamoto, K.Tada and M.Onoda, *Jpn.J.Appl.Phys.*, **39**, 2854（2000）
25) A.Aviram and M.A.Ratner, *ChemPhys.Lett.*, **29**, 277（1974）
26) H.Hasegawa, T.Naito, T.Inaba, T.Akutagawa and T.Nakamura, *J.Mater.Chem.*,**8**, 1567（1998）
27) M.Fujii and K.Yoshino, *Jpn.J.Appl.Phys.*, **27**, L457（1988）
28) M.Fujii, K.Arii and K.Yoshino, *J.Phys.: Condens. Matter*, **2**, 6109（1990）
29) M.Fujii, Y.Saeki, K.Arii and K.Yoshino, *Jpn.J.Appl.Phys.*, **29**, 2501（1990）

30) T.A.Witten Jr. and L.M.Sander, *Phys.Rev.Lett.*, **47**, 1400 (1981)
31) F.Family and D.P.Landau Ed., "Kinetics of Aggreration and Gelation", North-Holland, Amsterdam (1984)
32) K.Yoshino, T.Kuwabara and T.Kawai, *Jpn.J.Appl.Phys.*, **29**, L995 (1990)
33) M.Onoda, S.Morita, T.Iwasa, H.Nakayama and K.Yoshino, *J.Chem.Phys.*, **95**, 8584 (1991)
34) M.Onoda, H.Nakayama, K.Amakawa and K.Yoshino, *IEEE Trans.Elect.Insul.*, **27**, 636 (1992)
35) 清水剛夫, 吉野勝美監修, "分子機能材料と素子開発", NTS, p.458 (1994)
36) F.L.Carter, "Problems and Prospects of Future Electroactive Polymers and Molecular Electronic Devices", NRL Program on Electroactive Polymers, p.121 (1979)
37) F.L.Carter, "Problems and Prospects of Future Electroactive Polymers and Molecular Electronic Devices", NRL Program on Electroactive Polymers, p.35 (1980)

17 ナノワイヤ細線

大川祐司[*]

17.1 ナノデバイスとナノワイヤ

現在広く使用されているシリコン半導体を基本とした情報処理デバイスは，いわゆるムーアの法則として知られているように，18から24カ月で2倍という，指数関数的な速度でその集積度と性能を上げてきている。しかし，このまま微小化が進むと，10から15年後にはデバイスのサイズが数十ナノメートル以下となり，技術的にも原理的にも限界に到達すると考えられている。従って，情報処理装置の発展を続けるためには，さらなる微小化，低消費電力化を可能にする革新的な情報処理デバイスを開拓する必要がある。シリコンデバイスをはるかに凌駕するような革新的なデバイスが登場すれば，真空管がトランジスタに置き替わったときのような大きな変化を今世紀の社会に引き起こすかもしれない。

ナノメートルスケールで動作する革新的なデバイスとしては様々なものが提案されているが，有望視されているものの一つに，単分子デバイスがある。これは，有機分子一つ一つに整流，スイッチ，記憶等の電子デバイスとしての機能を持たせようというものである。その研究の歴史はIBMのAviramとRatnerによる1974年の分子整流器の提案[1]にさかのぼることができ，ちょうど30年が経過した。当時は，単分子デバイスなど夢物語にすぎないと見られていた面もあったが，近年になってその研究は極めて活発になってきており，実験と理論の両面での最近の発展は目覚ましいものがある。その理由は，ムーアの法則の限界が目前に迫ってきたことの危機感に加えて，微細加工技術の進歩，走査プローブ顕微鏡（SPM）による分子の観察・操作技術の進歩，自己組織化の研究の進展，有機合成技術の進歩，フラーレンやナノチューブ等の魅力的な新素材の登場等の要因により，単分子デバイスがより現実的になってきたことがあるであろう。30年前に提案された分子整流器も，1990年代に（提案とは異なる分子ではあるが）実験的に確かめられ[2,3]，2000年代になるとトランジスタ等の3端子デバイスについても実験的に調べることができるようになってきた[4〜6]。

このように，様々な特性や機能を有した有機分子を設計・合成し，調べていくことが徐々にできるようになりつつあるわけだが，そのような機能を持った有機分子が準備できたとして，次の問題はそれらを意図したパターンに配置して相互に連結することである。すなわち，集積して回路を構成しなくてはならない。単分子デバイス実現に向けてのこれからの最重要課題はここであろう。個々のデバイスが原子・分子サイズであるならば，それらを連結するための電線も，当然

---

[*] Yuji Okawa （独）物質・材料研究機構 ナノマテリアル研究所 原子エレクトロニクスグループ 主幹研究員

導電性高分子の最新応用技術

原子・分子サイズの幅の電線(ナノワイヤ)でなければならない。ナノワイヤによる配線技術は,単分子デバイスに限らず,ナノメートルスケールの革新的デバイスを集積して回路を作製するために不可欠な基礎技術の一つなのである。

マイクロメートルスケール以上の電線であれば,通常は金属が素材として用いられる。しかし,ナノワイヤになると,その幅の中に金属原子が数個しか含まれないことになり,作製法の点でも安定性の点でも,金属線の使用はずっと困難になってくる。そこで,ナノワイヤの素材として,金属に代わって,シリコン化合物[7]やカーボンナノチューブ[8,9]など,いくつかの候補が検討されている。そしてもちろん,導電性高分子もナノワイヤの有力候補である。

特に単分子デバイスにおいては,ナノワイヤとして導電性高分子を使えばワイヤとデバイスの結合が比較的容易なのではないかとの考えから,単分子デバイス研究の初期の頃からポリアセチレンに代表される導電性高分子が配線材料として考えられてきた。しかし,現実には一本ずつの導電性高分子をナノワイヤとして使うのは容易ではない。その理由の一つは,通常の方法で導電性高分子を合成すると,複数の高分子が複雑に絡まりあったものができてしまい,また,ほとんどの導電性高分子が溶媒に不溶または難溶であることもあって,導電性高分子を一本だけ取り出すことが困難なことである。さらに,仮に導電性高分子を一本だけ取り出すことができたとしても,溶液中などの自由な状態では高分子がコイル状に折れ曲がってしまい,π共役系が途切れてしまうので大きな電気伝導度を期待できなくなってしまうことも問題である。導電性高分子をナノワイヤとして使うためには,直線性の良い導電性高分子を一本だけ取り出すまたは一本ずつ作製する技術が必要なのである。

17.2 導電性オリゴマーの電気伝導測定

導電性高分子の結晶やフィルムにおける従来の電気伝導測定では,隣り合う高分子鎖間や,高分子鎖が束になったフィブリル間におけるキャリアの移動が測定値に決定的な影響を与えてしまっており,高分子鎖一本の中の本来の電気伝導度を正確に見積もることはほぼ不可能であった。導電性高分子を一本だけ取り出したときの電気伝導特性は,ナノワイヤとして使う場合の最も基本的な情報であるので,一本の導電性高分子の電気伝導の測定が望まれる。しかし,前述のように,直線性の良い導電性高分子を一本だけ取り出すことが困難な上,そのようなナノスケールの物体の電気伝導を直接測定する技術がまだ発展途上であるため,長い導電性高分子一本の電気伝導測定の報告は未だに無いのが現状である。

重合が進んだ長い導電性高分子では前述のような困難があるが,モノマーが一個から数個結合しただけのオリゴマーであれば,互いに絡まりあうことも折れ曲がることも少ない。そこで,このような短いオリゴマー一分子だけの電気伝導度を測定しようという試みがいくつか行われてい

第Ⅱ章　導電性高分子の応用の可能性

　Bummらは[10]，Au（111）表面上に絶縁分子であるアルカンチオール（$CH_3(CH_2)_n$ SH）の自己集合膜（SAM膜）を作製し，その欠陥部分に，図1のように，導電性オリゴマーであるポリフェニレンエチニレン誘導体の単分子を固定した。その分子の直上に，走査トンネル顕微鏡（STM）の探針を置き，探針とAu基板の間の電気特性を測定することにより，単分子の電気特性を調べた。

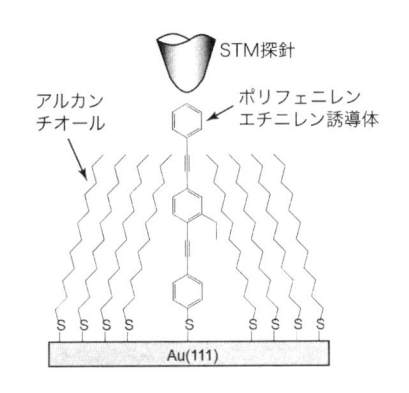

図1　アルカンチオール自己集合膜中の導電性分子をSMT探針により測定[10]

　また，金の細線を引っ張って破断したときにできる微小な破断面（ブレークジャンクション）に分子を挟み込んで電気特性を測定する試みも行われている[11]。両端にチオール基（-SH）をつけた導電性分子の溶液中で，図2（a）のように，切れ目をつけた金の細線を引っ張って破断し，図2（b）のように原子レベルで鋭い金の電極が対向するようにする。その後，両電極を電気的な接触がとれるまで再び接近させることにより，分子の他端を図2（c）のように対向電極に結合する。その結果，導電性分子を電極間に挟み込むことができ，電気特性を測定することができる。

　以上二つの方法は，いずれも二端子法による測定なので，接点部分の影響は無視できず，伝導度の絶対値の議論は難しい。ドーピングを行って電気伝導度の変化を調べた研究もまだ無い。それでも，これらの実験から，導電性オリゴマーは，アルキル鎖などの飽和炭化水素に比べるとずっと電気伝導度が高いこと，また，単純に分子の断面積で電流密度を求めると，銅線に比べても数桁大きな電流密度を流せるかもしれないこと等がわかった。今後，例えば以下に述べていくような長く直線性の良い導電性高分子ナノワイヤの作製法の発展と，ナノメートルスケールでの電気伝導測定技術の発展とがあいまって，一本の導電性高分子の電気伝導特性の計測が次々と行われていくようになるであろう。

17.3　連鎖重合反応制御によるナノワイヤ作製

　すでに述べたように，導電性高分子をナノワイヤとして使うためには，直線性の良い高分子を一本だけ作製したり取り出したりする必要がある。この問題に関連して，筆者らは，STMの探針を用いて連鎖重合反応をナノメートルスケールで制御することにより，直線性の良い導電性高分子を一本ずつ作製する技術を開発した[12,13]。

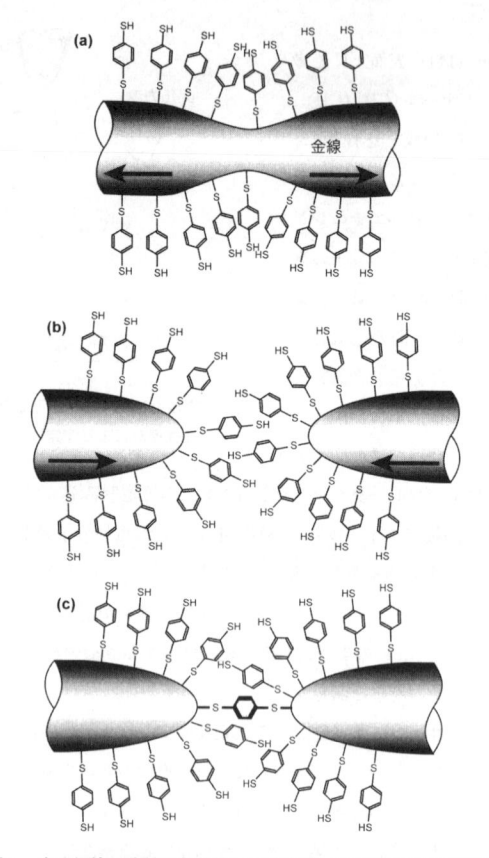

図2 金の細線の破断面を利用して導電性分子の電気伝導を測定[11]

用いられた分子は，炭素-炭素三重結合を二つ含む，ジアセチレン化合物と呼ばれる分子である。図3（a）には，筆者らが用いた，ジアセチレン化合物の一種である10,12-ペンタコサジイン酸分子の構造を示す。ジアセチレン化合物は，固体結晶やラングミュア・ブロジェット膜（LB膜）の状態で熱や紫外線により固相重合し，ポリジアセチレン化合物となることが古くから知られている[14, 15]。ポリジアセチレン化合物は，図3（b）に示すように，二重結合と三重結合が交互に入ったπ共役系を主鎖に持つ導電性高分子である。ジアセチレン化合物の重合反応の特徴は，トポケミカル反応で重合反応が進むこと，すなわち反応の前後で分子間距離を変えずに固相重合することである。

10,12-ペンタコサジイン酸分子を適当な方法でグラファイト表面にのせてやると，分子が規則

第Ⅱ章 導電性高分子の応用の可能性

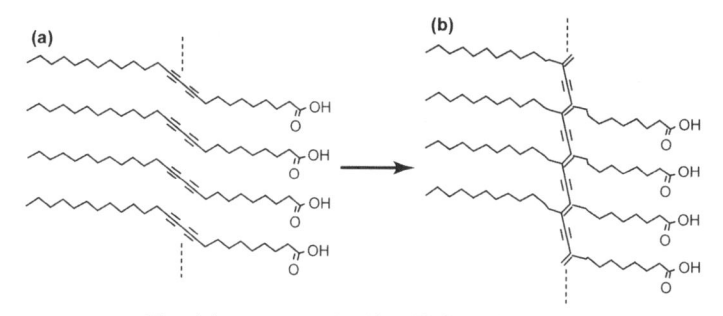

図3 (a) 10,12-ペンタコサジイン酸(4分子)の分子構造
(b) 連鎖重合反応により生成するポリジアセチレン化合物

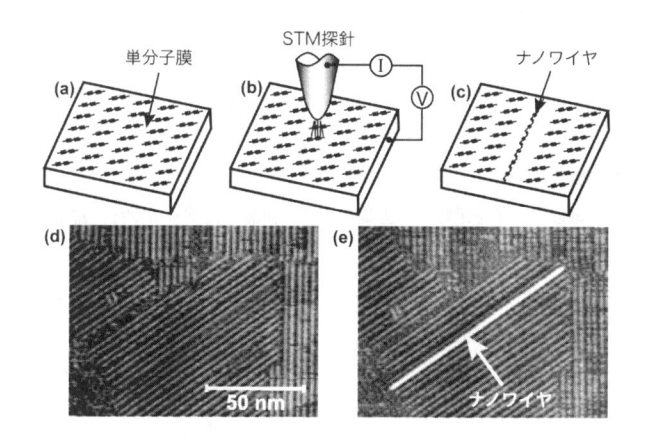

図4 (a)〜(c) モノマー単分子膜にSTM探針で刺激を与えて連鎖重合反応を誘起し，ナノワイヤを作製する模式図
(d) 10,12-ペンタコサジイン酸分子膜のSTM像
(e) 作製したポリジアセチレンナノワイヤ[13]

的に直線状に配列した単分子層が自発的にできる．これをSTMで観察した像を図4(d)に示す．図4(a)〜(c)に模式的に示したように，その任意の一分子をSTM探針でパルス電圧を加えることで刺激すると，刺激を加えた分子を起点として，分子の並びに沿った一次元的な連鎖重合反応が誘起され，ポリジアセチレンナノワイヤができる．図4(e)には，こうして作製したナノワイヤのSTM像を示す．このように，任意の一点で一度だけ刺激を与えるだけで，そこを起点として一分子幅で長い高分子ナノワイヤを瞬時に作製できるのである．もとのモノマー分子が自己組織的に直線状に並ぶ性質を利用することで，極めて直線性の良い導電性高分子ナノワイヤが

できる。その長さは最長で700nm以上にもなる。また、図4 (e) を見ると、分子の並びの向きが変わる境界に到達したところで連鎖重合反応が停止していることがわかる。このように、始めの分子の配列に欠陥があるとそこで連鎖重合反応は停止するので、反応が進行したということはできたナノワイヤに欠陥が無いことを保証している。さらに、欠陥があると反応が止まるということを逆に利用して、あらかじめ人工的な欠陥を作製しておくことにより、連鎖重合反応の停止点もナノスケールで制御可能であることが示されている。人工的に作製した直径約6nmの穴に3本のナノワイヤを接続することがデモンストレートされており[12]、このことは、単分子トランジスタなどの6nm程度の大きさの将来のナノデバイスに対しても少なくとも3本の配線（例えばソース、ドレイン、ゲート）を接続できることを示すものである。

　この方法で作製されたナノワイヤの物性に関しては、走査トンネル分光法（STS）による電子状態の検討がなされているが[16]、今後、電気伝導度の直接的な測定も含め、いろいろな物性が明らかになっていくと期待される。また、配線材料としての応用のみならず、作製されたポリジアセチレンそのものを電子デバイスやセンサーとして用いる応用も考えられるだろう。

17.4　分子被覆導線

　直線性の良い導電性高分子を単離する方策として、伊藤らのグループは、導電性高分子を絶縁分子のシクロデキストリンによって被覆した分子被覆導線を作製した[17]。シクロデキストリンは、図5 (a) に示すようにグルコースが環状に重合したものである。親水性の水酸基が外側に向かって配列しているので水に比較的よく溶ける一方、環の内部は疎水的な環境になっており、そのため様々な分子を内部に包接する。その内孔の大きさはグルコースの数によって変化し、グルコースが6個、7個、8個重合したものをそれぞれα-、β-、γ-シクロデキストリンという。水溶性の導電性高分子であるポリアニリンと、β-シクロデキストリンとを水溶液中で混合すると、図5 (b) のようにポリアニリンがβ-シクロデキストリンの内部にネックレス状に入り込み、安定化する。シクロデキストリンの内径は狭いので、ポリアニリンは折れ曲がることができず、直線性が良くなる。同時に、包接によって高分子鎖同士の相互作用が弱まり、一本ずつ単離することも容易となるのである。

　さらに、シクロデキストリンを一次元状に架橋して管状の分子ナノチューブを合成し、その内部にポリアニリンを包接することも報告されている[18]。分子ナノチューブには適当な広さのすき間が空いているため、被覆導線へのドーピングも可能になると期待される。また、生成した一本一本の分子被覆導線を、原子間力顕微鏡（AFM）により観察し、操作することもできる[19]。今後、電気伝導特性の計測などが行われ、その特性が明らかになっていくことと思われる。

第Ⅱ章 導電性高分子の応用の可能性

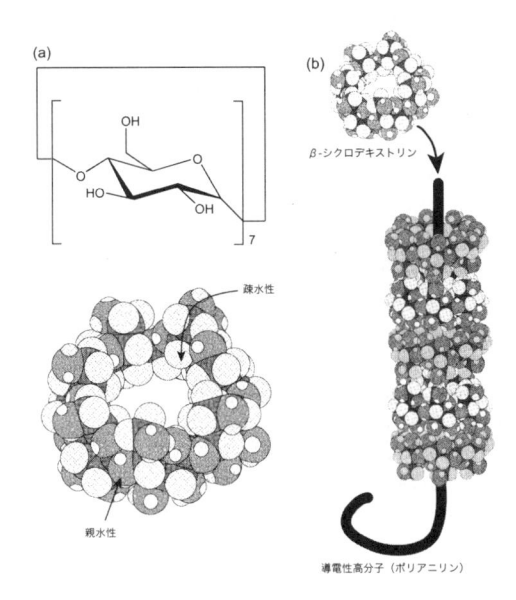

図5 (a) β-シクロデキストリンの構造
(b) β-シクロデキストリンがポリアニリンを包接して分子被覆導線ができる[17]

17.5 ナノワイヤの展望

以上，導電性高分子によるナノワイヤの現状を概観してきた。現状は，基礎的な知識と技術を一つ一つ積み上げていく地道な努力が要求されている段階であり，今後いつごろどのような方向に研究が進んでいくのかを予測することすら難しい状況である。何年後にはどの程度まで発展するかというロードマップをかなり正確に描くことができるシリコンデバイスと異なり，予測に必要な基礎的な知識や技術が確立していないのである。このことは，何が起こるかわからないという期待感にあふれた分野であると言うこともできるだろう。単分子デバイスなどの革新的ナノデバイスと，ナノワイヤの研究開発の進展は，今世紀の社会に大きな変革をもたらすかもしれないのである。

文　献

1) A. Aviram and M. A. Ratner, *Chem. Phys. Lett.*, **29**, 277 (1974)
2) N. J. Geddes *et al.*, *Appl. Phys. Lett.*, **56**, 1916 (1990)

3) R. M. Metzger et al., *J. Am. Chem. Soc.*, **119**, 10455 (1997)
4) J. Park et al., *Nature*, **417**, 722 (2002)
5) W. Liang et al., *Nature*, **417**, 725 (2002)
6) S. Kubatkin et al., *Nature*, **425**, 698 (2003)
7) Y. Chen et al., *Appl. Phys. Lett.*, **76**, 4004 (2000)
8) S. Frank et al., *Science*, **280**, 1744 (1998)
9) Ph. Avouris et al., *Appl. Surf. Sci.*, **141**, 201 (1999)
10) L. A. Bumm et al., *Science*, **271**, 1705 (1996)
11) M. A. Reed et al., *Science*, **278**, 252 (1997)
12) Y. Okawa and M. Aono, *Nature*, **409**, 683 (2001)
13) Y. Okawa and M. Aono, *J. Chem. Phys.*, **115**, 2317 (2001)
14) G. Wegner, *Makromol. Chem.*, **154**, 35 (1972)
15) B. Tieke et al., *J. Polym. Sci., Polym. Chem. Ed.*, **17**, 1631 (1979)
16) M. Akai-Kasaya et al., *Phys. Rev. Lett.*, **91**, 255501 (2003)
17) K. Yoshida et al., *Langmuir*, **15**, 910 (1999)
18) T. Shimomura et al., *J. Chem. Phys.*, **116**, 1753 (2002)
19) T. Akai et al., *Jpn. J. Appl. Phys.*, **40**, L1327 (2001)

18 超伝導

小野田光宣*

18.1 はじめに

室温で臨界電流,臨界磁界の大きな超伝導が実現できれば,現代社会の技術革新に一層拍車をかけることが間違いなく予想される。新しい超伝導体材料の発見,開発に向けて現在まで極めて活発な研究が続けられているが,無機金属系(金属および合金)の超伝導への転移温度T_Cは約25K以上のものが困難であると言われている。一方,1986年から1987年にかけてランタン系,イットリウム系あるいはビスマス系などのセラミックス系材料のT_Cが液体窒素温度近傍にあることがわかり,室温超電導体を実現する気運が盛んになったのをきっかけとして,有機材料による超電導発現の研究が活発になった。また,超伝導の発現にはこれまで提唱されていたフォノン機構に基づくBCS理論の以外に,1964年にLittleの励起子機構に基づく高温超伝導[1]の考えが報告されていたこともあり,導電性高分子の超伝導発現を大いに刺激した。

導電性高分子は,一般に高分子主鎖に共役π電子系が1次元的に高度に発達した鎖状高分子であり,禁止帯幅を有する半導体あるいは絶縁体的性質を示す。しかし,共役系が充分長くなれば禁止帯幅が小さくなり,理想的には禁止帯幅が0の金属となるはずである。しかし,このような一次元性の強い鎖状導電性高分子では,特有のパイエルス転移が生じる。すなわち結合交替が生じて炭素間の距離が同じではなくなり,格子間の周期が丁度2倍になるためフェルミ準位のところで帯が開くので必ず禁止帯幅を有している。パイエルス転移は一種のヤーン・テラー効果でもあり,低温で絶縁体的性質,高温で金属的性質が観測されるが,ほとんどの導電性高分子は,禁止帯幅を有する絶縁体構造が安定である。従って,導電性高分子はそれ自体が従来の高分子に関する常識をくつがえす多様で画期的な電気的,光学的性質を有し,その特徴を活かした様々な機能応用が可能な魅力的な物質である[2]。

また,導電性高分子と他の絶縁性高分子,有機分子などを組み合わせ複合化することで更に興味深い性質が発現する。しかも,導電性高分子にとって難点の一つと指摘されていた加工性に関しても新しい道を拓くものとして,この導電性高分子複合体は実用的にも極めて重要である。

一方,フラーレンとも呼ばれるC_{60}がダイヤモンド,グラファイトにつぐ第三のタイプの炭素のみからなる分子として[3,4],しかもフラーレンにカリウム(K)やルビジウム(Rb)などのアルカリドーピングによる超伝導性[5,6]やテトラキスジメチルアミノエチレン(TDAE)ドーピングによる強磁性[7]の発現などが見出されたことから非常に興味を持たれた。しかし,この場合フラーレンはあくまでドーパントに対するホストとしての役割を果しており,ドーピングによって

---

* Mitsuyoshi Onoda 兵庫県立大学大学院 工学研究科 教授

ホストであるフラーレンの性質がどのように変化するのかが興味の対象となることが多かった。即ち，C_{60}，C_{70}などのフラーレンを導電性高分子にドーピングすることによって新しいタイプの複合体が作製されており，その性質が明らかにされている[8,9]。

ポリチオフェン，ポリピロール，ポリ（p-フェニレン）などの非縮退系導電性高分子の多くは通常，p型半導体的性質を有しているのに対し，C_{60}はLUMO，従って伝導帯が比較的低いエネルギー位置にあるので，電子供与体（ドナー）を取り込んで電荷移動型物質となり易いので，n型半導体的性質を示す。また，C_{60}は構造的な特異性と共に多量のπ電子が存在するため，導電性高分子との複合体を作製することにより光との強い相互作用，分子間電荷移動，電荷輸送現象など多彩な現象を示すことが期待される。

本節では，Littleの高温超伝導体モデルについて簡単に述べ，有機超電導体の現状について記述する。更に，各種の導電性高分子とC_{60}を混合あるいは積層したC_{60}-導電性高分子複合体の興味ある諸特性，光誘起電荷移動と超伝導現象について述べる。

18.2 Littleの高温超伝導体モデル

超伝導現象は1911年Kamerlingh Onnesが水銀（Hg）を4.2K以下の極低温に冷却すると，電気伝導度が急激に増大することを発見したことによっており，超伝導体は完全反磁性体となる。超伝導現象を説明する理論としてBCS理論があり，超伝導転移温度T_Cは次式で表される。

$$T_C = 1.14 T_D \exp(-1/N(E_F) V_P)$$

ここで，T_Dはデバイ温度，$N(E_F)$はフェルミ準位での状態密度，V_Pは電子-格子相互作用による引力ポテンシャルを示す。

すなわち，ボーズ粒子は0あるいは整数のスピンスピンを持つ粒子であるから，電荷を持ったボーズ粒子の電子-フォノン相互作用に基づくクーパー対（スピン1／2の電子対）が，極低温でボーズ凝縮することによっていると考えられており，Bardeen, Cooper, Schriefferにより提案され，彼らの名前をとってBCS理論と呼ばれている。

その後，フォノン機構に基づくBCS理論の超伝導体ではT_Cの上限があると考えられるようになり，W.A.Littleは1964年にクーパー対生成に電子-エキシトン相互作用に基づくT_Cの高い超伝導理論を提案した[1]。Littleの提案した高温超伝導体モデルの概念図を図1に示す。このモデルは，電子が分極しやすい分子の近傍を通過するとき分子を分極させるので，電子の通路付近では正電荷の密度が増加することになる。その場所に別の電子が引き寄せられクーパー対を形成する考えで，電子-分極相互作用すなわちエキシトンの生成に基づく機構である。このモデルでは，電子の導電路として共役系の発達した導電性高分子，分極しやすい分子として共役系を有する分子（例えば，色素分子）を考えている。この場合，電子が共役系主鎖骨格を通過すれば，側鎖分子

第Ⅱ章　導電性高分子の応用の可能性

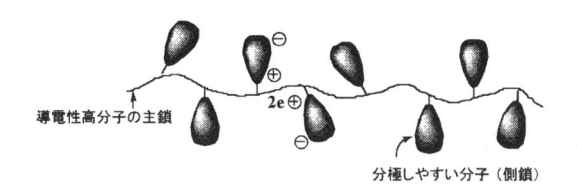

図1　Littleの高温超伝導体モデルの概念図

は主鎖骨格に近い方が正に分極され別の電子が引き寄せられクーパー対を形成することになるので，導電性高分子の超伝導現象の発現が大いに期待されている。

これまで，高分子で超伝導が見出された報告としてはポリチアジル，$(SN)x$単結晶がある[10]。$(SN)x$の超伝導発現はLittleの励起子機構によるものではなく，フォノン機構に基づくBCS理論で説明でき第2種超伝導体であることが明らかとなっている。

一方，2000年から2001年にかけて有機材料で超伝導現象を観測した報告がいくつかなされている。例えば，導電性高分子ではないがC_{60}，アントラセン，テトラセン，ペンタセンなど禁止帯幅の大きな有機半導体材料で，FET（電界効果トランジスタ）構造にした素子に大量の電荷を注入蓄積して超伝導を観測した報告がある[11〜13]。その後，分子構造が極めて制御されたポリ（3-ヘキシルチオフェン），P3HTでもFET構造素子で超伝導が発現する報告がなされている[14]。これらは絶縁膜（Al_2O_3）／P3HT界面の極めて薄い領域に注入電荷が高密度に閉じ込められBCS理論により説明されている。これらの報告は世界中に大きい反響を巻き起こした。なぜなら，有機高温超伝導体を実現することは，この方面の研究者にとって見果てぬ夢の一つだからである。しかし，有機材料での超伝導発現に対して極めて話題性のある注目されたこれらの報告に対しては，追試ができないなど疑わしい点が多々指摘されており，現在では疑問の残る報告となっていることは残念でならない。

18.3　フラーレン

炭素原子のみから構成されている物質としてはダイヤモンドとグラファイトが良く知られているが，第三の物質として図2に示すような分子構造のC_{60}が注目されている[3,4]。C_{60}は理論的に予測され，また天体物理などでは話題になっていたが[15]，1985年R.E.SmallyとH.W.Krotoにより初めて合成された物質で，切頭二十面体構造を持つサッカーボール構造をしている[3]。即ち，C_{60}は三十二面体であり，六員環が二十面，五員環が十二面で全ての炭

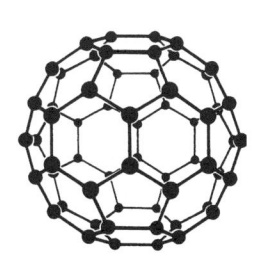

●：炭素原子

図2　C_{60}の分子構造

素は等価である。C_{60}はカリウム，ナトリウム（Na）などの金属原子をドーピングすると金属並の導電率を示すと共に超電導体，TDAEのドーピングによって強磁性体となることが報告され[5〜7]，有機超伝導体，有機強磁性体としての興味から非常に関心が持たれる。

C_{60}はこれまで知られている分子の中で最も高い対称性であるI_h点群に属し，その高い対称性のため多くの縮退軌道のある電子構造を持っている[16]。即ち，最高被占準位（HOMO）は五重に縮退した軌道h_uを構成し，最低空準位（LUMO）は三重に縮退した軌道t_{1u}を有している[17]。図3にC_{60}の電子エネルギー構造を示す。h_uとt_{1u}軌道間の遷移は共に非対称軌道であるため禁制遷移となり，LUMOよりエネルギー的に高い位置にある対称性のt_{1g}軌道への遷移が許容となる。また，C_{60}はトルエン，ベンゼンなどの無極性有機溶媒に優れた溶解性を示し，キャスティングあるいは蒸着法により薄膜が形成でき，更に単結晶も作製されている[18]。その結晶構造は対称性の高い球状分子が最密充填するということから六方最密構造（hcp）あるいは面心立方構造（fcc）になる。また，球状分子であるため室温では分子が重心の周りで自由回転している。この自由回転は，低温にすると150K以下でその回転軸の方向が無秩序に凍結され，50 K以下になるとほぼ回転が止まると考えられている。

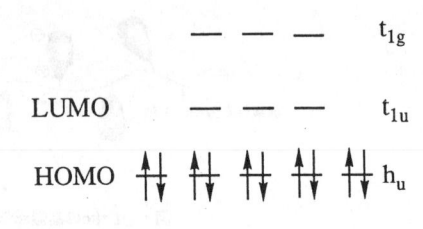

図3 C_{60}の電子エネルギー帯構造

W.KräschmerらによるC_{60}の大量合成の発見が[19]，C_{60}に関する研究を驚異的スピードで進展させ，安定フラーレンとしてC_{60}の他にC_{70}，C_{76}，C_{78}，C_{82}，C_{84}，C_{90}，C_{96}…など様々な高次フラーレンが単離され，C_{60}では見られなかった光学異性体や構造異性体の存在が明らかにされている。また，C_{60}，C_{70}を始め構造が解明されている高次フラーレンは，全て五員環と六員環のみから構成されているが，七員環を持つナノチューブも発見されている[20]。

C_{60}を始めとするフラーレンの特徴的な物性，電子，光機能性を利用した様々な応用が提案されている。例えば，C_{60}分子は構造的に均質なため，優れた力学特性を有しており，分子状ボールベアリングとして機能することが期待されている[21]。また，C_{60}を薄膜化して受光素子，ディスプレイ，光導波路などの電子素子や光学素子への利用，半導体としての機能を生かした増幅，スイッチング，光電変換素子，更には大きな第三高調波発生を利用した超高速光スイッチング素子，可逆的な酸化還元反応を利用した二次電池材料あるいは高温超伝導体，強磁性体，結晶構造から気体貯蔵材料としての利用などが考えられている[22]。

第Ⅱ章　導電性高分子の応用の可能性

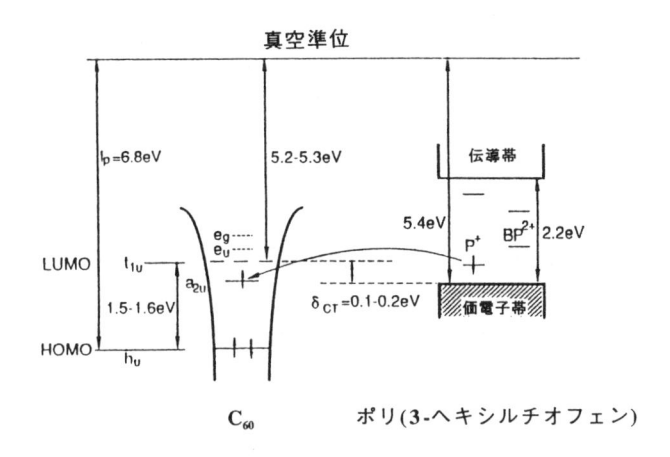

図4　C_{60}およびポリ（3-ヘキシルチオフェン）の電子状態

18.4　導電性高分子—フラーレン複合体の光誘起電荷移動と超伝導
18.4.1　光誘起電荷移動

　例えば，図4にポリ（3-ヘキシルチオフェン）とC_{60}の電子エネルギー帯構造を示す。ポリ（3-ヘキシルチオフェン）の価電子帯の上端は，C_{60}のLUMOの下端より僅かに低い位置にあり，ポリ（3-ヘキシルチオフェン）とC_{60}の間で，電子の移動が起こる確率は非常に小さい。しかし，ポリ（3-ヘキシルチオフェン）およびC_{60}のポーラロニックな状態を考慮するとこの電荷移動が可能である。即ち，ポリ（3-ヘキシルチオフェン）の禁止帯内に形成されたポーラロン，バイポーラロン準位は価電子帯の上端より高いエネルギー位置にある。一方，C_{60}のLUMOは三重に縮退しているが，電子が占有するとヤーン・テラー効果により縮退を解いて安定化し，a_{2u}，e_u，e_gの軌道を形成する。a_{2u}軌道はLUMOより低いエネルギー位置にあるため，ポリ（3-ヘキシルチオフェン）のポーラロニックな準位はC_{60}のそれよりエネルギー的に高い位置にあることになる。このことが原因してポリ（3-ヘキシルチオフェン）からC_{60}へ電子移動が起こると考えられる。即ち，ポリ（3-ヘキシルチオフェン）に対しては，C_{60}は弱いアクセプタになることになる。このように，ポリ（3-ヘキシルチオフェン）-C_{60}複合体では，弱いながらもポリ（3-ヘキシルチオフェン）からC_{60}への電荷移動が生じていることは明らかで，その機構は電子状態を考察することでより明瞭となる。

　ここで述べたようなC_{60}ドーピング効果は，ポリ（3-アルキルチオフェン）のアルキル鎖長に大きく依存している。即ち，アルキル鎖長が長くなるに連れてポリ（3-アルキルチオフェン）の

導電性高分子の最新応用技術

価電子帯の上端は低いエネルギー位置に移行するため[23]，電荷移動が起こりにくくなるのでC_{60}ドーピング効果は顕著に認められない。実際，アルキル基（$-C_nH_{2n+1}$）のnが18のポリ（3-オクタデシルチオフェン）でC_{60}のドーピング効果を調べた結果，C_{60}が有効なドーパントとして作用しないことが確認されている。

以上のことから，導電性高分子のHOMO，即ち価電子帯上端のエネルギーがポリ（3-ヘキシルチオフェン）よりもう少し高い場合にはC_{60}は有効なドーパントになり，逆に低い場合はドーパントとして有効でないと言うことになる。また，C_{60}に反しC_{70}はポリ（3-ヘキシルチオフェン）に対しても有効なアクセプタとはならないが，これもC_{60}の電子状態とC_{60}の電子状態を比べてみるとC_{70}のLUMOが高いエネルギー位置にあることが原因している[24]。

以上のように基底状態においては，限られた導電性高分子に対してはC_{60}はアクセプタとして作用するが，その作用は通常のドーパントに比べてはるかに弱く，また多くの導電性高分子に対してはほとんどアクセプタとして有効でない。ところが，光との相互作用を調べると極めて興味

（a）縮退系導電性高分子

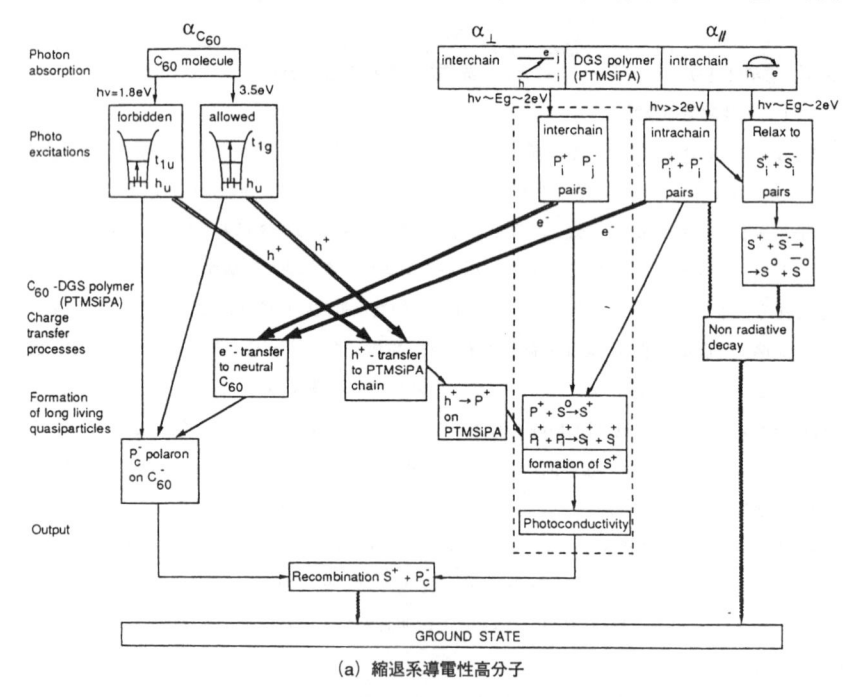

図5　導電性高分子－C_{60}複合体の光誘起電荷移動とそれに伴う諸現象を示す模式図

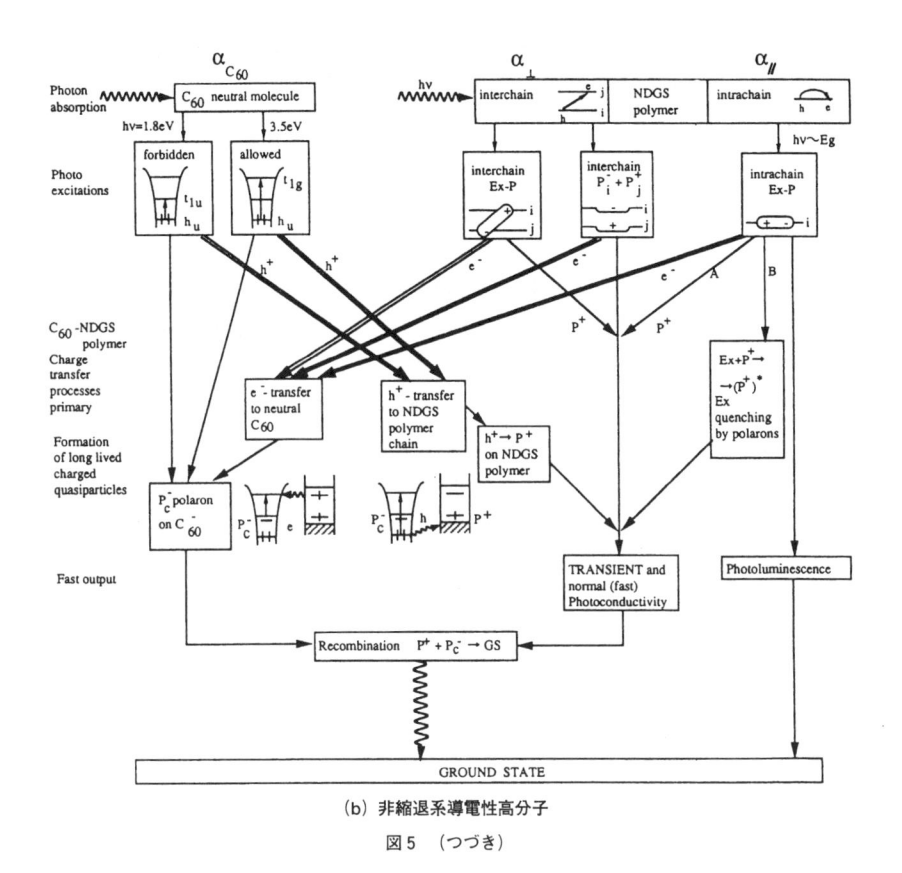

第Ⅱ章 導電性高分子の応用の可能性

(b) 非縮退系導電性高分子

図5　(つづき)

深い効果がほとんど全ての導電性高分子とC_{60}，更に他のフラーレンとの複合体において見出された。即ち，光励起状態での相互作用は大きく，光誘起電荷移動など数々の特徴的な性質が見られる。まず見出されたのは，C_{60}のドーピングによる蛍光の消光と光伝導の大幅な増強である[9, 25, 26]。

導電性高分子とC_{60}の光誘起電荷移動によって次のように説明できる。即ち，光照射により導電性高分子体積内で生成された励起子，更にそれが格子歪みを伴って安定化した励起子ポーラロンは，高分子主鎖に沿って移動するが，C_{60}と遭遇すると電子がC_{60}にトランスファーされ励起子ポーラロンは解離する。このため再結合確率が減少して蛍光強度が減少する。この時，C_{60}は負のポーラロンを形成して安定化する。一方，導電性高分子に残った正孔および正のポーラロンは高分子主鎖上を移動して光伝導に寄与する。複合体を光照射した場合，実際にはこれらの過程が同時に起こってルミネッセンスの抑制，光伝導の強調が観測される。また，C_{60}が光励起された

場合，励起された電子はC_{60}のt_{1u}準位に入り，負のポーラロンを形成して安定化するが，正孔はトンネル効果で導電性高分子のHOMO（価電子帯）に移り，正のポーラロンを形成して移動し，光伝導に寄与する。

導電性高分子が縮退した構造でソリトンを形成する場合，これらの光誘起電荷移動によって生じた正の荷電ソリトンが光伝導に寄与することになる。いずれにしても光伝導において正符号のキャリアが主キャリアであることは光伝導の極性効果から明らかにされている[27]。なお，C_{60}が電子を捕獲し，C_{60}^{-1}となっていることは光誘起吸収，光誘起ESRからも確かめられている[29]。これらの導電性高分子-C_{60}複合体での光誘起電荷移動とそれに伴う諸現象のシナリオをまとめたものが図5である。

ここで述べたC_{60}ドーピングによる光誘起電荷移動現象は，C_{70}のような高次フラーレンをドープあるいは積層した場合，またポリ（3-アルキルチオフェン）以外の導電性高分子，例えばポリ（2,5-ジアルコキシ-p-フェニレンビニレン），ポリ（9,9-ジアルキルフルオレン），ポリ（イソチアナフテン）などを用いた場合でも観測され，光電変換機能，増幅機能，光整流機能などを利用した様々な機能素子への応用が可能である。

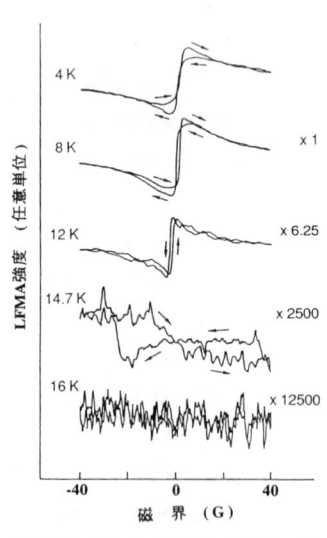

図6 ポリ（3-ヘキサデシルチオフェン）-C_{60}複合体にKをドープした場合のLFMAスペクトルの例

第Ⅱ章　導電性高分子の応用の可能性

18.4.2　超伝導

　C_{60}をドーピングした導電性高分子に光照射すると高効率で光誘起電荷移動が生じ，導電性高分子からC_{60}に電子が移りC_{60}^{-1}が形成されるが，C_{60}は非常に電子を取り込み易いのでC_{60}^{-2}，C_{60}^{-3}を始め多数の電子を捕獲した状態が形成されるので，原理的に超伝導性や強磁性がこの複合体に光照射することによって出現する可能性がある[28]。しかしながら，容易に光照射により超伝導性や強磁性が発現しない。

　そこでまず，最も確実な方法としてC_{60}をドーピングした導電性高分子，即ち導電性高分子-C_{60}複合体に更にKなどのアルカリ金属のドーピングを行い，超伝導を探索した[29,30]。

　最初に選んだ導電性高分子はポリ（3-アルキルチオフェン）であり，これにC_{60}を溶媒法でドーピングし，複合体を形成し，しかる後，2ゾーン炉を用いて気相でKをドーピングした。超伝導性の確認は非常に感度の良いLFMA（low field microwave absorption）法およびSQID（superconducting quantum interference device）法により行った。

　図6は代表的なLFMAの測定例であり，この場合C_{60}のドープ量は0.5%でKのドーピング時間は144時間である。ある温度以下で顕著なLFMAが現われていることが分かるが，これが出現し始める温度が臨界温度T_Cである。もう少しC_{60}のドープ量が多い場合には，T_Cより少し下の温度でLFMAの位相が逆転する現象が見出されており，これはグラニュラー超伝導（granular superconductivity）相でしばしば現われる現象である。

　図7はLFMA強度の温度依存性であり，これから評価されるT_CがC_{60}濃度に依存する。超伝導

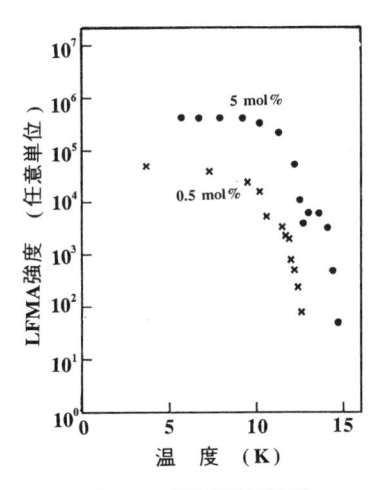

図7　LFMA強度の温度依存性

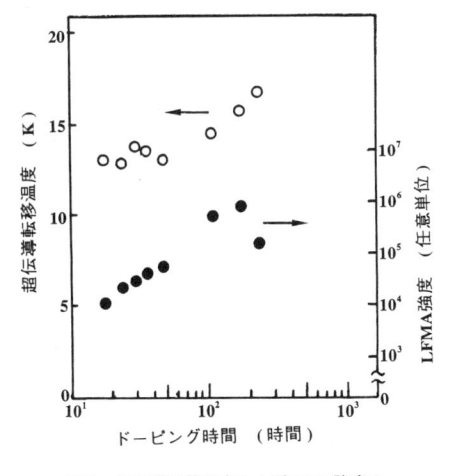

図8　超伝導転移温度およびLFMA強度のKドーピング時間依存性

転移温度は図8のようにKのドーピングが進行すると高くなり，バルクの転移温度に漸近する。また，LFMAにはかなり大きなヒステリシスが存在する。

C_{60}を5％ドープした試料のSQIDによる測定結果を図9に示すが，帯磁率の温度依存性に超伝導を反映する反磁性が現われている。しかし，超伝導相となっている割合は，試料全体の1％程度である。なお，磁場を0として冷却する場合（ZFC）と磁場印加で冷却する場合（FC）で大きな差異が見られるのも大きな特徴である。

これらの実験事実は，このポリ（3-アルキルチオフェン）-C_{60}複合体でC_{60}が分子状に分散している領域とクラスター状で分散している領域があり，図10にモデルを示すようにドーピングされたKはこのクラスターの中にも，ポリ（3-アルキルチオフェン）の中にも，分子状のC_{60}近傍にも存在する。クラ

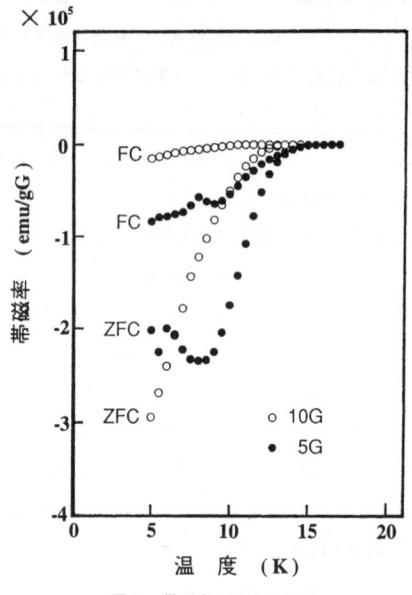

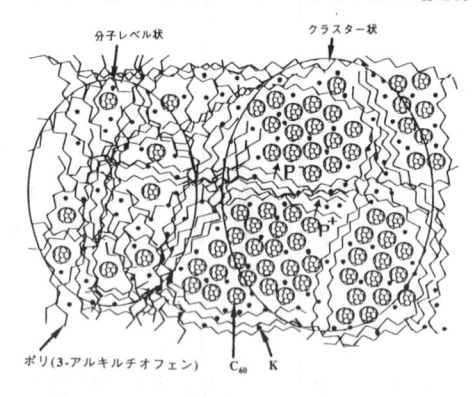

図9　帯磁率の温度依存性

P⁺：正のポーラロン
P⁻：負のポーラロン

図10　ポリ（3-アルキルチオフェン）-C_{60}複合体にKをドープした場合の概念図

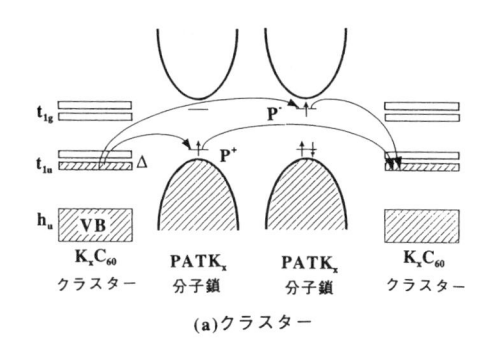

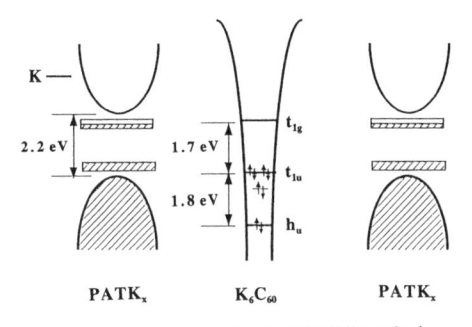

第Ⅱ章 導電性高分子の応用の可能性

(a)クラスター

(b)分子レベル（新しい超伝導体モデル）

PAT：ポリ(3-アルキルチオフェン)
K：カリウム

図11 Kをドープしたポリ（3-アルキルチオフェン）-C_{60}複合体の電子状態

スター状領域にKがドーピングされたミクロな領域では超伝導性が現われるが，このミクロなクラスター間はポリ（3-アルキルチオフェン）でジョセフソン結合で結ばれていると考えられる。この時，ポリ（3-アルキルチオフェン）が未ドープで絶縁性の場合とKがドープされ金属状態になっている場合とでは，クラスター間の結合の様子はかなり異なってくる筈である。このようなジョセフソン結合によってグラニュラー超伝導相が実現していると考えられる。

しかし，分子状にC_{60}が導電性高分子に分散している場合にも，Kドーピングによって超伝導が実現しうる。図11に電子状態をモデル的に示しているが，このKによるn型ドーピングで導電性高分子鎖上を電子が伝導し，隣接するC_{60}は2個の電子を取り込む確率を有することから，このC_{60}の自壊によって一種のクーパー対を形成し本質的な超伝導が実現する可能性がある。これが

実現するためには，導電性高分子はn型ドーピングが可能である必要がある。

このようにC_{60}-導電性高分子複合体にKをドーピングすることにより発現する超伝導性は，基礎科学的にも興味深いが，実用的にも柔軟なフィルム状のC_{60}をベースとする超伝導ができることになるので注目されるところである。

C_{60}-導電性高分子複合体にTDAEをドーピングした系での強磁性も興味深い課題である。

18.5 おわりに

導電性高分子の超伝導現象について簡単に触れてきたが，様々な可能性があり，非常に魅力的で高い性能の期待される材料が作製できることが理解されたと思う。現在までに導電性高分子それ自身が超伝導を発現することは確認されていないけれども，可溶性，溶融性を有する極めて多様な導電性高分子の合成が比較的容易に合成できるようになり，従って様々なタイプの複合体が作製できるので，導電性高分子の分子構造のみならず高次構造を充分に制御することによって超伝導の発現は大いに期待できる。すなわち，Littleの高温超伝導体モデルは，主鎖骨格の共役系が結合交替を起こして半導体的もしくは絶縁体的となっているので，結合交替の無い系を導入する必要がある。導電性高分子の性質を説明するポーラロン，バイポーラロンの概念から励起子エキシトン機構の考えが受け入れられているので，フォノン機構との重畳機構とあわせて今後の展開が期待される。

文　　献

1) W.A.Little, *Phys.Rev.*, **A-134**, 1416 (1964)
2) 吉野勝美, 小野田光宣, 高分子エレクトロニクス, コロナ社 (1996)
3) H.W.Kroto, J.R.Heath, S.C.O'Brien, R.F.Curl and R.E.Smalley, *Nature*, **318**, 162 (1985)
4) 谷垣勝己, 菊地耕一, 阿知波洋, 次入江啓治, "フラーレン", 産業図書 (1992)
5) A.F.Hebard, M.J.Rosseinsky, R.C.Haddon, D.W.Murphy, S.H.Glarum, T.T.M.Palstra, A.P.Ramirez and A.R.Kortan, *Nature*, **350**, 600 (1991)
6) K.Tanigaki, T.W.Ebbesen, S.Saito, J.Mizuki, J.S.Tsai, Y.Kubo and S.Kuroshima, *Nature*, **352**, 222 (1991)
7) P. -M.Allemand, K.C.Khemani, A.Koch, F.Wudl, K.Holczer, S.Donovan, G.Gruner and J.D.Thompson, *Science*, **253**, 301 (1991)
8) S.Morita, A.A.Zakhidov, T.Kawai anf K.Yoshino, *Jpn.J.Appl.Phys.*, **31**, L890 (1992)
9) K.Yoshino, X.H.Yin, S.Morita, T.Kawai and A.A.Zakhidov, *Solid State Commun.*, **85**, 85 (1993)

第Ⅱ章 導電性高分子の応用の可能性

10) 吉野勝美, 雀部博之監修, "導電性高分子材料", シーエムシー, p.104 (1983)
11) J.H.Schön, S.Berg, Ch.Kloc and B.Batlogg, *Science*, **287**, 1022 (2000)
12) J.H.Schön, Ch.Kloc, R.C.Haddon and B.Batlogg, *Science*, **288**, 656 (2000)
13) J.H.Schön, Ch.Kloc and B.Batlogg, *Nature*, **408**, 549 (2000)
14) J.H.Schön, A.Dodabalapur, Z.Bao, Ch.Kloc, O.Schenker and B.Batlogg, *Nature*, **410**, 189 (2001)
15) H.W.Kroto, C.Kirby, D.R.M.Walton, L.W.Avery, N.W.Broten, J.M.MacLeod and T.Oka, *Astrophys.J.*, **219**, L133 (1978)
16) M.Ozaki and A.Takahashi, *Chem.Phys.Lett.*, **127**, 242 (1986)
17) N.Koga and K.Morokuma, *Chem.Phys.Lett.*, **196**, 191 (1992)
18) 化学編集部編, "C_{60}・フラーレンの化学", 化学同人, p.76 (1993)
19) W.Kräschmer, L.D.Lamb, K.Fostiropoulos and D.R.Huffman, *Nature*, **347**, 354 (1990)
20) Y.Chai, T.Guo, C.Jin, R.E.Haufler, L.P.F.Chibante, J.Fure, L.Wang, J.M.Alford and R.E.Smaller, *J.Phys.Chem.*, **95**, 7564 (1991)
21) R.S.Ruoff and A.L.Ruoff, *Appl.Phys.Lett.*, **59**, 1553 (1991)
22) 化学編集部編, "C_{60}・フラーレンの化学", 化学同人, p.164 (1993)
23) M.Onoda, Y.Manda, M.Yokoyama, R.Sugiomoto and K.Yoshino, *J.Phys.: Condens.Matter*, **1**, 3859 (1989)
24) K.Yoshino, X.H.Yin, S.Morita and A.A.Zakhidov, *Jpn.J.Appl.Phys.*, **32**, L140 (1993)
25) K.Yoshino, X.H.Yin, K.Muro, S.Kiyomatsu, S.Morita, A.A.Zakhidov, T.Noguchi and T.Ohnishi, *Jpn.J.Appl.Phys.*, **32**, L357 (1993)
26) S.Morita, S.Kiyomatsu, M.Fukuda, A.A.Zakhidov, K.Yoshino, K.Kikuchi and Y.Achiba, *Jpn.J.Appl.Phys.*, **32**, L1173 (1993)
27) K.Yoshino, K.Sawada and M.Onoda, *Jpn.J.Appl.Phys.*, **28**, L1029 (1989)
28) 化学編集部編, "C_{60}・フラーレンの化学", 化学同人, p.136 (1993)
29) A.A.Zakhidov, H.Araki, K.Tada, K.Yakushi and K.Yoshino, *Phys.Lett.A*, **205**, 317 (1995)
30) H.Araki, A.A.Zakhidov, K.Tada, K.Yakushi and K.Yoshino, *Jpn.J.Appl.Phys.*, **34**, L1041 (1995)

19 導電性高分子の応用の展望

小林征男*

19.1 はじめに

導電性高分子の開発は、次の3期に分けて考えることができる[1]（表1）。

・第Ⅰ期（1977年～1980年代前半）

材料探索，導電機構の解明，用途探索など，導電性高分子の可能性が幅広く検討された時期で，高分子トランジスタやショットキー型の太陽電池などへの応用の可能性も報告されている。

・第Ⅱ期（1980年代後半～1990年代前半）：第Ⅰ期の成果を踏まえ，企業において用途開発が進んだ時期である。高い電気伝導度を生かして帯電防止剤，固体電解コンデンサなどが上市され，可逆的な電気化学ドーピング機能を活用して二次電池が実用化された。

・第Ⅲ期（1990年代後半～現在～近未来）：高分子EL，高分子トランジスタに代表される高機能性素子の開発，ナノオーダーでの構造制御，超伝導に代表される新たな機能の探索など，従来の導電性高分子の枠を超え，新たな展開が期待できる段階に入ったといえる。高分子ELの実用化は目前であり，10年以内には高分子トランジスタが実用化されると予測する研究者も多い。軽くて，曲げたり，丸めたりできるディスプレイも夢ではなくなってきた。

　導電性高分子の最大の用途となっている固体電解コンデンサも，当初は低分子有機化合物である電荷移動錯体を用いた製品が実用化され，その後この電荷移動錯体を代替する形で導電性高分子が使用されるようになった。同様に，有機ELは既に低分子有機化合物で実用化されているが，今後は高分子型に変わってゆく可能性もある。また，導電性高分子の最も初期の用途は帯電防止剤であったが，この場合もイオン伝導性の低分子有機化合物の代替として実用化されている。これらの例に見るように，導電性高分子は低分子有機化合物を代替して市場を獲得してきていることが分かる。その際，固体電解コンデンサや帯電防止剤では導電性高分子の高い電子伝導性，ELでは加工性といった導電性高分子の特徴ある機能や加工性を上手に活用している。

　導電性高分子の用途開発に当たっては，とかく導電性高分子の機能面ばかりに注意が向けられがちであるが，実用化の点からは，機能面以外に加工性および最終製品の特徴も加味して，有機低分子化合物との優劣を総合的に判断する必要がある（図1）。

---

*　Yukio Kobayashi　小林技術士事務所　所長

第Ⅱ章　導電性高分子の応用の可能性

表1　導電性高分子の研究・開発

	1977年 〜1980年代前半	1980年代後半 〜1990年代前半	1990年代後半〜現在〜近未来	
[研究] 新規高分子	・π共役系高分子： PT,PPy,PAn,PPVお よびその誘導体等	・PEDOT ・自己ドープ型ポリマ ー（SDP） ・バンドギャップの狭 い高分子 →PITN（透明導電体）	・導電性高分子の可溶 化技術 ・液晶性導電性高分子 ・光学活性導電性高分 子 ・樹枝状導電性高分子	
構造制御	・機械的な延伸，配向 →10^3S/cmの導電性 (CH)x	・分子配列制御 →銅並みの導電性をも つ(CH)x($\sigma=\sim 10^5$S/cm)	・ナノオーダーでの構 造制御 ・自己組織化 ・a-Si並みの移動度を 持つ高分子 →位置規則性100%の P3HT	・フォトニック結晶
導電機構	・ソリトン，ポーラロ ン機構		・超伝導	
新規機能	・電気化学ドーピング	・発光	・高分子超伝導	
用途探索	・二次電池 ・太陽電池 ・エレクトロクロミッ ク表示素子 ・非線形光学材料 ・高分子FET	・高分子EL ・アクチュエータ ・センサ ・ガス分離膜	・高分子FET ・分子配線 ・防食材料 ・インクジェット技術 の活用 ・自己組織化現象を用 いたパターニング ・熱電素子	・レーザ ・フォトニック結晶を 用いた光デバイス
[実用化]		・二次電池(PAn,ポリア セン) ・高分子固体電解質コ ンデンサ アルミ系，タンタル 系：PPy→PEDOT ・帯電防止材料 (PAn,PPy,SDP,PEDOT等)	・プロトンポリマー電 池 ・アクチュエータ ・センサ ・タッチパネル	・高分子ＥＬ ・フレキシブル表示素 子 ・高分子FET ・太陽電池 ・熱電変換素子 ・分子配線
[関連情報]	・有機化合物の半導性 （'48） ・(CH)xの合成（'60） ・白川法(CH)xの 合成（'71） ・導電性(CH)xの 発見（'77）	・有機固体電解質コン デンサ（TCNQ塩） の実用化 ・有機超伝導体(TM TSeF塩)の発見 ・国家プロジェクト「導電性高分子材料」 （期間：'86〜'90） 参加民間企業：東レ，帝人，旭化成，三 菱化，住化，住友電工	・低分子型有機ELの 実用化	・色素増感太陽電池

導電性高分子の最新応用技術

```
┌─────────────────┐      ┌─────────────────┐      ┌─────────────────┐
│ 導電性高分子の機能 │      │ 導電性高分子の加工性 │      │  最終製品の特徴  │
│                 │      │                 │      │                 │
│ ・電子伝導       │      │ ・可溶化         │      │ ・軽量          │
│ ・電荷移動担体    │ ⇒    │ ・薄膜化         │ ⇒    │ ・柔軟性        │
│ ・ドーピング     │      │ ・大面積化       │      │ ・透明性        │
│ ・光電変換       │      │ ・脱真空プロセス  │      │ ・…            │
│ ・熱電変換       │      │ ・低温加工       │      │                 │
│ ・…            │      │ ・自己組織化     │      │                 │
│                 │      │ ・…            │      │                 │
└─────────────────┘      └─────────────────┘      └─────────────────┘
```

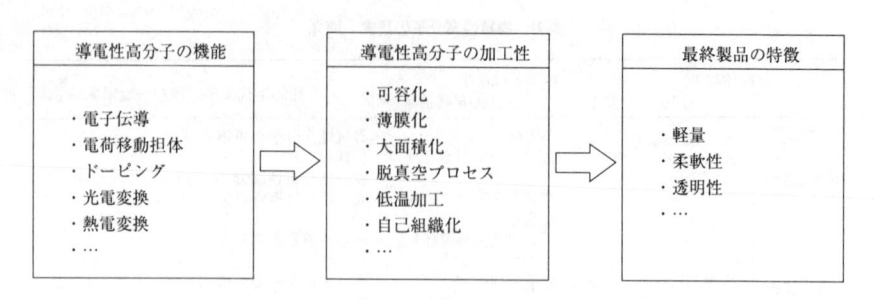

図1　導電性高分子の特徴を生かした製品開発

19.2　導電性高分子の応用分野

　導電性高分子の用途を機能別にまとめて表2に示した。

　導電性高分子の機能としては，金属的な電子伝導性，半導体特性，可逆的な電気化学ドーピング，非線形光学現象，光電効果，電子分極，分離機能および酸化還元反応など，必ずしも導電性に限定されていない。その点からは，導電性高分子と呼ぶよりπ共役系高分子と呼んだ方が適切な呼称と思われるが，一般的にはこれらの機能も包含して導電性高分子と呼ばれている。

　表2では，導電性高分子の用途を，固体電解コンデンサのように既に実用化されているもの（実用化），実用化には到っていないが企業を中心にして精力的に開発が進められているもの（開発段階），および機能の探索が中心でまだ研究段階のものに分類して示した。また，この表に記載されていないが，液晶性導電性高分子，フォトニック結晶，光記録，光メモリなど多くの研究段階のものもある。

19.3　導電性高分子ならではの用途

　導電性高分子の用途開発を行う場合，当然ではあるが導電性高分子ならではの用途に的を絞って行うべきである。この点に関して，実用化されている固体電解コンデンサとタッチパネルおよび開発中である人工皮膚を例に考察してみる。

19.3.1　固体電解コンデンサ

　導電性高分子が陰極材料として用いられる最大の利点はその高い電気伝導度にあるが，長所はそればかりではなく，誘電体皮膜修復機能を有することにもある[2]。皮膜欠陥部への電流集中によるジュール熱で周囲の導電性高分子が熱分解して絶縁化するためと説明されている。高分子の耐熱性の弱さを効果的に生かした用途である。

19.3.2　タッチパネル[3]

　富士通研究所などは，PETフィルムに導電性ポリマーの水溶液をロールコーターで塗布して製

第Ⅱ章　導電性高分子の応用の可能性

表2　導電性高分子の機能と用途

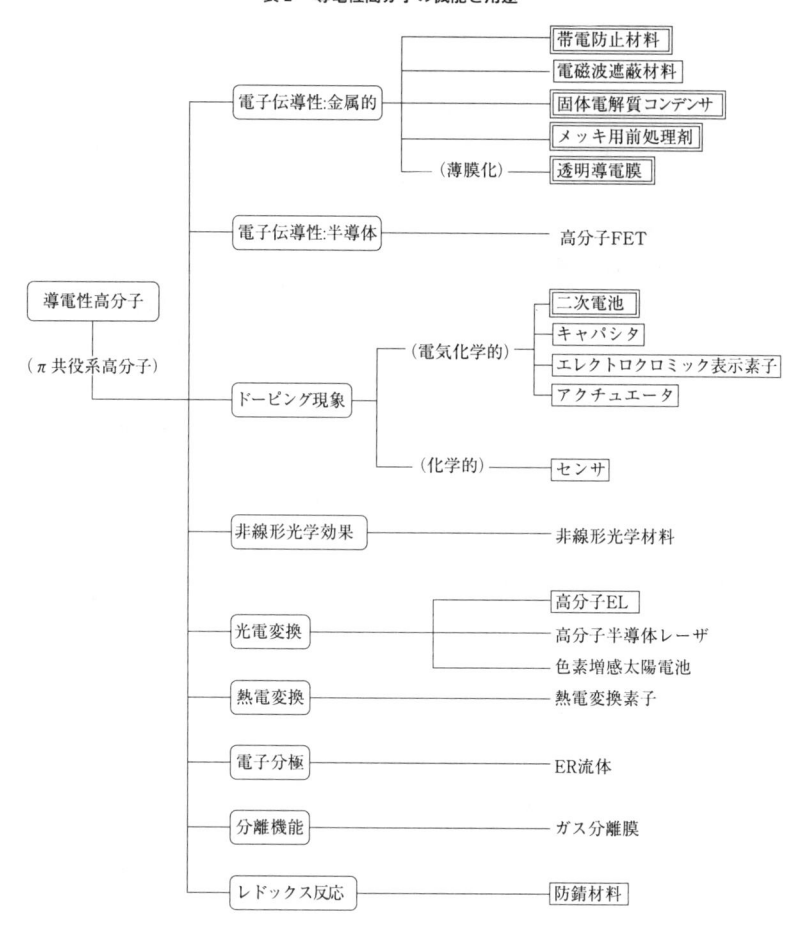

導電性高分子（π共役系高分子）
- 電子伝導性:金属的
  - 帯電防止材料
  - 電磁波遮蔽材料
  - 固体電解質コンデンサ
  - メッキ用前処理剤
  - （薄膜化）— 透明導電膜
- 電子伝導性:半導体 — 高分子FET
- ドーピング現象
  - （電気化学的）
    - 二次電池
    - キャパシタ
    - エレクトロクロミック表示素子
    - アクチュエータ
  - （化学的）— センサ
- 非線形光学効果 — 非線形光学材料
- 光電変換
  - 高分子EL
  - 高分子半導体レーザ
  - 色素増感太陽電池
- 熱電変換 — 熱電変換素子
- 電子分極 — ER流体
- 分離機能 — ガス分離膜
- レドックス反応 — 防錆材料

(注) 用途の表示は次の基準による。
- ▭ ：実用化
- ▭ ：開発段階（企業での開発がメイン）
- 枠なし ：研究段階（大学での研究がメイン）

造したタッチパネルの開発に世界で初めて成功している。携帯電話・PDA・ペン入力PCなどの携帯情報端末のみならず，従来コスト面からタッチパネルが用いられなかった分野への適用も可能としている。現在はセラミックスのITOが用いられているが，ITOは柔軟性に劣り，入力動作の繰り返しにより微小なクラックが発生するなど耐久性に問題があり，また，ITO膜の製造には高価な真空プロセス装置を使用するため低コスト化が困難であった。水溶性および大面積化など，加工面での導電性高分子の特長を上手に活用した用途である。

19.3.3 人工皮膚[4]

"折り曲げ可能な人口皮膚 有機トランジスタで実現"という見出しで，東京大学のグループが開発した人口皮膚のニュースが紹介されている。プラスチック基板上に有機トランジスタを約1000個集積し，これにセンシングの役割を果たす導電性感圧ゴムを全面に重ねている。このトランジスタで使用されているのはペンタセンで，移動度は$0.5cm^2/Vsec$で，約1秒のセンシング時間を実現している。今後は，移動度を10倍以上高めて0.1秒以下のセンシング時間を目標としている。この人工皮膚のトランジスタには導電性高分子は用いられていないが，移動度の点を除けば，柔軟性，大面積化，低温成形など導電性高分子の特長を生かせる用途である。現在，導電性高分子の移動度の最高値は約$0.1cm^2/Vsec$であるが，さらに向上させることができれば，製造コストの面からもペンタセンに替わって導電性高分子が用いられる可能性がある。

表3 市場から入手可能な導電性高分子

メーカー名	国	導電性高分子の種類・特徴	URL
Agfa	独	PEDOTの各種の形態およびPEDOT/PETフィルム	www.agfa.com/sfc
Aldrich	米	各種モノマーおよびポリマーを試薬として販売	www.sigma-aldrich.com
Bayer	米	PEDOTの各種の形態およびモノマー	www.bayer-echemicals.com
Covion	独	有機EL用のPPVおよびPolyarylene	http://www.covion.com
Eeonyx corp.	米	PAn，PPyをコートした炭素粉末	www.eeonyx.com
Geo tech Chemical	米	導電性高分子をベースにした防食材料	www.catize.com
Milliken Research Company	米	PPyをコートした繊維	http://www.marktek-inc.com
Panipol Ltd.	米	PAnの各種の形態	http://www.panipol.com/
RTP Company	米	PAn，PPyをベースにしたコンパウンド	www.rtpcompany.com
Zipperling	独	PAnの粉末，水溶液分散および非水溶液分散の形態	www.zipperling.de/products
アキレス㈱	日	PPyで帯電防止した各種の加工品	www.achilles-esd.com

第Ⅱ章　導電性高分子の応用の可能性

19.4　市販の導電性高分子[5]

我が国においては導電性高分子そのものを材料として市販している企業は皆無に近い。一方，海外ではPEDOT（ポリ-3,4-エチレンジオキシチオフェン）およびそのモノマーを販売しているBayer社，種々の形態のポリアニリンを市販しているZipperling社など，導電性高分子そのものを市場に出している企業が多くある。表3にはそれらの企業名，入手可能な導電性高分子の種類と形態を示した。それぞれの企業のホームページには詳細な技術資料が開示されているので参照されたい。

19.5　導電性高分子の我が国の産業に対するインパクト

表1にも示したが，我が国では1986年～1990年の5年間にわたって，次世代産業基盤技術研究開発制度のもとで，国が主導して「導電性高分子材料」研究開発プロジェクトが推進され，多くの成果が得られている。経済産業省は，このプロジェクトが終了して10年が経過した2000年に，プロジェクトの成果が社会にどのような影響を与えているかの調査を行い，その結果が報告書として発表されている[6]。この報告書のなかに，導電性高分子を用いたコンデンサと二次電池の市場規模と雇用創出人数に関する調査結果があるので，紹介する。

導電性高分子をキーマテリアルとする製品である高分子コンデンサと高分子二次電池の生産額は1999年当時で1900億円と見積もっている（表4）。高分子コンデンサの伸び率を年間20%とすると2003年までの総生産額は約4600億円に達する。雇用創出人数は単純に比例計算すると21,000人と見積られる（表5）。導電性高分子の開発が我が国の産業および社会に与えるインパクトが

表4　高分子コンデンサおよび高分子二次電池の生産額（文献6より）

（単位：億円）

	高分子コンデンサ	高分子二次電池	合計
平成3年	2.0	15.0	17.0
平成4年	3.0	19.7	22.6
平成5年	4.9	24.5	29.3
平成6年	9.8	29.3	39.1
平成7年	19.7	29.5	49.1
平成8年	49.9	29.9	79.8
平成9年	123.3	34.8	158.1
平成10年	205.2	39.7	244.9
平成11年	452.0	45.0	497.0
平成12年	743.0	50.0	793.0
5年合計	39.3	117.9	157.2
10年合計	1,612.6	317.3	1,929.9

（注）ヒアリングによる概算値。1999年価格に換算。

表5 プロジェクトの間接的波及効果（文献6より）

	プロジェクト終了後5年間の累計	プロジェクト終了後10年間の累計
生産誘発額（億円）	約330	4,000
付加価値創出額（億円）	約120	1,400
雇用創出人数	約730	9,000

（注）プロジェクトの市場創出・付加価値創出への寄与度を100%として推計した。

（生産誘発額および付加価値創出額は1999年価値）

如何に大きいかを実感できる数字である。

19.6 おわりに

以上，導電性高分子の応用に的を絞ってレビューしたが，導電性高分子が有する機能を最大限発揮させるためには，導電性高分子そのものの特性をさらに向上させることが必須条件である。その際のキーワードは，"導電性高分子の精密構造制御"と"新技術・新材料の活用"であろう。

(1) 導電性高分子の精密構造制御

高分子FETを実用化するには，より大きい移動度を持った導電性高分子の開発が欠かせないが，その際，位置規則性の向上はもとより，自己組織化による高分子主鎖の配向現象の活用が大きな課題である。また，鋳型を用いることなく，界面重合によりナノファイバー状の導電性高分子を製造する方法も開発されている[7]が，量産性が期待できる重合法で，用途開発が楽しみな材料である。

(2) 新技術，新材料の活用

可溶性導電性高分子と新しい技術であるインクジェットとの組み合わせにより，オールプラスチックトランジスタ[8]や数μmの線幅のパターン形成[9]が可能となってきた。一方，新しい材料であるイオン性液体を用いて電解酸化重合法で合成した導電性高分子は，従来の方法で合成したものに比較してより高い電気伝導度を持つとの報告がある[10]。インクジェットあるいはイオン性液体に代表されるような新技術・新材料は，用途開発の大きな武器となると期待される。

第Ⅱ章　導電性高分子の応用の可能性

文　　献

1) 小林征男, 機能材料, **22**, No.5, 53（2002）
2) 工藤康夫, 応用物理, **71**, No.4, 429（2002）
3) 毎日新聞, 2003年12月22日
4) 大石基之, 日経エレクトロニクス, 2003年12月8日号, p.32
5) http://www.conductivepolymers.com/
6) ㈱三菱総研,「導電性高分子材料」, 研究開発プロジェクトの技術・産業・社会へのインパクトに関する調査, p. 41, 平成13年3月；URL: http://www.meti.go.jp/policy/tech_evaluation/pdf/e00/01/h12/h1303i23.pdf
7) J. Huang, S. Virji, B. H. Weiller, R. B. Kaner, *J. Am. Chem. Soc.*, **125**, 314（2003）
8) H. Sirringhaus, T. Kawase, R. H. Friend, T. Shimoda, M. Inbasekaran, W. Wu, E. P. Woo, *Science*, **290**, 2123（2000）
9) 村田和広, 第129回JOEM講演会・講演要旨集, p.5, 2002年11月25日
10) 化工日報, 2003年6月30日

第Ⅲ章　特許より見た導電性高分子の開発動向

小林征男*

1　はじめに

2000年～2003年の4年間に公開された日本公開特許を中心に，特許よりみた導電性高分子の開発動向を探ってみる。ただ，公開特許は出願から1.5年が経過しており，最新情報と言うわけではないが，企業の研究・開発の動向を把握する有力なツールであることには間違いない。

この4年間の導電性高分子に関連する公開特許は，それ以前の1990年～1999年に日本出願されたものと比較して，幾つかの特徴を有している。

（1）導電性高分子の開発ターゲットは，従来の固体電解コンデンサ，エレクトロルミネッセンス（EL）表示素子，二次電池など以外に，新たにトランジスタ，太陽電池などの分野にも拡大し，機能性材料として幅広く導電性高分子が使われ始めている。

（2）開発ターゲットの範囲の拡大に伴い，従来それほど特許出願が見られなかった三井化学，コニカ，ソニーといった企業の出願が活発化してきている。一方，2000年までは多くの特許出願を行っていた巴川製紙所，カネボウ，積水化学，アキレス，島津製作所といった企業では，2000年以降の公開特許件数が急減しており，導電性高分子の開発を中止したと思われる。

（3）産学連携の強化という国家戦略に沿って，発明者に大学関係者が含まれる公開特許件数が増加している。基礎研究は大学で，用途開発は民間企業が行うという形での産学共同研究が定着してきている。

2　2000年以前の特許出願動向

1990年～1999年の10年間に出願された導電性高分子に関する日本特許に関しては，既に網羅的な調査が特許庁で行われ，調査リポート（パテントマップ）として発表されている[1]。また，この調査リポートは，インターネットからも無料でダウンロードすることができる[2]。

このリポートでは，（1）体系化された技術説明，（2）主要出願人の出願動向，（3）出願人

---

*　Yukio Kobayashi　小林技術士事務所　所長

数と出願件数の関係からみた出願活動状況，(4) 関連製品情報，(5) 課題の解決手段の対応関係，(6) 発明者情報に基づく研究開発拠点や研究者数情報など詳細な調査がなされている。この調査リポートの情報は，公開日で言えば2001年中旬までの公開特許となるが，本稿は2000年以降の公開特許を扱っているので，この調査リポートとあわせて読んで頂ければ，さらに理解が深まるはずでる。

なお，特許庁の調査リポートは，IPC（国際特許分類），FI（ファイル・インデックス）およびキーワードを用い網羅的に調査がなされているが，本稿ではキーワード検索を中心にして，網羅性よりも導電性高分子の開発動向を把握することに重点を置いた。

3 2000年以前の導電性高分子の開発動向[1]

前記した特許庁の調査リポートを参考に，1990年～1999年の10年間の期間に出願された特許から，導電性高分子の開発動向をまとめた。
(1) 出願件数は91年の約370件をピークに減少しているが，94年を底に，それ以降は年間210件～250件で横ばいである（図1）。
(2) 出願人の数は，90年初期には100名程度で推移しているが，94年に20%程度減少し，それ以降ほぼコンスタントに80名前後で推移している（図1）。
(3) 1999年の日本出願特許を用途別にみると，件数が10件を超えるものは電池，コンデンサおよび有機ELを中心とした光関連の3分野に限られている。
(4) 10年間の企業別の出願件数では松下電器が圧倒的に多く，日本電気，リコーを含めた電気関連メーカー3社で500件近くに達する。松下電器は91年に53件と出願がピークを迎え，94年には9件と減少したが，その後出願は増加している。日本電気の

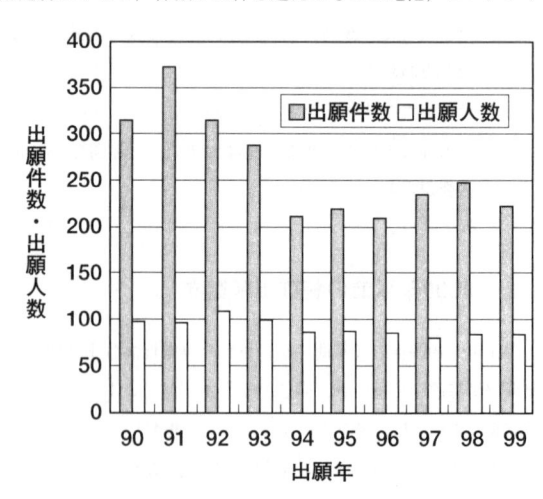

図1　出願件数および出願人数の推移（文献1より）

第Ⅲ章 特許より見た導電性高分子の開発動向

表1 主要出願人の出願件数の推移(文献1より)

企業名	90	91	92	93	94	95	96	97	98	99	計
松下電器産業	32	53	25	18	9	20	24	30	26	39	276
日本電気	3	11	10	26	14	14	11	9	16	17	131
リコー	12	8	17	17	6	13	6	5	3	2	89
巴川製紙所	11	39	17	14	1						82
カネボウ	8	10	12	5	26	11	2	1	1		76
三洋電機	13	5	2		2		6	19	11	14	72
日本ケミコン	7	19	20	2			5	5	11	1	70
住友化学工業	6	9	5	3	6	12	4	5	4	8	62
富士通	17	9	14	7	4	1	4		1		57
昭和電工	4	8	7	11	1	7	7	7	2	2	56
東洋紡績			2	1	6	5	5	16	9	4	48
積水化学工業	9	2	3	5	8	8	10		2		47
日東電工	8	9	5	10	2	5	1	2	4		46
日本カーリット	16	13	10	4		1		1	1		46
三菱レイヨン		3	2	6	6	5	6	1		3	32
マルコン電子	10	5	4	1					6	1	27
セイコーエプソン	6	6			2		2	5	5	1	27
ニチコン	3	2	4	1				5	7		22
アキレス	3	1	3	3	2	3	3			1	19
島津製作所								8	9	1	18

出願は90年には3件と少なかったが,92年以降は年間10件以上の出願を継続している(表1)。また,富士通は90年に17件を出願しているが,その後減少し99年にはゼロとなっている。

(5)化学関連メーカーでは住友化学工業が有機EL関連を,昭和電工は自己ドープ型ポリマーを中心にほぼコンスタントに出願している。また,プラスチック加工技術に強みを持つ積水化学,日東電工,東洋紡績および三菱レイヨンなどの企業からの出願も多いが,東洋紡績を除いて,出願件数は減少傾向にある(表1)。

上記以外では,島津製作所が97年以降センサ関連を中心に出願件数が増加している一方,91年には39件の出願を行った巴川製紙所は,95年以降の出願はゼロで,開発を中止し関連特許を売りに出している[1]。

4 特許の検索について[3]

インターネットを用いて無料で特許検索をするには,次のデータベースが利用できる。
(1)日本特許庁の特許電子図書館(IPDL:Industrial Property Digital Library)
(2)米国特許商標庁(USPTO)のPatent Full-Text and Fill-Page Databases
(3)esp@cenet:欧州特許庁の提供する検索システムで,欧州,PCT,日本のみならず,世

界50の国および機関の特許が要約などから検索でき，明細書もPDFで出力できる。また，非英語圏の特許が英語で検索できるばかりでなく，パテントファミリーの検索・出力も可能である。

　本稿では，特許電子図書館を用い，キーワード検索により関連特許を調査したので，一部に検索漏れの可能性があるが，その点はご容赦願いたい。なお，検索に用いたキーワードはできるだけ記載するようにしたので，必要に応じて活用して頂きたい。また，検索モレのない調査が必要な場合には，前記した特許庁の調査リポートに，導電性高分子関連のIPC（国際特許分類）およびFI（ファイル・インデックス）記号が記載されているので，それらを活用して欲しい。

5　2000年～2003年の4年間の公開特許件数の推移

　検索はIPDLの公報テキスト検索で，（要約＋請求の範囲）に検索式："導電性高分子or導電性ポリマーor共役高分子or共役ポリマーor共役系高分子or共役系ポリマーorポリアニリンorポリチオフェンorポリピロール"を入れて行った。モノマー合成や一部の特殊な化学構造を持った導電性高分子は，この検索式から漏れる可能性があるが，比較的ノイズが少なく，導電性高分子の開発動向を探るには大きな問題はないと思われる。

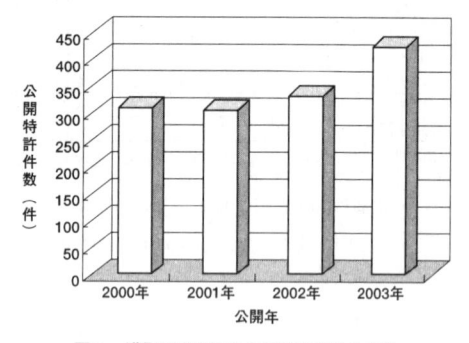

図2　導電性高分子の公開特許件数の推移

(1) 1900年代の後半は出願件数が年間約200件～250件で推移してきたのに対して，2000年以降の公開特許件数は300件を超えている。特に，2003年は400件を越え，過去最高レベルで，導電性高分子の研究・開発が再び活発化してきていることを示している（図2）。
(2) 用途別にみると，固体電解質コンデンサ，ＥＬおよび二次電池が相変わらずベスト3を占めているが，トランジスタや太陽電池など，2000年以前には殆ど出願が無かった分野の件数が増えている（表2）。
(3) 出願人別では，松下電器，日本ケミコン，三洋電機，日本電気など，コンデンサ事業部門を持っている企業は，継続して高い水準を維持している。一方，2000年以前の出願特許数が少なかった三井化学，コニカ，ソニー，大日本印刷などの企業が，公開特許件数を伸ばしており，これらの企業で導電性高分子の開発が活発化していることをうかがわせる（表3）。

第Ⅲ章　特許より見た導電性高分子の開発動向

表2　導電性高分子の公開特許（用途別）

検索式：導電性高分子or導電性ポリマーor共役高分子or共役系高分子or共役ポリマーor共役系ポリマーor
　　　　ポリアニリン or ポリチオフェン or ポリピロール

	検索キーワード	2000年	2001年	2002年	2003年	合計
導電性高分子	上記の検索式	312	307	331	423	1373

用　途　［検索：上記の検索式 and 個々の製品のキーワード（ただし、個々の製品内のキーワードは or）］

	検索キーワード	2000年	2001年	2002年	2003年	合計
コンデンサ	コンデンサ	98	98	78	119	393
有機EL	エレクトロルミネッセンス EL 発光	31	22	46	68	167
二次電池	二次電池	28	23	36	16	103
キャパシタ	キャパシタ	6	9	13	14	42
センサ	センサ センサー 検知	7	9	9	17	42
トランジスタ	トランジスタ	2	5	3	28	38
太陽電池	太陽電池	0	3	2	9	14
アクチュエータ	アクチュエータ アクチュエーター	2	4	0	4	10
電磁遮蔽	電磁遮蔽 電磁シールド 電磁波シールド 電磁波遮蔽	2	2	2	3	9
線材	線材 ケーブル	1	3	1	3	8
熱電変換素子	熱電　熱起電力	1	1	3	3	8
電気粘性流体	粘性流体	0	1	0	1	2
線路型素子	線路型素子	0	0	0	2	2
イオン性液体	（2000年以前の出願なし）	0	0	0	1	1
超臨界流体	（2000年以前の出願なし）	0	0	0	0	0

・技術分野別の公開特許件数

	検索キーワード	2000年	2001年	2002年	2003年	合計
コーティング	コーティング 塗布 塗装	55	51	77	87	270
回路	回路 パターニング パターン	19	31	24	45	119
帯電防止	帯電防止 静電除去 静電気	24	16	23	32	95

表3　導電性高分子の公開特許（出願人別）

検索式：導電性高分子 or 導電性ポリマー or 共役高分子 or 共役系高分子 or 共役ポリマー or 共役系ポリマー or ポリアニリン or ポリチオフェン or ポリピロール

	2000年	2001年	2002年	2003年	合計
導電性高分子	312	307	331	423	1373
出願人					
松下電器	36	57	42	48	183
日本ケミコン	7	15	15	39	76
三洋電機	25	10	8	12	55
日本電気	16	13	10	4	43
三井化学	12	15	6	8	41
コニカ	2	3	7	23	35
住友化学	9	5	4	11	29
ソニー	6	7	5	9	27
昭和電工	3	5	14	5	27
TDK	9	7	2	6	24
セイコーエプソン	7	3	4	9	23
東洋紡績	10	5	4	4	23
大日本印刷	11	3	3	5	22
三菱レイヨン	0	5	5	9	19
リコー	7	2	4	5	18
三菱化学	5	4	3	6	18
日東電工	3	2	3	8	16
シャープ	2	3	3	7	15
バイエル	4	2	3	5	14
ニチコン	9	2	1	0	12
ケミプロ化成	0	4	6	2	12
富士通	2	2	5	2	11
デンソー	0	0	3	8	11
日本カーリット	1	1	1	7	10
マルコン電子	3	4	0	0	7
富士通メディアデバイス	0	1	3	2	6
アキレス	1	2	0	3	6
宇部興産	1	1	0	2	4
島津製作所	2	1	0	0	3
積水化学	1	0	1	1	3
KRI	0	0	0	2	2
旭硝子	0	0	0	1	1
カネボウ	0	0	0	0	0

第Ⅲ章　特許より見た導電性高分子の開発動向

6　大学での導電性高分子の開発動向

　導電性高分子の分野における産学連携の実態を探る目的で，大学教官が発明者となっている公開特許を調査した（表4～表8）。大学発明の特許化を推進する各種の施策の効果もあり，公開特許件数は着実に増加している。本稿では，特許出願が多いと思われる大学教官を中心に，企業との共同研究の実態を調査した。

6.1　山本隆一（東工大）[4]

　山本研究室は，遷移金属錯体を用いる位置規則性の高い導電性高分子の合成法やn-型導電性高分子の開発などで，世界の導電性高分子の研究をリードしている。

（1）主な研究テーマ

①遷移金属錯体を用いるπ共役高分子の合成

②π共役高分子の構造

③π共役高分子の物性

④遷移金属錯体触媒を用いる縮合反応

　　ポリアミン類・ポリホスフィン類の新規生成反応の開発～機能材料への展開～

⑤新規配位子の分子設計に基づく錯体合成～新しい反応場・分子集合体の構築～

（2）特許出願状況

　山本教授が発明者に名前を連ねている2000年以降の公開特許の一覧を表4に示した。公開特許の総数は9件と多く，新規なπ共役系高分子化合物，特にn-型導電性高分子を主体にして，ELの発光材料を狙ったものが多く出願されている。

（3）民間企業との共同研究

　山本教授が発明者に含まれ，企業が出願人となっている公開特許からは，次の4社と共同研究を行っていることが伺える。

①住友化学：高分子ELの発光材料

②昭和電工：高分子ELの電子輸送材料

③TDK：可溶性で新規な導電性高分子

④ダイセル化学：新規な導電性高分子

6.2　赤木和夫（筑波大・物質工学系）[5]

　2000年のノーベル化学賞の受賞者である白川英樹博士が立ち上げた研究室で，現在は赤木教授が液晶性共役高分子の研究を中心に，特徴ある共役系高分子の研究を行っている。

導電性高分子の最新応用技術

表4 大学発明の公開特許（1）

山本隆一（東工大）

1	特開2003-332075 高分子材料を用いた光電子素子		フェナントロリン金属錯体構造を持つ化合物を用いた光電子素子であって，該素子における該化合物からなる層を塗布法により形成しうる新規な光電子素子。
	出願日	2002．5．16	
	公開日	2003．11．2	
	出願人	東工大学長，住友化学	
2	特開2003-317963 高分子材料を用いた光電子素子		左式で表される高分子化合物を用いた光電子素子。
	出願日	2002．4．24	
	公開日	2003．11．7	
	出願人	住友化学	
3	特開2003-252965 電子輸送性材料，その製造方法及びその用途		ピリジン骨格にニトロ基を導入したピリジン系高分子は，その電子吸引性が増加し，安定なN型半導体になりやすく，電子輸送性材料として好適である。
	出願日	2002．3．5	
	公開日	2003．9．10	
	出願人	昭和電工	
4	特開2003-238666 メタフェニレンとオルトフェニレンの共重合体化合物		有機溶媒に可溶で耐熱性，発光性を有し，光・電子機能を有する実質的に非置換のメタフェニレン基と非置換のオルトフェニレンから成る高分子化合物。
	出願日	2002．2．22	
	公開日	2003．8．27	
	出願人	科学技術振興事業団	
5	特開2002-284862 高分子化合物およびその製造方法と使用法		上式で示される構造を主鎖に持つ高分子化合物。
	出願日	2001．3．23	
	公開日	2002．10．3	
	出願人	ティーディーケイ，山本隆一	
6	特開2001-247576 チオフェン誘導体およびその重合体		上式で示される構造を主鎖に持つ高分子化合物。
	出願日	2000．3．9	
	公開日	2001．9．11	
	出願人	ティーディーケイ	
7	特開2001-181377 高分子化合物		本発明のポリフェニレン共縮合体は，溶液から成形が可能であり，蛍光体の電極（エレクトロクロミック）の形成，炭化フィルム状材料の形成素材として，また，青色発光蛍光材料として，期待される作用・効果がもたらされる。
	出願日	1999．12．7	
	公開日	2001．7．3	
	出願人	科学技術振興事業団	
8	特開2000-063500 高分子化合物とその製造方法		上式の構造を主鎖に持つ高分子化合物。
	出願日	1998．8．19	
	公開日	2000．2．29	
	出願人	科学技術振興事業団	
9	特開2000-044544 ビピリミジン化合物及びその重合体とその利用法		5,5′-ビピリミジン環が2,2′-位で連結された構造を有するとともに，優れた耐熱性を示し，ドーピングにより導電性物質に変換でき，且つ金属元素の配位子となりうる重合体。
	出願日	1998．7．30	
	公開日	2000．2．15	
	出願人	ダイセル化学，山本隆一	

第Ⅲ章　特許より見た導電性高分子の開発動向

（1）主な研究テーマ
・ヘリカルな芳香族共役系高分子
・ヘリカルポリアセチレン
・液晶性共役系高分子
・光応答性高分子
・スモールバンドギャップ型高分子
・磁性高分子
・強誘電液晶性共役系高分子

（2）特許出願状況

赤木教授が発明者に名前を連ねている2000年以降の公開特許の一覧を表5に示した。全て科学技術振興事業団が出願人になっているので，民間企業との共同開発の状況を特定することはできない。なお，科学技術振興事業団については6.7項を参照のこと。

6.3　淵上寿雄（東工大）（表5）

淵上教授が発明者に含まれる，導電性高分子とイオン性液体の組み合わせからなる電気化学ディバイスの特許をセントラル硝子が出願している。この期間の日本公開特許には，導電性高分子とイオン性液体の組み合わせからなるものは他に見当たらない。

6.4　小山　昇（東京農工大）（表6）

導電性高分子を二次電池の電極材料として用いた特許が中心で，ケミプロ化成，日本曹達，富士重工などが出願人となっている。なお，特開2002-352796は富士重工，シロウマサイエンス，ケミプロ化成，三井物産の各企業と小山教授との共同出願である。

6.5　戸嶋直樹（山口東京理科大）[7]

（1）主な研究テーマ
①金属ナノクラスターと有機物よりなるハイブリッドナノ組織体の創製と機能
②芳香族系導電性高分子の環境に優しい合成法と機能の開発

（2）特許出願状況（表6，表7）

12件と多くの特許の発明者になっている。熱電素子に関するものが最も多く，それ以外ではELおよびピロールやアニリンの重合方法に関するものが出願されている。出願人別ではケミプロ化成が9件と多く，それ以外では日本曹達および北辰工業がそれぞれ1件となっている。

表5　大学発明の公開特許（2）

赤木和夫（筑波大）

1	特開2003-306531 共役系高分子の電解不斉重合方法と光学活性共役系高分子		ネマティック液晶に，少なくともキラルドーパントとモノマーと支持電解質を添加し，電圧を印加することを特徴とする共役系高分子の電解不斉重合方法を提供する。
	出願日	2002. 12. 13	
	公開日	2003. 12. 13	
	出願人	科学技術振興事業団	
2	特開2002-316808 グラファイト状物質の製造方法		グラファイトの前駆体高分子として，炭素含有量が90%以上の線状高分子好ましくはポリアセチレン系重合体を用い，このものを熱処理する方法。
	出願日	2001. 4. 12	
	公開日	2002. 10. 31	
	出願人	（独）産業総合研究所	
3	特開2002-145878 ジチエニルエテン誘導体および光制御型共役系高分子		上式で表される構造を主鎖に持つ高分子化合物。
	出願日	2000. 11. 8	
	公開日	2002. 5. 22	
	出願人	科学技術振興事業団	
4	特開2001-085208 液晶性ポーラロン磁性体およびその製造方法		液晶性置換基を有するスピン発生部位と強磁性カップラーを有し，ヨウ素ドーピングすることにより，磁性を示すことを特徴とする液晶性ポーラロン磁性体。
	出願日	1999. 9. 10	
	公開日	2001. 3. 30	
	出願人	科学技術振興事業団	
5	特開2001-002934 触媒含有高分子液晶とそれを反応場とした光学活性高分子の製造方法		光学活性高分子液晶中に反応触媒を含有することを特徴とする触媒含有高分子液晶（請求項1）を提供する。
	出願日	1999. 6. 22	
	公開日	2000. 1. 9	
	出願人	科学技術振興事業団	
6	特開2000-143777 光学活性高分子とその製造方法		芳香族化合物をメチン基で連結した主鎖を有する共役系高分子であって，側鎖に光学活性基を持つことを特徴とする光学活性高分子。
	出願日	1998. 11. 16	
	公開日	2000. 5. 26	
	出願人	科学技術振興事業団	
7	特開2000-026598 置換型ポリアニリン類とその製造方法		導電性ポリアニリンの特徴を生かし，その側鎖としての置換基の導入により，溶媒可溶性，成形性等の特性を与え，液晶性の導入により，ポリマーが液晶性を示すものが提供されるなど，新しい機能を付与した置換基ポリアニリン類が実現される。
	出願日	1998. 7. 9	
	公開日	2000. 1. 25	
	出願人	科学技術振興事業団	

淵上寿雄（東工大）

特開2003-243028 電気化学デバイス		正極または負極の電極材料として導電性高分子を使用し，かつ電極間のイオン伝導体にイオン性液体を使用する場合に，有用な電気化学デバイスを構成できる。
出願日	2002. 2. 14	
公開日	2003. 8. 29	
出願人	セントラル硝子	

6.6　柳田祥三（大阪大）（表7）

太陽電池関連の公開特許2件があるが，いずれの特許も柳田教授と三菱化学の共願となっている。

第Ⅲ章　特許より見た導電性高分子の開発動向

表6　大学発明の公開特許（3）

小山昇（東京農工大）

1	特開2002-352796 リチウム二次電池用正極およびリチウム二次電池		有機スルフィド化合物を活物質として含む正極材料層を担持する集電体として銅よりも数倍軽いアルミニウム等の導電性材料の使用を可能にすることにより、高エネルギー密度を達成したリチウム二次電池用正極を提供する。
	出願日	2001. 5. 22	
	公開日	2002. 12. 6	
	出願人	富士重工，シロウマサイエンス，ケミプロ化成，三井物産，小山昇	
2	特開2002-138134 ポリスルフィド含有ポリピロールおよびその製造方法		で表されるポリピロール誘導体からなるレドックス活性可逆電極。
	出願日	2000. 11. 2	
	公開日	2002. 5. 17	
	出願人	小山昇／日本曹達	
3	特開2002-088151 ジスルフィド基含有アニリン類，それを単量体成分とする重合体または共重合体，その製造方法，それを用いた正極材料および電池		ジスルフィド結合の，それぞれの硫黄原子と置換基を有することもあるアニリノ基との間をπ電子共役系単位構造で結合させたことを特徴とするジスルフィド基含有アニリン類に関する。
	出願日	2000. 9. 18	
	公開日	2002. 3. 27	
	出願人	ケミプロ化成	
4	特開2001-266884 レドックス活性可逆電極およびそれを用いたリチウム二次電池		導電性基体の表面に，レドックス活性硫黄系物質とπ電子共役系導電性高分子と平均粒径0.4ないし100nmの導電性超微粒子とを含むレドックス活性薄膜を備えたことを特徴とするレドックス活性可逆電極。
	出願日	2000. 3. 17	
	公開日	2001. 9. 28	
	出願人	小山昇	

戸嶋直樹（山口東京理科大）（その1）

1	特開2003-128814 ポリピロール類製マイクロチューブの処理法および処理されたポリピロール類製マイクロチューブからなる導電材または白熱発光材		本発明は，ポリピロール類製マイクロチューブを加熱処理することにより，ポリピロール類製マイクロチューブからなり，高温安定性を有する導電材または白熱発光材を提供することができた。
	出願日	2001. 10. 17	
	公開日	2003. 5. 8	
	出願人	ケミプロ化成	
2	特開2003-046145 熱電材料及び熱電素子並びに熱電材料の製造方法		有機熱電材料に無機熱電材料をハイブリッド化することにより，加工性の面では有機熱電材料のように優れ，熱電特性の面では無機熱電材料のように優れ且つn型の熱電特性を示すものも得ることができる。
	出願日	2002. 4. 22	
	公開日	2003. 2. 14	
	出願人	戸嶋直樹，北辰工業	
3	特開2002-324430 ポリピロール類製マイクロチューブおよびその製造方法		このマイクロチューブは，チューブの長軸をセンサーの電極表面に垂直に並べた構造にすることにより，ガスセンサーの検出性能を著しく向上させることが可能である。
	出願日	2001. 4. 23	
	公開日	2002. 11. 8	
	出願人	ケミプロ化成	
4	特開2002-322295 ポリピロール類膜，その製造方法およびそれよりなる熱電材料		熱電材料として使用可能な高い熱電特性をもつポリピロール類膜を提供できた。このポリピロール類膜に電流を流すと，発熱するのが避けられないデバイス，たとえばEL素子やLSIなどの冷却用膜として使用することができる。
	出願日	2001. 4. 25	
	公開日	2002. 11. 8	
	出願人	ケミプロ化成	

導電性高分子の最新応用技術

表7　大学発明の公開特許（4）

戸嶋直樹（山口東京理科大）（その2）

5	特開2002-305330 熱起電力増幅用素子		従来の有機材料にはなかった高い無次元熱電性能指数（ZT）を有するポリアニリン類膜状物から形成され，小型化や薄型化が可能で，かつ大きな熱起電力を出す熱起電力増幅用素子に関する。
	出願日	2001. 4. 6	
	公開日	2002. 10. 1	
	出願人	ケミプロ化成	
6	特開2002-100815 ポリアニリン類製膜状物，それを用いた熱電材料およびその製法		発熱するのが避けられないデバイス，たとえばEL素子やLSIなどに本発明の方法で極めて薄いドープしたエメラルジン型導電性ポリアニリン膜を形成し，これに電流を流すことにより，直接冷却することが可能となった。
	出願日	2000. 9. 25	
	公開日	2002. 4. 5	
	出願人	ケミプロ化成	
7	特開2001-326393 ポリアニリン類，それを用いた熱電材料およびその製造方法		導電性ポリアニリン類は，延伸により著しく熱電特性が改善され，$FeSi_2$などの無機半導体の熱電材料に対抗できる新規な熱電材料を提供することができた。
	出願日	2000. 5. 12	
	公開日	2001. 11. 22	
	出願人	ケミプロ化成	
8	特開2001-294662 ポリアニリンの製造方法		アニリン類を触媒の存在下にオゾンにより酸化することを特徴とするポリアニリン類の製造方法に関する。
	出願日	2000. 4. 4	
	公開日	2001. 10. 23	
	出願人	ケミプロ化成	
9	特開2001-054899 電圧印加に応じて湾曲することのできる可撓性積層体		特定の積層構成を採用することおよび特定の固体電解質を使用することにより，液中でなく，空気中において充分満足できる変位速度で可動する積層体を提供することができた。この積層体は人工筋肉やマイクロマシンなど各用途のアクチュエータとして有用である。
	出願日	1999. 8. 11	
	公開日	2001. 2. 27	
	出願人	ケミプロ化成	
10	特開2000-323758 有機熱電材料およびその製造方法		高導電層と低導電層とが交互に積層されることにより，得られる有機熱電材のゼーベック係数および熱電変換効率指数（ZT）を向上できる。
	出願日	1999. 5. 6	
	公開日	2000. 11. 24	
	出願人	東京理科大学	
11	特開2000-306676 有機エレクトロルミネッセンス素子		発光層内にホールを閉じ込め，電子との再結合の効果が向上し，その結果極めて効率のよい発光が得られ，低電圧駆動で高輝度化が実現できた。
	出願日	1999. 4. 21	
	公開日	2000. 11. 2	
	出願人	ケミプロ化成	
12	特開2000-072861 ピロールの酸化重合法		ピロール又はピロール誘導体を第3成分である$Et_2O \cdot BF_3$添加系での少量の触媒と酸素により重合させることにより，重合後の精製を容易にし，不純物の少ないピロール重合体を製造することができる。
	出願日	1998. 8. 28	
	公開日	2000. 3. 7	
	出願人	日本曹達	

柳田祥三（大阪大）

1	特開2003-317814 光起電力セル電池		従来の形成方法に比べてより簡潔な工程で安価にホール集電極を形成でき，光起電力セル電池全体の製造プロセスの簡潔化及び製造コストの低減に寄与する。
	出願日	2002. 4. 24	
	公開日	2003. 11. 7	
	出願人	柳田祥三，三菱化学	
2	特開2003-313317 π共役系高分子自立膜及びその製造方法，並びにπ共役系高分子自立膜を用いた太陽電池及び積層体		表面をオゾンで処理した基板上に原料モノマーを含む溶液を塗布し，これを重合反応させて得られる不溶性のπ共役系高分子膜が，空気中で安定であるとともに，基板と接している側の面を荒らすことなく自立膜として容易に基板から剥離させることができ，且つ，得られた自立膜の表面が平坦性に優れている。
	出願日	2002. 4. 24	
	公開日	2003. 11. 6	
	出願人	柳田祥三，三菱化学	

第Ⅲ章　特許より見た導電性高分子の開発動向

表8　大学発明の公開特許（5）

緒方直哉（千歳科学技術大学）
　特開2003-213098 新規な導電性高分子膜及びその製造法
星野勝義（千葉大）
　特開2003-20057 可視光応答性を持つ酸化チタン／導電性ポリマー複合材料からなる高効率な空中窒素固体複合化光触媒
伊藤耕三（東大）
　特開2003-089724 導電性高分子包接構造体および導電性高分子包接構造体の製造方法
中西八郎（東北大）
　特開2003-084322 有機・無機複合微結晶の製造方法
青木百合子（広島大）
　特開2003-040982 ポリエン鎖を基本とした導電性高分子の設計方法
金藤敬一（九工大）
　特開2002-289877 pn接合型有機ダイオードとその製造方法
長尾忠昭（東大）
　特開2002-270891 低次元プラズモン発光装置
川合知二（大阪大）
　特開2002-264098 不溶性巨大分子の基板への固定方法
横山正明（大阪大）
　特開2002-123059 光電流増倍型感光体装置
　特開2002-076430 樹脂分散有機半導体膜を用いた増倍素子とその製造方法
小倉興太郎（山口大）
　特開2000-321232 ガスセンサ用複合膜，ガスセンサ及びガスセンサ用複合膜の製造方法
後藤博正（筑波大）
　特開2000-160500 導電性高分子複合紙とその製造方法
八島栄次，岡本佳男（名古屋大）
　特開2000-143780 光学活性ポリチオフェン誘導体
　特開2000-143779 光学活性ポリチオフェン誘導体とその製造方法

6.7　その他の大学発明の公開特許

　大学教官が発明者に含まれ，日本科学振興事業団（現在は日本科学振興機構と名称が変更になっている）が出願人となっているもので，前項で取り上げなかった公開特許の一覧を表8に示した。

　いずれの特許も大学の研究をベースにした基礎的な内容のものであるが，出願人が日本科学振興事業団であるので，興味がある企業にはライセンスの可能性があると思われる。なお，日本科学振興事業団は[6]，国立大学等の長の依頼を受けて，国有特許の国内出願および外国出願の業務を行っており，平成14年までに国内1,845件，外国1,063件の出願を行っている。

7 用途別にみた導電性高分子の開発動向

7.1 高分子コンデンサ

　導電性高分子を用いた固体電解コンデンサの開発は，既にピークを越えたと思われるが，ポリ（3,4-エチレンジオキシチオフェン）（PEDOT）をメインに依然として多くの特許が出願され，2003年には119件と過去最高の件数になっている（図3）。電解コンデンサにはアルミ，タンタルおよびニオブの3種類があるが，公開特許件数の約60%はアルミ電解コンデンサに関連したものである。次世代のコンデンサとも言われるニオブコンデンサに限定した公開特許件数は，まだ少ないが増加傾向にあり，昭和電工の出願が多い（図4）。

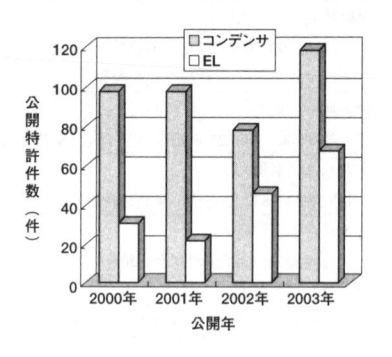

図3　コンデンサおよびELの公開特許件数の推移

7.2 EL（図3）

　導電性高分子はELの発光，キャリア輸送または電極への用途が考えられている。2003年のEL関連の公開特許件数は68件で，前年に比較して50%も伸びており，導電性高分子を用いたELの開発が本格化してきたことが伺える。68件の公開特許のうち，住友化学が最も多い11件の出願を行っている。
　有機ELの実用化では，低分子有機化合物を用いたELが一歩リードしているが，導電性高分子の場合には，印刷法やインクジェット法により安価に大面積化が可能であるという長所を持っており，今後は関連特許の出願も増加するものと考えられる。

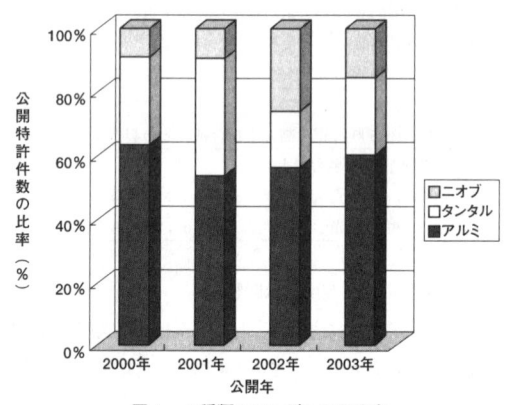

図4　3種類のコンデンサの比率

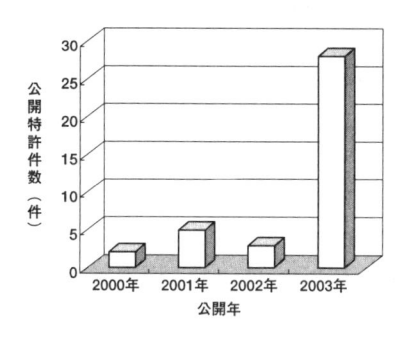

第Ⅲ章　特許より見た導電性高分子の開発動向

図5　トランジスタの公開特許件数の推移 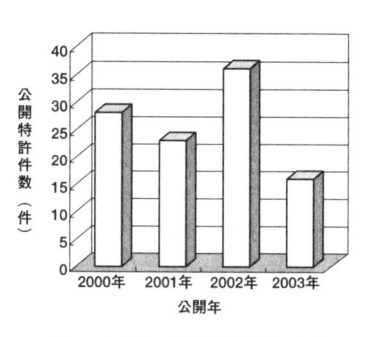　　　図6　二次電池の公開特許件数の推移

7.3　トランジスタ（図5）

　有機トランジスタの上市はまだまだ先の話かと思っていたが，開発の本格化に伴い今後10年以内に実用化される可能性が高くなってきた。π共役有機化合物であるペンタセンを用いた有機トランジスタはa-Siと同等な移動度を持つことが確認され，既に東大のグループ[8]は，ペンタセンを用いたトランジスタで，ロボット用の折り曲げ可能な人工皮膚の開発に成功している。

　導電性高分子の移動度はまだa-Siを若干下回っているものの，位置規則性の向上などにより年々その移動度は向上してきている。このような基礎研究の成果を踏まえ，導電性高分子を用いたトランジスタの実用化を目指した開発が活発化し，関連特許の出願が急激に増加しているものと考えられる。因みに，2003年の公開特許件数は28件で，前年の3件から大幅に増えている。

7.4　二次電池（図6）

　二次電池は導電性高分子の発見当初から開発ターゲットのトップにあり，大学および多くの企業で精力的に研究・開発が行われ，特許も多数出願されたが，現在ではだいぶ下火になってきた。この間，ポリアニリン電池（ブリヂストン）およびポリアセン電池（カネボウ）が実用化されたが，ポリアニリン電池は現在では生産中止となっている。有機硫黄化合物を活物質に用いた二次電池の関連特許については小山教授（東京農工大）の項を参照のこと。

7.5　キャパシタ（図6）

　キャパシタというキーワードで検索した結果を図6に示したが，これにはコンデンサ特許も含まれるため，正確な傾向を示しているとは言えない。キャパシタでヒットした2003年の公開特許件数は14件であるが，デンソーの公開特許（特開2003-168437，特開2003-168436など）はリチウ

279

導電性高分子の最新応用技術

ム電池で,富士通メディアデバイス(特開2003-173939,特開2003-173931など)の出願は電解コンデンサで,いずれもキャパシタではなかった。

韓国企業からは金属酸化物電気化学擬似キャパシタ(特開2003-045750)の出願がある。金属酸化物電気化学擬似キャパシタは,電気化学的特性上,多くの電気エネルギーを速い時間内に充電し速い時間の間に放電することができるなどキャパシタの特性を示すと言う点で,電気二重層キャパシタ(EDLC)および導電性高分子キャパシタと類似する側面があり,電極の活物質として金属酸化物を使用すると言う点で,リチウム二次電池と類似する側面がある。

なお,両極に導電性高分子を用いた新しい電気化学キャパシタであるプロトン電池がNECトーキン社によって開発され,大電流放電が可能で実質的に交換不要なサイクル寿命などの特性を生かし用途開発が進んでいる。プロトン電池関連の特許については日本電気の項を参照のこと。

7.6 センサ(図7)

公開特許件数は年々増加する傾向にあり,2003年には17件となっている。対象ガスとしてアンモニア(出願人:日本特殊陶業,特開2003-161715など),オゾン(産総研関西センター,特開2003-014723),二酸化炭素(TDK,特開2003-202310)などが出願されている。

7.7 アクチュエータ(図7)

アクチュエータに関する出願は比較的少なく,2000年以降の公開特許は10件にとどまっている。2003年は4件の出願で,内訳はソニー2件(特開2003-253261,特開2003-152834),東北テクノアート(特開2003-224985)および産総研関西センター(特開2003-170400)からそれぞれ1件の出願がある。

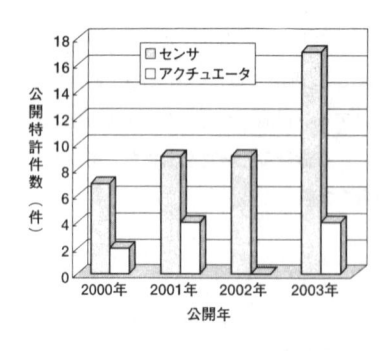

図7 センサとアクチュエータの公開特許件数の推移

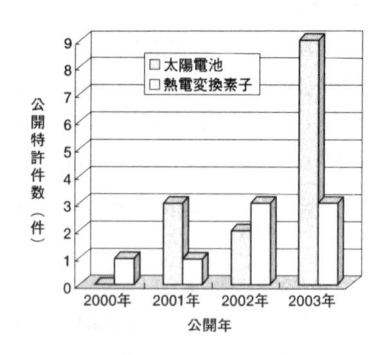

図8 太陽電池と熱電変換素子の公開特許件数の推移

第Ⅲ章　特許より見た導電性高分子の開発動向

7.8　太陽電池（図8）

　導電性高分子を用いた太陽電池に関しては，2001年以降の公開特許に出てくるようになり，2003年度には9件と急増している。しかし，導電性高分子は複数の候補材料の一つとしての位置づけのものが多く，導電性高分子を用いた太陽電池はまだ研究段階にあることが分かる。住友化学（特開2003-317963：発明者に東工大・山本教授が含まれている），三菱化学（特開2003-313317：出願人に阪大・柳田教授が含まれている），セイコーエプソン（特開2003-264304），フジクラ（特開2003-243681）などからの出願がある。

7.9　熱電変換素子（図8）

　導電性高分子は熱伝導率が低く熱電性能指数が高いという特徴を持つことより，熱電変換素子に関する出願が見られるようになった。大日本印刷（特開2003-332639，特開2003-332638など）やケミプロ化成（特開2002-322295，特開2002-305330など）の公開特許が多い。ケミプロ化成の公開特許の発明者には戸嶋直樹教授（山口東京理科大）が含まれている。

8　出願人別に見た導電性高分子の開発動向

8.1　エレクトロニクス3社（Ⅰ）（松下電器，三洋電機，日本電気）の開発動向（図9）

　松下電器，三洋電機および日本電気の3社はいずれもコンデンサ事業を展開している企業で，導電性高分子に関連した公開特許件数は多い。その中でも松下電器の件数は他の2社を大きく引き離し，年間40～50件と高い水準で推移している。日本電気は90年代は平均して15件前後であったが，2000年以降は減少傾向にある。

（1）松下電器

　1994年には出願特許件数が年間9件と低迷したが，90年代後半からは再び増加する傾向にあり，2000年に入っても増加傾向は続いている（表1）。2000年～2003年の4年間の公開特許件数は183件と，他社を大きく引き離し，導電性高分子関連の公開特許の13％強を占めている。そのうち固体電解コンデンサに関連するものが120件以上と件数では圧倒的に多い。2003年の公開特許では，コンデンサ以外に有機EL（特開2003-

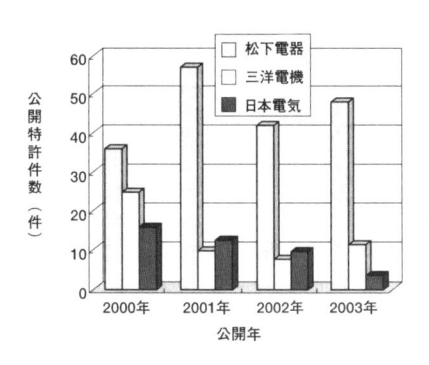

図9　エレクトロニクス3社の公開特許件数推移

229276, 特開2003-217861など), 有機薄膜 (特開2003-231738, 特開2003-231737など), 二次電池 (特開2003-282062など), 燃料電池用セパレーター (特開2003-123780など) などの公開特許も見られる。

(2) 三洋電機

2000年～2003年の期間の公開特許件数は55件で, 内訳は固体電解コンデンサ45件, 二次電池8件 (特開2002-270466など), センサ1件 (特開2001-066288) などである。導電性高分子を用いた固体電解コンデンサの開発に注力していることが伺える。

(3) 日本電気

事業の再構築により電子部品事業をNECトーキンに移したこともあり, 2001年以降の公開特許件数は減少傾向にある。2000年～2003年の4年間の公開特許件数は43件で, そのうちコンデンサ関連の件数は12件と年々減少気味である。むしろ, 電子機器のさらなる高周波化に対応して, シールドストリップ線路型素子 (特開2003-124066, 特開2003-101311) の開発に力点が移る傾向にある。なお, シールドストリップ線路型素子に関しては本書の別の章で取り上げられているので参照されたい。

既に上市の発表をしているプロトン電池に関する公開特許 (特開2002-151141, 特開2002-141105, 特開2002-134162など) は8件程度ある。また, それ以外にも有機EL (特開2002-289359 など), キャパシタ (特開2002-100398など), 電磁遮蔽用筐体 (特開2001-002938など) など幅広く開発が進められている。

8.2 エレクトロニクス3社 (Ⅱ) (ソニー, 富士通, シャープ) の開発動向 (図10)

これらの3社はいずれもコンデンサ事業を持たないエレクトロニクスメーカーで, 開発分野は有機EL, キャパシタ, トランジスタ, 太陽電池, エレクトロクロミック表示素子など非常に幅が広いのが特徴であるが, 富士通グループは電解コンデンサのウェイトが高い。

(1) ソニー

1990年代の出願は少なかったが, 2000年以降, 公開特許件数は増加傾向にある。振動板 (特開2003-319491, 特開2003-319490), 有機EL (特開2003-197371, 特開2003-313567など), 太陽電池 (特開2003-168492

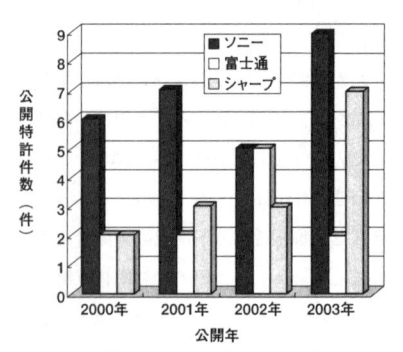

図10 エレクトロニクス3社の公開特許件数の推移

第Ⅲ章 特許より見た導電性高分子の開発動向

など),二次電池(特開2003-036839など),エレクトロクロミック表示素子(特開2002-287173,特開2002-287172など)など幅広く出願しており,開発ターゲットは絞り込まれていない印象を受ける。

(2) 富士通,富士通メディアデバイス

富士通の2000年以降の公開特許件数は11件で,キャパシタ2件(特開2003-173939,特開2003-173931),コンデンサ4件(特開2002-313682,特開2002-313581など)の出願が目立つ。富士通メディアデバイス社の,2000年以降の公開特許は6件で,キャパシタ2件(特開2003-173939,特開2003-173931)およびコンデンサ4件(特開2002-313682,特開2002-313681など)となっている。なお,両社の特許の名でキャパシタとなっているものは,いずれもコンデンサを意味しており,導電性高分子を用いた電解コンデンサに注力していることが伺える。

(3) シャープ

2000年以降の公開特許件数は15件とそれほど多くはないが,2003年は7件と前年の3件に比較し増加し,EL関連(特開2003-077657,特開2003-249353など)が半数を占めている。2003年の公開特許には,超分岐高分子(デンドリマー)を用いた静電誘導型トランジスタ(特開2003-324203),高分子包接錯体を用いたトランジスタ(特開2003-298067)などの出願があり,高分子トランジスタの開発がスタートしていることが読み取れる。

8.3 コンデンサ専業3社(日本ケミコン,ニチコン,マルコン電子)の開発動向(図11)

これらコンデンサ専業メーカーの2000年以降の出願は全て固体電解コンデンサ関連である。2003年の日本ケミコンの公開特許件数は39件と前年の15件を大幅に上回っているが,ニチコンおよびマルコン電子はゼロである。ニチコンおよびマルコン電子で

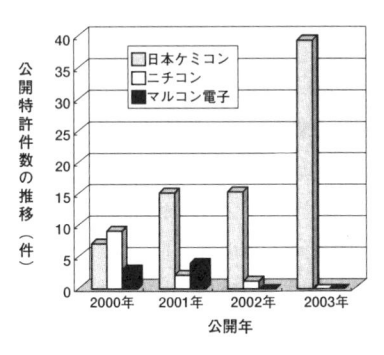

図11 コンデンサ専業3社の公開特許件数の推移

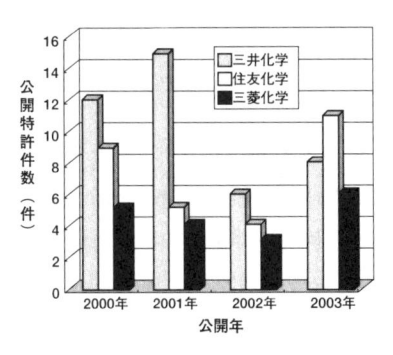

図12 化学会社3社の公開特許件数の推移

は導電性高分子を用いたコンデンサの開発が一段落したのに対し，日本ケミコンは高い水準で開発を継続していることが伺える。

8.4 化学会社3社（三菱化学，住友化学，三井化学）の開発動向（図12）

これらの総合化学メーカーは材料にウェイトを置きつつ，二次電池，コンデンサ，ELなどの最終製品としての出願も多い。また，大学との共同研究で新規な材料を開発し，企業はその材料を用いて高付加価値な最終製品を開発する戦略をとっている例も多く見られる。

（1）三井化学

2000年～2003年の期間の公開特許は，二次電池22件，固体電解コンデンサ12件，新規なドーパント7件の計41件で，開発がこの3分野に限定されていることを示している。

（2）住友化学

共役系高分子を発光材料に用いたELの開発に注力しており，2000年～2003年の期間の公開特許29件は全てELに関連したものである。発光材料に関しては山本教授（東工大）が発明者に含まれる特許（特開2003-317963）が公開されている。

（3）三菱化学

特に力点を置いている分野は見当たらず，幅広く導電性高分子の用途探索を行っている段階のように見受けられる。分野は電池（特開2003-317814など），太陽電池（特開2003-313317など），EL（特開2003-031365），デンドロン側鎖導電性高分子（特開2003-322348など），導電性高分子薄膜の製造法（特開2001-27087など）など幅広い。太陽電池等では阪大・柳田教授との共同出願がある。

8.5 情報関連企業2社（大日本印刷，セイコーエプソン）の開発動向（図13）

これら2社の出願は1990年代には散発的であったが，2000年以降は継続した出願がある。セイコーエプソン社はELに注力していることが伺えるが，大日本印刷はまだ幅広く用途探索を行っている段階と思われる。

（1）大日本印刷

2000年以降の公開特許件数は22件であるが，熱電変換（特開2003-332639，特開2003-332638），電波吸収体（特開2002-158481），熱転写（特開2001-088455，特開2001-001653など），受像シート（特開2000-181116，特開2001-181115など）など印刷会社ならではの出願が目立つ。

（2）セイコーエプソン

2000年以降の公開特許件数は23件で，EL関連（特開2003-331662，特開2003-321770など）が60％を占めている。なかでもインクジェット技術を用いたEL素子の製造方法（特開2001-060493

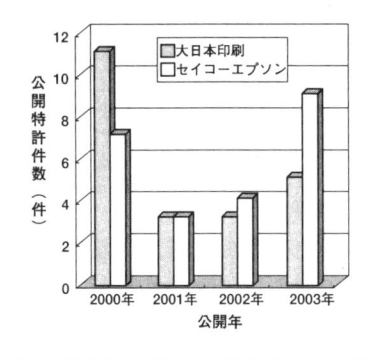

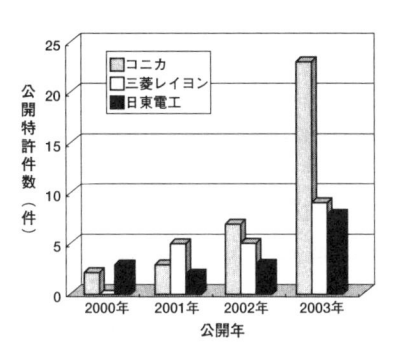

第Ⅲ章　特許より見た導電性高分子の開発動向

図13　情報関連企業2社の公開特許件数の推移

図14　公開特許件数を伸ばしている3社

など)など,自社のコア技術との組み合わせに特徴がある。それ以外にもメモリデバイス(特開2001-273778,特開2000-097894など)などの出願もある。

8.6　公開特許件数を伸ばしている3社(コニカ,三菱レイヨン,日東電工)の開発動向(図14)

これらの3社のいずれも,高分子の加工技術に強みを持ち,有機・高分子材料をベースにした事業を展開して業容を拡大してきた企業である。3社とも2000年以降に導電性高分子関連の公開特許件数を伸ばしているが,そのなかでもコニカの伸びが目立つ。

(1)コニカ(現在はコニカミノルタホールディングス)

2003年の公開特許件数は23件で前年の7件を大幅に上回っている。2003年の公開特許のなかではトランジスタ関連(特開2003-309268,特開2003-301116など)の出願が目立つ。また,写真感光材料(特開2003-241335,特開2003-075963など),放射線画像検出器(特開2003-060181,特開2003-057353など)など写真フィルムメーカーらしい出願が見られる。

(2)三菱レイヨン

2001年から公開特許が出てきており3年間で19件になっている。導電性組成物(特開2003-213148,2002-226721など),ガスセンサー(特開2003-302363,特開2002-039982など),熱転写受像シート(特開2003-063153)など,導電性組成物を中心に幅広く出願している。

(3)日東電工

透明ガスバリヤ性フィルム(特開2003-251733,特開2003-231198など),燃料電池(特開2003-203642,特開2003-203641など),反射板(特開2003-172809),固体電解コンデンサ(特開2003-022937),帯電防止性多孔質体(特開2003-103723)など,幅広い用途の出願がみられる。

285

8.7 バイエル社の開発動向

導電性高分子の中でも導電性，安定性，耐熱性および加工性のバランスが最も優れたポリ（3,4-エチレンジオキシチオフェン）(PEDOT) を開発した企業である。2000年以降のバイエル社の日本公開特許はPEDOT，その誘導体およびその用途に限定されている。公開特許の件数そのものはそう多くはないが，帯電防止，コンデンサ，スルーホール用下地メッキ，透明導電膜など有力な用途に関しては早い時期から出願をし，登録済みのものが多い。

固体電解コンデンサは導電性高分子の用途として最も大きな市場を形成しているが，PEDOTを用いる特許は2000年3月に特許3040113号（優先日：1988年4月30日）として登録になっている。PEDOTまたはその誘導体を用いた電解コンデンサは，誘電体材料の種類によらず，本特許の権利範囲内であると考えられる。

特許3040113号
発明の名称：固体電解質及びそれを含有する電解コンデンサー
優先日：1988. 4. 30　　　　　登録日：2000. 3. 3
【特許請求の範囲】
【請求項1】固体電解質が，式

$$\left[\begin{array}{c} R_1O \quad\quad OR_2 \\ \diagdown\!\!\diagup \\ S \end{array} \right]$$

式中でR$_1$及びR$_2$は，相互に無関係に，水素又は炭素数1〜4のアルキル基を表わし，あるいは共同して，場合によっては置換してある炭素数1〜4のアルキレン基又は1,2-シクロヘキシレン基を表わす，の構造単位から成るポリチオフェンであることを特徴とする，電解コンデンサー中の固体電解質。

【請求項2】固体電解質として，式

$$\left[\begin{array}{c} R_1O \quad\quad OR_2 \\ \diagdown\!\!\diagup \\ S \end{array} \right]$$

式中でR$_1$及びR$_2$は，相互に無関係に，水素又は炭素数1〜4のアルキル基を表わし，あるいは共同して，場合によっては置換してある炭素数1〜4のアルキレン基又は1,2-シクロヘキシレン基を表わす，の構造単位から成るポリチオフェンを含有することを特徴とする電解コンデンサー。

スルーホール用のメッキの下地材料としてPEDOTを用いる特許も既に登録になっている（特許2609501号）。

特許2609501号
発明の名称：二層又は多層回路基板のスルーホールのメッキ方法
優先日：1992. 1. 29　　　　　登録日：1997. 2. 13
特許請求の範囲
【請求項1】
3,4-エチレンジオキシチオフェンの水性エマルションで処理し，且つ同時に又は引続いて水性酸で処理することにより，回路基板に設けられたスルーホールの壁にポリチオフェンの伝導性層を生成せしめ，そしてかくして生成せしめられた伝導性層に電着によって銅を付与することを特徴とするスルーホールがメッキされた二層又は多層回路基板の製造方法。

第Ⅲ章　特許より見た導電性高分子の開発動向

　これらの用途以外では，透明な導電層の製造方法（特開2003-286336），水溶性π共役重合体の製造法（特開2001-261795），EL（特開2002-305086），ニオブ酸リチウム対電極と組み合わせたPEDOT（特開2000-010125）などが出願されている。2000年以前にはソリッドステートのレーザーのためのプラスチック基材（特開平11-289125），引っ掻き抵抗性伝導性コーティング（特開平10-088030），導電性深延伸軟質フィルム（特開平10-087850）などの出願がある。

8.8　その他の企業の開発動向（表3）
（1）TDK
　2000年以降の公開特許件数は24件とかなりの数の出願を行っている。有機EL（特開2003-347061，特開2003-142268など）を主体に，コンデンサ（特開2003-289015，特開2001-135550など），センサ（特開2003-337113，特開2003-202310など），二次電池用保護回路（特開2001-286067，特開2001-286066など）の出願が多い。

（2）デンソー
　2000年以降の公開特許は11件で，リチウム電池用正極（特開2003-168437，特開2003-168436など）を中心に二次電池関連の特許がほとんどである。

（3）東洋紡績
　1992年から出願がみられるが，2000年以降の公開特許件数は減少傾向にある。転写用ポリエステルフィルム（特開2002-046393，特開2001-121893など），熱転写受像シート（特開2000-094842，特開2000-043430など）など，ポリエステルフィルムの高機能化に関連したものが多い。因みに，東洋紡は既にスルフォン化ポリアニリンを塗布したPETフィルムを上市している。それ以外では，電気二重層キャパシタ（特開2002-033248，特開2002-025868など），シームレスベルト（特開2003-261767，特開2003-261766など），防食プライマー（特開2001-064587，特開2000-119599など）などの出願がある。

（4）リコー
　表示素子（特開2003-101031，特開2003-091025など）に関するものが多いが，トランジスタ（特開2003-187983，特開2003-086805など），透明性導電体アンテナ（特開2001-136014）などの出願も見られる。

（5）昭和電工
　材料メーカーではあるが，導電性高分子を用いた固体電解コンデンサそのものの事業をスタートさせていることもあり，2000年～2003年の4年間の公開特許27件のうち，固体電解コンデンサ関連が22件を占めている。これらのコンデンサ関連の特許のなかでも，最も件数の多いのは新タイプのニオブ電解コンデンサである。ELの発光材料に関する特許（特開2003-252965）の発明者

には山本教授（東工大）が含まれている。
（6）ケミプロ化成

2001年以降では12件の公開特許があり，二次電池（特開2003-123842，特開2002-352796）や熱電材料（特開2002-322295，特開2002-395330など）関連の出願がメインであるが，その多くは大学との共同開発の成果と思われる。熱電材料では戸嶋教授（山口東京理科大），二次電池では小山教授（東京農工大）の名前が発明者に見られる。

（7）日本カーリット

固体電解コンデンサを上市していることもあり，公開特許の殆どが固体電解コンデンサ（特開2003-203826，特開2003-17393など）に関連したものである。

（8）アキレス

帯電防止プラスチックとしてポリピロールを用いた加工品を上市しているが，2000年以降には関連特許は見られず，導電性高分子関連の特許の件数そのものも減少している。ただ，2003年には3件のフレキシブルプリント回路基板（特開2003-204130，特開2003-203436，特開2003-124581）に関する出願がある。

（9）宇部興産

公開特許件数は年1〜2件と少なく，PTC素子（特開2003-045704）や導電体フィルム（特開2001-160318）などの出願がある。

（10）島津製作所

1996年まではセンサ関連を中心にかなりの数の特許出願があったが，2002年以降は導電性高分子関連の公開特許は見当たらない。

（11）セントラル硝子

溶媒としてイオン性液体を，電極に導電性高分子を用いた電気化学デバイスの特許（特開

特開2003-243028
発明の名称：電気化学デバイス
出願日：2002.2.14　公開日：2003.8.29
【特許請求の範囲】
【請求項1】少なくとも正極，負極及びその間を満たすイオン伝導体からなり，該正極，負極のいずれか一方もしくは両方に導電性高分子を使用し，イオン伝導体にはイオン性液体を使用することを特徴とする電気化学デバイス。

【請求項2】導電性高分子が，イオン性液体中で重合性化合物を電解重合して合成されたものであることを特徴とする請求項1記載の電気化学デバイス。

【請求項3】デバイスを構成するイオン性液体または，電解重合で導電性高分子を合成する際に使用するイオン液体が，含窒素オニウム塩，含硫黄オニウム塩，または含リンオニウム塩の何れかであることを特徴とする請求項1または請求項2に記載の電気化学デバイス。

2003-243028）があり，出願日は2002年2月14日で，現在審査請求中である。特許の請求範囲はかなり広く，このままの形で特許が登録となると基本的な特許となる可能性がある。なお，この特許の発明者には淵上教授（東工大）が含まれている。

(12) 積水化学

1995年前後にはマイクロ波融着用樹脂組成物や塗料関連を中心に年間10件近い出願があったが，2000年以降の公開特許件数は年間1件程度に減少している。光学材料（特開2002-318373）や帯電防止性プレート（特開2000-143851）などの出願がある。

9　PEDOTの公開特許

PEDOTは導電性，安定性，耐熱性および加工性といった実用物性のバランスが最も優れかつ，モノマーおよびポリマーのいずれも市販されていることから，多くの企業で用途開発が行われている。従って，公開特許件数は年々増加する傾向にあり，2003年には約80件を数えるまでになっている（図15）。2000年以降の公開特許の総数は約230件に達し，そのうちの約7割はコンデンサ関連である（図16）。出願人別では，日本ケミコン（93件），松下電器（46件），昭和電工（17件），日本電気（11件）などとなっているが，いずれの企業の出願もコンデンサ関連がメインである（図17）。

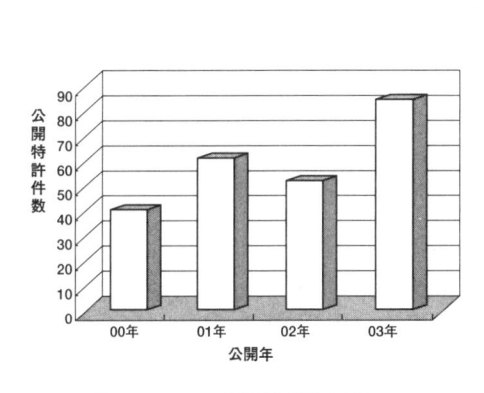

図15　PEDOTの公開特許件数の推移

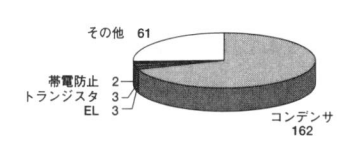

図16　PEDOTの用途分野別の公開特許件数

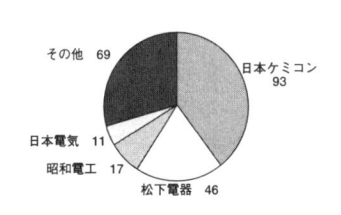

図17　PEDOTの出願人別の公開特許件数

10 おわりに

2000年以降の公開特許をベースに導電性高分子の開発動向をレビューしたが，これらの結果から，民間企業における導電性高分子の開発の進め方は次のようにまとめられる。

(1) 昭和電工や日本カーリットが，導電性高分子の開発で培った技術を武器に，最終製品である固体電解コンデンサ事業に参入した例にみられるように，素材・材料メーカーが自社の得意とする化学技術を武器に，高付加価値な最終製品の開発に乗り出す傾向が加速されている。固体電解コンデンサ以外にも，二次電池や色素増感太陽電池など化学技術の要素が多い最終製品の開発への参入もその例として挙げられる。

(2) エレクトロニクス関連企業は，有機ELや有機トランジスタの開発にみられるように，導電性高分子はあくまでも既存製品の技術革新を支える材料候補の一つであり，材料開発およびその供給は大学を含めた外部に依存する傾向が強い。

(3) 現在，有機ELや有機トランジスタの開発の中心は，低分子量の有機化合物であるが，製造に真空プロセスを用いるなどコストアップ要因が多い。導電性高分子は印刷法などの安価でかつ低い温度での製造プロセスが採用できるという長所を持っており，柔軟性が要求される用途を中心に，今後の開発の主流になる可能性が大きい。

(4) 導電性高分子の開発における産学連携は益々活発化する傾向にある。用途開発がさらに進んだとしても，導電性高分子そのものの消費量は高々数トン程度と考えられるので，企業の研究・開発の重点は自ずと機能の活用にならざるを得ない。従って，導電性高分子の新合成法の開発や新機能の探索などは大学が中心となり，企業はその成果を産学連携という形で活用することになろう。

文　　献

1) 特許流通支援チャート(化学6)，有機導電性ポリマー,(社)発明協会 (2002)
2) 独立行政法人・工業所有権総合情報館のHPの下記URLからダウンロード可能
   URL：http://www.ryutu.ncipi.go.jp/chart/KAGAKU6/frame.htm
3) (社)情報科学技術協会 OUG特許分科会 監修，ひとりでできる特許調査，(社)情報科学技術協会 (2002)
4) 山本研究室のHPのURL：http://www.res.titech.ac.jp/~muki/index.html
5) 赤木研究室のHPのURL：http://www.ims.tsukuba.ac.jp/~akagi_lab/index.html
6) 日本科学振興事業団のHP (URL：http://www.jst.go.jp/) より

第Ⅲ章　特許より見た導電性高分子の開発動向

7) 戸嶋研究室のHPのURL：http://www.yama.sut.ac.jp/staff/e2006.htm
8) 大石基之, 日経エレクトロニクス, 2003年12月8日号, p.32

第Ⅳ章　欧米における導電性高分子の開発動向

木下洋一*

1　白川英樹博士と導電性高分子の開発

2000年のノーベル化学賞の白川英樹氏は,受賞記念講演会で研究開発の経緯について語られた[1,2]。
「気体のアセチレンからの重合反応でポリアセチレン($CH \equiv CH$)$_n$の薄膜を作って33年で,1967年から導電性高分子の研究を始め,1971～1974年に,電気伝導度,ドーピングの研究を行い,1978～1979年にアメリカでドーピングを見つけて24年が経つが,きちんとした評価までに時間が掛かる。さらに,1991年のノーベル・シンポジウムで白川,アラン・フィガー(ペンシルバニア大学),アラン・マクダイヤミッドとの共同研究によりフィルムの構造が判明し,ヨウ素を0.05%添加して $4 \times 5\,G/cm$ のフィルムが得られた発表であるが,これは触媒の量を間違えて1,000倍にしてポリアセチレンの小さい粒ができ,その失敗の原因を調べるうちに溶液表面に膜ができており,触媒濃度が濃すぎるので反応が急に起こり,溶液の表面にポリアセチレンの膜ができたことが各種の研究に繋がり,これにヨウ素や臭素を加えると電気が1,000万倍流れ,導電性を持つ面白い結果に繋がった。1991年のノーベルシンポジュウムでの導電性高分子の討論結果が評価された。その際,米国国立標準技術研究所室長のチャワンカン・チャン博士が物理測定で電気伝導度を測定された。ノーベル賞が世界的に権威ある賞となったのは,選考の厳密さ,公正さ,それに秘密厳守で,スウェーデンの先生方が非常に努力され,きちんとした評価が,百年の積み重ねが今日の権威に繋がったと思う。出会いの重合反応を振り返られた。

プラスチックは通常,電気は通さない。ポリアセチレンはそれ自体が絶縁体で,炭素1個について1個の電子があるが,電圧をかけても動かない。例えば,満員電車のように乗客(電子)が詰まると急停車しても動かない。乗客を半分くらいにするとポリアセチレンに隙間ができて,電子は自由に動ける。ポリアセチレンから電子の一部を奪い隙間を作るのが臭素,ヨウ素で,他の原子,分子から電子を取り,陰イオンになろうとする性質が強い。このような役割の不純物を混ぜることをドーピングと言い,ポリアセチレンに金属並の電気を通すことを発見した。この導電性を示す実験で,ポリアセチレンのフィルムにピロールを付加したものを下層に置き,上層に酸化剤として,三塩化鉄溶液を含むポリビニルアルコールのフィルムを置き,メーターに伝導性が

---

*　Youichi Kinoshita　木下技術士事務所　所長

導電性高分子の最新応用技術

あることを検証した。

　導電性を持つポリアセチレンの用途として考えられるのは，航空機，車両部品，人工心臓，人工肝臓，タイヤ（耐震材料），塗料，バケツ，ペットボトル等である。」さらに，「導電性フィルムの目に見える応用は少ないが，一番多いのが電解コンデンサで，アルミ薄の上に絶縁膜を，その上に導電性高分子の箔膜を巻き，その膜の間に電気を貯めることができる。電気機器としては，電池，ラジオ，テレビ，コンデンサー，携帯電話のコイン型の電池は，電話番号を覚えるメモリのバックアップ電源として使用できる。液晶テレビは家庭用として斜めから見えるものができ，薄いビデオにも応用できよう。コンピュータとしての高分子の1本，1本が電気を通すので，組み合わせて集積回路を作れば分子レベルのコンピュータができ，腕時計くらいで今のスーパーコンピュータくらいの性能を有する。天気予報の超性能コンピュータが可能性がある。生体高分子では，人工神経としてアミノ酸をドーピングとして使用し，神経作用のモデルを作る。DNAの電気を作り分子を作ることを考えたが，詳しくは分からない。」と導電性プラスチックの話題を提供された。

　白川博士の業績はその後，全世界の導電性高分子の応用技術の拡大の基板となったことは言うまでもない。

2　導電性高分子の応用開発のハイライト[3]

　ベル研究所のJ.A.RogersとLucent TechnologyのZ.Baoによると，プラスチック電子材料と高分解能プリント法は軽量，機械的柔軟性と作業性が良い電子素子として主要な技術であり，しかも低価格のために広範囲に使用される。材料とパターンニング技術はペーパーライク・ディスプレイのタイプのプラスチック・アクティブ・マトリックスのバックプレーン回路の製造に使用した。

2.1　有機電子材料

　活性がある有機電子材料には，導電体（電極），半導体から絶縁体まで挙げられる。導電性高分子はその機械的柔軟性と加工性が良いので好ましい材料であるが，導電性高分子の導電性の要求が少ないのは，特に大領域で相互接続の場合である。従って，例えば，酸化インジウム・錫（ITO）または，金属のような無機導電体と導電性高分子との組み合わせは，大領域素子用に初期の低価格溶液となるからである。ペーパーライク・ディスプレイでは，ITOをゲート電極に，金をドレインとソース電極に使用して製造するのは，後で討論するように微量接合で迅速にプリントのパターンニングが行えるからである。

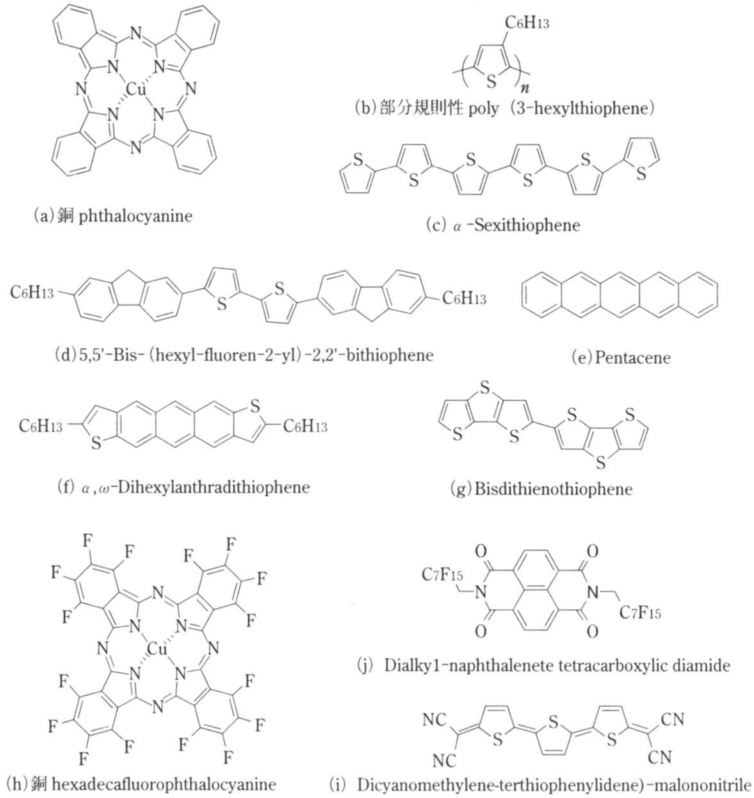

第Ⅳ章　欧米における導電性高分子の開発動向

(a) 銅 phthalocyanine

(b) 部分規則性 poly (3-hexylthiophene)

(c) α-Sexithiophene

(d) 5,5'-Bis-(hexyl-fluoren-2-yl)-2,2'-bithiophene

(e) Pentacene

(f) α,ω-Dihexylanthradithiophene

(g) Bisdithienothiophene

(h) 銅 hexadecafluorophthalocyanine

(j) Dialkyl-naphthalenete tetracarboxylic diamide

(i) Dicyanomethylene-terthiophenylidene)-malononitrile

図1　代表的な有機半導体の化学構造：(a)-(g)pチャンネル材料, (h)-(j)nチャンネル材料[1]

有機半導体の多くは，薄膜フィルム電界効果トランジスタ（FET）の活性材料として開発された。FET有機半導体性能の特性パラメータは，電界効果移動度とon/off比である。これらの有機素子では，荷電担体の輸送は室温でホッピング機構に支配される。従って，多結晶粒子で多くの内部連結した良好な規則性がある薄膜フィルムは，高度の移動度を持つことが必要である。単にいくらかの有機半導体は，α-Siトランジスタに近い移動度に到達でき，大領域の電子素子の可能性がある候補として探索される。大部分のp-チャンネル有機半導体はチオフェン誘導体オリゴマーとポリマーであり，若干の他の系は，metllophthalocyanineのような芳香族多環属に関連する。近年，フルオレンやチオフェンをベースとした新規オリゴマーは，高度な電界効果移動度と有望な環境安定性を示した。

高性能の有機半導体は図1に示した。図1のa～gはホールが主な電荷担体であるp-チャンネル材料を含み，一方，図1のh～jは電子が主な荷電担体であるn-チャンネル材料を含む。アクティブ・マトリックス・ディスプレイとしては，単に半導体の1タイプは，スイッチング・トランジスタを必要とし，p-，n-のチャンネルは補助回路として論理要素として用いられる。

いくらかのポリマーは，有機トランジスタと誘電性材料として用いられた。これらの素子の使用で，organosilsesquioxaneは厳密な要求に合うことが判明した。これらの材料の前駆体で低分子量オリゴマーは，商業的には種々の電極に有効である（図2にいくらかの代表的なガラス樹脂オリゴマーを示す）。実験式は，$RSiO_{1.5}$で，R=hydrogen,alkyl,alkenyl,alkoyl,arylである。ガラス樹脂オリゴマーは要求されるフィルムの厚さにするために，通常の液体コーティング技術を用いて行われる。溶媒を除去し，前駆体は150℃以下で硬化してフィルムとしたが，高度な絶縁耐力，低漏洩電流，良好な加水分解性，熱安定性がある。オリゴマーはシロキサンの骨格上にmethylとmethyl-phenylのペンダント基を持つオリゴマーで，誘電層としてSiO_2を用いて得られるものに似た高度なトランジスタ性能が存在するフィルムを135℃で硬化してできるので良い候補であった。重要なのは，ガラス樹脂は微接合印刷のような非写真平板の低価格印刷技術と互換性があることである。

2.2 トランジスタと製造技術

前に記載したこの材料は，良好な性能のトランジスタと回路を造ることができる。図3に代表的なトランジスタの横断面図を示した。これらの素子の電気的特性は，材料の固有物性ばかりか，サイズや電極サイズと電極空間，誘電層厚さ，他のキイの物理的なディメンションに依存する。

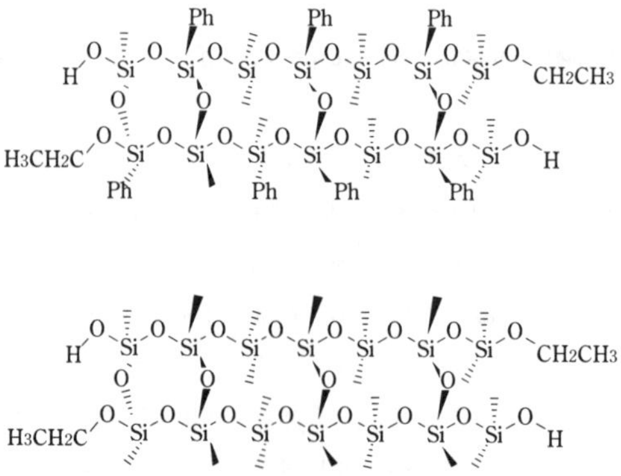

図2　代表的なガラス樹脂オリゴマーの化学的構造[3]

第Ⅳ章 欧米における導電性高分子の開発動向

ソースとドレイン電極間の分離を定義する方法は（例えば，チャンネルの長さL），特に重要なのは，1/Lのように電流の出力が増加するからである。

図4（a）は微接合印刷（マイクロコンタクトプリンティング）により形成される金ソース／ドレイン電極が絡み合った光学的な顕微鏡写真を示した。図4（b）はμcpにより形成されたソース／ドレイン電極，誘電ゲートにスピン-キャスト・ガラス樹脂フィルム，半導体のペンタセンを蒸発し，～0.25mm厚さのポリエチレンテレフタレート（PET）シートを用いたトランジスタの電気的特性を示した。

2.3 ペーパーライク・ディスプレイ・システム

この柔軟なペーパーライク・ディスプレイは，マイクロカプセル化したインキを用いてドライブ回路用のトランジスタ内部接続アレイを使用した。図5は種々のディスプレイ構成物を示す。完全なディスプレイは，PETの上のITOの透明な前面が平板の電極，4角ピクセル電極とパッドで支えるシートに対して柔軟な電子インキで，薄い，パターンニングされない非パターンニング層が構築される。これらのピクセルパッドは，導電性接着剤を経て背面に繋がる。スイッチとしての各トランジスタの機能は，ポリマーのマイクロカプセル層を構成するインキの色で制御され，黒色の液体中に白色粒子を装填した懸濁物を充たす。与えられたカラム中のトランジスタは，ゲートに接続され，与えられた列では，ソース電極に接続される。

図5は，ペーパーライク・ディスプレイの分

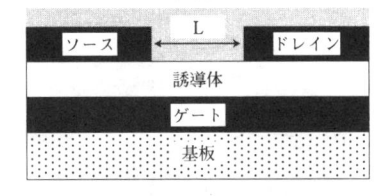

図3 有機トランジスタの横断面図[1]

ソースとドレインは，チャンネルの長さで定義される距離Lで分離される。有機半導体はこれらの電極間のトップに置かれ，スピン形態の誘電体は下層のゲート電極からソースとドレインを絶縁する。デバイスは薄いプラスチック基板で構築される。

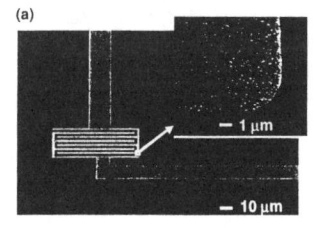

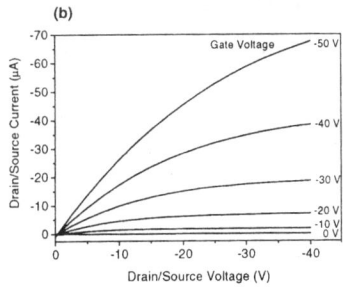

図4（a）：微接触印刷によりパターン化したソース／ドレイン中間層の光学および走査電子顕微鏡写真，(b)：有機半導体にペンタセン，誘電体にガラス樹脂，基板にポリ（エチレンテレフタレート）を用いて類似の印刷電極に用いる有機トランジスタの電流／電圧特性を示す[3]。

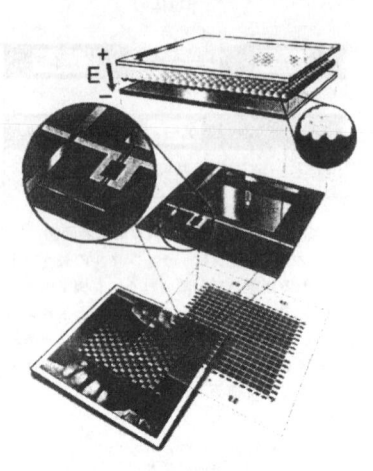

図5 ペーパーライク・ディスプレーの分解図[3]
デバイスは2部の柔軟な活動的マトリックス回路と回路表面上の電子インキ層の積層体から成る。

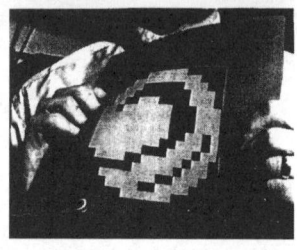

図6 ペーパーライク・ディスプレイの曲げられた図
このデバイスのコントラストは外観角に無関係で,新印刷より優位である[3]。

解図である。この素子は,2パーツから成り,柔軟なアクティブ・マトリックス・ドライブ回路とこの回路のトップ層にラミネートされた電子インキ層である。この図の上半分は,ディスプレイ上の単一画素の構成を示し,スイッチング・トランジスタ(ソース/ドレイン,金,有機半導体,ゲート電極,プラスチック基板)と薄いマイクロカプセル詰め電気泳動インキ層(トップ)である。活性化トランジスタはインキ層を横切る電場を作る。電気泳動は装填した白色の色素粒子がインキ層の前後に動くために起こる。前方にあるときは,ピクセルは白に見え,後方にある時は,黒色になる。

柔軟なドライブ回路のタイプは,非電気泳動インキに互換性がある。これらは,例えば,ポリマー分散液晶(PDLC)薄膜は小型柔軟性ディスプレイに使用し,他のグループはこの組み合わせを開発し,PDLCをベースに小ディスプレイを動かすのに柔軟基板上にフォトリソグラフ的に限定した有機回路を用いた。

多くの開発努力により,ペーパーライク・ディスプレイは技術的に間もなく商品化が期待されており,印刷にフレキシブルな電子システムとしても明るい将来を信じられる理由である。

第Ⅳ章 欧米における導電性高分子の開発動向

3 導電性高分子の開発[4]

　IBM社のM.Angelopoulosによれば，ドープ，非ドープ導電性状態での共役ポリマーは，マイクロエレクトロニクスの分野で将来性がある応用が数多い。導電性ポリマーは，電子ビーム・リソグラフィに使われる導電レジストや効果的な放電層があり，印刷回路基板技術で作版の挿入実装・鍍金での応用があり，金属との優れた腐食保護，電子設備の包装とハウジングに優れた静電気放電を与え，電磁波干渉遮蔽の応用がある。相互連結や電子素子の用途に関して，導電性高分子の将来の可能性も簡単に述べる。

　導電性高分子は，マイクロエレクトロニクスに使用する材料に広範囲の魅力的選択を行う独特な組み合わせがある。これらのポリマーは，酸化剤，還元剤，プロトン酸，極度に非局在化したポリカチオンやポリアニオンと反応させた共役半導体ポリマーにより導電やドープ化が行われる。これらの材料の導電性は，ドーパントの性質，ドーピング度，多くのポリマーブレンドの化学的操作によって変えられる。同時に，ポリマー材料のため，軽量で加工性，柔軟性に優れている。

3.1 リソグラフィ

　リソグラフィ技術はチップ上のシリコンがドープ化された部分，転写，パッケージ転写を形成するのに必要な複雑パターンを描く。リソグラフィは，転移，鎖切断，架橋，脱保護や分子再配列が起こり，パターンを含む石英／クロムのマスクを通して照射がされる時，その際に照射，露光領域間とポリマーの非照射，未照射領域間に溶解度の差ができ，レジストが照射-感光ポリマーの上に起こる。次の段階の現像で，レジストにより溶解する部分は除去され

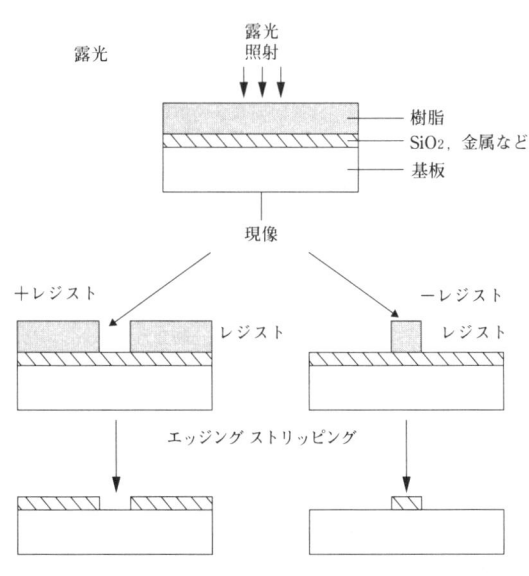

図7 リソグラフィによる脱ラミネーションのパターン構成図[1]

る。このパターンは種々のエッチング工程で下部の基板に転写され、レジストの除去に繋がる（図7）。

レジストは、電子ビーム（e-beam）、X線、イオンビームの異なる波長（365nm, 248nm, 193nm）の光子でパターンニングされる。

3.2 電子ビーム・リソグラフィの荷電拡散

e−ビーム・リソグラフィは、収斂ビームがレジストの上に直接走査される直接転写方式である。マスクを必要としないのは、パターンはコンピュータが描くからである。この技術は極度に解像力があり、電子ビームは10nmまで収斂でき、水準間のパターン・オーバーレイは正確な配列が可能である。最近の電子投射リソグラフィは活気ある次世代リソグラフィ・オプションとしてかなり注目を受けている。

導電性ポリマー、特に水溶性誘導体は、e−ビーム・リソグラフィ用の魅惑的な交換性がある荷電拡散があると言われる。これらの材料は、良好な高電導性と加工が安易な組み合わせである。この応用タイプとして評価された最初の導電性ポリマーはポリアニリンである。ポリアニリンは、式1に示した非電導級のもので、式1の一般組成式を有するポリマーである。

式1 ポリアニリン型ポリマーの基本構造（非電導）[4]
$x \geq 1$, $1 < y < 2$ で例えば、有機基はアルキル基、アリール基、無機基はSi, Geなどである。

これらの材料は、例えば塩酸水溶液のようなプロトン酸にドープされ、$1 S/cm^2$程度の導電性を持つ。

ポリアニリンがe−ビーム放電層として評価され、ポリマーは多層レジストシステムに使われた。この下層はAZ4210レジスト材料とSiO$_2$の500nmのようなハードベークか架橋NOVOLAC樹脂の2.8μmフィルムで構

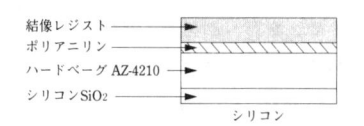

図8 導電性多層が関与する多層レジストシステム[1]

成され、200nmベースのポリアニリンは、レジスト中にスピン利用される。このベースポリマーは希塩酸液に試料を浸してドープされる。特に導電塩は不溶のために、代表的なdiazonaphthnoquinone-novolac方式は、界面の問題なしに、表面に直接コートできる（図8）。

この他、この多層構造は、e−ビーム印刷過程の間にレジスト荷電を表現する電子ビームに継続できる。

さらに、レジストシステムにポリアニリンを用いた一段方式を述べる。この方法は、ポリマー

第Ⅳ章　欧米における導電性高分子の開発動向

を in situ ドーピングに誘導して転写し，その際に必要な外部の酸溶液は除く．これは，活性があるドーパント種，例えば，プロトン酸が発生するので照射か熱処理で分解できるポリマー中で併用した塩により完了する．これらの塩は，オニウムか3フッ素化アミンである．

例えば，triarylsulfonium や diarylionium のようなオニウム塩は，プロトン酸を発生するために紫外線照射や e-ビームで分解する．オニウム塩を含むポリアニリンのベースフィルムは照射される時，導電度は$0.1S/cm^2$に達する．

この研究で，ポリアニリンは画像のレジストに関与する．このシステムで，レジストは一度に露光し，現像し，ポリアニリンは別の領域に残る．下層基板にパターンを転写するために，露光ポリアニリンは，酸素と共に反応性イオンエッチング（RIE）により除かれる（図9(a),(b)）．

レジストの下部にポリアニリンを利用する方法は，レジストが良く作用するが，簡単でまたさらにオプチウムは，レジストの頂部に導電層で用い，導電部はレジストの現像と共に除去しなければならない．この形態は図9(b)に示す．この場合の導電体は，レジストに直接に使われ，溶媒は導電ポリマーの被覆に用い，レジストを溶解せず，干渉の問題も起きない．この極性溶媒は，例えば，N-methyl pyrrolidone（NMP）で，通常ポリアニリン法に使用するが，これらは，普遍的にはレジストで溶解するので受け入れられない．導電性高分子はレジストのリソグラフィの操作で劣化しなければならない．さらに，きれいにレジストの現像の間に除去すべきである．現在，

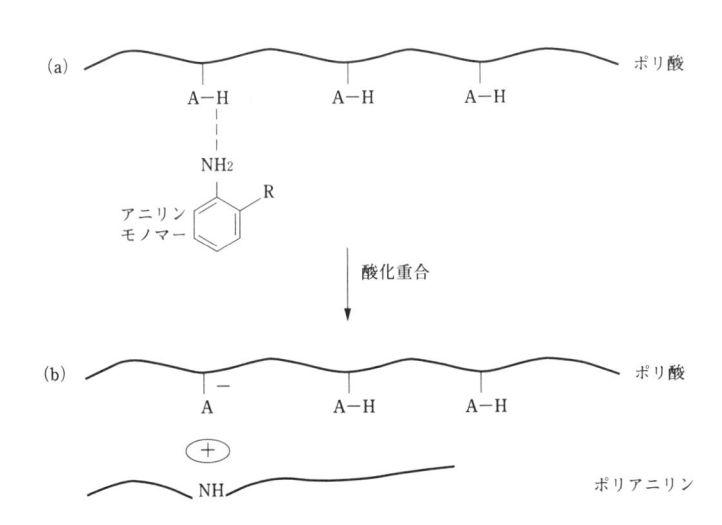

図9　テンプレートでガイドされた水溶性ポリアニリン（PanAquas）の重合
(a) アニリンモノマーは，ポリ酸テンプレートにより錯化される．
(b) 錯体は制御された様式で酸化重合される[1]．

導電性高分子の最新応用技術

　工業的に使用される大部分のレジストは，溶液法で展開され，導電性高分子はこの系では溶解しなければならない。

　多くのポリアニリン誘導体は，導電形態で溶解され現像される。一例では，ポリマー骨格の上に硫酸塩基を関与させて水溶性にする。発煙硫酸でポリマーを処理してポリアニリンのスルホン化を含む工程で，この方法は，アルカリ溶解で，スルホン酸環置換誘導体が得られるが，スルホン塩形態の非電導への転換である。スルホン酸基を導入する第2法は，ポリアニリン塩基をベースに脱プロトンし，サルトン，例えば，1,3-propanesultonと反応させる。この方法で水溶性N-置換ポリアニリンが得られる。IBMでは，水溶性のポリアニリン誘導体がPanAquas^{TM}として提案されたが，中性水中で電導形態が極めて良く溶ける。これらは，一段で製造され，テンプレート導入重合で直接合成する。多くの異なる誘導体はアニリンモノマーの性質（図9のR）やポリ酸の性質で変化する。これらのポリマーの導電度は10^{-2}～10^{-1}S/cm^{2}のオーダーである。

　EtecSystemにより最近公開された研究では，多くの導電体は，位相シフト・マスク（PSM）用のe-ビーム自記書き込みの荷電拡散に評価されている。数個の材料は，平行して研究され，PSM工程の2リソグラフィ水準のオーバーレイ精度を改善能で比較する。第1水準のパターンは，レジスト被覆されたCr/石英板の上に書き込まれた十字を用い，後のパターンはCrの中に反転され，第2水準のものは，NOVOLACレジストとAl，Cr，ITO，PanAquas^{TM}の荷電拡散を用いて書き込まれた。2水準間の上層の精度は0.07μm（±3δ）であった。この結果から，すべての導電体は優れた荷電拡散を備えるテストであった。

　他の導電性高分子でe-ビームリソグラフィの荷電拡散用のものは，式2のような一般式を持つスルホン化誘導体のような水溶性，自己ドープ型ポリチオフェンである。この唯一の欠点は合成法が複雑で，直接スルホン酸置換チオフェンモノマーから直接重合ができない。例えば，poly(3-(ethanesulfonic acid))thiophineの合成では，2-(3-thienyl)-ethanolモノマーを5段でmethyl-2-(3-thienyl)-etanesulfonateに変換し，その後，重合する。polymethylesterはポリナトリウム塩で変換し，自己ドープ型はイオン交換クロマト法で得られる。

$$\underset{x}{\left(\underset{S}{\bigcirc}\right)}\!-\!(CH_2)_nSO_3^-H^+$$

式2　水溶性ポリアニリン誘導体

　最近のチオフェン誘導体は，NOVOLACレジストのようにトップコート放電層として評価される。ポリマーは，レジスト荷電除去に極めて効率が良い。

第Ⅳ章 欧米における導電性高分子の開発動向

3.3 走査型電子顕微鏡の荷電拡散

　走査型電子顕微鏡(SEM)は光学顕微鏡の解像力を増加し，回路の観察や測定を一般的なものとした。測定は，例えば，デバイス・ウェーファーや高解像マスクでなされる。SEM荷電問題で部分的に交換できる方法は，2keV以下で加速電圧での測定がある。しかし，このような電圧での測定の解像は犠牲を伴う。幾何学的装置は収縮に繋がり，低電圧SEMは形態学的には機能しない。
　導電性ポリマーは，サンプル中にスピン応用ができ，続けて高解像SEM法で行う非拡散法を用いてきれいに除去した。最近の報告では，ポリアニリンの150nm厚層は光学的マスク表面にコートされる。コート化マスクと非コート化マスクは，SEMで観察される。際だった荷電は非コートマスク上に5kVに現れ，非荷電はポリアニリン・コートマスクに15kVでも観測された。測定後，ポリアニリンは溶剤で洗浄してマスクの表面から除去した。

3.4 導電レジスト

　多くの活動が導電レジストの開発に直接向けられている。このようなポリマーの最初の報告は，オニウム塩と共に非置換ポリアニリン塩基の照射導入ドーピングである。これらの塩はプロトン酸を発生するので照射で迅速に分解が起きてくる。これらは，既にポリアセチレン，ポリピロールの光化学的ドープに用いられた。この系では，ポリマーが不溶であるために，ポリマーフィルムは塩と共にポリアニリンの場合にはポリマーとオニウム塩はNMPに溶け，フィルム中に加工される。フィルムの露光では，紫外線照射，e-ビームで発生した酸はポリマーにドープする。ポ

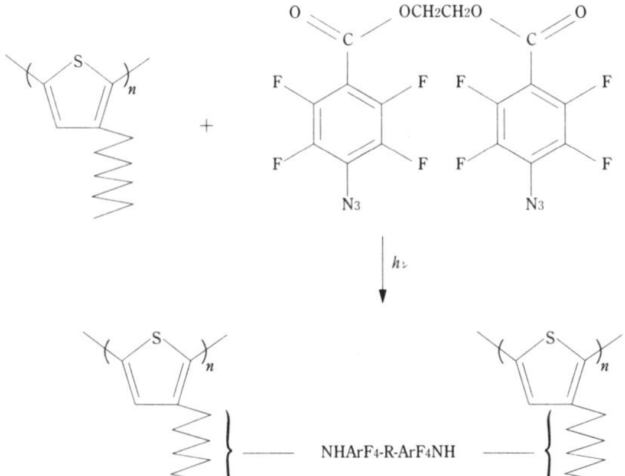

図10　架橋剤に1,2-bis（4-azido-2,3,5,6-tetrafluorobenzoate）を用いてpoly（3-octylthiophene）を照射架橋した概念図[1]

ーラロンの吸収はポリアニリンの出現で導電特性が生じ，導電度は0.1S/cm²程度である。ドープしたポリマーは，最早，溶解はせず，露光と非露光領域の間に差を生ずる。e-ビームを用い，この系で0.25μm厚さのフィルムに同寸法の導電ラインが描かれる。

同様な方法で，メチル置換ポリアニリン，poly-o-touigineのパターンを用いる。この材料は非置換のポリマーよりも誘導体がより溶解するので，広範囲に溶剤が使用できる。非イオン性のnitrobenzyl sulfonate esterは光電子酸発生に用いる。ポリアニリン誘導体は酸発生にMEKと混合し，紫外線照射をする。照射上の導電度は10^{-7}S/cm²になる。HClでサンプルを光ドープすると導電度は10^{-3}S/cm²に増加する。

polythiopheneを用いた導電レジストの報告では，poly（3-octylthiophene）（P3OT）をベースとしたもので，ポリマーと非ドープの架橋剤ethylene 1,2-bis（4-azido-2,3,5,6-tetrafluorobenzoate）との組み合わせである。強いUV照射でoctyl側鎖に架橋が行われる（図10）。他の提案では，オクチル側鎖に間接的なtriplet nitreneのCH挿入をさせる。水素抽出を含む2段法のラジカルの組み合わせに繋がる。このe-ビーム照射上の架橋システムは優れていて，さらに架橋しないポリマーはe-ビーム照射で架橋することに注目する。P3OT非ドープの陰影はキシレンを用いて現像される。このレジストは，比較的高感度である。このレジストは良好なリソグラフィの実施ができ非ドープポリマー上で行われ，導電レジストの形成過程は1段以上が必要である。

同様なシステムでは，poly（3-hexylthiophene）をベースとする報告があり，置換チオフェンの拡張作業で骨格のチオフェン上にメタアクリル酸塩を結合する過程が含まれる。metacrylateはよくラジカル重合をすることが知られる。Poly（3,2-（metacryloxyethyl）thiophene）と置換チオフェン共重合体の基本構造は式3に示す。

式3　polythiophene-metacrylateの構造

ポリマーは，照射により側鎖のmetacrylateに架橋される。陰影は有機溶剤で現像ができ，75nm厚さのフィルムに3μm幅の線が描かれる。このレジストは313nmで高感度（14nJ/cm²）である。

パターンニングされる導電ポリマーでは，光感光性酸化剤を使う完全に異なるアプローチがある。この工程で，光感光性酸化剤はホストポリマーのPVC，PVA，PCと共に混合されコンポジットは基板に用いられる。フィルムの照射で露光領域の酸化剤は非活性になるが，酸化剤の非露光領域は，適切なモノマーを重合に導くことができる。露光後に，顕像は液中が蒸気状態でピロ

第Ⅳ章 欧米における導電性高分子の開発動向

ールのようなモノマーを露光する。重合は酸化剤が未だ活性である非露光領域にのみ生ずる。この方式では，導電材料コンポジットを構成するパターンは描ける。ある光過敏性酸化剤は，trichlorideやferrioxalateのようなFe（Ⅲ）を含み，露光では，酸化重合に誘導しないFe（Ⅲ）はFe（Ⅱ）に転換する。

$$Fe(Ⅲ)(C_2O_4)_3 \longrightarrow Fe(Ⅱ)(C_2O_4)_2 + 2CO_2$$

導電性ポリマーの画像処理は直接に導電形か前駆体で非ドープで現像される。この方法は，導電性ポリマーがある程度，幾何学的にパターンニングされなければ成らない応用に適切である。しかしながら，造影できる導電性ポリマー法はリソグラフィを用い，導電レジストを含むリソグラフィの実施は改善しなければならないが，これは解像，鋭敏度，濃淡技術に従来技術と現在は競合がないからである。この領域の将来の作業では，導電高分子ベースのレジストは，従来のレジストの作業に近づくことが要求される。

3.5 金属被覆

マイクロ・エレクトロニクスの分野で，鍍金は相互連絡や電子構成材の形態で基板に導電材料を金属被覆するパターンニングフィルムが関与する。過去の数年間に導電性ポリマーは新ルートの金属鍍金，特に印刷回路基板（PCB）技術が提案された。一般に導電性高分子は，電解的，非電気鍍金の両者が用いられる。この領域で興味を持たれた導電性高分子は，ポリアニリン，ポリピロールとポリチオフェンである。導電性高分子の回路基板への電解鍍金の応用では，polypyroleやpoly-3,4-ethlenedioxythiopheneの*in situ*重合法による回路基板表面への析出である。導電性高分子は被覆基板は，直接，電気分解的銅板にできる。ポリピロール法は，1990年にBlasberg Oberflachentechnikにより最初にDSM-2^{TM}として商品化し，ポリチオフェンは，DMS-4^{TM}として商品化された。現在では全世界で，40社以上がこれらの方法で多量製造を行っている（図11）。

この10 年間には，ポリアニリンの金属防蝕がステンレス鋼用に研究された。最初は，Berryによるポリアニリンのフェライト・ステンレス鋼の電気化学的析出で，酸性液中で腐蝕度を高度に

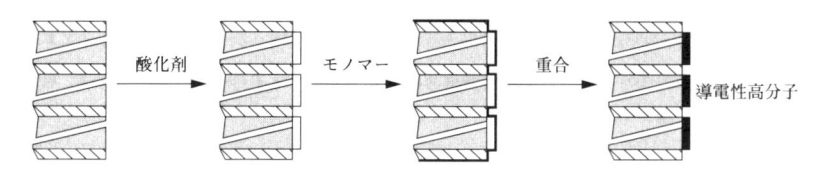

図11　回路盤の中での *in situ* 重合を用いたBlasberg Oberflachentechnik工程[1]

導電性高分子の最新応用技術

減少させた陽極が発見された。その後, 数多くの研究でポリアニリンの防蝕性は確証された。

ドープ化ポリアニリンを用いた非電気化学的方法は, 多くの開発がされ, ステンレス, 銅や不動態化鍛冶鋼に用いられた。

マイクロ・エレクトロニクス工業関連で, 可溶性ポリアニリンは, 高温, 所定電圧下でCu, Ag防蝕用にドープ, 非ドープの形態で用いられ, 電子材料 (例えばPCB) に利用されている。可溶性poly-o-phenetidineは, 多くの有機溶剤に極めて良く溶けるので, 特に非ドープ形態ではCu, Ag防蝕には非置換ポリアニリン塩より優れている。

3.6 電子部品の静電放電保護

静電荷電 (ESC) と静電放電 (ESD) は, 多くの工業, 特にマイクロエレクトロニクスの分野で重大な高価な問題が惹起し, 米国では電子工業単独でも, 15B\$/Yの損失が推定される。

導電性高分子は, 新規なESD防止に現在の流通材料以上の優位性をもつ。ポリアニリン, ポリピロール, さらに最近はポリチオフェンはESD保護に興味ある予選択された導電性ポリマーである。これらのポリマーは, 数多くのホストポリマーの充填剤として使用される。また, コーティング処方では, プラスチック表面上に直接用いられるものが開発された。

ピロールは, 繊維織物の表面に$in\ situ$重合がなされる。Conetex^{TM}のようなピロール被覆織物は, Milliken Research Corporationで製造された。Versicon^{TM}のような分散粉末型のポリアニリンは, 多くの熱可塑性樹脂, 熱硬化性樹脂とブレンドされ, 結果的に優れたESD性を保有する。可溶性ポリアニリンは適切なポリマーとブレンドされて, 僅かな負荷である程度の導電性に到達すると報告された。

特に電子部品包装のESD保護の興味は, コーティング処方である。コーティングは, スプレイーコーティングにより直接包装上に応用ができるが, 包装の中に続けて熱成型できるプラスチックシート上に用いられる。導電性高分子をベースとする多くのコーティングは, 開発され商品化された。Versicon^{TM}の分散をベースにしたコーティングはAmerichemで製造された。poly (3,4-ethlenedioxythiophene) /polystyrenesulfonic acid ブレンドの液ベースのコーティングは最近開発された。この材料は有効な帯電防止性があり, 可溶性導電性ポリマーベースの処方は, 粒子に基づく汚染のない利点を持つ。これは現在の素子は, 導電媒体との接触があるマイクロエレクトロニクスでは特に重要である。上述の導電性高分子コーティングのいくらかの処方は, 現在のESD保護の商品に用いられる。

3.7 導電性高分子の将来

導電性高分子の用途は, 銅のような導電性が必要とされる。しかしながら, ポリアセチレンだ

第Ⅳ章　欧米における導電性高分子の開発動向

けが，現在，この導電度を示すに過ぎず，環境不安定性や用途への加工性不足が見受けられる。より加工性があり，環境安定性重合体の導電性の活性増強は，内部接続技術の観察可能な導電体を現実的に考える前に要求することである。素子の導電性ポリマーの用途は，IC製造の将来やフラットパネル・ディスプレイの新規技術の将来について，別章記載を参照されたい。

3.8　導電性ポリマーを用いたFTE素子の開発[5,6]

ポリチオフェンフィルムの電導性の発見は，エレクトロニクス，オプトエレクトロニクス素子に使用される薄膜の発展に寄与した。Lucent Technologies Bell Laboratories,Murray Hill NJ.のSchöneとその共同研究者は，図12のpoly（3-hexylthiophene）を電界効果型トランジスタ（FET）素子に組み込み，動作の確認や伝導性の測定を行い，光ディバイスとしての応用技術に注目した。超電導体は，転移温度以下で抵抗なしに導電性を示し，この導電性高分子は2.5K以下で超伝導体となることを見出し，規則性が良い結晶性フィルム中で自己集積した共役ポリマー鎖の機能に基づく現象である。

FTE素子は，ガラス基板上にスパッタリングによりMoゲート電極を形成し，その上にAl_2O_3層の析出を続けて製造した。ポリマーフィルムの電気的接着は，金条の熱蒸発とクロロホルム溶液のキャスティングにより，従来困難な技術の薄膜からの製造が高機能化に繋がった（図13）。

共役ポリマーの電気的，光学的性質は，従来は金属や有機半導体の積極的なコスト低減化を背景に検討された。

これらの有機ポリマーの電荷移動は，ドープ金属や半導体の両者によって特徴づけられているが，これまでにこれらの超伝導性は観察されていなかった。彼等は，金属―絶縁体転移と，ポリ

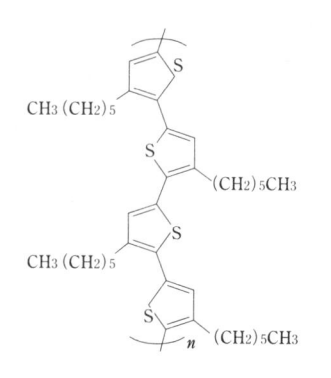

図12　poly（3-hexylthiophene）の構造図

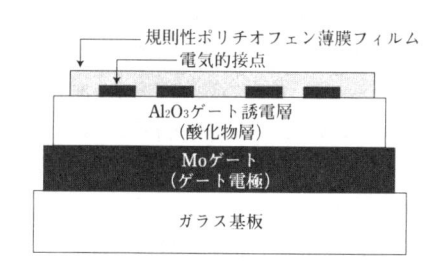

図13　ポリチオフェン電界効果素子の構造[7]
素子はガラス基板上にMoゲート電極（1μm）をスパッタリングし，Al_2O_3のゲート誘電層（ゲートキャパシタンス$C=100\sim200\mathrm{nFcm}^{-2}$）の析出をする。ポリマーフィルムへの電気的接触は金条の熱蒸着を行う。

マーに関する電界効果型トランジスタにおける伝導性が同じレベルだと報告している。この活性金属は，溶液法によりポリ（3-ヘキシルチオフェン）を自己組織化によりその形態を自己組織化することで，室温で高いキャリア移動度が$0.05～0.1 cm^2V^{-1}s^{-1}$を可能にした。シートのキャリア密度は，$2.5×10^{14}cm^{-2}$を超え，温度が2.5K以下ではポリチオフェンフィルムは，超伝導体になる。超伝導の出現は，ポリマーの自己集積に密接に関係して起こるが，一方，付加された無秩序が，超伝導を抑制することが判明した。この発見は，絶縁から超伝導まで，共役ポリマーは同調可能な電気的性質を最大限に持つことを証明するものである。

3.8.1 ポリチオフェンによる電界効果型素子技術の背景

導電性ポリマーの荷電転移の機構は，共役ポリマーの金属的な発見以来，多くの研究が行われたが，このような材料に適当な不純物を添加すれば，銅に近い導電性を付与することができる。

導電性ポリマーの特徴は，例えば，無秩序効果と思われる現象で，全ての温度域で温度が低下しても伝導度は増加しないことである。今回のポリマーフィルムは，2領域で構成され，比較的規則的な部分とアモルファスな部分に分けられる。アモルファス部分は，電気輸送の電気障壁を生ずる。

ポリマーフィルムの伝導機構には，多くの異なる輸送過程がある。例えば，内部，中間鎖の移送のような規則性領域内とホッピングやアモルファス部分を横切るトネリングなどがある。化学的なドーピングは，このような材料の無秩序性を増加させ，FTE構造の電気的な特性を顕著にしたものと考える。

ポリマー鎖の自己組織化は，規則性が良いフィルムでは，顕著である。部分的に規則性があるポリチオフェンは，そのフィルム内で自己集積が起こり，基板に対して好ましい配向をする。伝導体性—規則性poly (3-alkylthiophene) は，室温で比較的高ホール移動度 ($0.05～0.1 cm^2V^{-1}s^{-1}$) を示す。この反対に不規則性poly-thiopheneの電界効果移動度は，$10^{-4}～10^{-5} cm^2V^{-1}s^{-1}$の範囲にある。溶液法によるpoly (3-hexylthiophene) 電界効果型素子の構造は図14の通りである。電界効果移動度は，トランジスタの特性の飽和域から室温まで約$0.02～0.06 cm^2V^{-1}s^{-1}$と推定された。

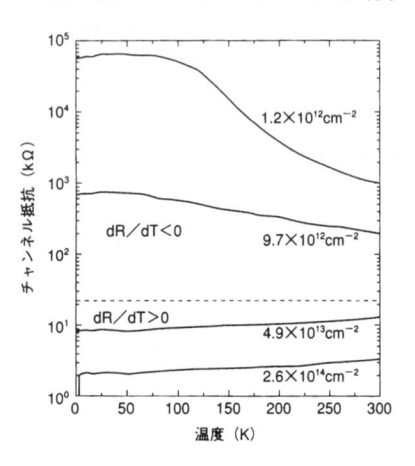

図14 キャリア濃度—温度間のポリチオフェン電界効果素子のチャンネル抵抗[6,7]

温度は$4.9×10^{13}cm^{-2}$を超すと正孔密度としての金属への熱的活性（半導性）に依存して変化する。2.35K以下の超電導状態への転移は最高キャリア密度で観測された。

第Ⅳ章　欧米における導電性高分子の開発動向

また，種々のキャリア濃度での温度とpolythiofene電界効果型素子のチャンネル抵抗を図14に示す[77]。polythiopheneは半導体のように$10^{12}cm^{-2}$オーダーの正孔密度で働く。

3.9　導電性高分子の液晶による規則性フィルム

最近の開発では[8]，米国のNorthwestern 大学のJ.F.HuveltとS.I.Stupp教授は，導電性高分子の規則性フィルムを生成分子配列テンプレートに直接，液晶を用いて，低温の溶液により製造した。

この新規な方法は，表面分子を構成する液晶媒体に3,4-ethyldioxythiopheneによる電気重合法を用いたが，重合品PEDOTは，有機発光ダイオード（LED）のホール注入層で通常＋荷電になった。

この新規なフィルムは，LED中で強い青発光があり，明るい，高効率のLEDとして，バッテリーのドレーンなしに昼間の携帯電話のディスプレイに使われることが考えられる。

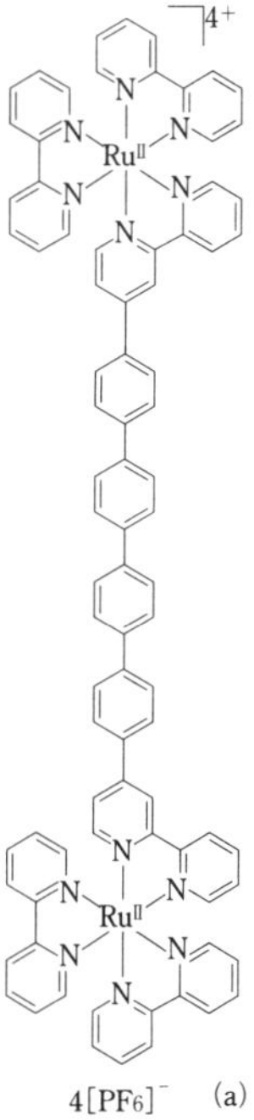

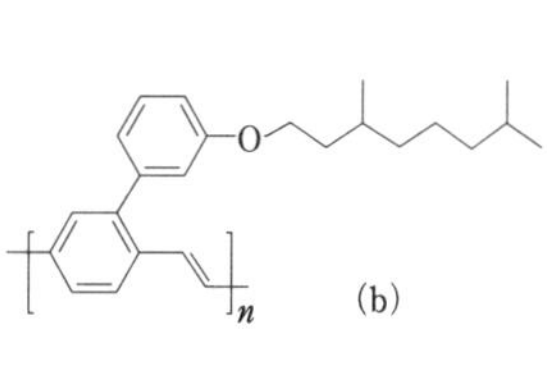

図15　（a）赤色発光錯体[9]；（b）緑色発光ポリマー[9]

4 ELデバイス・スイッチ[9]

高分子ベース試料のEL素子（electroluminescent）は，ドープされたポリマーのグローが赤か青の間で電流方向が逆にスイッチできるものがオランダの科学者によって発見された。

代表的にEL材料は，材料の励起状態のエネルギー（バンドギャップ）により測定できる固定された色彩を発する。このことはフルカラー・ディスプレイは，通常，赤，緑か薄青を発する3種の異なる材料を作るピクセルが必要である。なぜならば，この新規なデバイスは，同じ材料が赤と緑の両者の発光を行い，EL・ディスプレイ，固体光源，カラースイッチの製造が潜在的に簡単にできるからである。また，赤か緑のどちらかの明るさは増大できるのは，画素の多くが照明できるからである。

赤／緑デバイスは，アムステルダム大学のLuisa De ColaとSterve WelterとPhilips Research Laboratories のJ.W.Hofstraatにより開発された。poly（phenylenevinylene）の半導体誘導体のtetraphenylene 架橋によりリンクされた2個のRuセンターで構成される燐光錯体とブレンドされる。ドープ化材料は2個の電極間にサンドイッチされ，1個は金，1個はインジウム・錫酸化物（ITO）である。＋電圧（4V）の時は，ITO電極に使われ，Ru錯体の発光過程はトリガーされ，錯体特有の赤グローを作る。バイアス電圧が－4Vの時に電流方向は逆になる[10]。金属錯体からの発光が絶え，励起状態でポリマーのバンドギャップが決められると緑色光を発光する。彼らは，さらにハイブリッド無機有機コンポジットをベースにした新規材料のデザインを開発することを約束している（図15）。

5 ポリフルオレン誘導体を基板としたポリマー薄膜フィルムトランジスタ[11]

5.1 概　要

ダウ・ケミカル社のMitchell Dibbsおよび共同研究者によると，有機や高分子材料は普通，非電導材料と見なされて電気絶縁体や誘電体として使われてきた。しかしながら，有機材料の導電体や半導体は良く知られ，過去30年間，研究が続けられてきた。光荷電世代には，これらの分子材料が研究され，キセノグラフィのコピーやレーザープリンターに用いる光導電体が良く研究された。この領域では，1977年の白川らによりポリアセチレンにヨウ素でドーピングして到達した銅に近づく高電導性の発見がポリマーへの意義ある幕開けである[11]。これが最初の本質的な導電性高分子である。この業績は2000年のノーベル化学賞として認められた。初期の共役高分子の多くは，空気中で不安定で工程も難しく，商品化に限界があった。過去20年以上，導電性高分子はかなりの研究がなされてきた[12]。これらの材料の新世代は，初めて加工性が良く，空気安定性が

第Ⅳ章 欧米における導電性高分子の開発動向

表1 フルオレン－アリレン共重合体[11]

Ar (comonomer)	固有粘度 y(dL/g)	T_g (℃)	T_c (℃)	T_m (℃)
1 - (bi-thiophene)	1.08	—	184	259,277
2 - (N,N'-di (phenyl)-N,N'-di (3-carbo ethoxyphenyl) benzidine)	1.59	146	—	—
3 - (2, 1, 3-benzothiadiazole)	1.82	120	—	—

T_g：DSCの測定によるガラス転移温度
T_c：DSCの冷却測定による結晶化温度
T_m：DSCの加熱測定による融点温度

あり，商品化の可能性を開いた。これらのポリマーの電気的固有抵抗は絶縁体の数値（10^{10}Ωcm），通常の半導体の数値（10^5Ωcm）を越えて金属の（10^{-4}Ωcm）に近づいた。ポリスチレンの固有抵抗は，10^{20}～10^{22}Ωcmで，銅は2×10^{-6}Ωcmである。

ダウ・ケミカル社はフルオレン含有共役ポリマーの新規同族体を探索した[13]。この化学は，電子的な応用に適した高品質の薄膜フィルムを従来方式で加工できる電子活性ポリマーの概要を描いた。

5.2 材　料

フルオレンポリマー（式4）は，C-9のブリッジが2個のフェニレン環を共面相対配置の中に押し込むためにC-9ブリッジ炭素における置換体は，接合程度が立体的に分裂しない付加型の式の置換poly-1,4-phenyleneで表わされる。

式4 フルオレンポリマー[11]

高分子量，高純度材料は改良型鈴木カップリング法を用いて得られた[14]。この化学の開発は，

交互共重合体（式5）として得られ，置換体，Rは共重合体,共モノマーの物性，加工性，結晶性等の改良に用い，Arはバンドギャップ，酸化ポテンシャルなどの電子的性質を改良する。

式5　フルオレン系交互共重合体[11]

ここで，異なるフルオレンポリマー共重合体の特性をまとめる。フルオレンモノマーの9,9-dioctylfluorene は，この研究で使用した。共モノマーと得られた共重合体の物性を表1に示した。

5.3　トランジスタ特性

素子はポリマー溶液（キシレン1wt%）のスピン・コーティングにより作った。ボトム・ゲート，共平面トランジスタ配置を用いた（図16）。ソースとドレインの接合部は金で誘電部は窒化珪素を用いた（$c=22nF/cm^2$）。基板は酸素残滓の痕跡を除くためにO_2プラズマ・アッシャーを用いて清浄にした。基板はDI水で洗浄，乾燥し，ポリマーに用いた。素子は溶媒を除くために90℃で乾燥した。得られたポリマーフィルムの厚さは50〜100nmであった（図17）。

薄膜フィルム・トランジスタと有機半導体材料の特性のキイ・パラメータは，電界効果移動度（μfc）とon/off（on状態に対しoff状態におけるドレーン-ソース電流の比）である。有効移動度は等式1を用いて測定する。ここで，ドレーン-ソース電流（I_{ds}）と飽和過程における素子特性の比を描く。

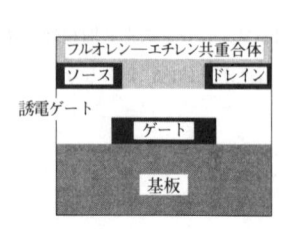

図16　本研究に用いたトランジスタの形態図[11]

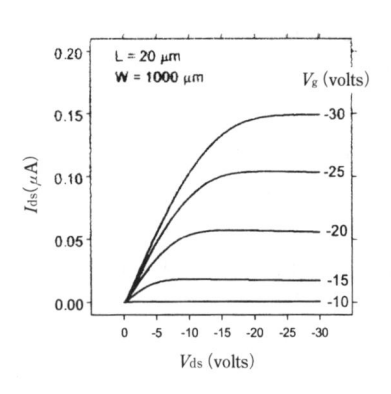

図17　ポリマー1をベースとしたトランジスタデバイスの出力特性[11]

第Ⅳ章 欧米における導電性高分子の開発動向

$$(V_{ds} > V_g - V_t)$$
$$I_{ds} = \mu_{fe} \cdot C_0 \cdot \frac{W}{2 \cdot L} \cdot (V_g - V_t)^2$$

等式1

ここで,C_0:単位面積当りのゲートキャパシタンス,L:ゲートの長さ,V_g:ゲート電圧,V_t:限界電圧である。

測定はKeithley 4200半導体特性システムを用いて行った。乾燥窒素を排気したダークボックス・プローブ・ステーションを用いた。すべてのポリマー・デバイスはモード・トランジスタを強めてp-タイプで操作した。図18にポリマー(1)を用いて製造したトランジスタの出力特性を示す。素子は良好な電流飽和を示し,無視できる出力電圧は金属(Au)作用機能とポリマーの最高占有分子軌道(HOMO)間に良い整合を示した。すべてのポリマーの輸送特性は図19に示した。これらの3種のポリマーの特性は表2に示した。材料のバンドギャップ(HOMOとLUMO,最低非占有分子軌道レベル間のエネルギー差)は,これらの材料に対してUV-可視スペ

図18 ポリマー1をベースにしたトランジスタデバイスの転移特性[11]

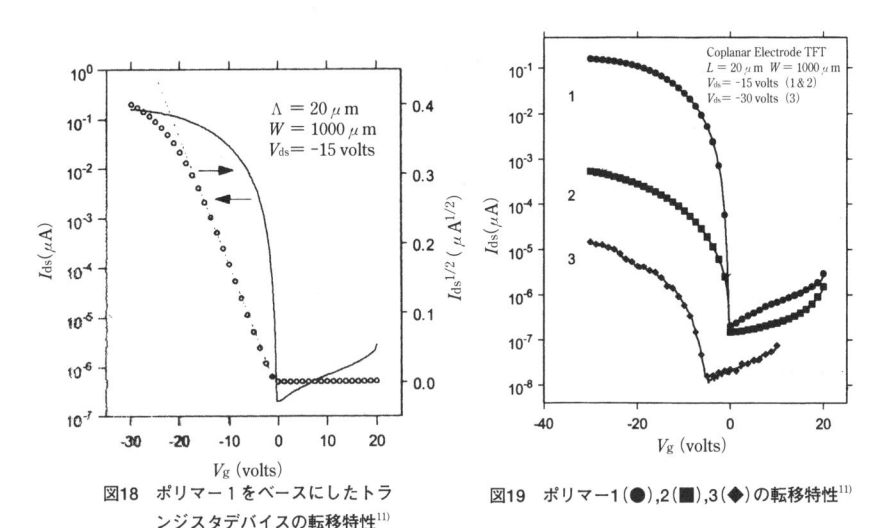

図19 ポリマー1(●),2(■),3(◆)の転移特性[11]

表2 フルオレン-アリレン共重合体の電気的特性[11]

ポリマー	バンドギャップ (eV)	Mobility ($cm^2/V\ sec$)	on/off比
1	2.41	1.3×10^{-3}	$\sim 10^6$
2	3.02	1.1×10^{-6}	$\sim 10^4$
3	2.45	4×10^{-8}	$\sim 10^3$

クトルの吸収エッジから測定した。

fluorene-bithiophene共重合体は$3 \times 10^{-3} cm^3/Vsec$で，高on/off比は$10^6$であった。これは，最低のバンドギャップであるが，これらの材料の有効移動度はバンドギャップ以上に依存する。ポリマー1は半結晶であるが，ポリマー2，3はアモルファスである。結晶化度は鎖間の結合が良くなり，有効移動度が増加する。また，ポリマー3の電圧のシフトの上昇は，HOMO水準と測定した移動度の影響がでる接合金属の作用機能間の出力の表示である。さらに，ポリマーの不純物やトラップのレベルは，接合と絶縁体／ポリマー界面で移動度に影響が生ずる。

有機トランジスタ材料には，小分子（SMOS）とポリマー（POS）がある。20年前にいくらかの有機化合物は，超高真空度で熱蒸着により薄膜フィルムが生成でき，有機発光ダイオードや薄膜フィルム・トランジスタの発展に導く大きな興味に点火した。すべての有機化合物は，この製造技術を受け入れられないが，また得られたフィルムは結晶化を起こす熱の影響に起因する形態学的安定性に限界がある。この領域をリードする候補は，ペンタセンで有効移動度は，アモルファス・シリコン類似の（$\mu_{fc}=1.5 cm^2/Vsec$）でon/off比は10^8まで上がる。

半導体高分子工程は，経済的に魅力がある溶液法により，各種基板に機械的に強いフィルムを，薄膜の中に入れて製造する。代表的なPOS材料は，規則性poly（3-hexylthiophene）である[15]。この材料から製造した薄膜トランジスタは，有効移動度は$0.1 cm^2/Vsec$で，on/off比は10^6である。ポリチオフェン・トランジスタの初期特性は良好であるが，これらの材料は環境露光に敏感である。

fluorene arylene共重合体は，他の半導体ポリマーより空気，光安定性がある。ポリマー1のディスプレイは，移動度とon/off比が良好で，今後の研究で期待を持てる。

5.4 結論

有機半導体は，安価な電子デバイスができる今後の発展をなす移動度とon/off比が実施水準に到達した。この意味で加工性と安定性を良くするような他の要求は重要である。半導体高分子は，独特，安価，他の材料で受け入れられない電子材料などの多くのキイが見られる。これらのデバイスのいくらかは，ポテンシャルがあり，広範囲な経済的インパクトがある。LED，TFT，光起電力，光学的変調器は，電子工業の意義あるシステムのブロックを建てるディバイスの数例である。

見込みがある材料からのキイとなる技術ハードルは，技術目標，十分な応用，移動度，導電性，純度，荷電注入，分子構成，フィルム品質，素子構造，製造要求，収率，再現性を含めて各々の総合である。

第Ⅳ章　欧米における導電性高分子の開発動向

5.5　ポリマー／半導体ライトワンス記録読み取り装置[16)]

　プリンストン大学のS.MöllerとHewllett-Packard 研究所のG.Perlovらによると，有機デバイスは，極端に安価で，軽量で供給するエレクトロニクスの範囲，アクセスを革新し，プラスチックス，ガラスや金属フォイルの中にプリントすることができ，広範囲に使用できる構成部品として約束した。電子回路のキイとなる構成物は，驚くほど注意なしに遠方から受理する有機電子メモリーである。ここでは，柔軟な金属フォイル基板に薄膜シリコンダイオードを析出させた通電変色ポリマーのハイブリッド積算をベースにしたライトワンス記憶読み取り装置（WORM）の構築を報告する。WORMメモリーは，デジタル画面の極端に安価で永久的に保存するのに従来の磁気や光学的なメモリーを用いて遅く，嵩張った，高価な機械的なドライブを除いて行うことが望ましい。我々の結果はハイブリッド有機／無機メモリー素子が構築した速い，大規模の構築データ保存に信頼性が高い方法であることを示す。WORMメモリー・ピクセルは，電流制御され，2構成成分の導電性ポリマーの熱的活性化した1ドーピング機構を探索した。

　超安価メモリーは，例えば，ビデオ画像を迅速に，構築保存する多くの応用に広く使用されたが，それに破損の弱点と比較的に高価で遅く，出力が鈍い磁気や光学的ドライブは受け入れられないことにも集約されている。平面的WORMメモリーアレイは，メモリーの画素（Pixele）は各列＊列で読まれる。この構築は，例えば，各列と欄の電極の内接のp-n交叉ダイオードのような

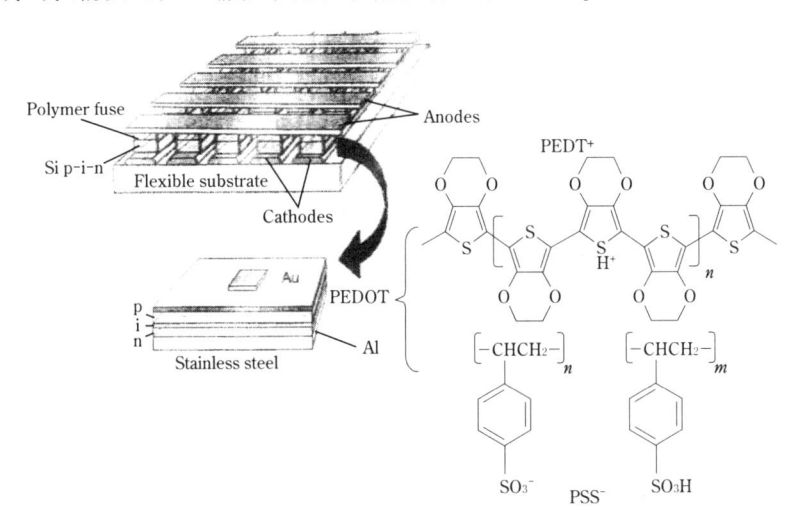

図20　WORMメモリーの一般的な構築，材料はその埋め込みに使用
　上部はハイブリッド有機・無機WORMメモリーの概要図である。下部は，Alを陰極にコートして用いWORMメモリー元素のダイアグラムで柔軟なステンレススチール基板から成る。2構成の導電性ECポリマーの化学式を示し，PEDOTをWORMメモリー元素に溶融材料として使用した[11)]。

非線状電子的な要素を要求する（図20,上）。さらに，書き込まれた画素と書き込みがない画素の間を区別して，ダイオードと直列で書き込みできるフューズを集積する必要がある。フューズは，未書き込みメモリー試験や品質保証により適切な素子を用いて普通はon，offにできる。フューズは信頼性があり，メモリーが読めるよりも十分な大きい電流か電圧の応用で急速に開き，書き込みと非書き込み状態の両者に長期安定性を持つ必要がある。ここでは，導電性通電変色性ポリマーで構成するフューズのメモリー画素，polyethlenedioxythiophene（PEDT），ポリスチレンスルホン酸（PSS）でステンレス鋼基板中に析出した薄膜フィルムのSi p-i-nダイオードの表面上に層を作る（図20,下）。

メモリー要素のフューズ製スィッチは，図21に示す。Siダイオードの前方電流は，1.5Vで100 μAに達するが，逆のバイアスでは，漏洩は〜10^5の整流比で，－1.5Vで僅か2.3μAになる。ポリマーフィルム（厚さ＝40nm）抵抗のために，前方の電流は，ハイブリッド素子で400nAに減少する。更に，逆の漏洩電流は，大面積の全Si 表面を横切る導電性ポリマー層の存在で増加する。＋マトリックス・メモリーでは，列と欄の接合間のSiとポリマー領域は，選択的に除かれて，この除去は分路を作る。実際には，酸素プラズマの露光により，フューズのSi素子中の50nm厚，PEDOT層は除かれて3×10^3以上の因子によりダーク電流は減少した。

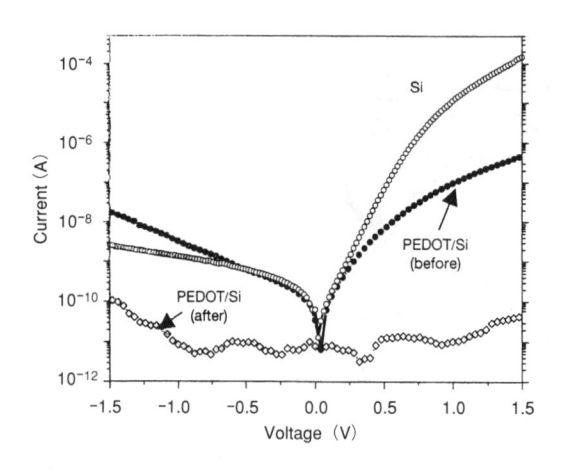

図21 WORMメモリー・ピクセルのスイッチング特性
開放円は，堆積された薄膜フィルムSi p-i-nダイオードの電流／電圧特性；詰円は未記載状態での積算40nm-厚PEDOTフューズ／薄膜フィルムSi p-i-nダイオードWORMメモリーデバイス用データ；ダイアモンドは記載状態でのWORMデバイス用データ[11]。

第Ⅳ章 欧米における導電性高分子の開発動向

6 新世代太陽電池の開発[17]

　安価な導電性プラスチックは，太陽光発電の面でも採用でき，この安さは，太陽光発電工業産業に歓迎された。導電性プラスチックで作られる太陽電池は，広範囲な用途があり，最終的に太陽光発電を産出した。

　従来の太陽電池が高価格であるのは，大部分がマイクロチップを使用したシリコン半導体を使用していることに起因する。最近は，シリコンの極薄膜フィルムを使用して太陽電池を作る方法が発見され，太陽光発電は，安価になり消費も増大した。米国では，20万戸以上が少なくとも太陽電池で稼動し，化石燃料に代替する太陽光発電に助成金も支払われている。しかし，世界的に化石燃料と競合できるほどのコスト削減は難しく，最近5年間に販売量は5倍に伸びたが，全世界での発電量の僅か0.04%に過ぎない。そのために多くの企業は，導電性プラスチックや有機材料への切り替えに移行している。

6.1 薄膜太陽電池

　米国のBS Solar社や他の太陽電池メーカーは，安価なアモルファスシリコンによる太陽電池や化合物半導体に，従来の数百分の1の厚さの薄膜フィルムの開発に取り組んでいる。新規な薄膜フィルムと有機太陽電池開発会社を表3に例示する[18]。

　これらの新規な太陽電池は，今日のものに比較して，用いる薄膜フィルムは1/4～1/5安価に販売され，アモルファスフィルムや化合物半導体の薄膜フィルムよりも太陽エネルギーを29%多く高効率で捕集することが期待されている。さらに多くの材料にコーティングが可能である。US Solar-power industry社は3年ごとに倍の販売量の成長が期待できると言う。

　また，Du Pont社では，ポリマーブレンドを用いた太陽電池を開発し，Uniax社は，スキャナーやデジタルビデオのような画像素子や光検出器の材料に応用し，小さな太陽電池を多数のアレイで構成した。プラスチック太陽電池は，テフロンのようにポリマーをカプセル化して，脆弱な

表3　薄膜フィルムと有機太陽電池開発会社[18]

企業	所在地	技術	材料
BP Solar	Linthicum, MD	薄膜フィルム	Amorphous silicon, cadmium telluride
Energy Photovoltaics	Princeton, NJ	薄膜フィルム	Amorphous silicon, copper indium gallium diseleide
Siemens Solar	Munich, Germany	薄膜フィルム	Copper indium diselenide
Cambridge Display Technologies	Cambridge, England	有機物	Pigments and organic liquid crystals
Du Pont Display's Uniax	Santa Barbara, CA	有機物	Polymers
Global Photonic Energy	Ewing, NJ	有機物	Pigments and fullerenes
Quantum Solar Energy Linz	Linz, Austria	有機物	Polymers and fullerenes

有機物を魔法のシールとして供給できるだろう。カプセル化有機太陽電池は、既に数千時間、太陽電力計算機やデジタルビデオへ電力を供給している。

6.2　ハイブリッド・ナノロッドポリマー太陽電池[19]

最近、Cd-Seコロイド状半導体のナノロッド（アスペクト比20～100nm）を300℃以下の溶液中で合成し、このCd-Seナノロッドを共役ポリマーpoly（3-hexylthiophene）（P3HT）と化合させ、光電効果を持つ化合物が製造された（図22（A））。これは、カリフォルニア大学で基礎研究が行われ、Lawrence Berkeley National Laboratoryが開発研究を行った。ナノロッドの長さを制御し、電子が薄膜フィルムに直接移動する距離を変更できる。エネルギー系統図で、Cd-Seナノ結晶は電子受容を、P3HTはホール受容を行う（図22（B））。この素子はAl電極と透明導電電極（PEDOT：PSS）間に挟んだ厚さ200nmフィルムがITO基板上に析出する（図22（C））。Cd-Seナノロッドと共役ポリマーP3HTで構成した溶液から作られた7×60nmの太陽電池素子は、外部量子効率は54%以上、単色変換効率は515nm、0.1mmW/cm^{2}の光線で6.9%であった。この素子を使って、電力変換効率1.7%の新規なハイブリッドポリマー電池を開発した。

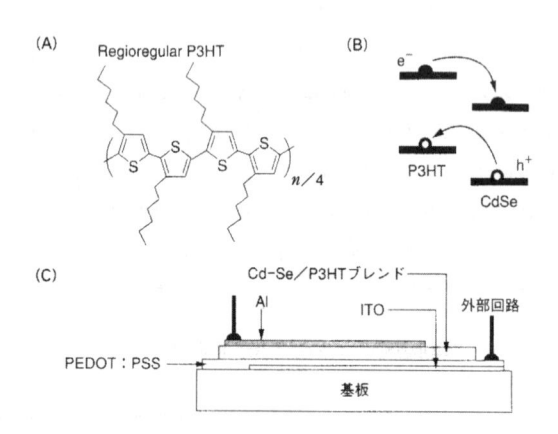

図22　ハイブリッド・ナノロッド・ポリマー[20]
(A) 部分規則性P3HTの構造。(B) Cd-SeナノロッドとP3HTのエネルギーレベルの図。Cd-Seへの電子移動とP3HTのホール移動を示す。(C) 素子はアルミ電極と透明な伝導電極PEDOT:PSS（Bayer AG, Pittsburg.PA）との間に、厚さ200nm以下のフィルムがサンドイッチされ、ITOガラス基板上に析出された構造をとる。素子の活性面積は1.5／2.0nmで、このフィルムはピリジン、クロロホルム混合溶液中でP3HTに90wt%Cd-Seナノロッド溶液からスピンキャストされた。

第IV章　欧米における導電性高分子の開発動向

7　多層高分子電解質のポリマー薄膜フィルムのマイクロパターンニング[20]

7.1　高分子電解質

　電気的に荷電した高分子電解質は，電気，磁気，光学的な広範囲の特性により，塗装薄膜フィルムの多方面の技術に応用されてきた。1990～91年にフランスのLouis Pasteur大学，Insutitut Chales SadoronのDecker教授の発表以来，この分野での研究が爆発的になされている[22]。

7.2　半導体フィルムへの応用[21]

　近年，オクラホマ州立大学のKotovらは，半導体の積層集合体フィルムが組成によっていかに異なる色を出すか，実際に製造して使用できるかを示した。このフィルムは，"ナノレインボー"と呼ばれ，高分子電解質と併用したpoly（diallyl）dimethylammonium chlorideとチオグリコール酸により安定化した高度発光材料CdTeより製造できる。厚さ200～500nm以内の薄膜フィルムで，フィルム中の金属，金属酸化物のナノ粒子は，順次，発光に従って緑，黄色，橙色，赤にと変色して配列される。このことは，半導体材料のバンドギャップに応じて，光学的性質が最小粒径の緑から最大粒径の赤まで順次変化する（図23）。

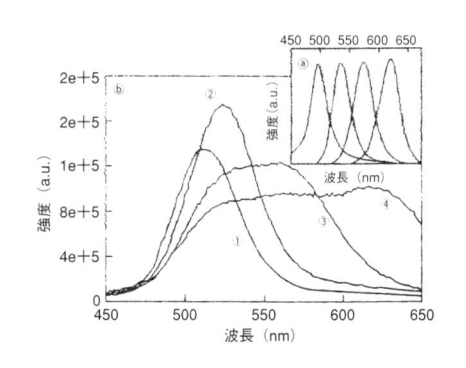

図23　ナノレインボー[20]

7.3　ナノカプセルの製造[22]

　マックスプランク研究所のGreb B. Sukhorukovらは，コア・シェル構造で製造した多層電解質高分子シェルを持つナノカプセルの有用性を調査した。例えば，有機，無機のコロイド粒子，蛋白質凝集体，細胞，薬品結晶のような異なるテンプレートはコアに使用でき，コアの大きさは1～50μmの範囲である。シェルは，荷電または非荷電ポリマー，バイオポリマー，脂質，多価染料，無機ナノ粒子のような多種の化合物から製造できる。シェルの透過度やカプセル化材料の崩壊は，pHやイオン強度，溶剤により管理と修正が可能である。この研究では，反対にコアに荷電した高分子電解質積層組成体，poly（styrene sulfonate）やpoly（allylamine hydrochloride）に蛍光粒子をコートして用いた。pH8の緩衝溶液に蛍光コアから溶出を諫止するために蛍光分析に用いたが，カプセルからの崩壊率は高分子電解質層の関数であった（図24）。

導電性高分子の最新応用技術

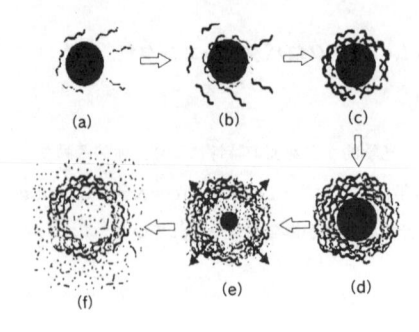

図24 多層高分子電解質の析出過程と付随する
　　　シェルの溶出[20]

(a)〜(b)は，蛍光コアの段階的なシェルの生成を示す。望ましい高分子電解質の析出後にコートされた粒子はpH＝8で曝され(e)，コアの溶解は蛍光の浸透で塊の中に始まり，最後に十分に溶解したコアとシェルのカプセル(f)が得られる。

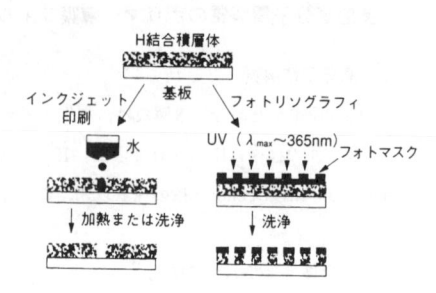

図25 インクジェット印刷およびポートリソグラフィによる水素結合積層パターン化技術[20]

　多層フィルムPAA/PAAm〔poly (acrylic acid) /polyacrylamide〕を架橋できる共重合体(PI-PAA)に簡単に熱処理してパターンニングに成功した。PAAのカルボン酸基のごく一部（約10％）は，この反応の光開始剤で変性される。この共重合体は，PAA/PAAmの表皮層（約80 Å）に析出し，UV光（λ_{max}〜365nm）を20分照射した。光架橋反応でラジカルを発生した α-hydroxy-benzoyl官能基はPI-PAAの表面層で完全に不溶化するが，水素結合は同一のUV処理でも可溶のまま残るので，光写真平板（フォトリソグラフィ）に応用できる。
　熱または光架橋による水素結合の安定化能は，展開剤として水を使用してフィルムのパターンニングが迅速にできる。図25は，最近開発したパターンニング技術であるが，その一つは積層フィルムにインクジェットプリンターでpH＝7.0の水を吹き付け，続いて95℃，8時間熱処理して洗浄後，パターンニングされる。これらの応用事例としては，高分子系エレクトロニクス，ポリマー基板，センサーやガス分離，メンブランなど多機能製品がある。

8　欧米各社の導電性ポリマーの応用開発

8.1　ＩＢＭ社（米国）

　水性塩基可溶性の導電性ポリマーを，電気的に帯電を消失するために利用し，荷電性ビームを含む精度を改善するために，ポリアニリン，ポリパラフェニルビニレン，ポリチオフェン，ポリ-p-フェニレンオキサイド，ポリフラン，ポリフェニレン，ポリアジン，ポリフェニレンサルフ

第Ⅳ章 欧米における導電性高分子の開発動向

ァイド,ポリアセチレンを用いる荷電粒子ビームからの蓄積電荷を消失するための組成物とポリ(ヒドロキシアニリン),ポリチオフェンの合成法,水性塩基可溶性の導電フィルム調整法について検討し,2-(3-thenyl)metanolから合成した。nitromethane中の2,3当量のFeCl$_3$溶液をnitromethane中,1当量のmethyl-2(3-thenyl)sulfonateに0℃で添加,周囲温度で反応し,poly3(2-etanesulfonate)thiophene-Naを収率80%以上で得た[23]。

耐摩耗性,耐スクラッチ性の導電性ポリマー組成物に関して,耐摩耗性/耐スクラッチ材料と導電性重合体を混合して製造した。この複合材料は帯電,静電放電用の導電性コーティングとして有用である[24]。

また,解凝集した導電性ポリマーについて,上記の導電性ポリマー並びにこれらの組み合わせ,共重合したものの製造法について,解凝集したポリマー分子は,その後にドーピングして導電性を高める。Licl,m-cresol,nonylphenolなどがポリマー分子の解凝集に使用する。この方法によるポリアニリンは,トリトン含有皮膜の伝導率は,11S/cm,nonylphenol含有皮膜の場合は40S/cmで,延伸配向すると導電性は増す[27]。導電性ポリマーおよびその前駆体は,溶液状で重合工程中に超音波/剪断混合により解凝集される。この処理は均質なドーピング,溶解度の向上,高導電性を可能にし,構造部品,フィルム,繊維に加工される[25]。

8.2　ダウ・ケミカル社(米国)

静電塗装されたポリマーおよび製造法に関して,ポリウレタン/ポリ尿素は,最初に静電塗装剤の塗布なしに静電塗装ができる。この改良は,不揮発性金属塩の導電性誘電性材料を含む配合物からポリマーを調整する。この改良塗装ポリマーは,優れた物理性と美観特性がある。ポリマーは導電性が増加し,ポリマー表面に効率的に塗料を塗ることにより可能な荷電密度で帯電できる。1層が静電適用塗料の外層用で,1層はPU/ポリ尿素の内層である2層組成物も開示した。表4にポリウレタン/ポリ尿素を調整して配合物を変えた物性結果を示す[26]。

改質された導電性を有する熱可塑性ポリマー組成物に関しての調整法で,(Ⅰ)非晶質か半非晶質の熱可塑性ポリマーまたはポリマーブレンドと電子伝導性炭素を分散するための条件下で組み合わせ,90w%構成の第1相に少なくとも60w%のCが分散され,(Ⅱ)少なくとも1部が第1相の非晶質,半結晶質で熱可塑性ポリマー,ポリマーブレンドから得られた混合物と組み合わせ,それにより2相を形成する。

本方法により起電的に塗装可能な基材を必要とする用途のための構造材料で十分に導電性がある。この実施例は表5に示したが,実施例1〜4は,ローラーブレードを有するRheomix 3000 mixerを使用し,Haake Torque rheometerで調整した。実施例1〜3は,PP(PROFAX^{TM} 6323)(成分A)とエラストマー(ENGAGE^{TM}8130)(成分B)の70/30w%混合物をmixerで混合,

表4 ポリウレタン／ポリ尿素を調製，物性試験結果[25]
但し，配合物は，例3,4は0.200%FURRAD FC-98を含むが，比較例は含まない。

列番号	3	4	比較例5
FC-98濃度（％）	0.761	0.200	0.000
引張強度 (psi)／(mPa)	3,740／ 25,787	4,780／ 32,959	3,970／ 27,373
伸び率（％）	298	338	307
ヤング弾性率 (psi)／(mPa)	8,590／ 59,090	データなし	7,680／ 52,594
曲げ弾性率 (psi)／(mPa)	60,620／ 417,975	55,600／ 383,362	58,400／ 402,668
引裂強度 (pli)／(kg／cm)	688／791	658／760	676／876
熱たるみ6 in (15.2cm)	37.67	44.67	37.67
ノッチ付アイゾット (in－lbs)／g／cm) 　周　囲	99.8／ 114,982	107.1／ 123,393	98.8／ 113,830
－20°F (－29℃)	23.7／ 27,305	95.2／ 4,558	94.8／ 4,539
硬さA ((psi)／mPa)	94.6／ 4,529	95.2／ 4,558	94.8／ 4,539
吸水性 　24時間 　240時間	 2.28 4.17	 データなし データなし	 2.51 3.84

表5 導電性熱可塑性ポリマー組成物の物性値[27]

実施例	炭素の タイプ	装填量 (wt%)	配合方法	コア 導電率値 (S/cm)	低温衝撃 強さ (J) <ft-lb>	(B)／(A)の 重量比
1	Vulcan™ XC・72 ビーズ (Cabot)	11	(A)／(B) 混合物に 直接添加	$1.6×10^{-6}$	61.8 <45.6>	70／30
2	Vulcan™ XC-72R 粉末	10	(A)／(B) 混合物に 直接添加	$5.2×10^{-5}$	63.9 <47.1>	70／30
3	Printex™ XE-2 ビーズ (Degussa)	6	(A)／(B) 混合物に 直接添加	$4.2×10^{-5}$	43.1 <31.8>	70／30
4	Printex™ XE-2 ビーズ (Degussa)	6	Engage™ 中の17.5% 予備ブレンド から希釈	$1.7×10^{-6}$	69.7 <51.4>	70／30

カーボンブラックを添加し，組成物を混合し，5 cmφの試験片とし，実施例4はENGAGE™8130 17.5%Cを溶融ブレンドした混合物を使用し，成分A／成分B中に6 w%Cの最終組成物とした。試

第Ⅳ章　欧米における導電性高分子の開発動向

験結果は表5に示した[27]。

　α-オレフィンモノマーと1種以上のvinyl, vinyliden芳香族モノマーから作られられたinterpolymer類の組成物に関して，ポリマー材料のブレンド物に（A）interpolymerは，（1）vinyl, vinyliden monomerは，芳香族，脂肪族，環状脂肪族の組み合わせから誘導されたポリマー単位を0.5〜66mol%含み，（2）C2〜20 α-オレフィンから誘導されたポリマー単位を35〜99.5mol%含有し，（3）M_n>1.00, （4）M_w/M_n=1.5〜20で，A＋B＋C＝1〜99.9w%，導電性添加剤／高透磁率添加剤=99.9〜0.01w%からなる組成物である。PPに添加剤としてESI，EPSポリマーの組成物の物性値を検討したがESI，EPSの両者を存在させるブレンドサンプルのコア導電率が高くなり，また複合体の表面に導電性がもたらされることを示している。表面が導電性を示す特性は，その部分がアースするのが容易になるから有益である[28]。また，高分子部材を有する電子装置で，導電性基材を共重合体組成物で包囲した導電装置に関する。ビニル，ビニリデン系芳香族，ヒンダード脂肪族，脂環族モノマー単位から誘導されたポリマー単位，$C_{2\sim20}$脂肪族オレフィン系モノマーから誘導されたポリマー単位を含む実質的ランダム共重合体を含み，この装置には，電線，ケーブル集成体が含まれる[29]。

　エチレン／スチレン系共重合体（ESI）の調製：indan（94.00g，0.7954mol）と3-chloropropionylchloride（100.9g，0.954mol）をCH_2Cl_2（300ml）と0℃で攪拌し，$AlCl_3$（130.0g，0.9750mol）を窒素気流中で2hr攪拌し，揮発分を除去し，混合物を冷却し，H_2SO_4を添加した。混合物を室温でN_2下に一晩放置後，90℃に加熱し，水，エチルエーテルで洗浄後，有機相を分離後，揮発分を除去，0℃でヘキサンから再結晶化して所望の生成物を単離した（22.36g，収率16.3%）。

　1,000未満の短鎖ドーパント（PC酸）と2,000以上のM_wを包含する2種の異なるドーパント（DBSA）から成るシーメンス／cm（s/cm）を示すドーパント添加真性導電性ポリマーである。

　導電性ポリマーの調製方法で，重合条件下，反応媒体の存在下での反応で，塩素酸，塩素酸塩，鉄塩を含めば，導電性ポリマーの収率が高くなる。塩化第二鉄のモル分率と収率の関係を図26に示す[30]。

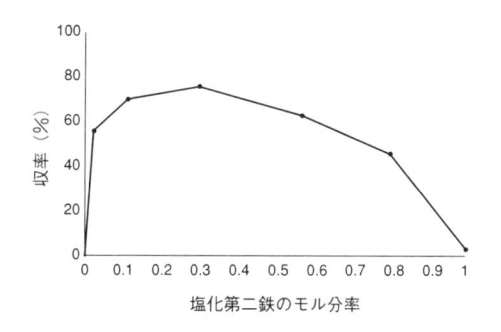

図26　導電性ポリマーの調製における塩化第二鉄のモル分率と収率の関係図[30]

表6 水ベース厚膜導電性組成物の配合例[33]

成分	重量
フェノキシ水性分散体 [1]	28部
プロピレングリコール-n-プロピルエーテル [2]	2.5部
脱イオン水	15.0部
銀フレーク [3]	62.0部

[1] Phenoxy Associates, SCのPhenoxy PKHW-34X
[2] ARCO Chemicals, PAのArcosolve® PNP
[3] DuPont, DEによるK003LなどのD50が3〜5ミクロンの銀フレーク

8.3 デュポン社（米国）

バイア充填用組成物で，乾燥，硬化中に収縮がほとんどなく，導電性が高く，機械的強度が優れており，バイア充填方法が信頼性があり，安価である。スルーホールを充填するための固形物プラグのポリマー厚膜組成物を用いる電解，無電解方法と，その組成物である。組成物はトリモード導電混合物を有機ビヒクル中に分散したものであり，トリモード導電混合物が，球状銀，フレーク銀，銀被覆銅からなる[31]。

エッジ・カールを減少または除去し，微細な線の達成できる高さ12μm以上とすることができる熱補助された感光性組成物およびその使用法を提供し，(a) 微細に分割された電気伝導性粒子と，その粒子が，(b)(1) アクリル系モノマーと (2) 光開始系と，(3) 熱補助触媒と (4) 酸性アクリル系ポリマーとを含み，有機媒体中に分散されている混合物を有する感光性組成物を含み，その使用のための単一印刷プロセスに関する[32]。

溶媒耐性が良く引掻耐性の良い導電性被覆用の水ベースの被覆組成物を提供する。この実施例はD50が4〜5μの微細な銀フレークを使用して銀の導電性インクを調製する。表6の成分を広口ビンに攪拌しながら加え，その混合物を磁性攪拌棒で30分攪拌混合，その混合物は#2ザーンカップ（Zahn cup）で25sec.の粘度を有し，その後，40〜60psiで操作し，5milのpolyetheneterephtalate filmに噴霧した。この被覆を70℃の乾燥炉で5分乾燥し，0.5milに被覆した。乾燥被覆シートの抵抗率は，45mohm/squar/milで，鉛筆硬度は，Hであった[33]。

プラスチックフィルム基体上に導電性ポリマー厚膜材料（PTF）で電極を印刷して，フレキシブル電極を作製して簡便な経皮パッチにすることができ，長時間イオン浸透薬剤送達が可能である。医療電極用の導電性Ag，Ag/AgCl PTF組成物を提供する。固形物基準で，(a) Ag粒子20〜90w%，(b) AgCl粒子0〜75w%，(c) 親水性ポリマー0.25〜10w%，(d) T_g>40℃の疎水性polymerを含む浸透電極用イオン伝導性組成物である[34]。

高い導電性で，高度に加工し得るポリアニリンベースの導電性ポリマーと導電性物品に関し，

第Ⅳ章 欧米における導電性高分子の開発動向

表7 フィルム状導電性ポリマーの物性値[36]

例 (TMS=スルホラン, EG=エチレングリコール)

No.	溶剤	導電性塩	ピロール濃度 [M]	電解質槽電圧 [V]	フィルム厚 [μm]	フィルム導電性 [S/cm]	引張強さ [N/mm²]	破断伸び [%]
1	TMS	HBA	0.5	32→24[+]	35	158	68	6
2	TMS	HNBu₃BS	0.5	13	40	50	42	14
3	TMS/H₂O (99/1)	HBA	0.5	22	35	105	68	14
4	TMS/H₂O (99/1)	HBA	1.0	40→33	56	136	63	23
5	TMS/EG (60/40)	HBA	1.0	4→5	34	162	65	14
6	TMS/EG/H₂O (60/40/1)	HBA	1.0	8→10	60	184	62	19

+) 矢印は，実験進行中の変化を表わす。

　導電性物質は，(1) polyaniline, (2) 有機基材相, (3) proton酸溶質の選択により透明導電性生成物が提供される[35]。

8.4　BASF社（ドイツ）

　ピロール，チオフェン，フランおよびそれらの誘導体の群から選択されるモノマーの芳香族アミンを電解質溶剤中で陽極酸化させることにより，機械的に高品質，高導電性を有するフィルム状導電性ポリマーを製造する方法を提供し，この方法は，sulfonを電解質溶剤として使用する。本方法での実施例を表7に示した[36]。

　導電性ポリマーおよびPUからの組成物に関して，A) 真性導電性か，ドープ化後に導電性化ポリマーおよびA) B) C) D) PUまたはB～D混合物を含有する組成物を用いて十分な導電性粘着性を有する被覆が得られた[37]。

　良好な透明性，導電性，機械特性を有し，EL装置用に簡単な態様で転化される固体電解質を提供する。ポリマー結合剤，充填剤，導電性塩，イオン溶媒可塑剤，および必要に応じて添加剤，助剤を含有する光学的透明ポリマー固体電解質，およびこれらと混練，熱可塑成形することによる製造法，EL装置，ディスプレイの用途がある。例えば，下記の配合を用いる。

結合剤	PMMA	61.0g	30.5w%
可塑剤	Propylenecarbonate	56.5g	28.2w%
導電性塩	LiClO₄	10.6g	5.3w%
充填剤	Aerosil VPR8200	72.0g	36.0w%

疎面化表面，充填密度

150g/l,　　　一次粒径 21nm

導電性塩を可塑剤に溶解させ，この溶液を結合剤と共に実験室混練機中において，130℃，ジャケット温度で1hr,均質な組成物が得られるまで混練りした。次に3分された充填剤を添加し，ジャケット温度130℃，3hr混練し，均質な組成物を得た。この組成物を取り出し，加熱可能の液圧プレスにより，300kNの閉鎖圧力で，それぞれ125μm厚さの2枚ポリマーフィルム間に置き，130℃でプレス，900μm厚さのLiイオン伝導性透明フィルムを形成し，-30℃以下のガラス転移温度，500nm，85%以上の光透過性があった[38]。

8.5 ヘキスト社（ドイツ）

安定剤の添加を必要とせず，ドーピングも必要とせず，導電性／帯電性防止層を達成するための基体の被覆に好適な導電性polyalcooxythiopheneの水性分散液，製法に関して，非プロトン性有機溶媒に可溶なpolyalcooxythiophene含有の水性分散液は，分散液の全重量の25w%以下の残留溶媒を含み，分散液は，まず導電性polyalcooxythiopheneを双極性非プロトン性溶媒に溶解し，次に溶液を水に分散して製造される。ポリエトキシチオフェンとZinpol^{TM}1519混合比＝1：9の分散液をワイヤードクターによりコロナ前処理ポリマーフィルム（Hostaphane^{TM}RN25）を用い，120℃で乾燥，表面抵抗 $3 \times 10^7 \Omega$，透明度81%，接着性，拭取強度は良好で，引掻抵抗は1Hであった[39]。

静電荷誘電性改善のプラスチック包装容器は，外部層に障壁特性のあるポリマーフィルム，導電性材料でできた中間層，包装容器の内部層を形成し，もう一つのポリマーフィルムから成り，ポリマーフィルムは，穿孔パターンを有し，導電中間層は電気接触点より接地システムに接続され，包装容器内装のポリマーフィルムは，ヒートシール性モノフィルム，同時押出フィルムとから成る[40]。

簡便な着色画像の製造法に関して，光導電性物質の静電帯電，像様露光，調光による電子写真経路による着色画像の製造法において，無色ポリマー状電荷制御剤を含んだ無色透明トナーを用いて，トナー画像の溶媒に可溶性で層キャリヤー上にある着色層への転写，定着，除去の方法が記載されている。この方法は，着色トナーによる偽カラーの可能性のない電子写真材料が高感度でできる[41]。

導電性支持体層と有機系電導体,増感剤およびバインダーを含有し，アルカリ水溶液により脱落除去可能な光導電層を有し，バインダーがa）ビニル系芳香族化合物から成る単位とマレイン酸，マレイン酸部分エステルからなる単位とを有する共重合体とb）ビニル系芳香族化合物から成る単位と（メタ）アクリル酸単位を有する共重合体である[42]。

カチオン交換ポリマーの電解質膜（PEM）の製造方法に関し，EP-A-0575801により製造したpolymerⅡスルホン酸ソーダ20gを100mlNMPに溶解，均一な厚さフィルムを形成し，循環オー

第Ⅳ章 欧米における導電性高分子の開発動向

ブンで乾燥する。このフィルムに800mgのN-methylpyrrolidonに溶解した200mg,polymerⅡ，X-72C粉末300mg.を付与し，得られた上層を含むfフィルムを乾燥し，製造した膜を，触媒活性上層を備えたプロトン伝導膜として燃料電池に用いる[43]。

8.6 フィリップ・エレクトロニクス（オランダ）

光応答性装置に関して，第1電極と第2電極（3,4）を，光反応性ゾーン（2）の第1と第2の主要表面のそれぞれの上に設ける。光反応性ゾーン（2）は，第1の半導体ポリマー領域（2a）および第1半導体ポリマー領域から分離された第2ポリマー領域（2b）を含むポリマー混合物の形態である。第2半伝導性ポリマーは，第1伝導性ポリマーよりも高い電気親和力を有し，その結果，装置（1）の使用で，第1電極と第2電極（3,4）との間の光電流は，第2の半伝導性ポリマーを主として通る電子および第1半導体ポリマーを主として通る孔を含む光反応層上に得られる[44]（図27）。

LEDを有するEL装置（1）であって，配向した液晶とEL化合物の活性層（7）および導電性ポ

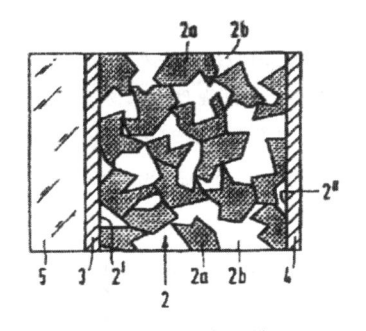

図27　光応答性装置[44]

図28　エレクトロルミネッセンス装置[45]

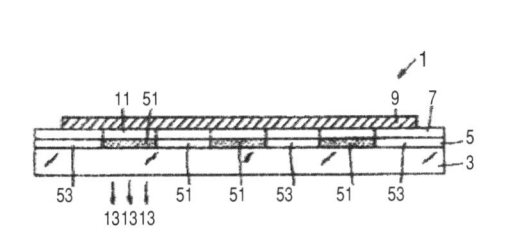

図29　エレクトロルミネッセンス装置[46]

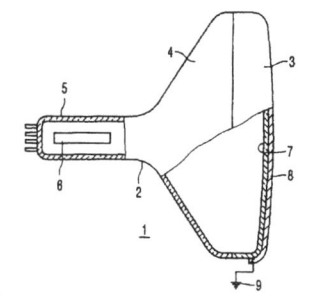

図30　光透過性低抵抗コーティングを具える光透過性基板[47]

リマーから成る透明な陽極層（5）を備える。ベルベット布を用いて、一方向に電極層（5）を予めこすることにより配向が活性層（7）の分子中に誘導される。配向は冷却、重合により固定される。EL装置（1）は偏向した光を発光し、その偏向方向はこすった方向に対して平行である[45]（図28）。

共役ポリマーの活性層（7）および電極として導電性領域（51）を有する透明ポリマー電極層（5）を備えたポリマーLEDから構成されたEL装置（1）を記載する。活性層（7）と同様にして、電極層（5）を簡単な方法で、回転塗布することにより製造できる。電極層（5）に構造を付与して導電性電極（51）にするには、UV光に露光する。電極は（9,51）はディスプレイ用のマトリックスを形成する。可撓性基板（3）を用いる際には、硬度に湾曲可能なEL装置が得られる[46]（図29）。

酸化状態にある共役重合体は0.4それ以上のドーピングレベルで、酸化状態では、重合体は導電性があり、可視光に対して透過があり、好ましくは無色である。かかるポリマーの製造方法は、重合体をチアンスレニウム過塩素酸塩のような強酸化剤と接触する工程を含む。重合体層は、EL装置中の電極層としてのディスプレイ上に透明コーティングを使用できる[47]。

厚さ100～600nmの有機伝導性ポリマー／透明金属酸化物混合物のコーティングを行う光透過性基板である。導電性ポリマーはpolyethylenedioxythiophene（PEDOT）は、カラーモニター管の前面の交流電界（AEF）を減少させる。PEDOTの処理は、管の表面上のethylenedioxythiophene（EDOT）とトルエンスルホン酸Feとの化学重合による。TEOS使用でPEDOT/SiO$_2$ハイブリッド薄膜を形成し、300nmで導電率129S/cm、平均透過率（380～780nm）80％である[48]（図30）。

陰極線管（1）偏向ユニット（5）により生成する交流電場に対しシールドする電気的導電層（10）、導電性ポリマーを含み、陰極線管（1）のファンネル部（6）の一部に設けられる。導電性ポリマーは、poly-3,4-ethylenedioxythiopheneである。この化合物の適用でアーキング現象による陰極線のダメージを防ぐ、陰極管線（1）、偏向ユニット（5）間の絶縁膜の必要性は低減した[49]（図31）。

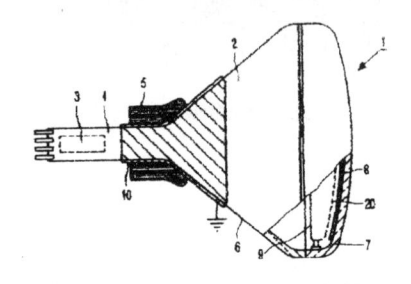

図31 偏向ユニットを備えた陰極線管[48]

8.7 バイエル社（ドイツ）

導電性深延伸軟質フィルムに関し、結合剤と3,4-polyethylenedioxythiopheneの混合物の透明帯電防止被膜を有する成形可能なポリマーフィルムで、電子部品の包装に使用する[50]。

第Ⅳ章　欧米における導電性高分子の開発動向

導電性有機ポリマーと多官能性有機シランの反応生成物からなる混合物, それから作製される導電性有機-無機ハイブリッド材料, その表面被覆のために使用する。(a) 10g, $[(CH_2)_2Si(OH)(CH_3)_2]_4$と25ml, エタノールと20ml, TEOS, 5ml水とギ酸を90min撹拌し, (b) この20ml溶液に40ml ethyleneglycol, 40ml ブタノール, 400ml PEDT/PSS溶液を添加し, (c) 上記 (a) 20ml溶液に60ml ethyleneglycol, 60ml n-ブタノール, 60ml PEDT/PSS溶液を添加した。(b) (c) を17hr冷却後, 160℃15min 乾燥後, 表面抵抗を測定し, 層厚0.4〜0.9μm,1500〜3400Ω/□あった[51]。

透明な導電層に関して, 特に高い導電率と透明性の良い導電性層に酸化剤に脂環式スルホン酸鉄 (Ⅲ) 塩を使用し, チオフェンの化学的酸化されるポリマーを使用して製造した。例えば, 0.25g ethylene-3,4-dioxythiophene (1.76mol) と5.0g (13.3mm-mol) ブタノール, しょうのうスルホン酸鉄 (Ⅲ) 溶液を溶解させ, 室温で乾燥し, 層厚：420,520nm, 回転速度：1500, 2000で比導電率S/cm：1035〜1276を得た[52]。

8.8　タイコ エレクトロニクス社（米国）

過温度, 過電流状態の両方で電池パックを保護する, 向上した回路保護デバイスを提供する。回路保護デバイス (1) をPTC導電性ポリマー組成物 (5) から成る抵抗要素 (3), 2電極 (7,9) から形成し, 導電性ポリマー組成物は, 共重合体に対してVAc.>30wt%である。デバイスは0.023〜0.25nm, 抵抗要素厚み：1〜20メガラドに相当する架橋度, 表面積：>120mm^2, R_{20}>0.050Ωである。デバイスは再充電可能電池に接触するアセンブリの一部として使用できる[53]（図32）。

導電性ポリマー組成物で, M_w>50000第1結晶ポリマー, M_w<10000第2結晶ポリマー, 粒状導電性充填剤を含む導電性ポリマー組成物は20℃で低い抵抗率と良好な温度係数 (RTC) を有す。この実施例では, 体積固有抵抗ρ20=0.15〜0.22である[54]。

デジタル電気通信用の電気デバイス (1) に関して, 2つの金属箔電極 (5,7) を挟んだ導電性ポリマー組成物から成る積層PTC要素 (3) を含む。電気絶縁性の可撓性の第1絶縁層 (9) が

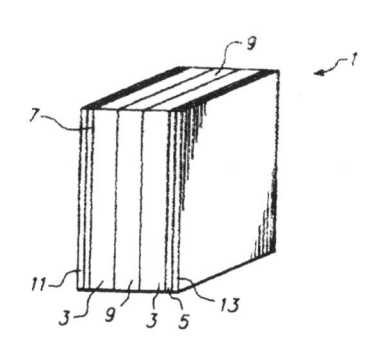

図32　電気デバイス[53]

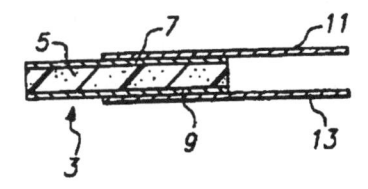

図33　電気デバイス[55]

PTC要素の周囲長さと一致している。デバイスは低抵抗,低キャパシタンス,小寸法,安定抵抗,パワークロス試験要求を満たす[55](図33)。

8.9 3M社（米国）

硬化して帯電防止性耐摩耗性セルラーを形成できるセルラー組成物に関する。3種の相対湿度21%,28%,38%での表面抵抗は,6×10^{12}/sqを超える[56]。ドープ型導電性ポリマー緩衝層を有する大面積有機電子デバイスに関する。tris (8-hydroxyquinolinate) Alは同人化学研究所品を用い,ITOは10～100Ω/sq. 300～1500Å厚さである[57]。

8.10 レイケム社（米国）

10Ω-cm未満の抵抗率を有し,PTC挙動を示す導電性ポリマー組成物が,ポリマー成分と粒状導電性組成物から成る。このポリマー成分は第1融点T1を有する第1結晶性フッ化ポリマーと第2融点（T1+25～T1+100）℃の第2結晶性フッ化ポリマーから成る。この組成物は高いPTC変態を含む特性のうちの1つを示す。高い周囲温度で使用する回路保護デバイスに有用である[58]。

導電性ポリマー組成物を含むラミネートの製造法に関して,（a）ポリマー成分と導電性充填剤を混合装置に充填し,（b）混合装置中で溶融混合物とし,（c）ダイに移し（d）ポリマーシートを形成し（e）シートの1面以上を金属箔でラミネートする。回転保護デバイス,ヒーター用に使用するHenscheT^{TM}mixerで組成物を混合し,粉末PVDF, ETFE/TFE/perfroroethylene terpolymer, CB, TAIC, $CaCO_3$から成る組成物である。混合物を押出成形,圧縮成形し,シートを電着Ni箔を2層環にプレスで積層し,3.0MeV電子線でラミネートした。ρ_{20}=0.58～1.11Ω-cm, logPTC2=3.64～7.47decades, SEC=0.75～3.66MJ/kgであった[59]。

8.11 チバ スペシャリティ ケミカルズ（スイス）

蛋白質を吸着した可形成性導電性ポリマーフィルムに関し,バイオセンサー,免疫センサーの検知電極,バイオリアクターの材料に用いられる。a) 酸化されたポリカチオン形態のポリ複素芳香族化合物,またはアニリンとb) $C_{2\sim5}$のアルキル,アルキレン,アルコキシ含有フィルム形成熱可塑性ポリマーのポリアニオンから成る組成物から製造される[60]。

ワイヤ状導電性材料の導電性材料から成る電気コイルを絶縁するポリマー材料で含浸し,絶縁するエポキシ樹脂組成物で覆う[61]。

8.12 GE社（米国）

連続相ポリマーに分散した分散相ポリマー,導電性付与剤を含有する導電性可塑性組成物で,

第Ⅳ章 欧米における導電性高分子の開発動向

体積固有抵抗率は分散相の粒度により決定される。組成物はポリフェニレンエーテル，ポリアミドと導電性付与剤を含み，耐衝撃改良材，安定剤，酸化防止剤，滑剤，充填剤を1つ以上含む[62]。

導電性polyphenylene-ether-polyamide組成物に関して，耐衝撃改良剤として不飽和ポリマーおよび官能化剤化合物をポリアミドと共にブレンドし，導電性カーボンブラックと溶融ブレンドする。ポリアミド6，66のような混合物が用いられる[63]。

8.13 モンサント社（米国）

EL材料でコートされた材料からなる導電性粒子に関して，導電性粒子は，導電性であるが，実質的にイオン絶縁性の複合材を製造するポリマー分散系中に与え得る。複合材料層は，イオン伝導層がエレクトロクロミックディスプレイ用のラミネート中に使用し得る。イオン伝導層とEL材料の界面に電位を印加することにより，EL効果が生ずる。好ましい導電性粒子は，Sb-ドープSnO_2とpolyaniline，polypyrolのごときEL材料層にコートされたTiO_2粒子からなる。好ましい分散系とラミネートで，導電性マトリックス中に分散される。この材料により，印刷法で可撓性ディスプレイを高速製造できる[64]。

金属層，非金属層を持つ耐蝕性金属積層体に関して，非金属導電性層は，非伝導マトリックス，ポリオレフィン，ビニルポリマーのような熱可塑性ポリマーマトリックス，epoxy，PU，PIのような熱硬化性ポリマーマトリックス中にpolyaniline，polypyrolを含む。好ましい真性導電性ポリマーは，スルホン酸ドープのpolyanilineである。この材料は，金属に強く接着し，酸，アルカリ，塩の環境で耐蝕性を付与する[65]。

8.14 イーストマンコダック社（米国）

有機ELディスプレイに関して，a）2面を有する透明基体，b）基体発光のためのアクティブマトリックスELディスプレイを形成する，トランジスタスイッチングマトリックスと発光層，c）基体の一方の面上に配置されたタッチスクリーンの接触感知素子，d）他の一面に配置されたタッチスクリーンコントローラの構成部品，e）この構成部品に接続する電気コネクターを含む有機ELディスプレイである[66]。

タッチスクリーンを備えたELディスプレイに関して，2つの面を有する透明基体，発光するためのフラットパネル-ディスプレイマトリックス タッチスクリーン，接触感知素子，これらを接続するフレックスケーブルを含むものである[67]。

8.15 その他

ザ ボード オブ ガバナーズ（米）では，塗料用，帯電防止用導電性ポリマーに関し，導電性ポ

リマー複合体は，酸性官能基を有する高分子電解質，polyaniline, polypyrol, polythiophene, polyphenylenesulfidから選択する導電性ポリマーを含み，この導電性ポリマーは高分子電解質とイオン結合しており，導電性ポリマーと高分子電解質の酸性官能基とのモル比は＞1である[68]。

スターリング ケミカルズ インターナショナル（米）は，帯電防止繊維に関し，第1の繊維を含む非導電性成分，カーボン粒子と導電性第2繊維形成成分を含み，polypyrol, polyaniline で構成するポリマーをカーボン粒子の一部に*in situ*で形成する導電性第3成分を含む複合繊維と製法を提供した[69]。

ローム アンド ハース社（米）は，セル，バッテリー，ELディスプレイ，センサーに用いられる固体電解質に関し，poly(1,2-alkyleneoxy)側鎖を有する2つのacrylpolymer のブレンドと可溶性Li塩から揮発性極性溶媒の必要がない再充電可能な電池に有用な導電性ポリマー系が与えられる[70]。

ゼロックス社（米）は，ポリエーテルエーテルケトン，ポリフェニレンスルフィド，ポリサルホン，ポリイミド，ポリアミドイミドの一つの物質を含む支持基体を有する静電写真形成部材に関して，最も通常用いられるMylar Dを基体とする対称画像形成部材に較べて良好なヤング率，小さい永久歪みと裂け目伝播に対する抵抗を与え，電荷輸送層の亀裂寿命の実質的な延長を与え，対照画像形成部材と同一の電荷受容，暗減衰速度，バックグラウンドと残留電圧，光誘導放電特性，サイクルーダウンを示した[71]。

ローヌプーラン シミー（仏）は，pH＞14の溶液を電気化学的に精製して金属不純物の除去プロセスで，溶液をカソードが，導電性ファイバーから1フラクションを含むファイバーとフルオロポリマーから選ぶバインダーとの混合物から製造されるフィブラスウエブを有し，フィブラスウエブは，導電性多孔性支持帯上に付着される電極セルを加工する。カーボンファイバー，セルロース化合物，カチオン性デンプンのようなカチオン性ポリマー混合物から製造するカソードも開示する[72]。

文　献

1) 朝日新聞, 2000年12月30日記事, 白川英樹講演会パンフレット, 2000年12月22日
2) 木下洋一, プラスチックス, **52**, 101 (2001)
3) John A Roges *et al.*, *J. Polymer Sci. partA*., **40**, 3327〜3333 (2002)
4) M. Angelopoulos, *IBM Journal of Research and Development*, 1〜14 (2003)
5) J. H. Schöne, *C&EN*, March 12, p. 14 (2001)
6) J. H. Schöne *et al.*, *Nature*, **410**, 8 March, 189〜191 (2001)

第Ⅳ章 欧米における導電性高分子の開発動向

7) 木下洋一, 工業材料, **50**, 90～91（2002）
8) *C&EN*, Feb. 17, p. 17（2003）
9) *C&EN*, Jan. 6, p. 12（2003）
10) Luisa De Cola *et al.*, *Nature*, **421**, 54（2003）
11) M.Dibbis *et al.*, *6th VLSI-PKG-WS (LT)*.Oct.（2002）
12) H.Shirakawa *et al.*, *J. Am. Chem. Soc. Commun.*, 576（1977）
13) J.Heeger, *Angew. Chem. Ind. Ed.*, **40**, p. 2591（2001）
14) N.Miyaura *et al.*, *Synth. Commun.*, **11**, p. 523（1981）
15) Z.Bao *et al.*, *Appl. Phys. Lett.*, **69**, p. 4108（1996）
16) S. Öller *et al.*, *Nature*, **426**, 14 Nov. p. 166～169（2003）
17) 木下洋一, 工業材料, **50**, p90～91（2002）
18) P.Fairley, *Technology Review*, Jan./Feb. p48～49（2002）
19) W.U.Huynh *et al.*, *Science*, **29**, 5, March, p. 2425～2427（2002）
20) 木下洋一, プラスチックス, **55**, No.3, 58～60（2002）; 工業材料, **51**, No.6, 88～89（2003）; *M&EN*, May, 6, 44～46（2002）
21) A. A. Antipov, *J. Phys. Chem. B*, **105**, 2281（2002）
22) A. A. Mamedov *et al.*, *J. Am. Chem. Soc.*, **123**, 2100～2101（2001）
23) P.H.05-226238A
24) P.H.06-125519A
25) P.H.08-231862A ; P.H.08-231863A
26) P.H.08-501981A
27) P.2000-515189A
28) P.2001-520291A
29) P.2003-50849A
30) P.2001-523741A
31) P.H.10-107431A
32) P.H.11-153857A
33) P.H.11-242912A
34) P.H.11-23930A
35) P.2003-176409A
36) P.H.05-202172A
37) P.H.07-18175A
38) P.2001-21927A
39) P.H.05-98021A
40) P.H.08-169432A
41) P.H.08-254859A
42) P.H.09-22127A
43) P.2000-509187A
44) P.H.09-508504A
45) P.H.10-508979A

46) P.2001-506393A
47) P.2001-508121A
48) P.2002-514566A
49) P.2002-536810A
50) P.H.10-87850A
51) P.2001-506797A
52) P.2003-286336A
53) P.2001-102039A
54) P.2003-5068962A
55) P.2003-520420A
56) P.2003-501511A
57) P.2003-509817A；P.2003-509816A
58) P.H.08-512174A
59) P.2000-515448A
60) P.H.07-190985A
61) P.H.11-162258A
62) P.2002-544308A
63) P.H.10-310695A
64) P.H.08-504968A
65) P.H.09-500837A
66) P.2002-358030A
67) P.2002-359078A
68) P.2001-521271A
69) P.2001-527607A
70) P.H.10-106345A
71) P.H.05-303228A
72) P.H.10-509685A

《CMCテクニカルライブラリー》発行にあたって

弊社は、1961年創立以来、多くの技術レポートを発行してまいりました。これらの多くは、その時代の最先端情報を企業や研究機関などの法人に提供することを目的としたもので、価格も一般の理工書に比べて遙かに高価なものでした。

一方、ある時代に最先端であった技術も、実用化され、応用展開されるにあたって普及期、成熟期を迎えていきます。ところが、最先端の時代に一流の研究者によって書かれたレポートの内容は、時代を経ても当該技術を学ぶ技術書、理工書としていささかも遜色のないことを、多くの方々が指摘されています。

弊社では過去に発行した技術レポートを個人向けの廉価な普及版《**CMCテクニカルライブラリー**》として発行することとしました。このシリーズが、21世紀の科学技術の発展にいささかでも貢献できれば幸いです。

2000年12月

株式会社　シーエムシー出版

導電性高分子の応用展開　(B0874)

2004年 4月30日　初　版　第1刷発行
2009年 5月20日　普及版　第1刷発行

監　修　小　林　征　男　　　　　Printed in Japan
発行者　辻　　賢　司
発行所　株式会社　シーエムシー出版
　　　　東京都千代田区内神田1-13-1　豊島屋ビル
　　　　電話 03 (3293) 2061
　　　　http://www.cmcbooks.co.jp

〔印刷　倉敷印刷株式会社〕　　　© Y. Kobayashi, 2009

定価はカバーに表示してあります。
落丁・乱丁本はお取替えいたします。

ISBN978-4-7813-0082-5 C3058 ¥4600E

本書の内容の一部あるいは全部を無断で複写（コピー）することは、法律で認められた場合を除き、著作者および出版社の権利の侵害になります。

CMCテクニカルライブラリーのご案内

機能性ナノガラス技術と応用
監修/平尾一之/田中修平/西井準治
ISBN978-4-7813-0063-4　　　　B870
A5判・214頁　本体3,400円+税（〒380円）
初版2003年12月　普及版2009年3月

構成および内容:【ナノ粒子分散・析出技術】アサーマル・ナノガラス【ナノ構造形成技術】高次構造化/有機−無機ハイブリッド（気孔配向膜/ゾルゲル法）/外部場操作【光回路用技術】三次元ナノガラス光回路【光メモリ用技術】集光機能（光ディスクの市場/コバルト酸化物薄膜）/光メモリヘッド用ナノガラス（埋め込み回折格子）他
執筆者：永金知浩/中澤達洋/山下　勝　他15名

ユビキタスネットワークとエレクトロニクス材料
監修/宮代文夫/若林信一
ISBN978-4-7813-0062-7　　　　B869
A5判・315頁　本体4,400円+税（〒380円）
初版2003年12月　普及版2009年3月

構成および内容:【テクノロジードライバ】携帯電話/ウェアラブル機器/RFIDタグチップ/マイクロコンピュータ/センシング・システム【高分子エレクトロニクス材料】エポキシ樹脂の高性能化/ポリイミドフィルム/有機発光デバイス用材料【新技術・新材料】超高速ディジタル信号伝送/MEMS技術/ポータブル燃料電池/電子ペーパー　他
執筆者：福岡義孝/八甫谷明彦/朝桐　智　他23名

アイオノマー・イオン性高分子材料の開発
監修/矢野紳一/平沢栄作
ISBN978-4-7813-0048-1　　　　B866
A5判・352頁　本体5,000円+税（〒380円）
初版2003年9月　普及版2009年2月

構成および内容:定義,分類と化学構造/イオン会合体（形成と構造/転移）/物性・機能（スチレンアイオノマー/ESR分光法/多重共鳴法/イオンホッピング/溶液物性/圧力センサー機能/永久帯電　他）/応用（エチレン系アイオノマー/ポリマー改質剤/燃料電池用高分子電解質膜/スルホン化EPDM/歯科材料（アイオノマーセメント）他
執筆者：池田裕子/杏水祥一/舘野　均　他18名

マイクロ/ナノ系カプセル・微粒子の応用展開
監修/小石眞純
ISBN978-4-7813-0047-4　　　　B865
A5判・332頁　本体4,600円+税（〒380円）
初版2003年8月　普及版2009年2月

構成および内容:【基礎と設計】ナノ医療：ナノロボット　他【応用】記録・表示材料（重合法トナー　他）/ナノパーティクルによる薬物送達/化粧品・香料/食品（ビール酵母/バイオカプセル　他）/農薬/土木・建築（球状セメント　他）【微粒子技術】コアーシェル構球状シリカ系粒子/金・半導体ナノ粒子/Pbフリーはんだボール　他
執筆者：山下　馨/三島健司/松山　清　他39名

感光性樹脂の応用技術
監修/赤松　清
ISBN978-4-7813-0046-7　　　　B864
A5判・248頁　本体3,400円+税（〒380円）
初版2003年8月　普及版2009年1月

構成および内容:医療用（歯科領域/生体接着・創傷被覆剤/光硬化性キトサンゲル）/光硬化,熱硬化併用樹脂（接着剤のシート化）/印刷（フレキソ印刷/スクリーン印刷）/エレクトロニクス（層間絶縁膜材料/可視光硬化型シール剤/半導体ウェハ加工用粘・接着テープ）/塗料,インキ（無機・有機ハイブリッド塗料/デュアルキュア塗料）他
執筆者：小出　武/石原雅之/岸本芳男　他16名

電子ペーパーの開発技術
監修/面谷　信
ISBN978-4-7813-0045-0　　　　B863
A5判・212頁　本体3,000円+税（〒380円）
初版2001年11月　普及版2009年1月

構成および内容:【各種方式（要素技術）】非水系電気泳動型電子ペーパー/サーマルリライタブル/カイラルネマチック液晶/フォトンモードでのフルカラー書き換え記録方式/エレクトロクロミック方式/消去再生可能な乾式トナー作像方式　他【応用開発技術】理想的ヒューマンインターフェース条件/ブックオンデマンド/電子黒板　他
執筆者：堀田吉彦/関根啓子/植田秀昭　他11名

ナノカーボンの材料開発と応用
監修/篠原久典
ISBN978-4-7813-0036-8　　　　B862
A5判・300頁　本体4,200円+税（〒380円）
初版2003年8月　普及版2008年12月

構成および内容:【現状と展望】カーボンナノチューブ　他【基礎科学】ピーポッド　他【合成技術】アーク放電法によるナノカーボン/金属内包フラーレンの量産技術/2層ナノチューブ【実際技術】燃料電池/フラーレン誘導体を用いた有機太陽電池/水素吸着現象/LSI配線ビア/単一電子トランジスター/電気二重層キャパシター/導電性樹脂
執筆者：宍戸　潔/加藤　誠/加藤立久　他29名

※書籍をご購入の際は、最寄りの書店にご注文いただくか、㈱シーエムシー出版のホームページ(http://www.cmcbooks.co.jp/)にてお申し込み下さい。

CMCテクニカルライブラリー のご案内

プラスチックハードコート応用技術
監修／井手文雄
ISBN978-4-7813-0035-1　　B861
A5判・177頁　本体2,600円＋税　（〒380円）
初版2004年3月　普及版2008年12月

構成および内容：【材料と特性】有機系（アクリレート系／シリコーン系 他）／無機系／ハイブリッド系（光カチオン硬化型 他）【応用技術】自動車用部品／携帯電話向けUV硬化型ハードコート剤／眼鏡レンズ（ハイインパクト加工 他）／建築材料（建材化粧等）／環境問題 他／光ディスク／市場動向／PVC床コーティング／樹脂ハードコート 他
執筆者：栢木 實／佐々木裕／山谷正明 他8名

ナノメタルの応用開発
編集／井上明久
ISBN978-4-7813-0033-7　　B860
A5判・300頁　本体4,200円＋税　（〒380円）
初版2003年8月　普及版2008年11月

構成および内容：機能材料（ナノ結晶軟磁性合金／バルク合金／水素吸蔵 他）／構造用材料（高強度軽合金／原子力材料／蒸着ナノAl合金 他）／分析・解析技術（高分解能電子顕微鏡／放射光回折・分光法 他）／製造技術（粉末固化成形／放電焼結法／微細精密加工／電解析出法 他）／応用（時効析出アルミニウム合金／ピーニング用高硬度投射材 他）
執筆者：牧野彰宏／沈 宝龍／福永博俊 他49名

ディスプレイ用光学フィルムの開発動向
監修／井手文雄
ISBN978-4-7813-0032-0　　B859
A5判・217頁　本体3,200円＋税　（〒380円）
初版2004年2月　普及版2008年11月

構成および内容：【光学高分子フィルム】設計／製膜技術 他【偏光フィルム】高機能性／染料系 他【位相差フィルム】λ/4波長板 他【輝度向上フィルム】集光フィルム・プリズムシート 他【バックライト用】導光板／反射シート 他【プラスチックLCD用フィルム基板】ポリカーボネート／プラスチックTFT 他【反射防止】ウェットコート 他
執筆者：綱島研二／斎藤 拓／善如寺芳弘 他19名

ナノファイバーテクノロジー －新産業発掘戦略と応用－
監修／本宮達也
ISBN978-4-7813-0031-3　　B858
A5判・457頁　本体6,400円＋税　（〒380円）
初版2004年2月　普及版2008年10月

構成および内容：【総論】現状と展望／ファイバーにみるナノサイエンス 他／海外の現状 他／基礎（ナノ紡糸（カーボンナノチューブ 他）／ナノ加工（ポリマーグレイナノコンポジット／ナノボイド 他）／ナノ計測（走査プローブ顕微鏡他）【応用】ナノバイオニック産業（バイオチップ 他）／環境調和エネルギー産業（バッテリーセパレータ 他）他
執筆者：梶 慶輔／梶原莞爾／赤池敏宏 他60名

有機半導体の展開
監修／谷口彬雄
ISBN978-4-7813-0030-6　　B857
A5判・283頁　本体4,000円＋税　（〒380円）
初版2003年10月　普及版2008年10月

構成および内容：【有機半導体素子】有機トランジスタ／電子写真用感光体／有機LED（リン光材料 他）／色素増感太陽電池／二次電池／コンデンサ／圧電・焦電／インテリジェント材料（カーボンナノチューブ／薄膜から単一分子デバイスへ 他）【プロセス】分子配列・配向制御／有機エピタキシャル成長／超薄膜作製／インクジェット製膜【索引】
執筆者：小林俊介／堀田 収／柳 久雄 他23名

イオン液体の開発と展望
監修／大野弘幸
ISBN978-4-7813-0023-8　　B856
A5判・255頁　本体3,600円＋税　（〒380円）
初版2003年2月　普及版2008年9月

構成および内容：合成（アニオン交換法／酸エステル法 他）／物理化学（極性評価／イオン拡散係数 他）／機能性溶媒（反応場への適用／分離・抽出溶媒／光化学反応 他）／機能設計（イオン伝導／液晶型／非ハロゲン系 他）／高分子化（イオンゲル／両性電解質型／DNA 他）／イオニクスデバイス（リチウムイオン電池／太陽電池／キャパシタ 他）
執筆者：萩原理加／宇恵 誠／菅 孝剛 他25名

マイクロリアクターの開発と応用
監修／吉田潤一
ISBN978-4-7813-0022-1　　B855
A5判・233頁　本体3,200円＋税　（〒380円）
初版2003年1月　普及版2008年9月

構成および内容：【マイクロリアクターとは】特長／構造体・製作技術／流体の制御と計測技術 他【世界の最先端の研究動向】化学合成・エネルギー変換・バイオプロセス・化学工業のための新生技術 他【マイクロ合成化学】有機合成反応／触媒反応と重合反応【マイクロ化学工学】マイクロ単位操作研究／マイクロ化学プラントの設計と制御
執筆者：菅原 徹／細川和生／藤井輝夫 他22名

帯電防止材料の応用と評価技術
監修／村田雄司
ISBN978-4-7813-0015-3　　B854
A5判・211頁　本体3,000円＋税　（〒380円）
初版2003年7月　普及版2008年8月

構成および内容：処理剤（界面活性剤系／シリコン系／有機ホウ素系 他）／ポリマー材料（金属薄膜形成帯電防止フィルム 他）／繊維（導電材料混入型／金属化合物型 他）／用途別（静電気対策包装材料／グラスライニング／衣料 他）／評価技術（エレクトロメータ／電荷減衰測定／空間電荷分布の計測 他）／評価基準（床、作業表面、保管棚 他）
執筆者：村田雄司／後藤伸也／細川泰徳 他19名

※書籍をご購入の際は、最寄りの書店にご注文いただくか、㈱シーエムシー出版のホームページ（http://www.cmcbooks.co.jp/）にてお申し込み下さい。

CMCテクニカルライブラリー のご案内

強誘電体材料の応用技術
監修／塩嵜 忠
ISBN978-4-7813-0014-6　　　　　B853
A5判・286頁　本体4,000円＋税（〒380円）
初版2001年12月　普及版2008年8月

構成および内容：【材料の製法，特性および評価】酸化物単結晶／強誘電体セラミックス／高分子材料／薄膜（化学溶液堆積法 他）／強誘電性液晶／コンポジット【応用とデバイス】誘電（キャパシタ 他）／圧電（弾性表面波デバイス／フィルタ／アクチュエータ 他）／焦電・光学／記憶・記録・表示デバイス【新しい現象および評価法】材料，製法
執筆者：小松隆一／竹中 正／田實佳郎 他17名

自動車用大容量二次電池の開発
監修／佐藤 登／境 哲男
ISBN978-4-7813-0009-2　　　　　B852
A5判・275頁　本体3,800円＋税（〒380円）
初版2003年12月　普及版2008年7月

構成および内容：【総論】電動車両システム／市場展望【ニッケル水素電池】材料技術／ライフサイクルデザイン【リチウムイオン電池】電解液と電極の最適化による長寿命化／劣化機構の解析／安全性【鉛電池】42Vシステムの展望【キャパシタ】ハイブリッドトラック・バス【電気自動車とその周辺技術】電動コミュータ／急速充電器 他
執筆者：堀江英明／竹下秀夫／押谷政彦 他19名

ゾル-ゲル法応用の展開
監修／作花済夫
ISBN978-4-7813-0007-8　　　　　B850
A5判・208頁　本体3,000円＋税（〒380円）
初版2000年5月　普及版2008年7月

構成および内容：【総論】ゾル-ゲル法の概要【プロセス】ゾルの調製／ゲル化と無機バルク体の形成／有機・無機ナノコンポジット／セラミックス繊維／乾燥／焼結【応用】ゾル-ゲル法バルク材料の応用／薄膜材料／粒子・粉末材料／ゾル-ゲル法応用の新展開（微細パターニング／太陽電池／蛍光体／高活性触媒／木材改質）／その他の応用 他
執筆者：平野眞一／余語利信／坂本 渉 他28名

白色LED照明システム技術と応用
監修／田口常正
ISBN978-4-7813-0008-5　　　　　B851
A5判・262頁　本体3,600円＋税（〒380円）
初版2003年6月　普及版2008年6月

構成および内容：白色LED研究開発の状況：歴史的背景／光源の基礎特性／発光メカニズム／青色LED，近紫外LEDの作製（結晶成長／デバイス作製 他）／高効率近紫外LEDと白色LED（ZnSe系白色LED 他）／実装化技術（蛍光体とパッケージング 他）／応用と実用化（一般照明装置の製品化 他）／海外の動向，研究開発予測および市場性 他
執筆者：内田裕士／森 哲／山田陽一 他24名

炭素繊維の応用と市場
編著／前田 豊
ISBN978-4-7813-0006-1　　　　　B849
A5判・226頁　本体3,000円＋税（〒380円）
初版2000年11月　普及版2008年6月

構成および内容：炭素繊維の特性（分類／形態／市販炭素繊維製品／性質／周辺繊維 他）／複合材料の設計・成形・後加工・試験検査／最新応用技術／炭素繊維・複合材料の用途分野別の最新動向（航空宇宙分野／スポーツ・レジャー分野／産業・工業分野 他）／メーカー・加工業者の現状と動向（炭素繊維メーカー／特許からみたCFメーカー／FRP成形加工業者／CFRPを取り扱う大手ユーザー 他）

超小型燃料電池の開発動向
編著／神谷信行／梅田 実
ISBN978-4-88231-994-8　　　　　B848
A5判・235頁　本体3,400円＋税（〒380円）
初版2003年6月　普及版2008年5月

構成および内容：直接形メタノール燃料電池／マイクロ燃料電池・マイクロ改質器／二次電池との比較／固体高分子電解質膜／電極材料／MEA（膜電極接合体）／平面積層方式／燃料の多様化（アルコール，アセタール／ジメチルエーテル／水素化ホウ素燃料／アスコルビン酸／グルコース 他）／計測評価法（セルインピーダンス／パルス負荷 他）
執筆者：内田 勇／田中秀治／畑中達也 他10名

エレクトロニクス薄膜技術
監修／白木靖寛
ISBN978-4-88231-993-1　　　　　B847
A5判・253頁　本体3,600円＋税（〒380円）
初版2003年5月　普及版2008年5月

構成および内容：計算化学による結晶成長制御手法／常圧プラズマCVD技術／ラダー電極を用いたVHFプラズマ応用薄膜形成技術／触媒化学気相堆積法／コンビナトリアルテクノロジー／パルスパワー技術／半導体薄膜の作製（高誘電体ゲート絶縁膜 他）／ナノ構造磁性薄膜の作製とスピントロニクスへの応用（強磁性トンネル接合（MTJ）他）他
執筆者：久保百司／髙見誠一／宮本 明 他23名

高分子添加剤と環境対策
監修／大勝靖一
ISBN978-4-88231-975-7　　　　　B846
A5判・370頁　本体5,400円＋税（〒380円）
初版2003年5月　普及版2008年4月

構成および内容：総論（劣化の本質と防止／添加剤の相乗・拮抗作用 他）／機能维持剤（紫外線吸収剤／アミン系／イオウ系・リン系／金属捕捉剤 他）／機能付与剤（加工性／光化学性／電気性／表面性／バルク性 他）／添加剤の分析と環境対策（高温ガスクロによる分析／変色トラブルの解析例／内分泌かく乱化学物質／添加剤と法規制 他）
執筆者：飛田悦男／児島史利／石井玉樹 他30名

※ 書籍をご購入の際は、最寄りの書店にご注文いただくか、
㈱シーエムシー出版のホームページ（http://www.cmcbooks.co.jp/）にてお申し込み下さい。